# 생명과학의 이해

민경희 · 김선정 · 김 욱 · 민철기 · 방재욱 · 유영도
이재용 · 이충은 · 이현환 · 전상학 · 정종문   공저

(주)교학사

# 머리말

　교양과목으로서 이미 발간된 "인간과 생명과학"은 우리 인간과 밀접한 관계가 있는 테마위주로 획기적으로 구성하였던 바 독자들의 전폭적인 호응을 받아 많은 대학에서 교양과목으로 절찬리에 사용하게 되었다.

　그러나 최근 들어 생명과학은 인류의 미래를 열어 가는 첨단과학으로서 급격하게 발전하고 있어 이 상태로는 독자들의 요망에 부응하기 어려워 '생체의 방어기능, 법의학, 생명공학과 유전체 연구, 암의 생물학, 노화와 100세 청춘시대' 등을 최신자료와 함께 수정 첨가하여 "생명과학의 이해"라는 제목으로 새로이 출간하게 되었다.

　이 책을 통하여 새로운 생명과학의 전문적인 내용을 이해하고 이를 실생활에 적용할 수 있을 뿐만 아니라 암, 노화, 면역, 질병 등에 관한 지식을 이해함으로써 보다 행복한 삶을 영위하는데 도움이 될 것으로 믿는다.

　특히, 이 책의 집필을 위하여 사진자료를 제공하여 주신 건국대학교 의과대학의 안규중 교수, 명동 이윤수 비뇨기과 이윤수 박사, 제일제당(주), 대상(주), 남경인더스트리에 대하여 깊은 감사를 드린다.

　끝으로 어려운 여건하에서도 본 교재의 출간을 위하여 힘써 주신 교학사 양철우 사장님께 심심한 사의를 표하는 바이다.

2002년 8월
저자일동

# 차 례
## Contents

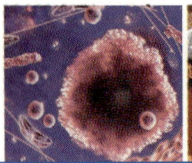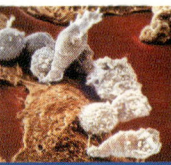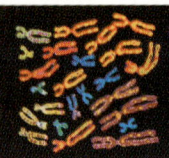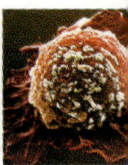

# Contents

# Contents

# Contents

# Contents

# 생명과학과 인류의 미래

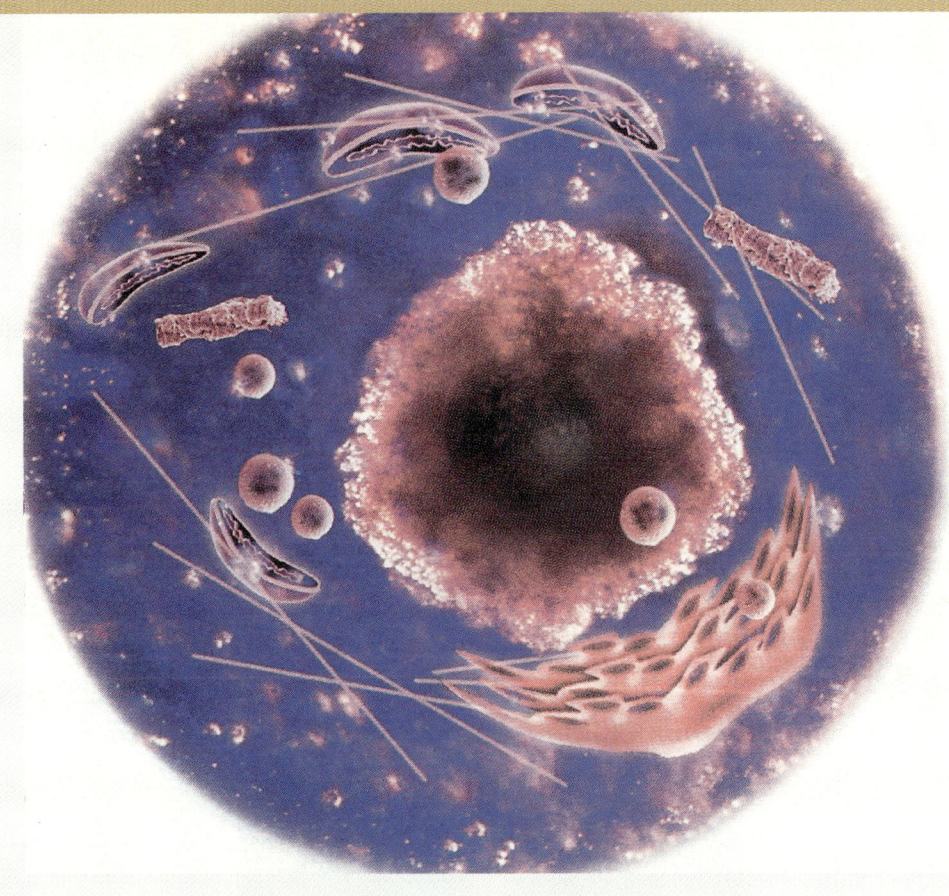

새로운 밀레니엄인 21세기는 생명과학의 시대라고 할 수 있다. 그렇다면 생명과학의 발전은 미래의 인류생활에 어떤 영향을 미치게 될까?

여기에서는 지금까지 생명과학에서 이루어진 주요발견과 21세기의 생명과학의 역할에 대하여 알아보자.

# 1. 인간, 그리고 생명과학

## 1. 생명현상의 탐구

생명과학의 근원은 선사시대로부터 찾아볼 수 있지만, 생명현상에 관한 지식이 체계화되어 과학적으로 싹트기 시작한 것은 기원전 6세기경의 그리스 시대로 거슬러 올라간다. 오늘날에도 생명과학의 원조로 불리고 있는 아리스토텔레스(Aristoteles)는 당시 생물학(박물학)을 집대성하여 후대에 전하여지고 있는 연구의 선구자가 되었다. 그리스 다음인 로마시대의 대표적인 생물학자로는 "박물지(Historia Naturalis)" 37권을 저술한 플리니우스(Plinius)와 의학자이면서 최초의 실험생물학자로 불리는 갈렌(Galen)을 들 수 있다. 중세는 유럽에서 경제적인 혼란과 종교적인 억압으로 인하여 생명과학에서 별다른 진전이 없었다.

르네상스를 계기로 16세기부터 유럽에서 근세의 생명과학이 동물과 식물의 기재 및 해부학적인 연구를 중심으로 발달하기 시작하였다. 이 시대에 동양에서는 중국의 이시진이 "본초강목"을 저술하면서 1,900여종의 식

### 🌐 도움말

**● 박물지**

자연계의 사물이나 현상을 종합적 · 계통적으로 기술한 책으로, 77년경 완성되었다. 동식물 · 광물 · 지리 · 천문 · 의학 · 예술 등 2만 항목에 이르는 일종의 백과전서. 중세기를 통하여 모든 지식의 원천이 되었다.

**● 본초강목(本草綱目)**

1590년에 중국 명나라의 이시진(李時珍)이 지은 본초학의 연구서. 총 52권.

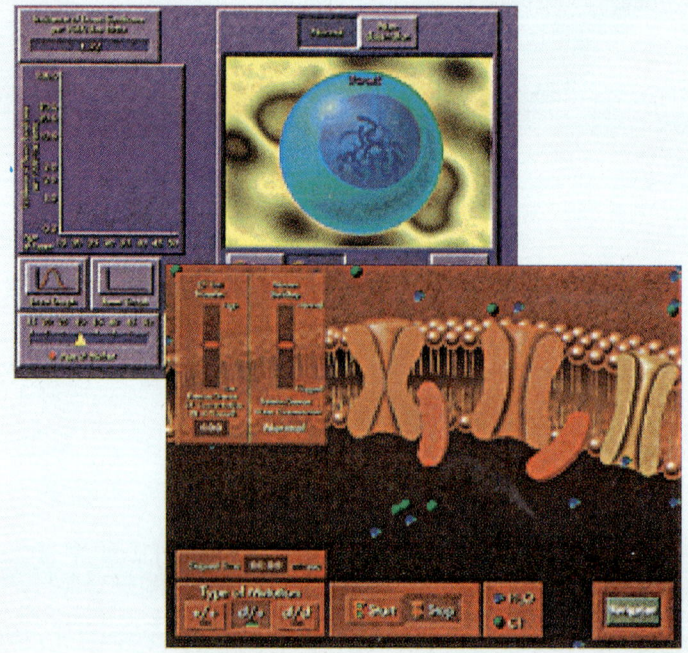

그림 1-1 생명과학의 미래

물을 기재하였다. 17세기에 접어들자 생명과학의 체계가 정립되면서부터 여러 분야에서 인류에 크게 영향을 미친 연구들이 수행되어 왔다.

## (1) 세포의 발견

세포는 1665년에 영국의 생물학자인 훅(Hooke, R.: 1635~1703)이 처음 발견했다. 세포의 발견은 생명과학의 연구에 커다란 전환점을 마련하는 계기가 되었다.

세포가 발견되면서 생명의 구조적·기능적인 단위가 되는 세포수준의 현미경적 연구가 활발하게 이루어지게 되었으며, 세포의 구조와 기능에 대한 연구결과는 생명현상을 밝히는데 크게 이바지하여 왔다. 그러나 세포에 대한 중요성이 인식된 것은 1838년 독일의 슐라이덴(Schleiden, M. J.)이 식물세포에서, 그리고 1839년 슈반(Schwann, T.)이 동물세포 연구로부터 세포설을 주창하면서부터이다. 그들이 발표한 세포설의 골자는 '모든 생물체는 세포로 이루어졌으며, 생명현상의 기능적인 단위가 된다'는 것이다.

세포에 대한 연구결과들은 오늘날 인류사회에 큰 영향을 미치고 있는 생명공학(biotechnology)을 비롯한 생명과학분야 연구의 기반이 되고 있으며, 질병의 예방이나 치료에 필요한 각종 의약품 등의 개발에도 직간접적으로 기여하고 있다.

그림 1-2는 훅이 사용한 현미경과 그가 처음으로 관찰하여 세포(cell)라고 명명한 코르크 조직의 세포를 나타낸 것이다.

그림 1-2 훅이 사용한 현미경과 코르크 세포의 모양

그림 1-3  종의 기원을 발표한 다윈과 영국 켄트에 있는 그의 서재

# (2) 진화 : 생물의 동일성과 다양성

그림 1-4  다윈이 관찰한 핀치
새의 부리모양

지구상에 살고 있는 다양한 생물종(species)들은 점진적인 진화에 의한 결과이며, 진화론을 과학적으로 체계를 세운 사람은 영국의 다윈(Darwin, C.)이다(그림 1-3). 그는 1831년부터 5년 간 영국의 해양 탐사선인 "비글호(The Beagle)"를 타고 세계일주를 하면서 조사한 결과의 해석을 통하여 생물의 진화에 대한 이론을 정립하였다.

그는 남아메리카 대륙의 갈라파고스(Galapagus) 군도의 여러 섬에 살고 있는 핀치새(finches)에서 생김새, 크기, 부리의 모양(그림 1-4)을 관찰한 결과나 섬에 따라 다르게 나타나는 거북 등의 무늬가 그들의 먹이나 서식환경과 밀접한 관계가 있음에 주목하고, 생물이 한 종으로부터 다른 종으로 점진적으로 진화되는 증거를 제시하였다.

또한, 종의 기원과 생물의 다양성을 설명할 수 있는 공통의 조상에 대한 이론적 근거도 제시하였으며, "종의 기원(The Origin of Species)"이라는 책을 통하여 생물의 진화에 대한 자연선택설(natural selection)을 주장하였다.

다윈은 당대의 생물학자들과는 달리 시간적 차원보다는 지리적 차원에 의해서 생물종을 비교하면서, 지리적 격리가 새로운 종이 분화하는 원천이 되며, 자연선택이 그 기구라고 생각하였다. 따라서, 종의 분화를 다양성의 원리로 생각하였으며, 생물의 다양성은 자연선택에 의해 공통의 조상으로부터 진화되어 나타난 결과로 설명했다. 즉, 자연계에서는 환경에 가장 적

## 🌑 도움말

• **자연선택설**

생물의 종은 환경에 적합한 방향으로 변화하여 간다는 학설. 자연 도태설이라고도 한다.

합한 특성을 지닌 개체가 살아남아, 그 개체가 갖는 특성이 다음 세대에 넘겨질 확률이 크기 때문에 환경이 바로 그 살아남을 개체를 선택한다는 것이다.

다윈의 진화설로는 생물의 변이와 자연선택을 유전학적으로 설명할 수 없었기 때문에 후에 여러 가지 진화설들이 나오게 되었다.

도브잔스키(Dovzansky, T.)는 진화가 개체군 내에서 일어나는 현상임을 밝히면서 집단유전학을 발달시켰으며, 멘델원리의 재발견자의 한 사람이기도 한 네덜란드의 드브리스(de Vries, H.; 1848~1935)는 진화를 돌연변이의 결과로 해석하여 돌연변이설을 주창하기도 하였다.

한편, 다윈의 진화론은 사회과학 분야에도 많은 영향을 미쳤는데, 약육강식(to kill or to be killed)과 적자생존(survival of the fittest)은 오늘날 우리 사회에서 일어나고 있는 사회현상을 설명할 수 있는 이론이 되고 있다.

🌀 **도움말**

• **도브잔스키(1900~1975)**
미국(러시아 태생)의 유전학자. 초파리의 1세대 자연도태 연구. 집단 유전학을 발전시켰다.

## (3) 유전원리의 발견

• **멘델과 유전원리** : 다윈의 진화론은 생물이 진화한다는 사실을 밝힌 점에서 큰 공헌을 하였으나, 진화의 기반이 되는 변이(variation)라는 유전적 현상에 관한 이해가 부족하였기 때문에 완전하지 못한 부분이 있다.

이러한 생물의 유전현상에 대한 원리를 처음으로 체계화한 사람은 오스트리아의 멘델(Mendel, G. J. : 1822~1884)이다. 그는 완두를 재료로 식물의 잡종에 관한 연구를 거듭한 끝에 유전원리를 발견하였는데, 이것은 다윈의 "종의 기원"이 나온 지 6년 뒤의 일이었다.

멘델의 유전원리는 우열의 원리, 분리의 원리, 독립유전의 원리 등으로 구분되는데, 이러한 유전원리는 그가 생존시에는 인정받지 못하였다. 그가 죽은 후 16년이 지난 1900년에 와서 네덜란드의 드브리스가 옥수수를 재료로 하여, 또 독일의 코렌스(Correns, C.)와 오스트리아의 체르막(von Tschermark, S. E.)이 완두를 재료로 하여 독립적인 연구를 통해 멘델과 같은 결과를 얻어 발표하였는데, 이를 멘델원리의 재발견이라 한다.

그림 1-5 멘델

당시 유전자가 염색체에 존재한다는 사실이나 감수분열 과정 등이 밝혀지지 않았었지만, 멘델은 그의 독창적인 사고로 오늘날 유전자(gene)라고 부르게 된 형질의 유전에 관여하는 요소를 가정하였다. 그는 한 가지 형질의 발현에는 한 쌍의 대립인자가 관여하며, 이 인자는 생식세포를 형성할 때에 분리되어 각 배우자에 한 개씩 들어가고, 암·수 배우자가 합쳐져 다시 쌍을 이룬다고 생각하였다. 그리고 우성과 열성의 개념을 도입하여 우성과 열성이 함께 존재할 경우에는 우성인자만 발현된다고 설명하였다.

이러한 멘델의 유전원리는 현대유전학의 기본이 되었으며, 오늘날 육종학이나 분자유전학, 나아가 유전공학의 기반이 되고 있다.

### ♣ 종의 합성

우리 나라가 낳은 세계적인 육종학자인 우장춘은 1930년 겹피튜니아의 합성에 성공했는데, 이 연구는 육종학의 위대한 업적 중의 하나이다. 그가 이룬 또하나의 업적은 배추속 식물의 합성인데, 양배추와 재래종 배추의 합성을 통하여 유채라는 식물의 합성에 성공한 것이다. 그가 연구한 종의 합성이란 분류학상 같은 속의 생물 중 종이 달라 잡종형성이 어려운 것들을 교배하여 새로운 생물을 얻는 육종법을 말한다. 그가 발표한 "생물의 진화에서는 종의 합성이 중요한 과정이며, 이 현상은 자연계에서도 끊임없이 일어나고 있다"라는 연구결과는 당시의 이론과 다른 이론으로 세계를 깜짝 놀라게 하였다.

[우장춘(禹長春: 1898~1959)]

제2차 세계대전 후 우 박사는 귀국하여 부산에 세워진 한국농업기술연구소의 초대 연구소장에 임명되었다. 그는 일본에서 수입해 온 무와 배추의 씨앗을 우리의 풍토에 맞게 개량하는 연구에 몰두한 결과, 당시까지 수입에 의존하던 채소종자의 대부분을 국내에서 만들어낼 수 있게 되어 우리 나라 육종학 발전에 크게 공헌하였다. 1953년 중앙원예기술원 원장이 된 그는 크고 맛좋은 감자종자를 개량해 내기도 하였으며, 수확이 많은 벼의 품종을 만들어 우리 나라 벼농사 발전에도 크게 공헌하였다.

## (4) 생명의 본질 : 유전자 탐구

20세기 생명과학의 주요발견 중에서 가장 큰 사건으로는 1953년에 왓슨(Watson, J.)과 크릭(Crick, F.)에 의해 이루어진 DNA 구조의 발견을 꼽을 수 있다(그림 1-6). DNA 구조의 발견은 유전현상을 분자수준에서 설명할 수 있게 하였으며, 21세기를 주도하고 있는 생명공학의 시발점이 되었다.

DNA의 존재는 1869년에 독일의 의사인 미셔(Mischer, F.)가 처음으로 발견하였으나, 당시에 그는 DNA가 유전정보의 전달자라는 것을 인식하지 못하였다. 1928년 그리피스(Griffith, F.)는 폐렴쌍구균에 의한 형질전환을 발표하면서 DNA가 유전자라는 사실을 시사하였고, 형질전환에 관여하는 물질이 바로 DNA라는 것은 1944년에 에이버리(Avery, O.) 등에 의해서 밝혀졌다. 그러나 당시에는 DNA의 분자적 구조가 밝혀지지 않았기 때문에 유전자의 구조와 기능에 대한 의

그림 1-6 왓슨-크릭과 DNA 2중나선 모형

문은 계속 남아 있었다. 이러한 의문은 왓슨과 크릭이 만든 DNA의 모형을 통하여 해결되었으며, 그들이 발표한 DNA의 2중나선구조는 생물학사에서 위대한 발견 중의 하나가 되었다

DNA 2중나선 구조의 발견 당시 24세였던 왓슨(1928~ )은 조류생태학자를 꿈꾸던 미국의 생물학자였으며, 크릭(1916~ )은 36세의 물리학자로 유전학에는 문외한이었다. 이런 두 사람이 영국 케임브리지 대학에서 같은 사무실을 쓰면서 DNA 구조의 발견이라는 위대한 업적을 이루게 된 것이다. 많은 학자들의 연구결과의 도움을 얻어 왓슨과 크릭은 1953년에 다음과 같은 결과를 얻었다.

첫째, 유전물질은 자신의 복제물을 만들 수 있으며, DNA가 바로 유전물질이라는 것이고, 둘째 DNA는 나선구조를 이루는 긴 분자로, 당과 인산으로 이루어진 가닥이 질소를 함유한 염기(bases)에 의해 연결된 구조라는 것이다. 염기에는 4가지가 있으며, 아데닌(A, adenine)과 티민(T, thymine), 그리고 구아닌

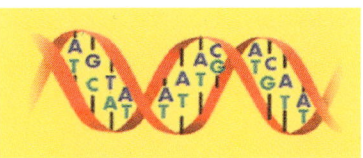

[DNA의 구조]

(G, guanine)과 시토신(C, cytosine)의 양은 항상 같다는 것이다. 그들은 이러한 결과를 토대로 두 가닥으로 이루어진 구조와 세 가닥으로 이루어진 당-인산의 구조를 염두에 두었는데, 모든 관찰결과에 가장 잘 부합하는 것은 2중나선 구조였다.

왓슨-크릭 모형의 요체는 염기의 배열에 있으며, DNA 분자의 염기서열을 따라 많은 양의 유전정보가 간직되어 있고, 염기쌍의 구조는 자기복제가 가능하도록 해준다는 것이다. 이는 지금까지 인간의 본질에 관하여 신학적 또는 철학적으로 접근하려 했던 것과는 달리 물질로 생명의 본질을 밝혀내려고 한 노력의 결과였다.

왓슨과 크릭은 생명의 본질인 DNA의 구조를 밝힌 공로로 1962년에 윌킨스(Wilkins, M.)와 함께 노벨상을 받았다.

## (5) 생명공학의 탄생 : 새로운 시대의 횃불

유전자의 구조와 기능이 밝혀지고 분자생물학이 발달하면서 유전자를 직접 조작하는 기술이 개발되기 시작하였는데, 그것이 현재 의학이나 농업 분야 등 생명과학 전반에 걸쳐서 널리 응용되고 있는 유전공학(genetic engineering)의 발달을 주도하게 되었다(그림 1-7).

유전공학이란, 유전자를 임의로 조작하는 생명과학의 분야를 말한다. 현재 실험실에서 유전자를 인공적으로 만들어 내고, 이 유전자를 특정한 박테리아나 세포에 이식하는 새로운 기술들이 개발되어 이용되고 있다. 그 예로, 우리 몸의 혈당량을 항상 일정하게 유지하는데 관여하는 인슐린

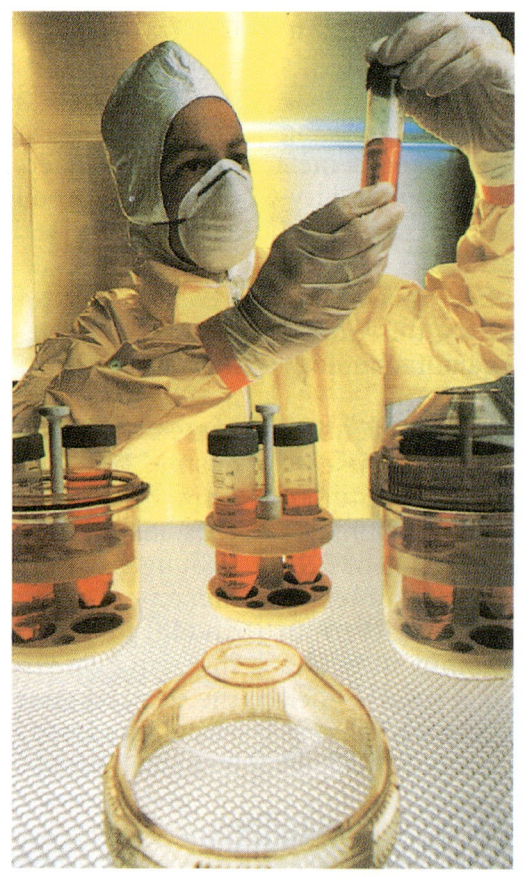

(insulin)이라는 호르몬의 대량생산을 들 수 있다.

인슐린은 당뇨병 환자가 혈당량을 유지하는데 꼭 필요한 호르몬으로 최근까지 소와 같은 동물의 이자로부터 추출하여 사용해 왔는데, 이를 대량으로 얻기가 쉽지 않았으나 다음과 같은 유전공학적 방법을 이용하여 해결하였다.

대장균은 30분에 1회씩 증식할 정도로 번식속도가 매우 빠르다. 따라서, 사람의 세포로부터 인슐린을 생산하는 유전자를 대장균에 옮겨 대장균이 인슐린을 생산하도록 하면 짧은 시간에 많은 양의 인슐린을 얻을 수 있다.

이러한 유전공학적 방법을 유전자조작(gene manipulation)이라고 하며, 인슐린 외에도 항암제인 인터페론의 대량생산에 이용된 바 있고, 유전적 질병의 치료에도 널리 이용될 전망이다.

유전공학의 기술은 유용한 가축이나 작물의 품종을 개발하는 데에도 이용될 수 있다. 예를 들면, 토마토의 세포와 감자의 세포를 융합시키면 땅 속에서는 감자가 열리고, 땅 위에서는 토마토가 열리는 포마토(pomato)와 같은 작물이 만들어지는데, 이것은 생명공학적 방법의 하나인 세포융합(cell fusion) 기술로 만들어진 것이다(그림 1-8).

그림 1-7 유전공학 실험실에서 연구에 몰두하고 있는 연구자. 유전재료는 박테리아, 바이러스 또는 연구자의 피부에 있는 효소에 의해 쉽게 오염될 수 있기 때문에 장갑과 안전복을 착용한다.

이와 같이 유전자의 조작기술은 모든 생물의 유전자를 인간의 뜻대로 다룰 수 있다는 점에서 무한한 응용 가능성이 있다. 그러나 유전자를 인위적으로 조작함으로써 생겨날 수 있는 위험성도 생각해야 한다. 이러한 위험성을 염려하여 최근에 유전공학자들은 윤리적, 도덕적 문제까지 고려하고 있다.

우리 나라도 이미 유전공학 연구에 관련된 한국분자생물학회, 한국생명공학회 등이 설립되어

그림 1-8 포마토

활발하게 활동하고 있으며, 한국유전공학연구원을 비롯하여 각 기업체에서도 생명공학 관련 연구소를 설치하고 21세기 생명공학산업을 준비하고 있다.

한편, 대학의 많은 생물학과에서도 생명공학에 관련된 연구가 활발하게 진행되고 있을 뿐만 아니라, 유전공학 및 생명공학 관련 학과들이 신설되어 첨단 생명과학 연구인력 양성에 많은 노력을 기울이고 있다.

## 2. 현대 생명과학, 그리고 인류의 미래

과거의 생명과학은 주로 생명현상을 관찰하고 기록하는 현상학적 연구에 중심을 두었으나, 자연과학의 여러 분야가 발전하면서 생물학에서도 보다 새로운 방법을 이용하여 생명의 본질을 구명하려는 연구가 다양하게 시도되어 왔다.

현대의 생명과학 연구결과는 질병과 면역(제7장), 암(제12장), 노화(제13장) 등의 인류가 직면하고 있는 문제나 환경오염, 식량부족, 인구증가, 자원고갈 등과 범세계적인 문제 등의 해결에 주요한 역할을 하게 되었다.

또한, 오늘날의 생명과학은 의학, 약학, 농학, 수산학 등 인접학문과의 한계를 명확히 할 수 없게 되었을 뿐만 아니라, 인문·사회과학 분야와도 깊은 관계를 맺고 있다(제9장 참조). 최근에는 유전공학 기술을 통해 인슐린, 인터페론 등의 의약품을 대량으로 생산할 수 있게 되었으며, 새로운 품종의 개량으로 농·축산물의 증산을 통한 식량의 증산도 이루어지고 있다. 이와 함께 산업의 발전과 인구증가에 따른 도시집중 등으로 인하여 필연적으로 생겨나는 환경오염을 방지하고 자연을 보존하는 문제도 생명과학의 핵심분야가 되고 있다.

21세기의 생명과학은 물리학과 화학의 지식을 기초로 한 생명현상에 대한 종합적인 탐구와 함께 그 동안 축적되어 온 과학적 지식과 방법을 실생활에 응용하는 학문으로 발전하게 될 것이다. 따라서, 현대생명과학은 순수하게 생명현상을 탐구하는 자연과학의 한 분야로서뿐만 아니라, 인류의 생존, 생명의 존엄성, 환경의 이용과 보존 등을 다루는 종합과학적 성격을 지니고 있다.

### (1) 생명공학과 인류의 미래

생명공학의 발달은 놀랍도록 빠르게 진행되고 있으며, 그 연구결과의 응용분야가 매우 넓어 미래의 인류생활에 커다란 영향을 미치게 될 것이 확

 **도움말**

• **생명과학의 공헌**

현재 우리가 살고 있는 지구는 여러 가지 어려운 문제들에 봉착하고 있다. 그 실례로 인구의 폭발적인 증가에 따른 식량부족과 에너지고갈 및 환경오염의 증대, 기후변화에 따른 기근의 문제, 끊임없이 일어나고 있는 전쟁, 사회범죄의 증가, 약물의 탐닉, 암과 심장질환이나 AIDS와 같은 난치성 질병, 오존층의 파괴에 따른 자외선의 과도한 투과, 산성비에 의한 생태계의 파괴 등을 들 수 있다. 이 중에서 많은 문제들의 해결에 생명과학이 직간접적으로 크게 공헌하고 있다.

그림 1-9 생물의약 : 암치료제 개발장치

실하다. 생명공학기술을 이용할 경우, 대규모 화학 공장의 공정이 효소와 미생물의 이용을 통해 간단한 생산과정으로 축소될 수 있게 될 것이며, 암이나 에이즈(AIDS) 등의 질병치료에 새로운 장을 열어 주고, 나아가 생명현상의 본질구명에도 새로운 전기를 마련할 수 있을 것으로 기대되고 있다(그림 1-9).

앞으로 전개될 생명공학 산업으로는 생물의약, 생물화학, 생물환경, 바이오에너지, 생물농업, 생물공정 및 엔지니어링, 생물검정 및 측정시스템 등을 들 수 있다.

현재 우리 나라에서도 생명공학에 대한 연구가 활발히 추진되고 있으며, 국가차원에서도 "생명공학-2000(Biotech-2000)"이란 주제를 설정하여 연구를 적극 추진하고 있다.

그러나 유전공학의 연구와 활용에는 많은 위험성이 내포될 수 있으므로 그 이용에 주의를 기울일 필요가 있다. 그것은 인간을 복제한 클론(clone)인간의 탄생이라든지, 예상하지 않았던 무서운 병원균의 생성 가능성 등과 같은 큰 부작용이 생길 수도 있기 때문이다.

만일 생명공학 실험실에서 자라던 생물체가 외부로 빠져나와 인류에게 해를 끼치게 된다면 어떻게 될까?

유전공학에 의해 만들어진 새로운 생물들에 의해 생태계가 파괴된다면 어떤 위험이 발생할까?

또, 인간을 유전공학의 대상으로 연구하여 더욱 우수한 인간을 만들려고 할 때 생겨날 수 있는 도덕적·윤리적인 문제는 어떻게 해결할 수 있을까?

## (2) 환경보전과 인류의 미래

지금까지의 과학기술은 자연자원이 풍부하고, 적정한 수의 인구가 자연과 공존하는 상황에서 발전되어 왔다. 그러나 현재 지구의 자원은 점차 고갈되어 에너지 위기가 심각하게 다가오고 있으며, 지구라는 제한된 공간에서 인구가 폭발적으로 증가하고 있어 생활환경이 급속도로 악화되어 가고 있다.

현재 지구 생태계의 오염정도는 매우 심각한 수준까지 이르렀으며, 생태계(ecosystem)라는 말이 생겨난 지 100년도 되지 않은 오늘날 지구는 큰 재앙 속으로 빠져들고 있다. 생태계가 오염되는 속도는 오염된 생태계가 회복되어 정상상태로 되는 속도보다 훨씬 빠르기 때문에 자연 생태계의 평형을 유지한다는 것은 매우 어려운 일이다. 따라서, 자연환경을 보호한다는 것은 결국 자연 생태계의 평형을 깨뜨리지 않고 인류가 안정적으로 이용할 수 있게 계속 유지시켜 나가는 것을 뜻한다.

그러나 인간은 자연 속에서 에너지를 얻고 살아가야 하기 때문에 자연을 개발하지 않을 수 없으며, 개발의 정도나 속도가 가속화되면 자연의 평형이 깨질 수밖에 없다.

자연은 스스로 평형을 유지할 수 있는 조절능력을 갖고 있는데, 이러한 특성을 항상성(homeostasis)이라고 한다. 생태계에서 생산자와 소비자 사이의 양적 관계를 이해하는 것도 중요하지만, 더욱 중요한 것은 최종 소비자인 인간도 생태계의 균형이 깨질 때 함께 파멸될 수밖에 없는 생태계의 일원이라는 사실을 깨달아야 한다. 따라서, 자연환경이 항상성을 잃지 않고, 늘 일정한 평형상태가 유지될 수 있도록 보존되어야 한다는 것은 우리 모두에게 부여되어 있는 과제이다.

이제 우리는 자연을 보는 눈과 자연을 대하는 의식에 변화를 가져와야 한다. 오늘날의 환경문제는 근본적으로는 각 개인이나 가정 또는 사회생활에서 생겨난 것들이기 때문에 그러한 문제의 해결을 위해서는 환경에 관련된 기본적인 지식의 습득은 물론 올바른 인식이 필요하다.

우리의 인식이 경제적인 성장과 생활의 편리함만을 추구했던 물질중심에서 인간중심으로 전환될 때 비로소 과학은 인간에게 도움을 줄 수 있는 효과적인 수단이 된다. 다시 말해서, 과학기술을 발전시키는 바탕에 인간성을 바르게 길러주는 기본적인 윤리교육이 요구되고 있다.

즉, 과학에 윤리성을 부과하는 새로운 철학이 세워져야만 우리가 직면하고 있는 생태학적 위험으로부터 벗어날 수 있다. 지금 눈앞에서 벌어지고 있는 모든 현상을 직시하고, 인류의 생존을 위한 새로운 환경윤리와 철학을 받아들일 때 앞으로 닥치게 될 생태적 위기가 극복될 수 있을 것이다.

● 도움말

● 생태계(生態系)
생물의 군집과 그 환경을 합친 체계. 생태학의 대상이 되는 것. 즉, 모든 환경적 요인과 그 영향을 받는 생물체는 하나의 기능계로 상호 연관 관계를 갖는다.

그림 1-10 아름다운 자연환경

# 요 약

　　세포의 발견은 생명과학의 연구에 커다란 전환점을 마련하는 계기가 되었다. 세포가 발견되면서 생명의 구조적·기능적인 단위가 되는 세포수준의 현미경적 연구가 활발하게 이루어지게 되었으며, 세포의 구조와 기능에 대한 연구결과는 생명현상을 밝히는데 크게 이바지하여 왔다.

　　진화론을 과학적으로 체계를 세운 사람은 영국의 다윈으로, 진화론은 사회과학 분야에도 많은 영향을 미쳤는데, 약육강식과 적자생존은 오늘날 우리 사회에서 일어나고 있는 사회현상을 설명할 수 있는 이론이 되고 있다.

　　생물의 유전현상에 대한 원리를 처음으로 체계화한 사람은 오스트리아의 멘델이다. 멘델의 유전원리는 우열의 원리, 분리의 원리, 독립유전의 원리 등으로 구분되며, 오늘날 유전공학의 기반이 되는 중요한 발견이다.

　　20세기 생명과학의 주요발견 중 가장 큰 사건으로는 1953년에 왓슨과 크릭에 의해 이루어진 생물체 설계도의 기본이 되는 DNA 구조의 발견을 꼽을 수 있다. 유전자의 구조와 기능이 밝혀지고 분자생물학이 발달하면서 유전자를 직접 조작하는 기술이 개발되기 시작하였는데, 그것이 현재 의학이나 농업분야 등 생명과학 전반에 걸쳐 널리 응용되고 있는 유전공학(genetic engineering)의 발달을 주도하게 되었다. 생명공학(biotechnology)의 발달은 놀랍도록 빠르게 진행되고 있으며, 그 연구결과의 응용분야가 매우 넓어 미래의 인류생활에 커다란 영향을 미치게 될 것이 확실하다.

　　현대 생명과학은 순수하게 생명현상을 탐구하는 자연과학의 한 분야로서뿐만 아니라, 인류의 생존, 생명의 존엄성, 환경의 이용과 보존 등을 다루는 종합 과학적 성격을 지니고 있다.

　　생태계에서 최종 소비자인 인간도 생태계의 균형이 깨질 때 함께 파멸될 수밖에 없는 생태계의 일원이라는 사실을 깨닫고, 자연환경이 항상성을 잃지 않고, 늘 일정한 평형상태가 유지될 수 있도록 보존해야 한다.

## 탐구문제

*1.* 세포의 발견이 인류의 생활에 미친 영향에 대하여 설명해 보자.

*2.* 유전자인 DNA 발견의 역사적 사실들을 조사하여 보자.

*3.* 생명공학은 앞으로의 인류생활에 어떠한 영향을 미치게 될지 토론하여 보자.

*4.* 환경보전의 필요성에 대하여 설명하여 보자.

# 2. 생명을 이루는 작은 우주 : 세포

## 1. 세포 : 생명의 기본단위

세포는 크게 핵막의 유무에 따라 원핵세포(prokaryote)와 진핵세포 (eukaryote)로 대별된다. 생물에는 하나의 세포로만 이루어진 단세포 (unicellular) 생물종들도 있으나, 대부분의 생물은 서로 다른 형태와 기능을 지니는 대단히 많은 수의 세포(사람의 경우 10조 개 이상)로 구성된 다세포(multicellular)생물이다. 다세포생물에서도 세포는 생명체의 특성을 나타내는 가장 작은 단위이기 때문에 세포를 생명체의 구조적·기능적 기본단위라 한다. 따라서, 생명현상을 이해하기 위해서는 세포의 구조와 기능을 알아야 한다.

동물과 식물은 다세포로 구성되어 있기 때문에 조화로운 생명현상의 유지를 위해 세포 간의 협동과 협력이 요구되는데, 이를 위해서는 신호전달과 그 조절이 필요하다. 세포 사이의 협동은 인접세포 사이뿐만 아니라 멀리 떨어져 있는 세포 사이에서도 이루어질 수 있으며, 세포 간의 신호조절 체계에 이상이 생기면 암이 발생된다. 또한, 세포에 이상이 발생하면 자가 사멸계획(self-destruct program : apoptosis)이 개시되어 죽음에 이르게 된다.

### (1) 원핵세포와 바이러스

박테리아(bacteria)나 남조류(blue green algae)와 같은 원핵세포는 핵과 막으로 이루어진 세포내 소기관을 지니지 않으며, 그 형태는 구형, 막대형, 나선형 등 다양하다. 원핵세포는 핵을 지니지 않으나 유전물질인 염색질(nucleoid)과 단백질 합성에 필요한 리보솜 (ribosome)을 지니고 있다. 남조류는 광합성 색소를 지니고 있기도 하다. 세포막 바깥에는 단단한 세포벽이 있는데, 식물세포와는 달리 짧은 폴리펩티드(polypeptide)에 당이 결합되어 있는 펩티도글리칸 (peptidoglycan)으로 이루어진 것이 특징이다.

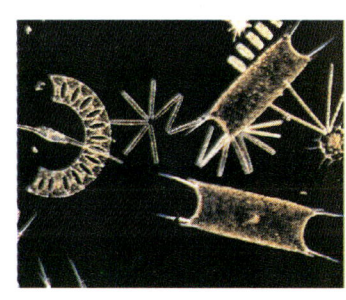

[남조류]

박테리아는 종에 따라 세포벽을 협막이 둘러싸고 있는 경우도 있다. 어떤 원핵세포는 외부에 운동기관으로 편모가 있으며, 짧은 털모양의 섬모가

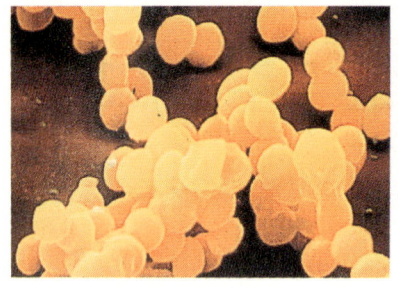
(a) 구균

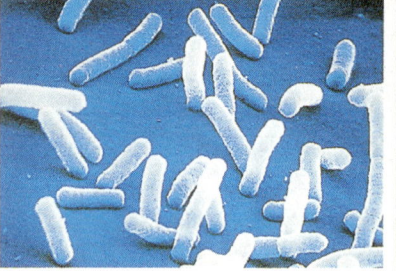
(b) 막대균

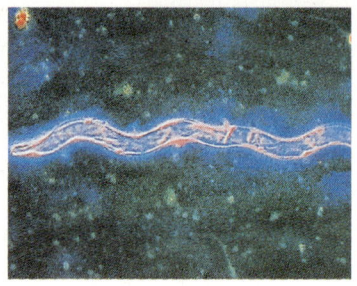
(c) 나선균

그림 2-1 원핵세포인 박테리아의 세 가지 형태

있어서 부착할 수도 있다.

생물과 무생물의 경계로 여겨지고 있는 바이러스는 유전물질이 단백질 껍질에 싸인 구조로 되어 있으며, 외부 구조물을 지닌 것도 있다. 바이러스는 세포 안에서만 증식할 수 있으므로 바이러스가 번식하기 위해서는 숙주세포가 있어야 한다. 바이러스가 세포에 감염되면 바이러스의 유전정보는 숙주세포의 여러 가지 성분을 이용하여 새로운 바이러스를 합성한다. 바이러스에는 사람에게 감염되는 소아마비, 인플루엔자, 포진(herpes), 천연두, 수두, 그리고 에이즈(AIDS)를 유발하는 인간의 면역성 결핍 바이러스인 HIV(human immunodeficiency virus) 등 여러 가지가 있다.

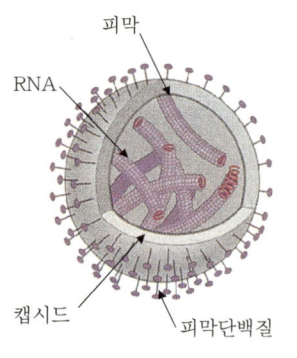

피막
RNA
캡시드
피막단백질
[인플루엔자 바이러스의 구조]

## (2) 진핵세포

원핵세포나 바이러스에 비하여 진핵세포는 서로 다른 구조와 기능을 지니는 여러 가지 세포 소기관(cellular organelles)으로 이루어져 있다. 진핵세포의 소기관으로는 핵, 미토콘드리아, 소포체, 골지체, 리보솜 등을 들 수 있다. 또한, 세포 안에는 세포의 형태를 유지하고, 물질의 이동에도 관여하는 세포골격이 있다.

동물세포와 식물세포의 소기관은 차이를 보이는데, 식물세포의 경우 세포벽과 커다란 액포를 지니며, 색소체를 지니고 있는 것이 특징이다 .

## 2. 세포구조의 이해

### (1) 세포의 모양과 크기

세포의 크기는 바이러스 0.05~0.1μm, 박테리아 0.5~2μm, 적혈구 5 μm, 림프구 5~8μm 등에서 볼 수 있듯이 생물의 종류에 따라 큰 차이를

그림 2-2 진핵세포의 구조

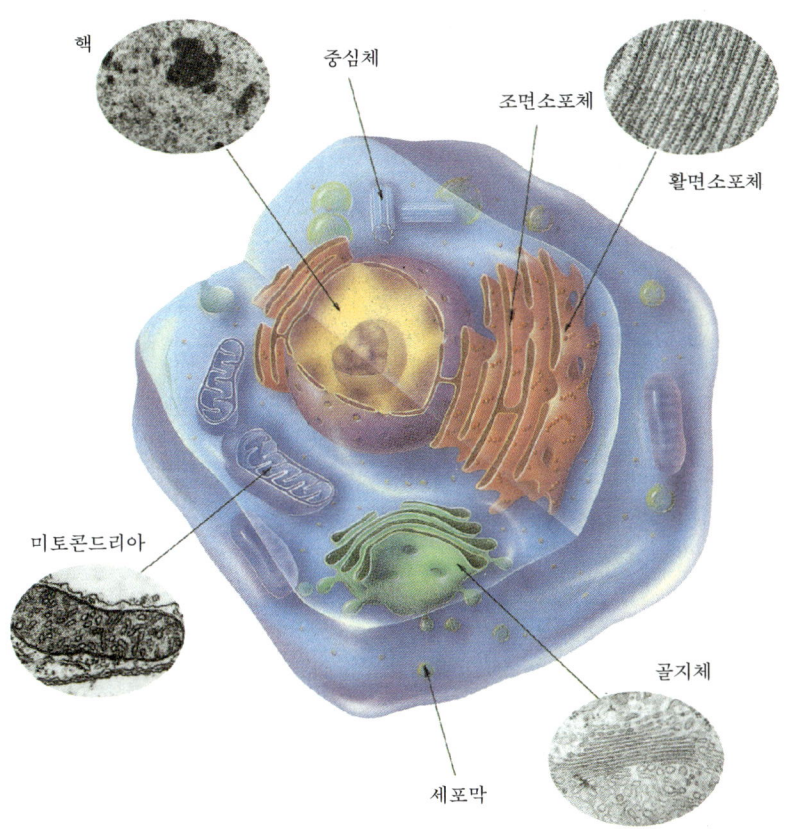

핵

중심체

조면소포체

활면소포체

미토콘드리아

골지체

세포막

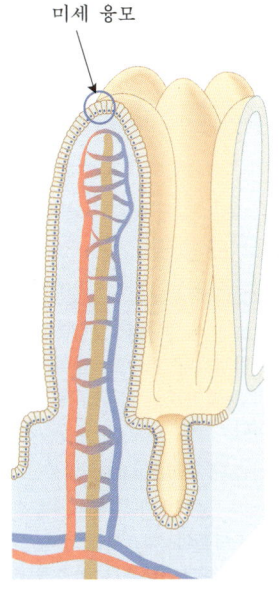

미세 융모

[소장의 점막을 이루는 미세 융모]

보인다. 대부분의 체세포의 크기는 $10 \sim 30 \mu m$ 정도이지만 사람의 정자는 $60 \mu m$(머리: $5 \mu m$, 꼬리: $55 \mu m$)이고, 수 cm에 달하는 알이 있는가 하면, 운동 신경세포는 길이가 1 m 이상 되기도 한다.

사람의 몸체는 200여종의 세포로 구성되어 있는데, 모양도 둥근 형태, 기둥모양, 납작한 것 등 각양각색이다. 신경세포, 교질세포와 같이 돌기가 있는 세포도 있으며, 소장 점막세포와 같이 융모(villi)라고 하는 작은 돌기가 수없이 많은 세포도 있고, 기관지 상피세포나 정자와 같이 운동성의 섬모나 편모를 지닌 세포도 있다.

세포가 살아가기 위해서는 세포를 둘러싸고 있는 환경과 물질교환을 해야 하고, 물질교환은 세포막을 통하여 일어나므로 세포가 정상기능을 하기 위해서는 세포막이 충분한 면적을 가져야 한다. 세포의 크기가 증가하면 세포가 필요로 하는 교환물질의 양이 증가하기 때문에 세포막의 표면적이 증가되어야 하는데, 부피의 증가에 비하여 표면적의 증가는 적기 때문에 세포는 어느 정도 이상으로 커지지 않는다. 따라서, 세포가 부피에 비하여 넓은 표면적을 유지하기 위해서는 세포는 작아질 수밖에 없다. 이러한 가

전자원

시료

자기렌즈

화면에 맺힌 상

그림 2-3 전자현미경과 그를 통해 관찰한 짚신벌레의 미세구조

설을 **표면-부피가설**(surface-volume hypothesis)이라 한다.

## (2) 세포를 이루는 세포 소기관들

### ① 세포의 울타리 : 세포막과 세포벽

**세포막**(cell membrane)은 세포질과 외부를 구분지으며, 세포의 형태를 유지하고, 세포 내 환경을 유지시켜 주는 역할을 한다. 그러나 세포막은 단순한 울타리 기능만을 하는 것이 아니다. 세포의 활동에 필요한 영양물질을 세포 내로, 세포의 대사과정에서 생긴 산물은 세포 밖으로 운반되도록 조절해 주는 기능을 지니고 있을 뿐만 아니라, 세포 밖에서 전달되어 오는 신호를 포착하고, 이 신호를 세포 내로 전달하는 역할도 한다.

세포막은 **인지질**(phosphatide)의 이중층에 단백질이 들어 있는 구조이다(그림 2-4). 인지질은 소수성(hydrophobic) 물질로 생체의 구성성분 중 가장 많으며, 물에 잘 녹는 포도당, 아미노산, 각종 이온 등은 지질층을 통과할 수 없어 세포막이 울타리 역할을 할 수 있도록 해준다. 그러나 산소, 이산화탄소 등 공유결합 분자와 **스테로이드** 호르몬과 같은 지질성의 물질은 세포막을 쉽게 통과한다. 인지질 이중층에 있는 각종 단백질은 지질층을 잘 통과하지 못하는 이온 등의 통로를 만들기도 하고, 영양물질의 운반에 관여하는 운반체 역할도 한다.

🔵 **도움말**

• **인지질**
분자 안에 인산을 포함하는 복합지질의 하나로, 동식물의 세포막을 구성하는 물질이다.

• **스테로이드(steroid)**
4개의 고리모양 구조로, 콜레스테롤이 대표적인 물질이다. 콜레스테롤은 성호르몬을 만드는 전구물질로 혈관 속에 쌓이면 동맥경화증에 걸린다.

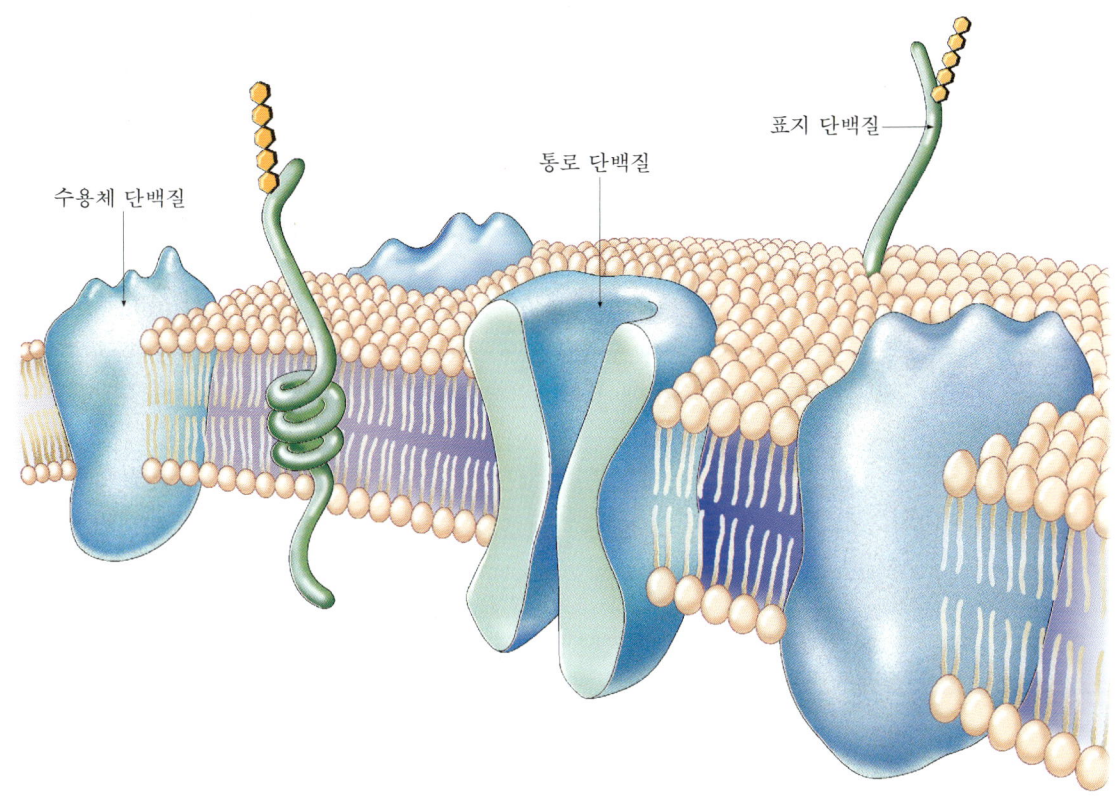

수용체 단백질

표지 단백질

통로 단백질

그림 2-4 세포막의 미세구조

세포막에는 세포에 도달한 신호를 세포 내로 전달하는 호르몬, 신경 전
달물질과 같은 신호 전달물질의 수용체도 있으며, 이러한 반응에 관여하는
여러 효소도 존재한다.

식물세포의 특징인 세포벽은 셀룰로오스와 헤미셀룰로오스, 펙틴
(pectin), 리그닌(lignin) 등 몇 종류의 다당류로 구성되어 있다. 세포벽은
매우 단단한 구조로 세포를 보호하고 형태를 유지하는 기능을 한다. 식물
세포벽은 세포분열 말기에 골지체에서 세포 밖으로 분비된 탄수화물에 의
하여 형성된다.

### ② 세포의 뇌 : 핵

세포의 중앙에 위치하고 있는 핵(nucleus)은 핵막으로 싸여 있고, 그 안
에 염색질과 인이 들어 있다(그림 2-2 참조). 핵막은 두 층의 막으로 구성
되며, 핵막에는 핵공(nuclear pore)이라 하는 통로가 있어서 이 곳을 통
하여 핵과 세포질 사이에 물질교환이 이루어진다. 염색질은 유전정보를 갖
고 있는 물질로서 세포분열 때에는 응축하여 염색체(chromosome)를 형

성한다. 핵에는 보통 한두 개의 인이 존재하며, 인은 리보솜 RNA(rRNA)가 합성되는 장소이다. 인은 세포분열 전기에 사라졌다가 말기에 다시 나타나는 특징을 보인다.

핵은 세포에서 가장 큰 소기관으로 세포의 모든 활동을 통제하는 역할을 한다. 세포로부터 핵을 제거하면 결국 세포는 죽게 되는 것으로 보아 핵의 중요성을 알 수 있다. 또한, 한 세포의 핵을 제거하고 다른 세포의 핵을 넣어 주면 세포의 특성이 바뀌는 것으로 보아 핵이 세포의 특성과 기능을 나타냄을 알 수 있다. 세포에는 하나의 핵이 있는 것이 일반적이나 예외로 적혈구는 핵이 없으면서도 120일 정도 살 수 있으며, 골격근 세포는 여러 개의 핵이 들어 있는 다핵세포이다. 핵에는 유전정보(genetic information)가 들어 있어서 환경의 변화에 대응하여 유전정보를 발현시켜 세포의 기능과 활성을 조절해 준다. 이에 비하여 난자와 정자는 체세포가 갖고 있는 유전물질의 절반만을 지니고 있다.

### ③ 생물의 에너지 생산공장 : 미토콘드리아

미토콘드리아(mitochondria)의 모양이나 크기는 세포에 따라 다양하지만 일반적으로 지름이 0.5~1.0 μm 정도이고, 길이는 7 μm 정도로 길쭉한 모양을 한다. 미토콘드리아는 내막과 외막의 이중막으로 되어 있으며, 외막은 세포질과 접해 있고, 내막은 내부로 깊이 접혀져 주름모양의 크리스태(cristae)를 형성한다.

생물이 사용하는 대부분의 에너지는 기본적으로 미토콘드리아에서 만들

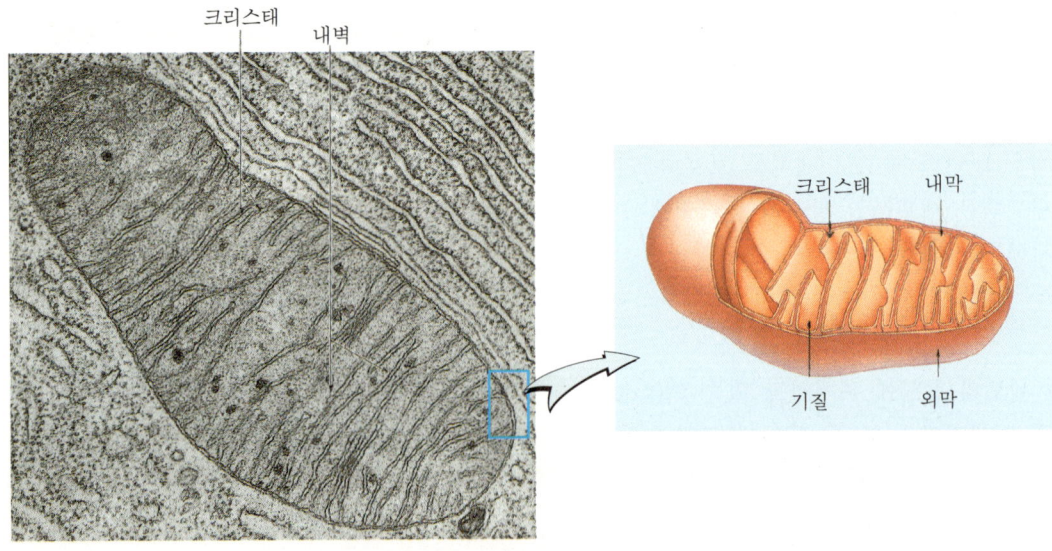

그림 2-5 미토콘드리아의 구조

어진 ATP를 가수분해할 때 유리되는 에너지이다. ATP는 크렙스 회로 (Kreb's cycle)를 통하여 포도당의 해당과정 산물인 피루브산이 전자전달계를 거쳐 완전산화될 때 유리되는 에너지를 이용하여 합성된다.

미토콘드리아는 자신의 DNA를 지니고 있어 일부 단백질을 합성할 수 있으며, 증식도 일어난다. 미토콘드리아 DNA는 원핵세포 DNA와 유사성이 있기 때문에 미토콘드리아를 박테리아와 같은 원핵세포가 진핵세포 내로 들어와 공생관계(symbiosis)로 발전하여 오늘에 이르게 된 것으로 여겨지고 있다. 수정시에 정자의 미토콘드리아는 난자에 들어가지 않으므로 사람의 미토콘드리아는 모두가 어머니로부터 물려받은 것이다.

#### ④ 단백질의 합성기구 : 리보솜, 소포체

핵 안의 유전정보는 단백질의 합성으로 그 기능을 나타내는데, 단백질은 리보솜에서 핵내 유전정보(DNA)의 전사체인 전령 RNA(mRNA)의 정보가 아미노산의 순서로 전환되어 합성된다. 리보솜은 두 개의 하위 단위체로 구성되어 있는데, 각 단위체는 단백질들과 리보솜 RNA(rRNA)의 복합체이다. 단백질의 합성과정 및 리보솜의 구조와 기능은 유전자의 발현에서 자세히 다루게 된다.

세포 안에 망상구조를 하고 있는 소포체(endoplasmic reticulum, ER)는 단백질과 지질의 합성과 관련되어 있다(그림 2-6). 소포체막에는 단백질 합성에 관여하는 리보솜이 붙어 있으며, 지질합성과 당단백질합성 관련효소가 존재한다. 일반적으로 기능이 발달된 세포에는 소포체가 많이 분포해 있고, 구조도 복잡하다.

소포체의 막에 리보솜이 붙어 있을 경우 이를 조면소포체(rough ER, RER)라고 하며, 리보솜이 없을 경우 활면소포체(smooth ER, SER)라 하고, 대부분의 세포에는 두 가지 소포체가 모두 존재한다. 조면소포체는 단백질의 합성, 단백질의 변형, 막의 생성과 생성된 단백질과 막을 세포 내 다른 부위로 운반하는 역할을 한다. 조면소포체에 부착된 리보솜에서 합성된 단백질은 소포체의 내강으로 들어가서 폴리펩티드(polypeptide)의 일부가 절단 또는 제거되거나 당과의 결합이 일어난다.

활면소포체는 세포에 따라 다양한 기능을 나타내는데, 스테로이드 호르몬을 분비하는 세포에는 활면소포체가 발달되어 있고, 지방과 글리코겐을 분해하는 기능을 한다. 활면소포체는 간세포에서는 해독작용을 돕고, 근육세포에서 $Ca^{2+}$을 저장하며 방출하는 역할을 한다. 단백질 분비세포에서는 조면소포체와 활면소포체가 밀접하게 연관되어 있고, 소포체의 일부가 단백질을 함유한 소낭의 형태로 떨어져 나와 골지체와 융합된다.

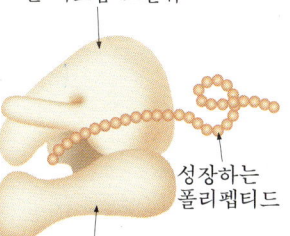

큰 리보솜 소단위

성장하는 폴리펩티드

작은 리보솜 소단위

[리보솜의 구조]

그림 2-6 소포체, 골지체와 합성물질의 이동경로를 보여주는 모식도

소낭

골지체

활면소포체

조면소포체

DNA의 유전정보를 담은 mRNA가 핵에서 세포질로 빠져 나간다.

## ⑤ 단백질의 수송과 분비 : 골지체

골지체(Golgi apparatus)는 편평한 판모양의 **시스터내**(cisternae) 3~20개 정도가 포개진 모양의 막성 구조물이다. 소포체로부터 유리된 소낭이 골지체와 융합하면 소낭 속의 단백질에 당, 인산, 황 등이 가해져 구조가 변형되고 농축되어 분비소낭을 형성하면서 떨어져 나간다. 소낭은 리소좀으로 운반되거나, 세포막으로 운반되어 세포 밖으로 방출된다.

**도움말**

• 시스터내

막으로 싸여 액체상태의 물질이 담겨 있는 골지체의 구조.

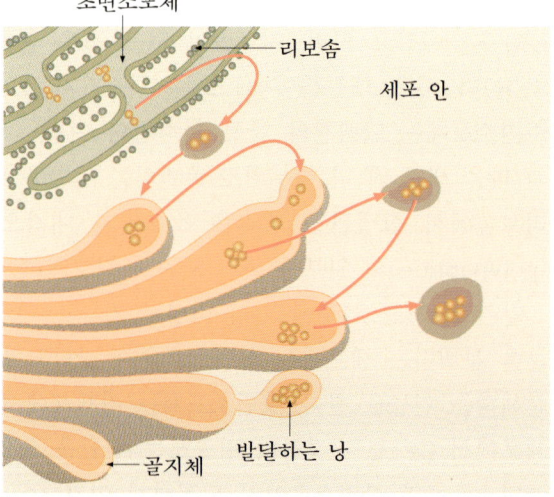

조면소포체

리보솜

세포 안

골지체

발달하는 낭

그림 2-7 골지체의 구조

## ⑥ 세포 내 소화기관 : 리소좀

　리소좀(lysosome)은 크기와 형태가 다양한 단일막 구조의 세포 소기관으로 골지체로부터 형성된다. 리소좀 내에는 여러 가지 가수분해효소가 들어 있어 당류, 단백질, 핵산 등을 분해하며, 세포 내로 들어온 이물질이나 노화된 물질을 파괴하여 세포의 대사에 이용하도록 해준다(그림 2-8).

　리소좀은 음세포 작용(endocytosis)이나 식세포 작용(phagocytosis)에 의하여 형성된 소낭을 융합하는데, 세포 내에 만들어진 리소좀을 1차 리소좀, 소낭과 융합된 리소좀을 2차 리소좀이라 한다. 2차 리소좀이 형성되면 가수분해 효소에 의하여 내용물이 분해되고 산물은 세포질로 방출된다. 백혈구에서의 박테리아의 파괴도 리소좀에 의하여 이루어지며, 올챙이가 개구리로 변태되는 과정에서 꼬리가 없어지는 것도 리소좀의 작용이다.

🏵 **도움말**

● **음세포 작용**

세포막의 함입으로 외계로부터 물질을 끌어들이는 작용.

**그림 2-8** 리소좀의 작용

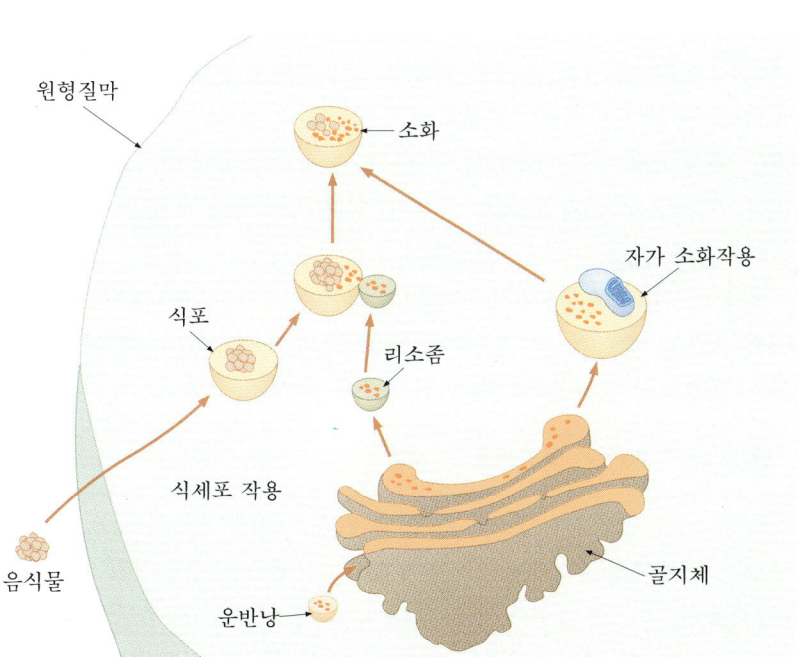

## ⑦ 탄수화물 생산공장 : 엽록체

　지구상의 모든 생명체는 궁극적으로 식물의 광합성에 의하여 생성되는 탄수화물에 의존하여 살아간다. 광합성이 일어나는 부위가 바로 엽록체로 식물세포에만 존재한다. 엽록체(chloroplast)는 미토콘드리아와 마찬가지로 이중막으로 이루어져 있는데, 내막의 안쪽을 스트로마(stroma)라 하며, 그 곳에 또 다른 동전모양의 막성 구조물을 틸라코이드(thylakoid)라 하고, 틸라코이드가 쌓인 구조를 그라나(grana)라 한다. 틸라코이드의 막에

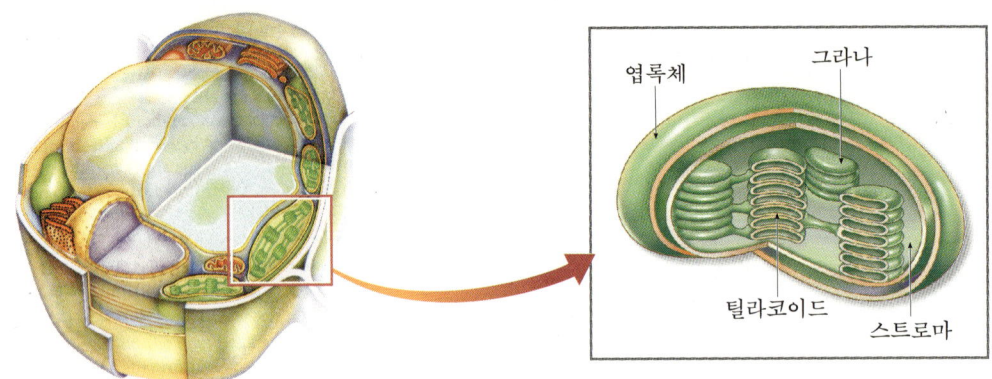

그림 2-9 엽록체의 구조

(이미지 내 레이블: 엽록체, 그라나, 틸라코이드, 스트로마)

는 태양광을 흡수하는 색소인 엽록소와 카로티노이드가 존재한다.

식물의 잎이 초록색으로 보이는 것은 엽록소에 의한 녹색빛의 반사 때문이다. 틸라코이드에는 태양에너지를 이용하여 물을 분해하고 NADPH와 ATP를 합성하는 반응, 즉 광합성의 명반응에 관련된 각종 효소가 존재한다. 스트로마에는 NADPH와 ATP를 이용하여 $CO_2$를 고정하고 탄수화물을 만들어 내는 각종 효소가 들어 있다. 엽록체에서 만들어진 당은 2당류의 형태로 식물의 다른 저장부위나 생장부위로 수송된다.

엽록체도 미토콘드리아와 마찬가지로 자신의 DNA와 리보솜을 갖고 있어서 스스로 증식할 수 있으며, 단백질을 만들 수 있다. 엽록체는 원핵세포가 들어와 공생하면서 만들어진 것으로 여겨지고 있다.

### ⑧ 색깔의 발현과 영양물질의 저장 : 색소체와 액포

엽록체 외에도 식물세포에는 잡색체(유색체)와 전분체(amyloplast)라 부르는 백색체(leucoplast)가 들어 있다. 잡색체는 광합성의 기능이 없으며, 함유한 색소의 종류에 따라 붉은색, 노란색 등을 나타낸다. 과일, 꽃잎 등의 다양한 빛깔은 잡색체에 있는 색소 때문이다. 전분체는 무색으로 감자와 같은 저장조직에 많이 들어 있다.

식물세포에는 커다란 액포(vacuole)가 있어서 세포의 50~90%를 차지한다. 액포에는 당, 아미노산 등의 대사산물이 저장되어 있다. 액포 내에는 여러 가지 색소를 지니고 있어서 꽃잎의 색깔을 나타내기도 한다.

### ⑨ 세포의 뼈대 : 세포골격

세포골격(cytoskeleton)은 세포 내에 그물처럼 얽혀 있는 구조를 일컬으며, 세포의 형태를 유지시켜 주고, 운동성에도 관여한다.

### 도움말

• NADPH

nicotinamide adenine dinucleotide phosphate hydrogen의 약칭.

미세소관(microtubule), 미세섬유(microfilament), 그리고 중간섬유(intermediate filament)가 세포골격을 이루는 요소이다. 미세소관은 지름이 20~25 nm, 길이가 0.2~20 $\mu$m 정도의 속이 빈 원통형의 구조로 이루어진 $\alpha$ 튜불린과 $\beta$ 튜불린이라 부르는 구형단백질의 이중체가 나선형으로 규칙적으로 배열된 구조이다. 미세소관은 세포형태를 결정하는 뼈대기능을 하고, 세포 소기관이나 소낭이 이동하는 궤도역할을 하며, 세포분열시에는 방추사를 형성하여 염색체를 양극으로 이동시키는데 관여한다.

미세섬유는 지름이 3~7 nm 정도의 가늘고 긴 실모양의 단백질로, 액틴(actin)의 복합체이며, 세포의 형태변화, 물질의 이동, 세포운동에 관여한다.

기관지 상피세포의 섬모나 정자의 편모에는 미세소관이 배열되어 있어서 운동기능을 지닌다. 중간섬유는 지름이 10 nm 정도로 세포에 신장력을 제공한다.

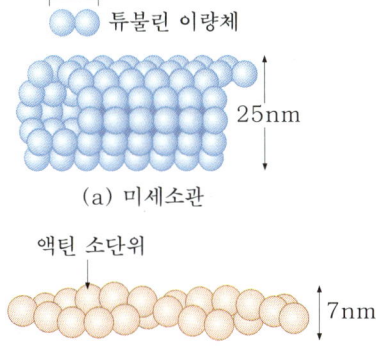

튜불린 이량체

25nm

(a) 미세소관

액틴 소단위

7nm

(b) 미세섬유

단백질 소단위
섬유성 소단위

10nm

(c) 중간섬유

[세포골격의 구조]

# 3. 세포분열

생물의 생식, 발생, 생장 등은 세포분열을 통하여 이루어진다. 이와 같은 세포분열은 몸체의 세포 수를 늘리는 체세포분열(mitosis)과 암 배우자(난자) 및 수 배우자(정자)가 만들어지는 생식세포분열 또는 감수분열(meiosis)로 구분된다.

개체의 생장은 체세포분열에 의해 이루어지며, 종족이 지니고 있는 특징은 생식세포분열을 통하여 다음 세대로 전달하게 된다. 이러한 세포분열은 어떤 과정을 거쳐 일어나며, 그 의의는 무엇일까?

## (1) 염색체의 구조

세포분열의 중심이 되는 것은 유전자를 간직하고 있는 염색체(chromosome)이다. 생물종의 염색체는 유전자가 무질서하게 모여 있는 집합체가 아니라, 유전자가 질서정연하게 배열되어 있는 진화압(evolutionary pressure)의 산물로, 높은 선택적 의미를 지니고 있다.

모든 진핵생물의 염색체를 구성하는 DNA는 많은 단백질 분자들과 결합된 염색질(chromatin)이라 부르는 구조로 이루어져 있다. 세포분열의 전기에 관찰할 수 있는 염색질은 구조적으로 매우 복잡하고, 기능적으로 비활성을 보이는 DNA가 히스톤(histone)과 비히스톤(nonhistone)에 의

### 도움말

**• 염색체의 종류**

염색체는 특징에 따라 상염색체와 성염색체로 구분된다. 상염색체는 생물체의 여러 형질을 결정짓는 유전자를 가지며, 모양과 크기가 같은 염색체가 2개씩 짝을 이룬다. 성염색체는 생물의 성을 결정짓는 유전자를 갖고 있으며, 짝이 없거나 모양이 다른 염색체가 짝을 이루기도 한다.

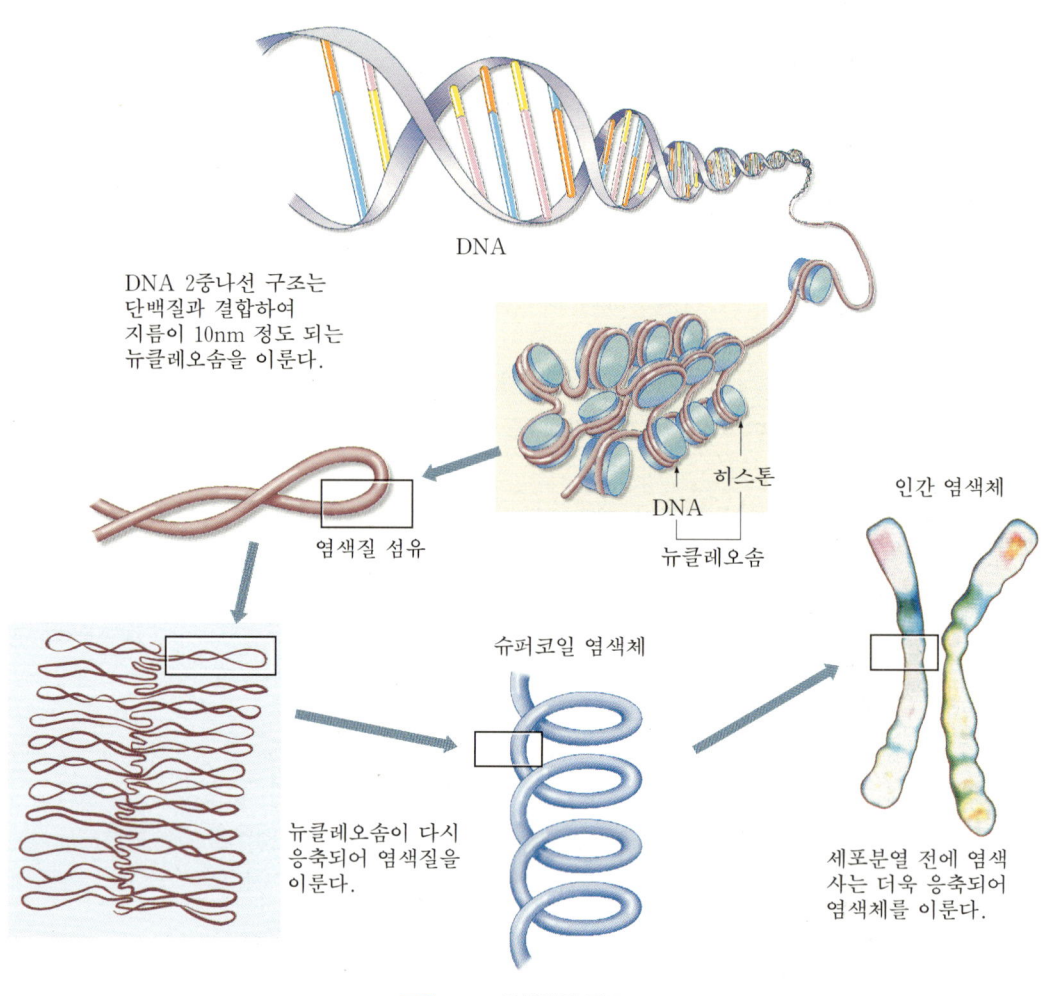

DNA

DNA 2중나선 구조는
단백질과 결합하여
지름이 10nm 정도 되는
뉴클레오솜을 이룬다.

히스톤

인간 염색체

DNA

염색질 섬유

뉴클레오솜

슈퍼코일 염색체

뉴클레오솜이 다시
응축되어 염색질을
이룬다.

세포분열 전에 염색
사는 더욱 응축되어
염색체를 이룬다.

그림 2-10  염색체의 구조

해 고도로 응축된 상태이다(그림 2-10).

염색질의 구성은 생물 사이, 종 사이, 또는 세포 사이에서 다양성으로 보이나, 기본적인 단위는 모든 진핵생물에서 동일하다.

전자현미경 관찰에 의하면 염색질은 지름이 10 nm 정도 되는 뉴클레오솜(nucleosome)이라 부르는 구형의 단위로 구성되어 있다. 뉴클레오솜의 구성은 약 200bp의 DNA와 4가지 종류(H2A, H2B, H3, H4)로 된 8개의 히스톤분자로 구성되어 있다. 이 단위들은 H1 단백질에 의해 다시 연결된다. 뉴클레오솜의 DNA를 구성하는 핵심 DNA는 146 bp 정도이며, 핵산효소에 비교적 강한 내성을 가진다.

진핵생물의 염색체는 광학현미경하에서도 구분이 가능하며, 반수체 게놈(genome) 또는 유전체의 양을 비교해 볼 때, 진핵생물에서 가장 작은 게놈크기를 가지는 균류의 게놈도 원핵생물 중 가장 큰 게놈을 가지는 대장균보다 크다. 이 때 DNA량은 pg(picogram)으로 나타내며, 1 pg은 $9.5 \times 10^8$ 뉴클레오티드쌍에 해당된다.

표 2-1 은 사람을 비롯한 여러 생물의 게놈크기를 비교한 것이다.

진핵생물의 게놈 유전자는 여러 개의 염색체에 흩어져 분포하는데, 염색체의 수와 크기는 생물종에 따라 다양하게 나타난다. 가장 작은 염색체 수를 가지는 식물은 국화과에 속하는 *Haplopappus gracilis*로 2n = 4이며, 또 고사리의 일종인 *Ophioglossum reticurum*(고사리삼류)의 염색체 수는 500개가 넘는다. DNA의 양과 염색체 수의 증가는 분자수준에서의 염색체의 복잡성을 증대

표 2-1 여러 가지 생물의 게놈크기 비교(단위 : pg)

| 생물명 | 게놈크기 | 생물명 | 게놈크기 |
|---|---|---|---|
| 사람 | 3.65 | 대장균 | 0.004 |
| 초파리 | 0.085 | 애기장대 | 0.5 |
| 담배 | 2.0 | 밀 | 5.1 |
| 양파 | 33.5 | 겨우살이 | 107.0 |

시켜 주며, 염색체의 구조, 행동 및 유전과 같은 염색체의 내적인 분화양상에도 크게 영향을 미친다.

그러나 염색체의 수와 DNA의 양은 상관관계가 없는 것으로 밝혀져 있다. 염색체의 모양과 수는 체세포분열과정 중 중기의 세포에서 가장 잘 관찰할 수 있는데, 이 때의 염색체의 크기는 생물종에 따라 $0.5 \sim 30 \, \mu m$로 다양한 크기로 나타나며, 지름은 약 $0.2 \sim 3 \, \mu m$이다.

사람 염색체의 표준핵형(standard karyotype)은 1972년 파리에서 개최된 회의에서 정해졌으며, 1978년에는 사람 염색체의 국제적 표준이 마련되었다. 사람 염색체의 핵형은 8장에 제시되어 있다.

## (2) 체세포분열

생물의 몸을 이루고 있는 체세포(somatic cell)는 양분을 받아들여 크기가 커지면서 분열하여 그 수가 증가하게 되는데, 이를 체세포분열이라 한다. 세포분열에서 생명의 본질인 유전자를 간직하고 있는 염색체의 행동은 매우 중요하다. 그렇다면 체세포분열 과정에서 염색체는 어떻게 행동하는 것일까?

세포분열은 분열과 비분열 단계로 이루어진 세포주기(cell cycle)를 거치는 연속된 과정이다(그림 2-11). 이 때 분열단계는 유사분열(mitosis)이라 하며, 염색체나 염색사가 관찰되지 않는 단계는 간기(interphase)라 한다.

세포주기의 기간은 생물종이나 세포에 따라 매우 다양하게 나타나는데, 사람의 경우 백혈구 세포의 분열주기는 $G_1$기(Gap 1 phase)가 11시간, S기(synthetic phase)는 7시간, $G_2$기(Gap 2 phase)는 4시간, M기(mitotic phase)는 2시간 정도이다. 세포주기는 제1간기($G_1$), 합성기(synthetic

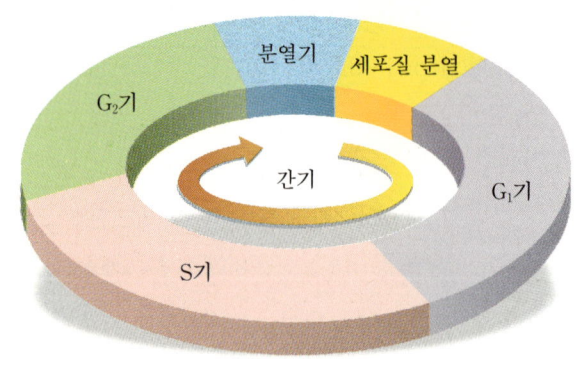

그림 2-11 세포주기

phase) 및 제2간기($G_2$)로 구분된다. 제1간기에서는 탄수화물, 지방, 단백질이 합성되어 세포분열로 나누어지는 두 개의 세포를 구성하는 데 이용된다. 제1간기에 이어지는 합성기에서는 유전물질인 DNA가 복제되는데, 사람의 세포주기에서 합성기에 수십억 개나 되는 뉴클레오티드를 조합하는 데 걸리는 시간은 8∼10시간 정도로 밝혀져 있다. 합성기에 이어지는 제2간기에서는 많은 단백질이 합성되어 하나의 세포가 두 개로 나누어질 때 세포막 구성물질로 제공된다.

제2간기 후에 일어나는 체세포분열 과정은 핵분열과 세포질분열의 두 과정으로 구분된다. 이 때 핵분열은 연속적인 과정이지만 염색체의 행동특징에 따라 전기(prophase), 중기(metaphase), 후기(anaphase), 말기(telophase)로 구분할 수 있다(그림 2-12). 체세포분열은 식물에서는 뿌리나 줄기의 생장점이나 줄기의 형성층과 같은 분열조직에서, 동물의 경우에는 분열하는 세포층이나 골수 등의 조직에서 활발하게 일어난다.

그림 2-12 체세포분열 과정

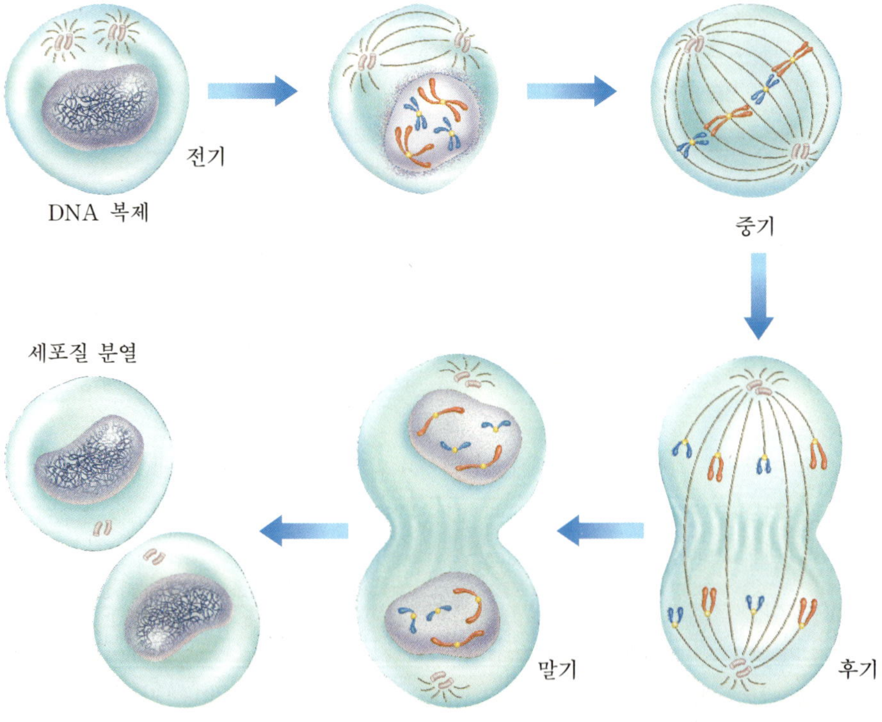

DNA 복제

전기

중기

후기

말기

세포질 분열

체세포분열 전기에는 염색사가 응축되면서 염색체로 전환된다. 동물세포의 경우 전기에 중심체가 나누어져 양극으로 이동하고 성상체를 형성하면서 방추사(spindle fiber)를 내지만, 식물세포에서는 양극에 있는 극모에서 방추사가 뻗어 나온다. 일반적으로 4시기 중 전기가 가장 길게 진행되며, 끝무렵에는 핵막과 인이 사라진다. 중기에는 염색체들이 중앙으로 이동하여 적도면에 배열되고, 방추사가 동원체(centromere)에 연결된다. 이 시기에 염색체들은 한 평면에 배열되어 있으므로 그 수나 모양을 관찰하기에 가장 적합하다. 그리고 후기에는 염색체를 이루고 있던 두 염색분체(chromatid)가 나누어져 방추사에 의해 양극으로 이동하게 된다.

후기에서 말기로 들어가면서 세포질분열(cytokinesis)이 시작되며, 말기에는 양극으로 이동된 염색체들이 다시 풀어져 염색사로 되고 핵막과 인이 다시 나타나 두 개의 딸핵이 형성된다.

말기에 이르면 동물세포의 경우에는 적도면 부근의 세포막이 안쪽으로 잘록하게 함입되면서 딸세포가 만들어지는 데 비해, 식물세포의 경우에는 세포의 가운데에서부터 적도면을 따라 세포판이 형성되어 두 개의 딸세포가 만들어진다.

## (3) 생식세포분열

감수분열(meiosis)이라고도 하는 생식세포분열은 체세포분열과는 여러 면에서 다른 특징을 보인다. 생식세포는 생식원 세포라고 부르는 일종의 체세포로부터 만들어진다. 만일, 생식세포분열이 체세포분열처럼 이루어진다면 암·수의 생식세포에 의해 생겨나는 개체의 체세포 염색체 수는 어버이의 두 배로 되며, 세대가 거듭될수록 염색체의 수가 계속 배가될 것이다. 그러나 실제로는 세대가 거듭되어도 체세포가 지닌 염색체 수는 일정하게 유지되는데, 이는 생식세포분열에 의하여 염색체의 수가 반으로 감소되기 때문이다. 생식세포분열은 그 특징에 따라 제1분열과 제2분열로 구분된다(그림 2-13).

### ① 제1분열

생식세포분열에서도 체세포분열에서와 같이 제1분열에 들어가기 전인 간기에 DNA가 복제되는 것은 마찬가지이다. 제1분열의 전기는 길고 복잡한 과정으로 염색사가 응축되어 염색체를 이루는 과정이다. 체세포분열에서는 전기에 상동염색체(homologous chromosome)가 서로 독립적으로 행동하는 데 비해, 제1분열의 전기에서는 상동염색체가 접근하여 붙는 것

도움말

- 성상체(星狀體)
동물세포의 체세포분열에서 방추사를 내는 중심체. 식물세포에서는 극모가 나타난다.

- 동원체(動原體)
염색체의 방추사가 부착되는 부위.

도움말

- 상동염색체(相同染色體)
감수분열의 중기에 둘씩 붙어서 2가염색체를 만드는 2개의 염색체.

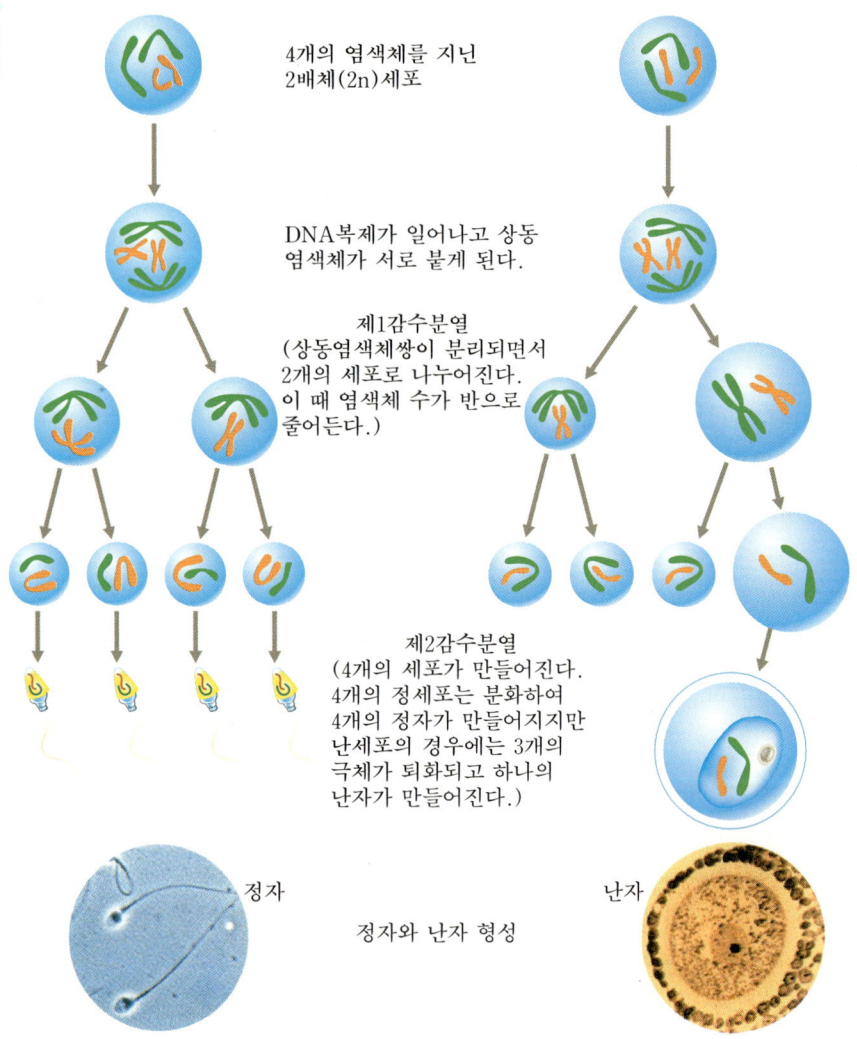

그림 2-13 동물에서 감수분열을 통한 생식세포의 형성과정

4개의 염색체를 지닌 2배체(2n)세포

DNA복제가 일어나고 상동 염색체가 서로 붙게 된다.

제1감수분열
(상동염색체쌍이 분리되면서 2개의 세포로 나누어진다. 이 때 염색체 수가 반으로 줄어든다.)

제2감수분열
(4개의 세포가 만들어진다. 4개의 정세포는 분화하여 4개의 정자가 만들어지지만 난세포의 경우에는 3개의 극체가 퇴화되고 하나의 난자가 만들어진다.)

정자

난자

정자와 난자 형성

이 특징인데, 이와 같은 현상을 시냅시스(synapsis) 또는 연접이라 하며, 서로 붙어 있는 염색체는 2가염색체(bivalent)라고 한다. 따라서, 체세포분열에서는 2n개의 염색체를 관찰할 수 있는 데 비해 생식세포분열에서는 n개의 2가염색체가 관찰된다. 또한, 2가염색체는 두 개의 염색분체로 이루어진 상동염색체쌍으로 이루어졌기 때문에 4분염색체라고도 하며, 핵상으로 보면 복상이 된다.

시냅시스 때에 상동염색체의 염색분체가 서로 꼬였다가 풀어질 때, 꼬였던 부분에서 염색분체가 서로 교환되는 경우가 있는데, 이러한 현상을 교차(crossing-over)라고 하며, 교차가 일어난 부위는 키아스마(chiasma)라고 한다(그림 2-14). 교차에 의해 상동염색체 사이의 유전물질이 서로 바뀌어 자손으로 전달되므로 교차는 유전적인 변이에서 중요한 역할을 한다.

그림 2-14 교차

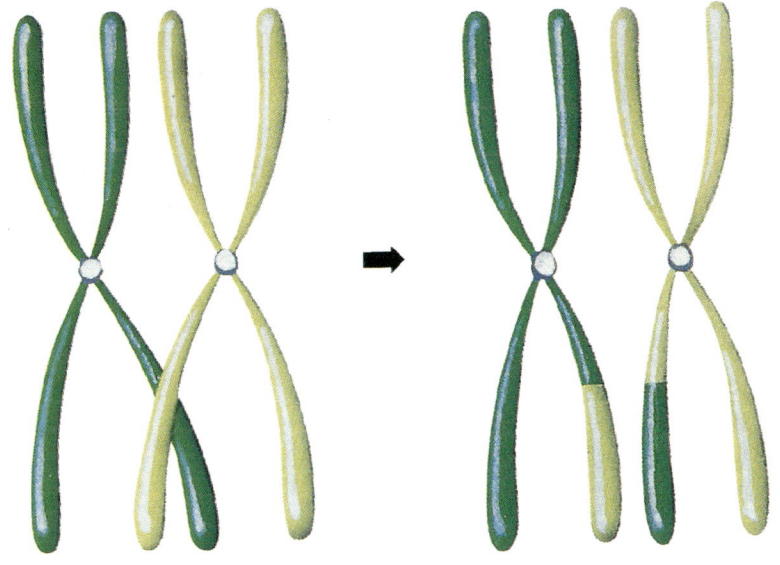

전기에서 인이 관찰되는 것도 감수분열의 특징 중의 하나이다.

중기에 이르면 2가염색체들이 적도면에 배열하여 방추사가 연결되고, 후기에는 상동염색체가 분리되어 양극으로 끌려가는데, 이 때 염색체가 복상인 2n에서 단상인 n으로 된다. 말기에는 염색체의 수가 모세포의 반으로 줄어든 두 개의 딸핵이 만들어진다.

### ② 제2분열

제1분열과 제2분열 사이의 간기에서는 DNA의 복제가 일어나지 않으며, 세포의 종류에 따라 간기나 제2분열의 전기를 거치지 않고 직접 중기로 이어지기도 한다. 전기에는 염색사가 다시 응축되어 염색체로 되며 방추사도 만들어지지만, 상동염색체가 없는 상태이기 때문에 시냅시스 현상은 일어나지 않는다.

중기에서는 염색체가 적도면에 배열되고 방추사가 연결되며, 후기에는 두 염색분체가 나누어져 양극으로 끌려간다. 말기에는 핵막과 인이 다시 나타나 4개의 딸핵이 만들어지고, 이어서 세포질분열이 일어나 4개의 딸세포(daughter cell)가 형성되게 된다.

## 요 약

  지구상에는 수없이 많은 생물이 존재하는데, 이들 모든 생명체는 예외없이 세포와 세포의 산물로 이루어져 있다. 세포는 핵막의 유·무에 따라 원핵세포와 진핵세포로 대별된다. 생물과 무생물의 경계로 여겨지고 있는 바이러스는 유전물질이 단백질 외투에 싸인 단순한 구조로 이루어져 있으며, 외부구조물을 지닌 것도 있다.

  세포를 이루는 세포 소기관들로는 세포의 울타리 역할을 하는 세포막과 세포벽, 세포의 뇌역할을 하는 핵, 생물의 에너지 생산공장인 미토콘드리아, 단백질의 합성기구인 리보솜과 소포체, 단백질의 수송과 분비를 담당하는 골지체, 세포 내 소화기관인 리소좀, 식물세포에서 탄수화물 생산공장 역할을 하는 엽록체, 세포의 뼈대인 세포골격 등을 들 수 있다.

  생물의 생식, 발생, 생장 등은 세포분열을 통하여 이루어진다. 이러한 세포분열은 몸체의 세포 수를 늘리는 체세포분열과 암 배우자(난자)와 수 배우자(정자)가 만들어지는 생식세포분열 또는 감수분열로 구분된다. 개체의 생장은 체세포분열에 의해 이루어지며, 종족이 지니고 있는 특징은 생식세포분열을 통하여 다음 세대로 전달하게 된다. 세포분열의 중심이 되는 것은 유전자를 간직하고 있는 염색체이다. 생물종의 염색체는 유전자가 무작위로 모여 있는 집합체가 아니라, 유전자가 질서정연하게 배열되어 있는 진화압의 산물로, 높은 선택적 의미를 지니고 있다.

  체세포분열 과정은 핵분열과 세포질분열의 두 과정으로 구분된다. 이 때 핵분열은 연속적인 과정이지만 염색체의 행동특징에 따라 전기, 중기, 후기, 말기로 구분할 수 있다. 후기에서 말기로 들어가면서 세포질분열이 시작되며, 말기에는 양극으로 이동된 염색체들이 다시 풀어져 염색사로 되고 핵막과 인이 다시 나타나 두 개의 딸핵이 형성된다.

  감수분열이라고도 하는 생식세포분열은 체세포분열과는 여러 면에서 다른 특징을 보이며, 그 특징에 따라 제1분열과 제2분열로 구분된다. 제1분열의 전기는 길고 복잡한 과정이다. 제1분열과 제2분열 사이의 간기에서는 DNA의 복제가 일어나지 않으며, 세포의 종류에 따라 간기나 제2분열의 전기를 거치지 않고 직접 중기로 이어지기도 한다. 제2말기에는 핵막과 인이 다시 나타나 4개의 딸핵이 만들어지고, 이어서 세포질분열이 일어나 4개의 딸세포가 형성된다.

## 탐구문제

*1.* 세포 내 소기관을 열거하고, 그 기능을 설명하여 보자.

*2.* 염색체의 구조에 대하여 설명하여 보자.

*3.* 체세포분열 과정과 감수분열 과정을 비교하여 설명해 보자.

# 인체의 신비

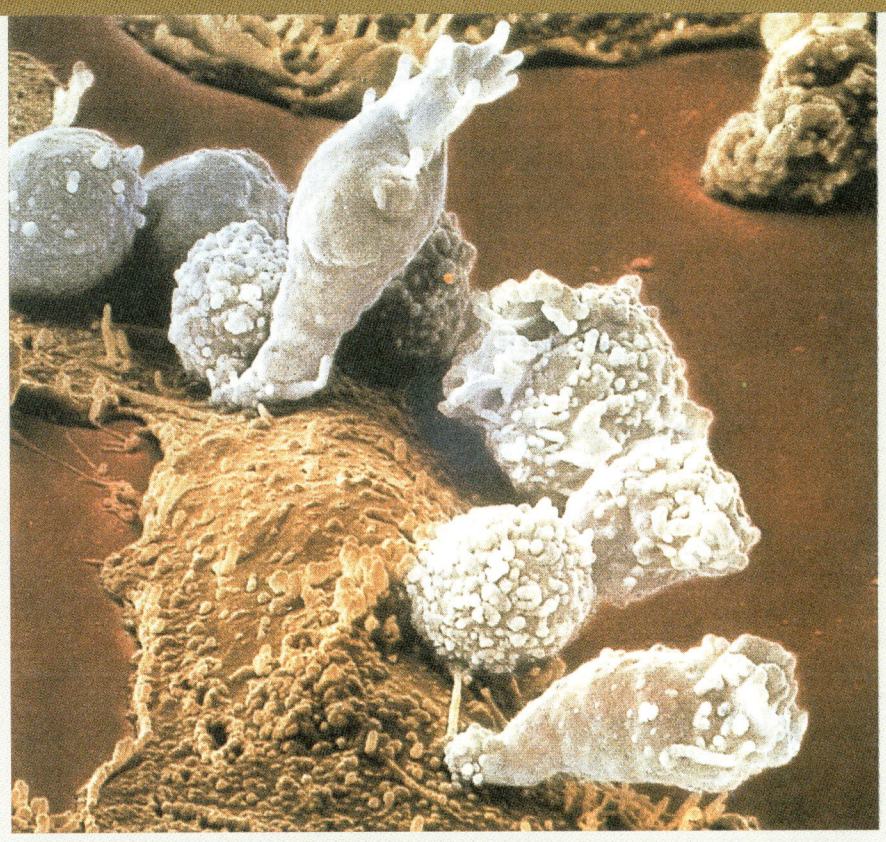

지구상의 모든 생명체는 세포로 구성되어 있으며, 주변환경과 에너지 및 물질을 주고받으며 생명현상을 유지한다.

여기에서는 인간이 어떤 방식으로 외부에서 필요한 물질을 취하고, 외부에서 오는 자극에 어떻게 대응하며, 종의 보존을 위해 어떻게 하는지 알아본 다음, 생체의 방어기능과 유전자감식에 대해서 살펴보자.

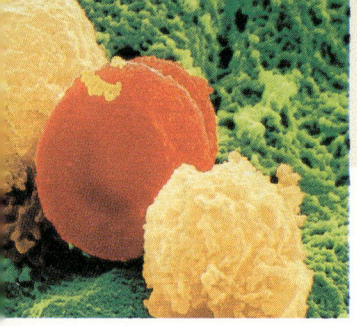

# 3. 혈액과 순환

## 1. 혈액의 성분

"피는 물보다 진하다"라는 옛 속담처럼 혈액은 물보다 무겁고, 진하며, 점도가 높다. 혈액은 점도가 높기 때문에 물보다 천천히 흐른다. 혈액의 온도는 정상인의 평균체온보다 약간 높은 38℃(100.4℉)이며, 약알칼리성(pH 7.35~7.5)을 띤다.

혈액은 전체체중의 약 8% 정도이며, 성인 남자의 경우 약 5~6 $l$, 성인 여자의 경우에는 약 4~5 $l$ 의 부피를 차지한다.

혈액은 혈장(plasma)이라는 액체성분과 혈구세포(blood cells)로 나누어 볼 수 있다. 혈액을 채취할 때 약간의 항응고제를 첨가하여 혈액이 굳어지지 않도록 한 후, 원심분리하면 혈구세포들은 가라앉고 상층에 노란색의 액체가 뜬다. 이것을 혈장이라고 하는데, 그림 3-1에 서처럼 혈액 전체부피의 약 55%를 차지한다. 혈장은 약 91.5%의 물과 나머지는 그 속에 녹아 있는 수많은 종류의 용질이다.

혈구세포층의 대부분은 적혈구(erythrocyte)이며, 적혈구층의 맨 윗부분에는 얇은 하얀 층이 근접해 있는데, 여기에 전체 혈구세포의 1% 정도를 차지하는 백혈구(leucocyte)들과 혈소판(platelet)이 있다.

혈장액 55%

백혈구와
혈소판(1%)

적혈구 45%

그림 3-1 원심분리 후 혈액의 분리 모습

## (1) 혈 장

혈장에는 많은 종류의 단백질들이 있는데, 이들은 대개 간(liver)에서 만들어지며, 적절한 삼투압 유지, 혈액의 pH 변동을 억제하는 완충기능, 특정물질의 수송 등의 역할을 한다. 예를 들어, 혈장 단백질들 중에서 알부민(albumin)은 혈액의 삼투압 유지뿐만 아니라, 지방산을 수송하는 기능을 하며, 항체단백질(immunoglobulin)은 세균이나 바이러스 등과 같은 항원에 결합하여 그들을 제거하는 기능을 하고, 피브리노겐(fibrinogen)은 혈관손상 때 혈액을 응고시켜 혈액유출을 방지한다. 혈장에는 단백질 외에 전해질, 영양물질, 효소, 호르몬, 요소, 요산, 암모니아 등이 녹아 있다 (그림 3-2). 혈청은 혈장과 달리 채취한 혈액에 항응고제를 첨가하지 않고 혈액을 응고시킨 후 원심 분리하여 얻을 수 있다.

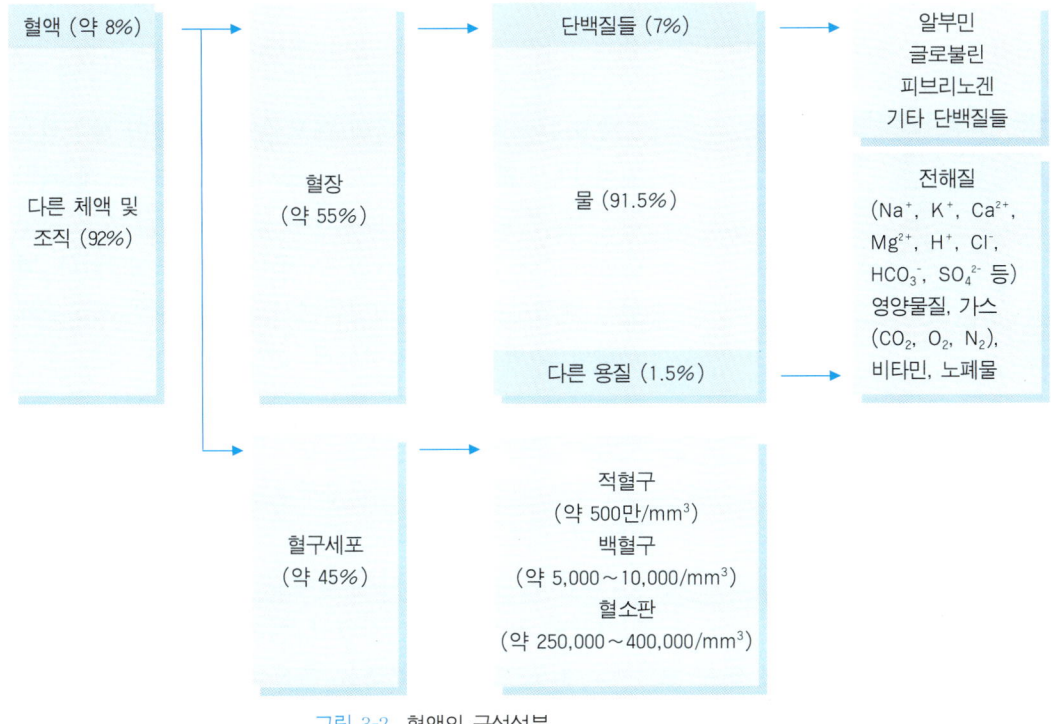

그림 3-2 혈액의 구성성분

## (2) 적혈구

혈구세포에는 적혈구, 백혈구, 그리고 혈액응고에 관여하는 혈소판들이 있다. 혈액에 존재하는 이들 혈구세포 모두가 **골수조직**(bone marrow)에 서 만들어지는데, **줄기세포** 또는 **근원세포**(stem cell)라고 하는 세포가 매우 빠른 속도로 세포분열하고, 분화, 성숙단계를 거쳐 만들어진다. 적혈 구를 현미경으로 관찰해 보면 지름이 약 7~8 $\mu$m이고, 다소 납작하며 가 운데가 움푹 들어간 모양을 하고 있다.

적혈구는 핵과 세포 내 소기관들이 없어서 더 이상 세포분열을 할 수 없을 뿐만 아니라 새로운 단백질 합성도 불가능하다. 적혈구의 세포막은 세포무게의 33%에 달하는 헤모글로빈을 둘러싸고 있어서 산소운반에 매 우 이상적이다. 헤모글로빈은 2개의 알파사슬($\alpha$ chain)과 2개의 베타사슬 ($\beta$ chain)로 이루어져 있으며, 각 사슬내부에는 **헴**(heme)이 있어서 산 소분자와 단단히 결합한다.

적혈구는 골수에서 생성된 후 약 125일 동안 기능하다가 간과 비장에서 파괴된다. 적혈구는 핵이 없으므로 손상되거나 변성된 단백질을 대체할 수 있도록 해주는 새로운 단백질 합성이 불가능하다. 따라서, 세포의 노화 현상을 규명하는데 실험재료로 널리 이용되고 있다.

### 🌀 도움말

• **헴**(heme)

헤모글로빈과 같은 헴 단백 질 내에 존재하는 보결 분 자단으로, 철과 포르피린 (porphyrin)으로 구성되어 있다.

## (3) 백혈구

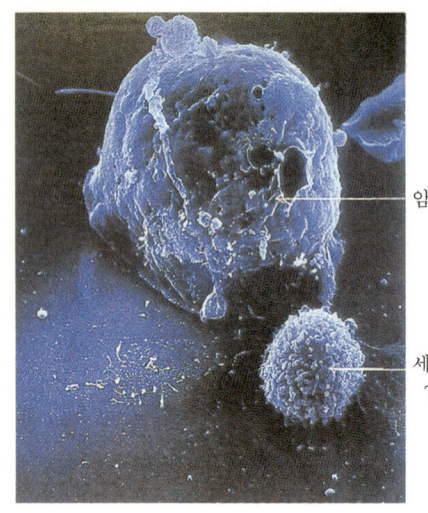

암세포

세포독성
T세포

그림 3-3  T 림프구

백혈구는 적혈구와 달리 헤모글로빈이 없어 빨간색을 전혀 띠지 않으며, 핵을 갖고 있다. 백혈구는 크게 과립성 백혈구(granular leukocyte)와 무과립성 백혈구 (agranular leukocyte)의 두 종류로 나눌 수 있다. 과립성 백혈구는 광학현미경하에서 관찰해 보면 세포질에 다량의 과립들이 존재하는데, 산성, 염기성 또는 중성 염색약에 이 과립들이 염색되는 성질에 따라 호산구, 호염구, 호중구라고 한다.

무과립 백혈구는 세포질에서 이들 과립들이 발견되지 않으며, 림프구(lymphocyte)와 단구(monocyte)가 이에 속한다. 림프구는 다시 항체를 생산하는 B 림프구와 암세포나 바이러스에 감염된 세포를 죽이는 T림프구 (Tc) 및 이들 면역세포에 활성과 세포분열을 촉진하는 물질을 분비해 주는 또 다른 종류의 T림프구(Th)가 있다.

단구는 세균이나 항원물질을 통째로 삼켜 죽이는 기능을 하며, 이들이 특히 혈관을 빠져나가 특정조직에 자리잡으면서 더 분화되어 커다란 대식세포(macrophage)가 된다.

## (4) 혈소판

혈소판은 거핵세포(megakaryocyte)가 잘게 쪼개져서 만들어진다. 대개

그림 3-4  사람 혈액 1 mm³ 당 혈구세포들의 수와 주요기능

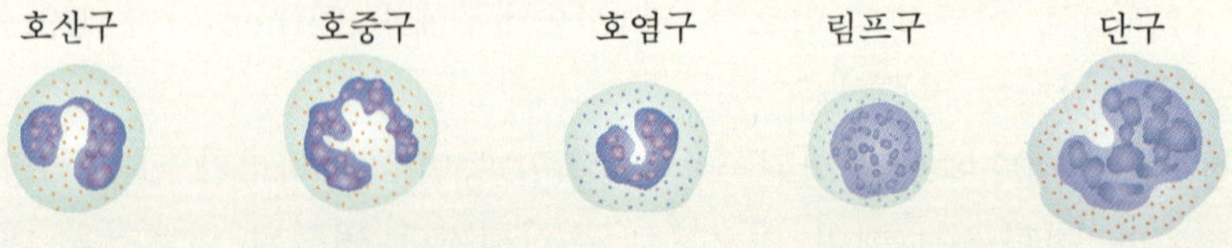

| 세포의 종류 | 수(혈액 1mm³당) | | | 주요 기능 |
|---|---|---|---|---|
| 적혈구 | 500~600만 개 | | | 산소와 이산화탄소의 운반 |
| 백혈구 | 5000~10000개 | | | 다양한 면역반응 |
| 호산구 | 호중구 | 호염구 | 림프구 | 단구 |
| 혈소판 | 20~40만 개 | | | 혈액응고 |

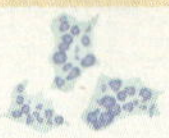

하나의 거핵세포가 약 2,000~3,000개의 혈소판을 만든다. 혈액 1mm³ 당 200,000~400,000개의 혈소판이 존재하며, 여기에는 혈액응고에 관여하는 여러 인자들을 포함하고 있다. 따라서, 혈구세포들 중 핵과 세포 내 소기관이 없는 적혈구, 그리고 거핵세포의 조각들인 혈소판은 우리가 보통 생각하는 세포의 구조와 다르다는 것을 알 수 있다.

## (5) 혈액응고

우리가 사고로 베이거나 긁혀 피가 날 때 과도한 출혈로 생명을 잃지 않는 것은 혈액에 존재하는 혈액응고 인자들이 작용하여 빠르게 손상된 혈관을 막고 복구하기 때문이다. 혈관벽 안쪽 내피세포가 손상되어 바로 뒤쪽의 결합조직이 노출되면 혈액에 떠돌아다니던 혈소판이 몰려들어 결합한다. 이렇게 수많은 혈소판들은 손상된 혈관벽에 마개를 형성하여 출혈을 일단 틀어 막는다. 손상된 부위에 달라붙은 혈소판은 활성화되면서 내부에 지니고 있던 과립들을 방출하는데, 과립물에는 혈관 내피세포, 혈관주위의 평활근세포와 섬유모세포 성장을 촉진하는 성장인자(PDGF, platelet-derived growth factor), 프로스타글란딘(prostaglandin)을 만드는 효소, ADP, ATP, $Ca^{2+}$ 등을 지니고 있다. 이들 분비된 물질과 혈

### 도움말

- **프로스타글란딘**
아라키도닉산(arachidonic acid)이나 다중 불포화지방산에서 유래한 물질. 호르몬처럼 생체 조절능력을 갖는다.

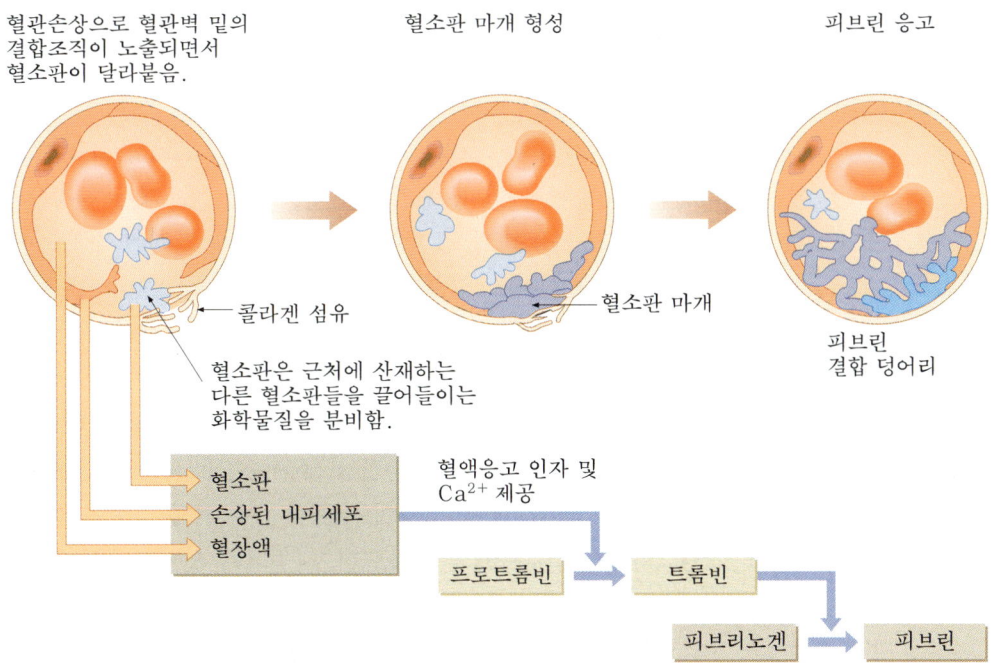

그림 3-5 혈관손상으로 혈액이 유출되는 것을 방지하기 위한 혈액응고 과정

액 속의 활성화되지 않은 혈액응고 인자들이 활성화되면서 서로 협력하여 결국 그림 3-5에서 보는 것처럼 피브리노겐이라는 혈장 내 단백질을 피브린(fibrin)으로 바꾸어 준다.

그림 3-5에서처럼 혈액응고가 일어나는 동안 피브린이 그물처럼 혈구세포들을 엮어 가면서 겔화되며, 이들 피브린 분자들이 혈액응고 효소들 중의 하나에 의해 서로 교차 결합되면서 굳게 된다. 일단 이런 과정을 거쳐 혈액유출이 방지되면 손상된 혈관은 나름대로 복구된다. 혈관이 성공적으로 재생 복구되면 플라스민(plasmin)이라는 효소가 이 혈액응고 덩어리를 녹여주어 최종적인 복구작업을 완성한다.

이처럼 혈액응고는 손상된 혈관으로부터 혈액유출을 방지하는 매우 중요한 기능을 한다. 만일, 혈액응고에 관여하는 여러 인자들 중의 하나가 유전적인 요인으로 인해 결핍되면 혈액이 응고되지 않는데, 이를 혈우병(hemophilia)이라 한다.

## 2. 혈액순환과 그 필요성

심장, 혈관, 그리고 혈액을 합하여 심혈관계(cardiovascular system)라고 한다. 우리 몸을 이루는 각 세포들은 끊임없는 물질대사를 위한 산소와 영양분을 필요로 하고, 노폐물을 생성하여 방출한다. 이처럼 세포가 요구하는 산소와 영양분을 공급하고 노폐물을 제때 제거하기 위해서는 혈액이 부단히 순환하여 그 기능을 다해야 한다. 혈액순환을 위한 동력은 심장이 제공한다.

심장의 크기는 자신의 주먹 정도이며, 2개의 심방(atrium)과 2개의 심실(ventricle)로 이루어져 있다. 우리가 편히 자고 있을 때도 심장은 1분 동안에 약 70회 정도 수축하여 전신에 혈액을 보낸다. 심실이 수축하면 혈액을 심장 밖으로 내보내게 되는데, 혈액순환은 우심실에서 나온 혈액이 폐로 가서 산소와 이산화탄소의 가스교환을 하고, 다시 좌심방으로 돌아오는 폐순환(pulmonary circulation)과 좌심실에서 방출된 혈액이 온몸을 돌아 각 조직에 산소와 영양분을 운반하고 이산화탄소를 포함한 노폐물을 수거하여 우심방에 이르는 체순환(systemic circulation)으로 나눌 수 있다(그림 3-6). 좌심실에서 혈액이 심장박동에 의해 방출될 때 신체 내에서 가장 큰 대동맥(aorta)을 경유한다. 대동맥에서 여러 동맥(artery)으로 갈라지고, 다시 더 작은 소동맥(arteriole)으로 혈액이 흐르는데, 결국에는 소동맥이 내피세포 한 층으로만 이루어진 매우 미세한 모세혈관으로 갈라짐에 따라 혈액은 조직의 각 부분까지 미치게 된다. 여기에서 산

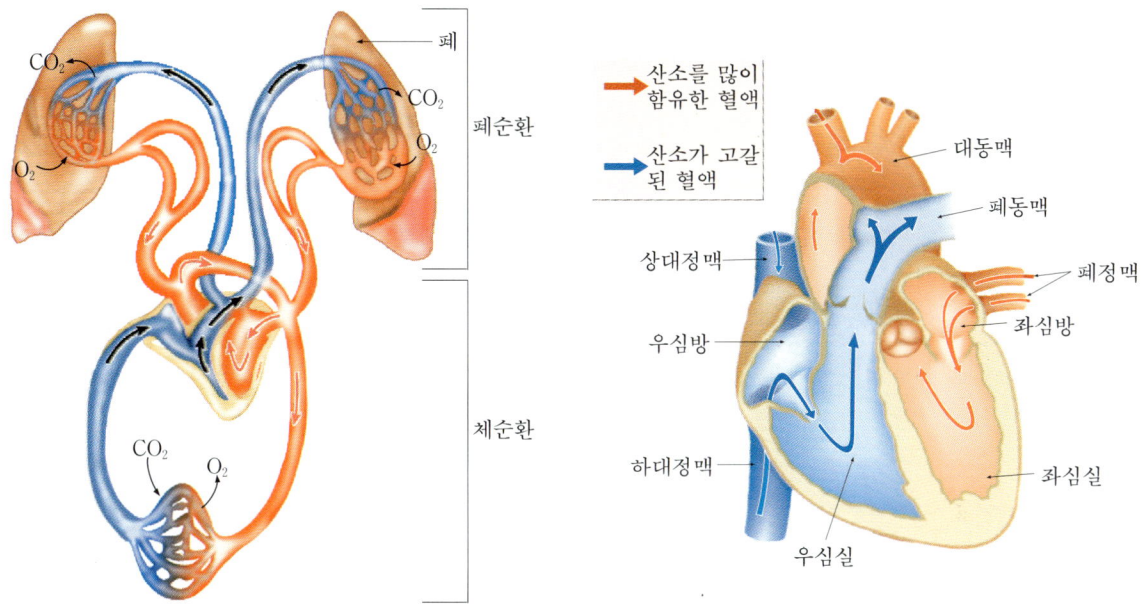

그림 3-6 심장을 경유하는 폐순환과 체순환의 모식도    그림 3-7 심장에서 혈액의 순환경로

소와 영양분을 조직에 공급하고 노폐물을 수거하는 물질교환이 일어난다.

모세혈관은 모여서 소정맥(venule), 정맥(vein)으로 합류하여 점점 굵어진다. 정맥들은 다시 합쳐져서 상대정맥과 하대정맥으로 된다. 이들이 심장의 우심방과 연결되어 온몸을 순환한 혈액이 다시 심장에 모여 체순환을 마감한다.

우심방에 모인 혈액은 우심실로 이동하고 심장이 수축함에 따라 우심실에서 좌우 폐동맥으로 혈액이 방출된다. 좌우폐로 유입된 혈액은 폐의 모세혈관에서 온몸에서 수거해 온 이산화탄소를 외부로 보내고 대신 산소를 받아들인다. 산소를 받아들인 혈액은 좌우 폐정맥을 통해 심장의 좌심방에 유입되어 폐순환을 마감하며, 좌심방의 혈액은 다시 좌심실로 옮겨져 새로운 주기를 시작한다.

## 3. 심장의 구조와 작동

### (1) 심장의 구조

심장은 심장박동에 따라 수축하여 순환기 계통을 통해 온몸으로 혈액을 내보내는 근육기관이다. 심장벽은 가장 안쪽에 심장내막, 중간의 심장근육층, 그리고 가장 바깥쪽에 심장외막의 세 층으로 이루어져 있다.

심장내막은 혈관의 내막과 동일한 구조로 되어 있는데, 한 층의 납작한 내피세포(endothelial cell)와 이를 지지하는 내피하층(subendothelial layer)으로 구성되어 있다. 내피하층은 성긴 결합조직층으로서, 탄력성 섬유단백질과 아교성 섬유단백질, 그리고 약간의 평활근 세포로 이루어져 있다.

이들 심장근 세포는 다시 수축성 세포와 임펄스 생성 및 전도에 관여하는 세포의 두 그룹으로 나눌 수 있다. 임펄스를 생성하는 세포가 심장박동을 일으키는 전기신호를 생성하면 이 신호가 전도에 관여하는 세포로 전도되어 가면서 수축성 세포로 하여금 심장수축을 하도록 한다.

**❂ 도움말**

• 임펄스(impulse)

신경충격. 신경섬유를 타고 전해지는 흥분 또는 그 때 검출되는 활동전위.

## (2) 심장박동

심장의 임펄스 생성과 전도는 심실과 심방이 연속적으로 수축할 수 있게 하고, 이에 따라 효율적으로 혈액을 순환시키는 펌프기능을 잘할 수 있도록 해준다.

상대정맥(superior vena cava)이 우심방에 들어가는 근처에 있는 동방결절(sinoatrial node 또는 SA node)에서 심장박동을 위한 규칙적인 전기신호를 만들어 보낸다. 결국은 이 부위세포들의 박동에 따라 심장이 수축하므로 심장의 심박조율기(pacemaker)라고 한다.

이 심박조율기가 규칙적인 전기신호를 만들면 이것은 즉시 근처의 좌우 심방에 퍼지게 되어 심방근육을 수축시키며, 아울러 우심방과 우심실 사이의 방실결절(atrioventricular node 또는 AV node)이라는 곳에 자극을 전달하게 된다(그림 3-8). 여기서 심방수축 후에 심실수축이 일어날 수 있도록 신호전달이 약 0.1초 동안 지연되었다가 다시 방실다발이라는 특

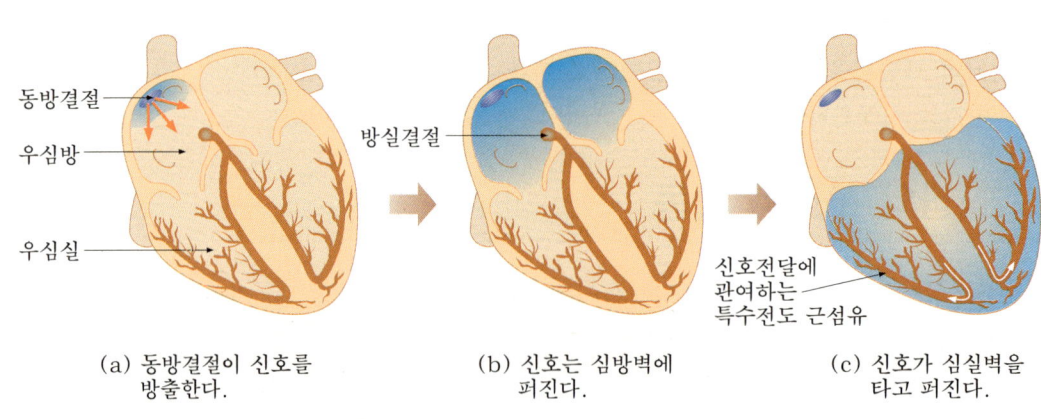

동방결절  
우심방  
우심실  
방실결절  
신호전달에 관여하는 특수전도 근섬유

(a) 동방결절이 신호를 방출한다.　　　(b) 신호는 심방벽에 퍼진다.　　　(c) 신호가 심실벽을 타고 퍼진다.

그림 3-8 심장박동 때의 신호전달 과정

수심근을 타고 전달된다. 방실다발을 타고 온 전기신호는 좌우심실의 근육성 세포에 전달되어 강하게 수축하도록 한다. 강한 수축으로 우심실에서 나온 혈액은 폐로 향하고 좌심실에서 뿜어 나온 혈액은 대동맥을 통과하여 흐르게 된다.

심장질환 중에서 자가 조절체계에 의한 정상적인 심장 박동조율이 잘 되지 않는 경우가 있는데, 대개 이러한 경우에는 인공 박동원(artificial pacemaker)을 방실결절 근처에 심어 치료한다. 인공 박동원은 심장근육이 규칙적으로 수축할 수 있도록 전기신호를 발생시키는 장치이다.

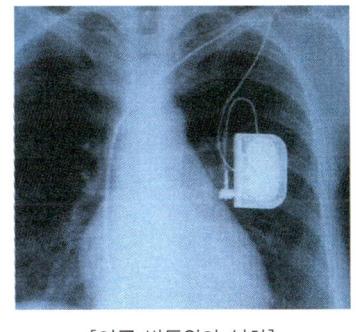

[인공 박동원의 설치]

이처럼 심장박동은 심장의 심박조율기와 방실결절에 의해 자동적으로 발생되지만 뇌나 호르몬도 심장박동에 큰 영향을 미친다.

예를 들면, 우리가 극심한 운동을 하거나 갑자기 놀랐을 때 뇌에서 신경세포를 통한 전기신호를 보내 심장 박동수를 크게 증가시킨다. 또, 부신이라는 곳에서는 에피네프린(epinephrine)이라는 호르몬이 분비되어 심장 박동수를 늘리기도 한다.

## (3) 심장마비

심장근육도 다른 신체조직과 마찬가지로 혈액으로부터 산소와 영양분을 충분하게 공급받아야 원활하게 활동할 수 있다. 심장근육에 산소와 영양분을 공급하는 혈관 어딘가가 여러 가지 이유로 막혀 있거나 좁혀져 있으면 혈액순환이 제대로 되지 않아 심장 근육세포가 죽어가기 시작한다(그림 3-9). 결국에는 심장박동마저 멈추어 버려 심장기능이 완전히 마비되는 것을 심장마비(heart attack)라고 한다.

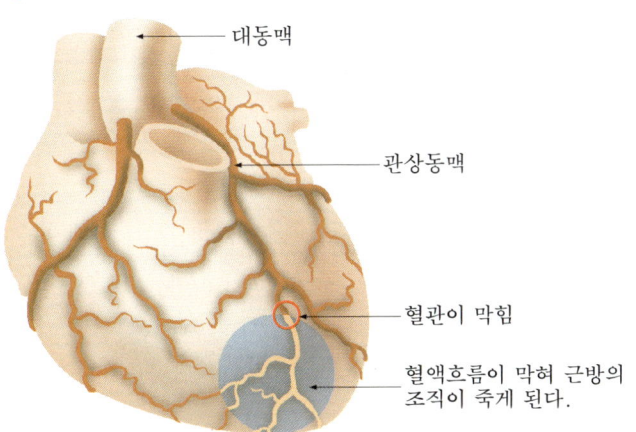

대동맥

관상동맥

혈관이 막힘

혈액흐름이 막혀 근방의 조직이 죽게 된다.

그림 3-9  관상동맥이 막혀 부근의 심근조직이 죽는 모습

대동맥에서 가지쳐 나와 심장을 둘러싸고 있는 관상동맥(coronary artery)은 심장근육의 각 모세관까지 이어져 있는데, 이 관상동맥에 콜레스테롤(cholesterol)과 같은 지질이 축적되어 발생하는 동맥경화로 혈관이 점차 좁아진다. 이 관상동맥이 부분적으로 좁아진 상태에서 심한 운동이나 스트레스를 받게 되면 심장부근에 격심한 고통을 일으키는데 이를 협심증이라 한다. 이것은 심장근육에서 충분한 혈액공급을 받지 못하고 있다는 신호인데, 이 때 즉시 병원에 가서 적절한 치료를 받지 않으면 심

장마비로 이어져 생명이 위태롭게 된다.

## 4. 혈관과 물질교환

### (1) 동 맥

심장이 수축함에 따라 혈액이 방출되면 먼저 대동맥과 동맥을 경유한다. 성인의 경우, 심장이 한 번 수축하면 약 75~100 ml의 혈액이 방출되고, 1분에 약 70~75회의 심장박동을 하므로 매분 약 6~7 l의 혈액을 동맥으로 내보낼 수 있다.

심장에서 뻗어 나온 동맥들은 신축성이 좋아 심장으로 혈액이 강하게 분출될 때 지름이 늘어나고, 다음 심장박동 바로 직전에는 줄어들어 동맥에 가해지는 강한 혈압에 대응한다.

동맥의 벽은 3개의 층으로 이루어져 있는데, 가장 안쪽 혈액과 접촉하는 층은 내피세포들로 이루어진 얇은 층이고, 이를 둘러싸고 있는 중간층은 신축성 섬유조직이 동맥으로 하여금 혈압변화에 따라 팽창과 수축을 하도록 도와 준다. 마지막으로 중간층을 에워싸고 있는 가장 바깥층은 신축성 섬유조직과 함께 강한 결합조직으로 이루어져 있다(그림 3-10).

소동맥은 동맥보다 지름이 작으며, 가장 큰 소동맥의 혈관벽 구조물은

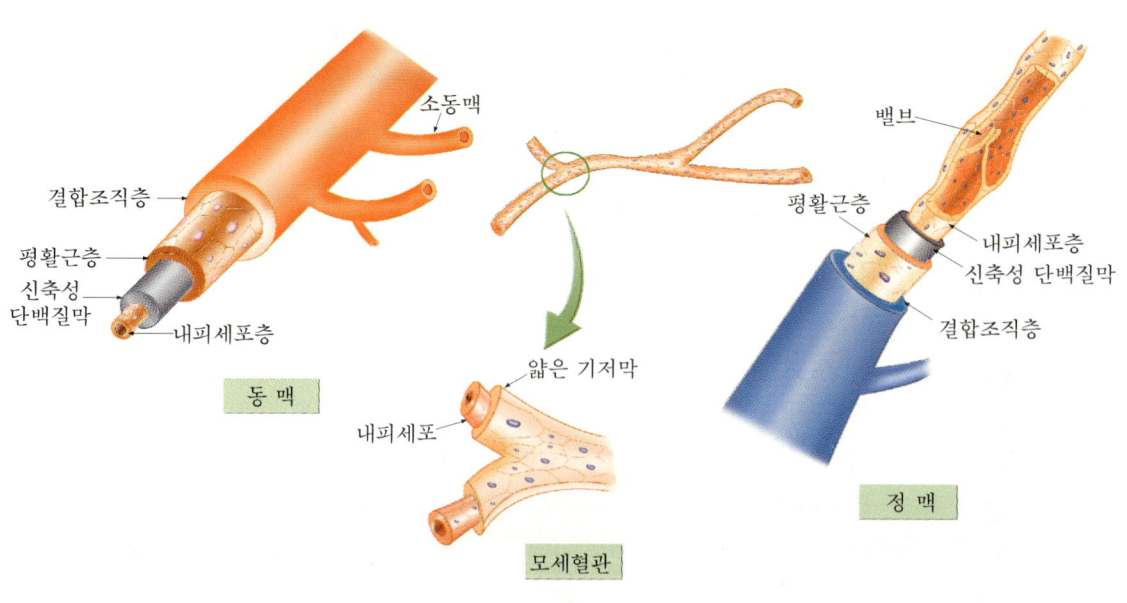

그림 3-10  여러 혈관들의 구조

동맥의 구조와 비슷하다. 반면, 소동맥이 점점 가늘어져 모세혈관에 인접할 때쯤이면 약간의 평활근 세포와 함께 혈관 내피세포로 이루어진 매우 얇은 층으로 변한다(그림 3-10).

## (2) 모세혈관

모세혈관(capillary)은 소동맥과 소정맥 사이의 매우 가는 혈관으로, 머리카락을 의미하는 "capillus"라는 라틴어에서 유래하였다. 소동맥에서 소정맥 사이의 모세혈관을 통한 혈액순환을 특별히 미세 혈액순환이라고 한다.

모세혈관은 신체의 거의 모든 부위에 퍼져 있는데, 조직의 대사활동과 밀접하게 연관되어 있다. 즉, 근육이나 간, 폐, 신장과 같이 대사활동이 매우 활발하여 산소와 영양분을 더 많이 필요한 조직에는 모세혈관망이 매우 발달되어 있는 반면, 힘줄이나 인대와 같은 곳에는 매우 적은 모세혈관이 분포되어 있다.

모세혈관의 주된 기능은 혈액과 조직세포 사이에 이루어지는 산소와 영양분, 노폐물들의 상호 교환에 있다. 모세혈관의 구조는 이 목적에 맞도록 내피세포와 기저막으로 된 매우 얇은 단일층으로 되어 있어서 물질교환이 용이하다. 확산이나 여과 등을 통해 효율적인 물질교환이 일어나려면 매우 넓은 표면적이 필수적인데, 모세혈관은 이를 충족하기 위해 광범위하게 가지를 쳐서 모세혈관 그물망을 형성하고 있다(그림 3-11).

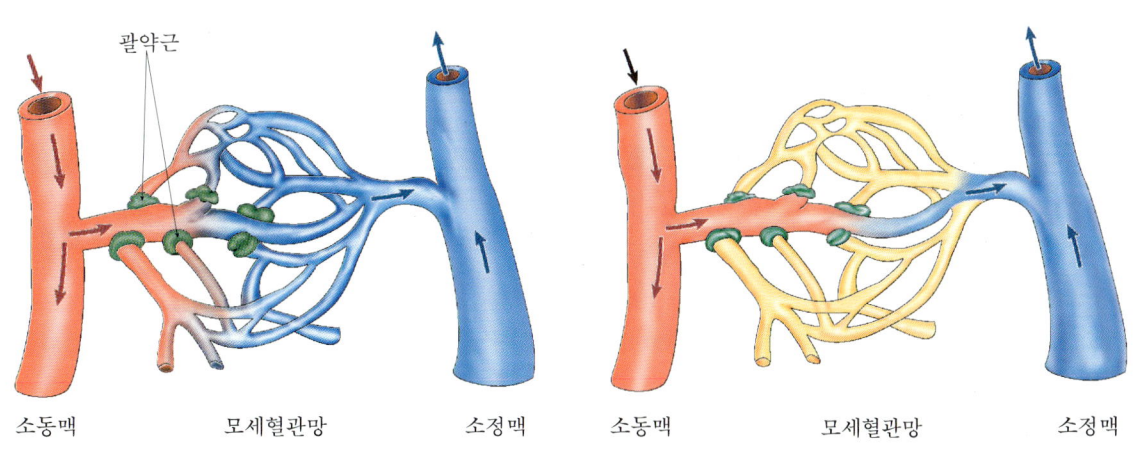

| 소동맥 | 모세혈관망 | 소정맥 | 소동맥 | 모세혈관망 | 소정맥 |

(a) 괄약근이 이완되었을 때          (b) 괄약근이 수축되었을 때

그림 3-11 괄약근이 수축하여 모세혈관망에 흐르는 혈액순환이 제한되는 모습

모세혈관을 통한 혈액의 흐름은 군데군데 소동맥 근방의 모세혈관 바깥쪽 벽에 있는 평활근에 의하여 조절된다. 이것을 전모세혈관 괄약근(precapillary sphincter)이라 하는데, 이것이 수축되면 모세혈관을 통한 혈액흐름이 차단된다(그림 3-11).

## (3) 소정맥과 정맥

여러 모세혈관이 합쳐져서 소정맥을 이루고, 이들 소정맥이 다시 모여 정맥을 이룬다. 모세혈관에 가까운 곳일수록 매우 가늘고 정맥에 가까울수록 두꺼워진다. 정맥은 기본적으로 동맥과 마찬가지로 세 층으로 이루어져 있으나 층두께는 동맥에 비해 얇다. 그 이유는 혈액과 접하는 맨 안쪽층과 중간층에 평활근과 신축성 섬유 단백질이 매우 적기 때문이다.

동맥은 혈압에 충분히 견딜 수 있도록 튼튼하고 탄력성이 뛰어난 반면, 정맥의 혈압은 훨씬 낮기 때문에 이런 구조적 차이점을 나타낸다고 볼 수 있다. 특별히 다리 쪽에 분포하는 정맥에는 상당수의 밸브가 있는데, 이는 중력보다 심장으로 향하는 혈압이 낮아 혈액이 역류하는 것을 방지하는 기능을 갖는다(그림 3-12).

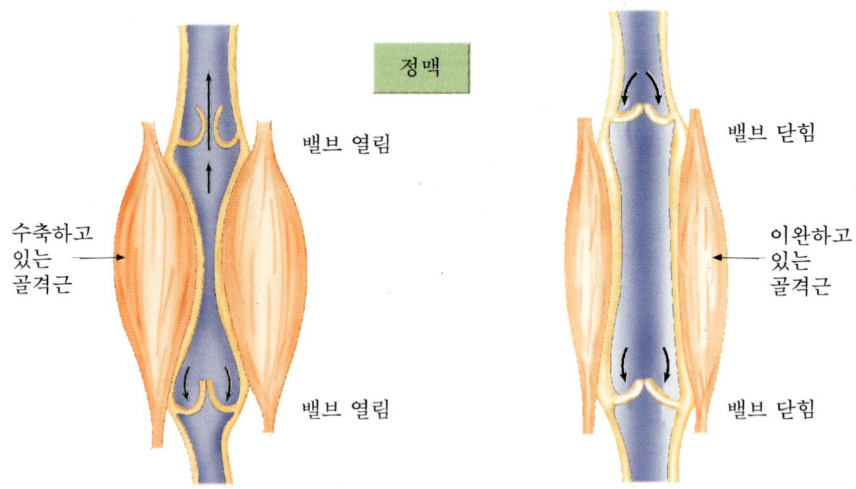

그림 3-12 정맥에서 혈액이 한쪽방향으로 흐르는 원리

정맥

밸브 열림

수축하고 있는 골격근

밸브 열림

밸브 닫힘

이완하고 있는 골격근

밸브 닫힘

## (4) 혈 압

혈액이 혈관벽에 미치는 압력을 혈압(blood pressure)이라고 하는데, 심실이 수축하여 혈액이 급격하게 분출되는 대동맥에서 가장 높고, 동맥

에서 모세혈관 쪽으로 갈수록 낮아진다. 바로 이 혈압이 심장으로부터 온몸에 혈액을 순환시키는 원동력이라고 할 수 있다. 혈액이 모세혈관에서 주변조직과 가스 및 물질교환을 충분히 한 다음 정맥에 다시 모일 때 혈압은 거의 0에 가깝다. 이 혈액은 다시 심장으로 되돌아가야 하는데, 이 때의 힘은 심장의 수축으로 인한 박동력이 아니라 골격근 사이에 끼여 있는 정맥들이 신체가 운동함에 따라 죄어져 발생하는 수축력에 기인한다.

혈압은 보통 심장이 수축할 때의 수축기 압력과 이완기일 때의 압력을 125/75 mmHg와 같이 표시한다. 이 때 125는 심장이 수축할 때의 수축기 압력으로서, 수은기둥을 125 mm 높이까지 지탱할 수 있는 압력을 말한다.

혈압계는 그림 3-13에서처럼 공기를 불어넣어 팔뚝 상단을 죄는 가압대와 압력을 재는 압력계로 이루어져 있으며, 팔뚝 상단의 동맥압력을 측정한다. 가압대에 공기를 불어 넣으면 팔뚝이 죄게 되고, 가압대의 압력이 동맥의 혈압보다 높아지면 혈액흐름이 차단된다. 그 후 서서히 가압대에서 공기를 빼주면 가압대의 압력이 점차 떨어지고 어느 순간에 혈액이 좁아진 동맥혈관을 통과해 빠져 나가기 시작하면서 거친 소리가 들리기 시작하는데 바로 이 지점의 가압대 압력이 수축기 압력이다. 다시 계속해서 가압대에서 공기를 빼내면 소리가 더 이상 들리지 않게 되는데, 이것은 혈액이 동맥 내에서 자유롭게 흐른다는 것을 의미한다. 바로 이 때 압력계에 나타난 수치가 이완기 압력이다.

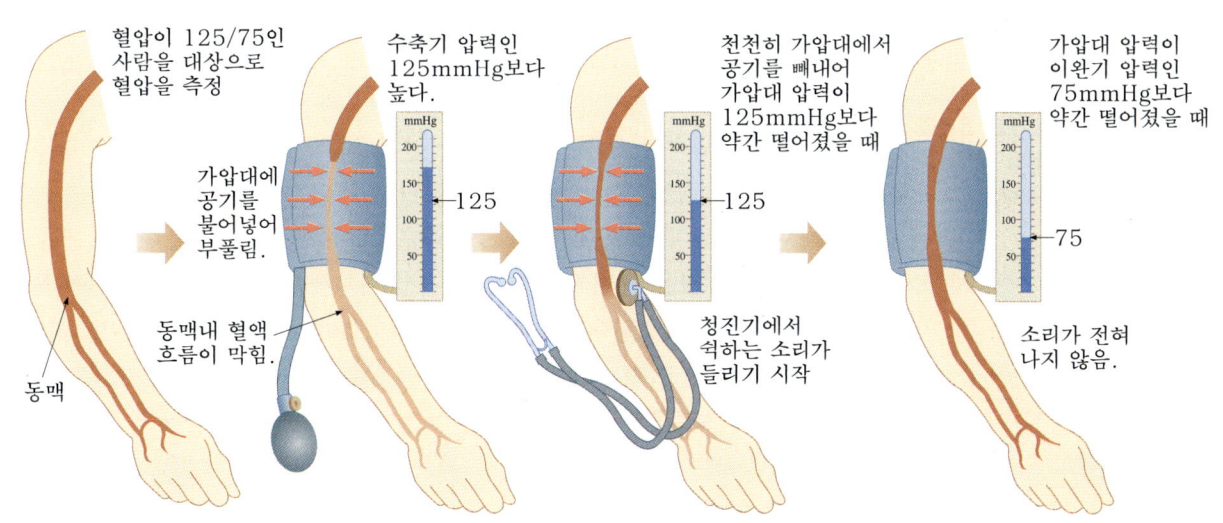

그림 3-13 혈압계의 원리

## (5) 혈관과 조직 간의 물질교환

혈액과 조직세포 주변의 간질성 액체(interstitial fluid) 간의 물질이동은 모세혈관에서 이루어진다. 혈액 속의 영양분과 산소는 얇은 모세혈관벽을 통과하여 일단 간질성 액체로 빠져나가고, 다시 조직세포로 흡수된다.

반면, 조직세포에서 분비된 노폐물과 이산화탄소 같은 물질은 반대방향으로 향해 결국 혈액 속으로 들어간다. 이를 통틀어 물질교환이라고 하는데, 이는 삼투압과 혈압 간의 미묘한 차이로 일어난다(그림 3-14).

그림 3-14 모세혈관에서 혈압과 삼투압의 변화로 인한 물질교환

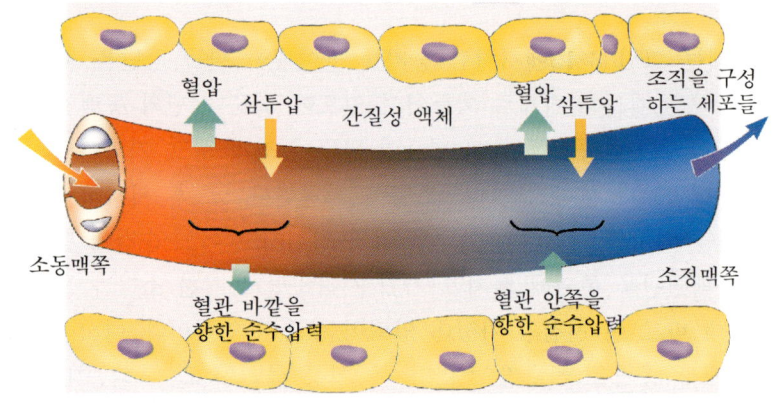

### 💮 도움말

**• 삼투압(滲透壓)**

물은 자유롭게 통과하나 분자가 어느 크기 이상 되는 물질은 이동하지 못하는 반투과성 막을 경계로 농도가 낮은 용액에서 높은 용액쪽으로 농도차를 줄이려고 물이 들어오려는 압력.

혈액 내의 염류 및 단백질을 포함한 용질의 농도가 혈관 바깥의 간질성 액체의 용질농도보다 높으므로 물이 혈관쪽으로 들어오려는 삼투압이 발생한다. 그러나 모세혈관 내의 혈압이 모세혈관 바깥쪽에서 물이 들어오려는 삼투압보다 높으면 물을 포함하여 혈액의 작은 물질들(무기염, 산소, 당, 아미노산 등)이 혈관 바깥쪽으로 빠져 나온다.

이것은 소동맥쪽 모세혈관 부위에서 일어나는데, 바깥쪽을 향한 순수압력은 혈압에서 삼투압을 뺀 것이 된다. 혈액 내의 다소 큰 분자들은 혈관 내피세포의 음세포 작용에 의해 조직쪽으로 이동할 수 있다. 혈구세포들이나 알부민과 같은 단백질은 크기가 커서 내피세포층을 자유롭게 통과하지 못하기 때문에 상당수의 작은 물질들이 모세혈관을 빠져 나갔어도 어느 정도의 혈액농도는 유지된다.

모세혈관에서 소정맥에 가까워짐에 따라 모세혈관 내의 혈압은 계속 떨어져 삼투압보다 낮아지게 된다. 이 때는 거꾸로 주변조직의 간질성 액체에서 용액이 모세혈관 쪽으로 들어온다. 그래도 처음에 빠져나간 양과 나중에 유입된 양을 비교해 보면 약 10~15% 정도의 용액이 조직 속으로 유실되는데, 이들은 나중에 따로 림프계를 통하여 혈액에 재유입된다.

## (6) 부 종

모세혈관에서 혈압과 삼투압의 차이로 일어나는 물질교환의 평형이 깨어지는 경우가 발생하기도 한다. 만일, 모세혈관 바깥쪽으로 빠져나간 양이 간질성 용액에서 혈관 쪽으로 재흡수되는 양보다 비정상적으로 많아지게 되면 조직세포 사이의 간질성 용액의 부피가 늘어나게 된다. 이것을 부종(edema)이라고 하는데, 일반적으로 간질성 용액의 부피가 정상부피보다 약 30% 이상 증가되기 전까지는 조직상에서 잘 감지되지 않는다.

부종이 발생하는 주요요인으로는 다음의 몇 가지로 요약할 수 있다.

• 화상, 영양실조, 간질환 또는 신경질환으로 혈액 내의 단백질의 농도가 떨어져 혈액의 삼투압이 낮아졌을 경우.

• 심장병이나 혈전 생성으로 정맥 내의 혈액이 원활하게 심장으로 유입되지 않아 이 여파로 모세혈관의 혈압이 비이상적으로 높아졌을 경우.

• 화학약품이나 물리적인 힘 또는 세균감염 등으로 혈관 내 혈장 단백질들이 혈관을 빠져나가고 간질성 액체의 농도가 증가하여 삼투압을 높였을 경우.

• 체외로 수분을 배출하는 기능이 어떤 이유에서 저하되고 마시는 수분의 양이 일정할 때 많은 양의 수분이 혈액으로 유입되어 축적되고, 이로 인해 모세혈관 내 혈압이 증가하는 경우.

• 유방암 치료를 위해 유방을 포함한 주위의 림프절을 제거했을 경우 등에서 간질성 액체의 부피가 늘어나는 부종이 생길 수 있다.

**도움말**

• 간질성 용액(間質性溶液)

세포조직 사이에 있는 용액.

• 혈전(血栓)

생물체의 혈관 속에서 혈액이 굳어져 생긴 응혈괴.

## 5. 심혈관계 질환들

혈관 내 혈액이 본래의 목적인 물질교환의 기능을 효율적으로 수행하기 위해서는 잘 순환되어야 한다. 혈압에 이상이 생겨 혈액이 잘 순환하지 못할 경우 생명에 치명적인 각종 심혈관계 질병이 발생한다. 대표적인 심혈관계 질환으로는 심장마비와 뇌출혈로 인한 중풍 등을 들 수 있다. 실제로 우리 나라에서 이들 심혈관계 질환들로 인한 총 사망자 수는 각종 암으로 사망한 환자 수와 비슷하다.

## (1) 동맥경화증

동맥경화증(arteriosclerosis)은 동맥의 벽이 두꺼워지고 딱딱해지는 질병이다. 이들 동맥은 심장에 의해 분출된 혈액의 압력에 충분히 순응할 수 있는 신축성을 상실하고, 동시에 동맥의 지름이 작아져 심장의 부담은 매우 커지게 된다.

동맥경화증 중에서 아테롬성 동맥경화증(atherosclerosis)은 지름이 큰 동맥이나 중간크기의 동맥에서 주로 콜레스테롤을 포함한 지질들이 혈관벽에 달라붙어 섬유성 플라크(plaque)를 형성하면서 시작된다(그림 3-15). 이러한 플라크가 혈관벽에 점점 크게 형성되면 동맥의 탄력성은 떨어지고, 통로가 점점 좁아져 혈액흐름이 원활하지 못하게 되며, 혈구세포들이 깨져 혈액응고 덩어리가 생기므로 혈액흐름을 막아버리기도 한다.

그림 3-15 아테롬성 동맥경화증으로 인하여 관상동맥이 좁아진 모습(a)과 콜레스테롤 등의 지방성분이 플라크를 형성하고 동시에 혈액응고 덩어리가 혈관을 폐쇄한 모습(b)

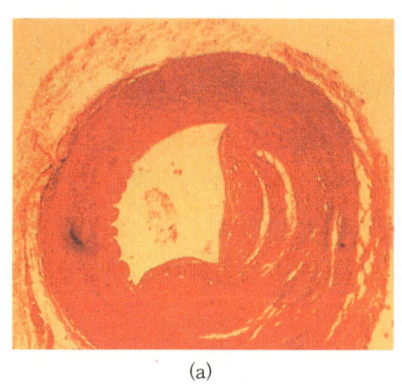
(a)

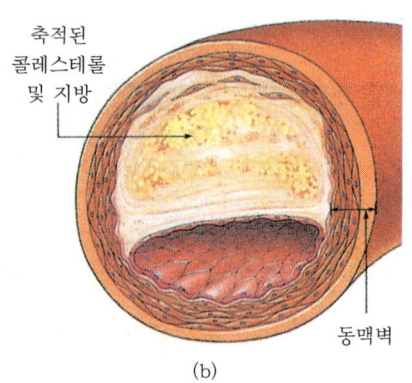
축적된 콜레스테롤 및 지방

동맥벽

(b)

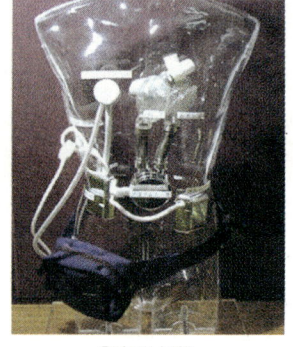
[인공심장]

심장마비는 미국에서 가장 흔한 사망원인들 중의 하나인데, 심장근육에 혈액공급이 불충분하여 생겨난다. 동맥경화로 심장근육에 혈액을 공급하는 관상동맥의 일부가 좁아지거나 막혀버리면 심장마비로 사망하게 된다. 심장마비의 증세로는 가슴 중간에 심한 압박감과 함께 쥐어짜는 듯한 고통을 수반하며, 이러한 고통은 목, 어깨, 그리고 팔까지 이르기도 한다. 또한, 어지럼증, 구토, 발한 또는 숨이 차는 증세가 함께 수반되기도 한다. 이럴 경우 즉시 병원 응급실로 가야 하는데, 살아 있는 채로 응급실에 도착할 경우 생존 가능성은 95% 이상이다.

협심증(angina pectoris)은 흉통(chest pain)이라고도 하는데, 심장마비를 일으키는 때와 비슷한 이유로 발생하며, 심장마비처럼 강렬한 고통은 수반하지 않는다. 협심증에서는 심장의 관상동맥이 심하게 좁아져 심근세포들이 약화되었으나 아직 완전히 죽지는 않은 상태이다.

## (2) 중 풍

중풍(stroke)은 뇌에 대한 혈액공급이 원활하지 않아 뇌세포가 죽어가는 데에서 기인한다. 중풍은 뇌혈관이 고혈압으로 터져서 생기기도 하고,

심장마비 때처럼 혈액응고 덩어리나 다른 혈관에서 떨어져 나와 순환하다가 뇌혈관 쪽으로 흘러 들어온 혈액응고 덩어리의 파편, 또는 지질성분으로 뭉쳐진 덩어리가 뇌혈관의 혈액흐름을 차단하여 발생한다. 중풍의 영향은 혈액공급 차단으로 손상받은 뇌세포의 부위와 정도에 따라 다르다. 중풍의 증상으로는 대체로 무기력함, 무감각, 신체 한편의 마비, 흐릿한 시각, 언어장애, 갑작스럽고 격심한 두통 또는 어지럼증 등이다. 이런 중풍 증세가 나타날 때는 심장마비 때와 마찬가지로 즉시 병원으로 가서 응급 치료를 받아 손상받는 뇌조직의 부위를 줄이도록 해야 한다.

## 하나 더 알기    심혈관계 질환의 원인과 예방법

　예전에는 심장마비나 중풍을 포함한 심혈관계 질환들이 나이든 노인들에게 흔히 나타나는 질환으로 생각하는 경향이 있었으나 최근에는 20～30대에서도 심장마비나 고혈압으로 인한 중풍환자가 많이 발생하고 있다. 대체로 심혈관계 질환은 잘못된 생활습관으로 진행되는 경우가 많아 일본에서는 생활습관 질환으로 분류하고, 정부차원에서 국민들에게 그 예방법을 대대적으로 홍보하고 있다.

　심혈관계 질환의 위험요소로는,
- 흡연, 과도한 음주, 운동부족, 비만
- 높은 혈중 콜레스테롤(총 콜레스테롤 > 200mg/d$l$ )
- 높은 LDL - 콜레스테롤 수치(130 mg/d$l$ 이상)
- 가족 내 동일질환자 발병 건수
- 고혈압
- 연령(나이가 들수록 위험), 당뇨, 홧병

등을 들 수 있으며, 이를 최소로 줄이기 위해서는,
- 정기적인 신체검사, 금연
- 1일 음주량을 맥주 1～2잔 이하로 제한
- 규칙적인 운동
- 과도한 체중감량 삼가
- 복부비만 해소
- 지방질 적은 음식섭취
- 견과, 과일, 야채 등의 섭취
- 1일 소금 섭취량 1½ 티스푼 이하로 제한
- 당뇨치료, 스트레스 해소

등으로 요약할 수 있다. 칼로리가 제한된 섬유소가 풍부한 식단과 함께 규칙적인 운동으로 복부비만을 해소한다. 체중감량에 성공하면 일단 심혈관계 질환으로 사망할 확률은 급속하게 떨어질 수 있음을 명심하자.

## 요 약

　우리 몸의 각 세포에 영양분과 산소를 공급하고, 대신 노폐물과 이산화탄소를 실어 내보내는 혈액은 크게 혈구세포와 혈장으로 구성되어 있다.

　혈구세포는 적혈구, 백혈구, 그리고 혈소판으로 이루어져 있는데, 적혈구가 대부분을 차지한다. 혈장액에는 각종 무기염류와 당, 지방, 그리고 혈장 단백질들이 녹아 있다. 이 혈액은 심장에 의해 혈관을 타고 온몸에 퍼지는데, 심장은 두 개의 심실과 두 개의 심방으로 구성되어 있다. 좌심실이 수축하면 혈액이 심장으로부터 방출되어 대동맥과 동맥을 거쳐 모세혈관에 다다른다.

　모세혈관에서 간질성 용액과 물질교환을 한 후 소정맥, 정맥, 그리고 대정맥으로 모이고 혈액은 우심방으로 들어간다. 우심실에서 다시 혈액이 나와 폐순환을 거쳐 좌심방으로 유입되어 혈액순환을 완료한다.

　심장박동으로 인한 혈압에 적응하기 위해 세 층으로 이루어진 동맥은 매우 신축성이 높으며, 정맥벽에 비해 두껍고 튼튼하다. 이러한 혈관벽에 콜레스테롤이 달라붙어 신축성이 떨어지고 통로가 좁아지면 심장마비나 중풍과 같은 각종 심혈관계 질환의 원인을 제공하게 된다.

　규칙적인 운동과 적당량의 식사, 체중조절과 복부비만 해소, 콜레스테롤이 적은 음식을 섭취하면 이런 질병에 걸릴 확률을 충분히 낮출 수 있다.

## 탐구문제

1. 동맥, 정맥, 모세혈관들은 우리 몸 구석구석에 혈액을 실어 나르는 중요한 혈관들이다. 이들 혈관의 서로 다른 구조와 기능을 설명해 보자.

2. 당신의 식단, 생활습관, 가족의 병력, 그리고 혈액검사 결과 등을 분석해 보고, 심혈관계 질환에 걸릴 확률이 얼마나 되는지 알아보자. 또한, 이를 예방하기 위해 어떠한 조치들이 취해져야 하는지 적어 보고 실천에 옮기도록 하자.

3. 모세혈관의 어떤 특성이 물질교환을 효율적으로 수행할 수 있도록 하는지 알아보자.

4. 심장의 좌심실에서 분출되어 나온 혈액이 좌심방까지 거치게 되는 혈액순환 경로를 순서대로 열거해 보자.

# 4. 인체의 신호전달자

## 1. 자극의 감지와 반응

동물이 살아가기 위해서는 항상 자기보다 약한 개체를 잡아먹고, 반면 자기보다 강한 개체에게는 잡혀 먹힌다. 초식동물은 풀이나 식물의 열매 등을 먹고 살기 때문에 먹이를 구하기가 쉬우나 육식동물은 다른 동물을 먹이로 하기 때문에 먹이 구하기가 쉽지 않다. 따라서, 동물이 생존하려면 외부의 자극을 신속하게 감지하고, 이에 대하여 적절히 대응해야 한다.

우리 몸에서 이와 같은 일을 담당하는 기관으로 신경계와 내분비계가 있다. 신경계는 1차적으로 외부의 물리·화학적 자극을 감지하는 기능을 담당하며, 감지된 자극에 대응하여 호르몬(hormone)을 분비하는 내분비계와 함께 근육의 수축을 통해 2차적으로 주어진 자극에 반응하는 일을 담당한다.

호르몬을 분비하는 기관들을 내분비선이라 한다. 대표적인 내분비선으로 뇌하수체, 갑상선, 흉선, 이자, 부신, 난소와 정소 등이 있다. 이들 내분비선은 신경계를 통해 받은 외부의 자극이나 다른 내분비선에서 분비된 호르몬의 자극을 받아 특정 호르몬을 분비한다. 분비된 호르몬들은 순환계를 통해 이동하여 세포막에 호르몬과 반응할 수 있는 수용체를 갖고 있는 표적세포(target cell)와 반응하여 세포의 기능을 변화시킨다. 그 실례로 초원에서 한가로이 풀을 뜯고 있던 사슴이 사자의 냄새나 포효하는 소리를 들으면 풀뜯기를 멈추고 긴장하다가 사자의 움직임이 시야에 들어오면 달아나기 시작하는 것을 들 수 있다. 이 때 소리나 냄새의 감지, 시각작용 등은 모두 신경계의 일부인 감각신경계를 통하여 이루어진다.

한편, 사슴이 긴장하면 부신에서 아드레날린이 분비되어 심장박동이 증가하고, 혈액 내의 혈당농도가 증

● 도움말

• 표적세포

호르몬을 인식하는 수용체를 갖고 있는 세포. 호르몬 수용체는 수용성 호르몬의 경우 세포막에 위치하나 지용성 호르몬(예로서, 성호르몬)의 경우는 세포질에 존재한다.

그림 4-1 긴장하고 있는 사슴의 모습

가하여 달아날 준비가 완료된다(그림 4-1). 달아나는 데 필요한 팔다리 근육의 움직임은 운동신경계의 작용으로, 규칙적이고 반복적인 형태로 이루어진다. 사람의 경우도 자극을 감지하고 이에 대해 반응하는 방법은 사슴이나 사자와 마찬가지로 신경계와 호르몬의 작용에 의해 이루어진다.

신경계를 구성하며 신경계의 주된 기능을 담당하는 신경세포를 뉴런(neuron)이라 한다. 사람의 뇌는 약 $10^{11}$개의 뉴런으로 구성되어 있다고 알려져 있다. 뉴런은 다시 시냅스(synapse)라는 구조를 통하여 서로 신호를 주고받는다.

1개의 뉴런은 평균 $10^4$개의 시냅스를 통해 다른 뉴런으로부터 신호를 전달받아 이를 통합한 다음, 한 개의 신호로 만들고, 이것을 다시 다른 뉴런에 시냅스를 통해 전달한다. 사람의 뇌는 $10^{11}$개의 뉴런이 뉴런 1개당 $10^4$개의 시냅스를 이용하여 연결되어 있는 거대한 신경망이라 할 수 있다(그림 4-2). 시냅스를 통한 뉴런 사이의 신호전달은 신경전달물질이라는 화학물질에 의해 매개된다. 이러한 관점에서 볼 때 호르몬과 신경전달물질은 세포들 사이의 신호나 정보운송을 매개하는 화학메신저(chemical messenger)라고 볼 수 있다.

다세포생물들의 기능은 분화가 이루어져 있으며, 이와 같은 다양한 기능을 수행하기 위해 세포나 조직들 간의 연락방법이 필요하다. 연락방법에는 두 가지가 있는데, 하나는 전기적 신호를 이용하여 한 장소에서 다

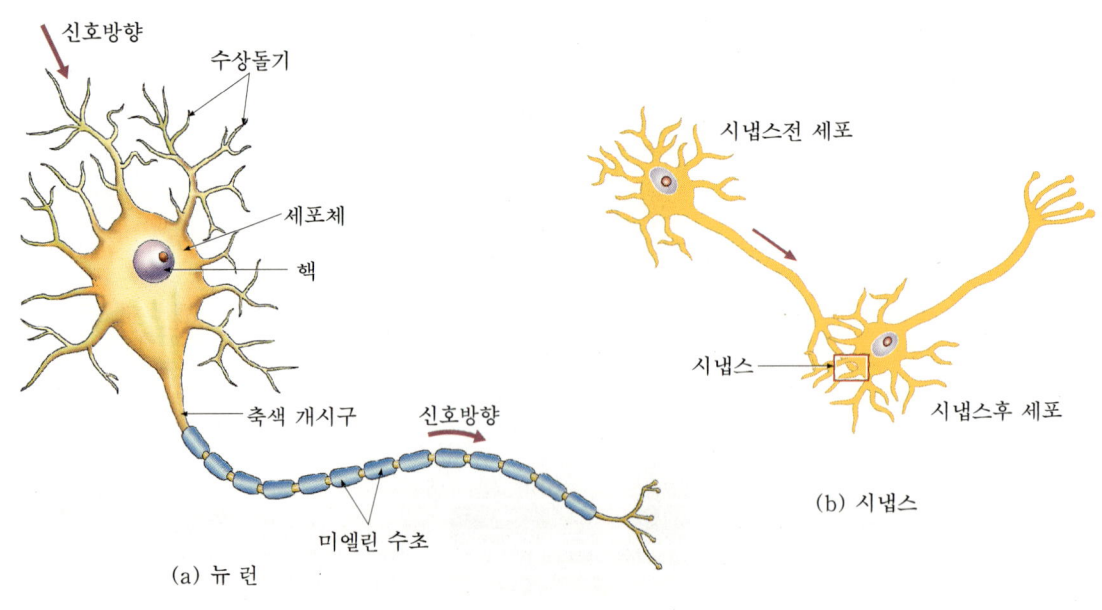

그림 4-2 뉴런과 시냅스

른 장소로 연락하는 방법이고, 다른 하나는 화학물질을 분비하여 이를 매개로 연락하는 방법이다. 전자의 방법은 마치 전화나 컴퓨터 통신을 이용하여 연락하는 방법과 유사하고, 후자는 옛날에 봉화불 연기로 연락하는 방법과 유사하다. 아이러니칼하게도 생물체에서는 이 두 가지 방법이 함께 사용되고 있다. 봉화연기와 같이 작용하는 화학물질을 화학메신저 또는 신경전달물질이라 한다.

## 2. 신호전달 수단

### (1) 화학메신저

화학메신저로는 호르몬, 신경전달물질, 2차 메신저 등을 들 수 있다. 호르몬은 내분비 기관에서 세포 밖으로 분비되어 혈액을 따라 이동하다가 표적세포라고 하는 특정세포와 반응하여 신호를 전달한다. 신경전달물질은 뉴런 사이의 신호 전달구조인 시냅스에서 이웃하는 두 뉴런 간의 신호전달을 담당하는 화학물질이다. 2차 메신저는 세포 내에서 세포의 기능을 조절하는 물질로, 세포 밖의 신호에 반응하여 세포가 생성하는 물질을 가리킨다.

대표적인 화학메신저의 종류와 기능은 표 4-1에 나타나 있다.

표 4-1                 화학메신저의 종류와 기능

| 화학메신저 | 분 포 | 작 용 방 식 | 예 |
|---|---|---|---|
| 2차 메신저 | 세포 내 | 세포의 기능조절, 효소의 인산화 | $Ca^{2+}$, cAMP, cGMP, $IP_3$, diacylglycerol |
| 신경전달물질 | 신경세포 | 시냅스에서 신호전달 | 아세틸콜린, 세로토닌, 에피네프린, 도파민 |
| 호르몬 | 내분비 기관 | 내분비 기관에서 분비되어 혈액을 통하여 이동, 표적세포와 반응하여 표적세포의 기능변화 | 인슐린, 성장 호르몬, 갑상선 호르몬 |

**● 도움말**

• cAMP

cyclic adenosine triphosphate의 약칭. 시클로아데노신 3 인산. 동물 호르몬의 작용발현을 중재하는 물질.

• cGMP

cyclic guanosine triphosphate의 약칭. 시클로구아노신 3 인산.

• $IP_3$

inositol triphosphate의 약칭. 이노시톨 3 인산.

신경전달물질이나 호르몬과 같은 화학메신저가 표적세포와 반응하기 위하여 표적세포의 세포막 표면에는 화학메신저를 인지하고 결합할 수 있는 수용체라는 막단백질이 존재한다. 화학메신저와 수용체의 결합은 일련의 효소반응을 유발시켜 세포 내 2차 메신저의 양을 변화시키거나 막을 통한 이온의 투과도를 증가시켜 세포의 전위차를 변화시킨다. 이 과정에서 신호의 증폭이 이루어져 1분자의 화학메신저는 수십 또는 수백만 배로 증폭

된 반응을 야기할 수 있다.

## (2) 전기신호

전기적 신호를 이용하여 한 장소에서 다른 장소로 신호를 전달하는 과정은 마치 전선을 통해 전류가 흐르는 과정과 유사하다. 뉴런은 전선과 같은 길다란 선모양의 구조로 이루어졌는데, 이것을 축색(axon)이라고 한다. 한 예로서, 동물의 표피의 자극을 뇌에 전달하는 감각뉴런의 축색길이는 수 미터에 달하기도 한다. 신경충격의 전달과정에서 뉴런은 막전위(membrane potential)의 변화를 이용하는데, 이것을 활동전위(action potential)라 한다. 활동전위는 일단 생성되면 소멸되지 않고 일정방향으로 이동할 수 있어서 전기적 신호를 운송한다.

활동전위의 생성과 이동을 이해하기 위해서는 막전위의 개념을 이해해야 한다. 모든 살아 있는 세포는 세포막을 경계로 하여 전하의 분포에 차이가 난다. 보통 세포 안이 바깥보다 음(−)의 전하를 갖는다. 전하의 차이는 막을 경계로 하여 전위차로 나타나는데, 이것이 바로 막전위이며, 보통 −50∼−70mV의 크기를 갖는다. 막전위는 일반적으로 세포 밖의 전위를 기준 또는 0으로 나타내기 때문에 (−)부호는 세포 안이 세포 밖에 비해 음의 전위를 갖는다는 것을 의미한다. 막전위는 세포 안팎의 용액의 이온조성이 다르며, 두 용액을 분리하고 있는 세포막의 선택적인 이온투과도 때문에 형성된다.

전형적인 포유류 세포의 세포 안팎의 이온조성은 표 4-2와 같다.

표 4-2　　　　　　　　　포유류 세포용액의 이온조성

| 이온 | 세포 밖의 농도(mM) | 세포 안의 농도(mM) | 농도비(세포 밖/세포 안) |
|---|---|---|---|
| $Na^+$ | 145 | 12 | 12 |
| $K^+$ | 4 | 155 | 0.026 |
| $Ca^{2+}$ | 1.5 | $10^{-4}$ | 15,000 |
| $Cl^-$ | 123 | 4.2 | 29 |
| $A^-$ | − | 100 | 0 |

\* $A^-$는 막을 투과할 수 없는 양이온의 분자들로 단백질이나 핵산 등이 대부분이다.

어느 순간 뉴런의 세포막이 $K^+$이온만을 투과시킨다면 막전위는 $K^+$이온의 농도차에 의해 다음과 같이 결정된다. $K^+$이온만이 세포막을 통과할 수 있기 때문에 $K^+$이온은 농도 기울기(concentration gradient)를 따라

### 🌀 도움말

• **막전위(膜電位)**

세포막이나 소기관막 안팎에 존재하는 전위차.

• **농도 기울기**

용질농도가 용액 속의 두 점에서 서로 다를 때 농도의 차와 두 점 사이의 거리와의 비.

**52** 제Ⅱ부 인체의 신비

세포 안에서 밖으로 흘러나간다. 양전하를 띠는 $K^+$이온이 유출됨에 따라 세포 안은 상대적으로 음전하로 충전된다. $K^+$이온이 계속 유출됨에 따라 세포 안의 전위는 점점 음($-$)으로 변하여 양이온인 $K^+$이온을 정전기적 인력으로 당기게 되고, 결과적으로 $K^+$이온의 유출이 감소하여 마침내 평형에 도달하게 된다. 이 때 세포막에 생성되는 전위를 평형전위라고 하며, 평형전위는 $K^+$이온의 농도차에 의해 다음의 Nernst 공식으로 구할 수 있다.

$$E_k = -0.058 \ \log \ \frac{[K^+]_i}{[K^+]_o} \ (V)$$

전형적인 포유류 세포에서 $K^+$이온의 세포 안팎의 비가 0.026(표 4-2)이므로 $K^+$이온의 평형전위값은 $-92$ mV 정도이다. 실제로 세포에서 여러 가지 이온들은 세포막을 경계로 불균등하게 분포하며, 각 이온들의 막 투과도가 서로 다르므로 막전위는 각 이온들의 평형전위의 투과도에 의한 가중평균값으로 결정된다. 이 값은 보통 $-50 \sim -70$ mV의 평균값을 갖는데, 이것을 휴지막전위(resting membrane potential)라 한다.

활동전위는 위에서 언급한 막전위가 휴지막전위값에서 $+45$ mV 근처까지 갑자기 증가하였다가 다시 원래의 휴지막전위값으로 돌아오는 일련의 과정을 일컫는다. 이 과정은 2 msec 정도의 짧은 시간 동안 이루어진다. 활동전위는 뉴런의 세포막에 존재하면서 특정이온을 투과시키는 통로 역할을 하는 이온채널의 개폐로 생성된다. 나트륨채널과 칼륨채널은 각각 $Na^{2+}$과 $K^+$을 주로 통과시키는 이온통로이며, 이온통로의 개폐는 막전위의 변화로 결정된다. 활동전위의 시작은 외부의 물리적, 화학적 자극 또는 전기적 자극에 의하여 뉴런의 막전위가 휴지전위로부터 $+$방향으로 변하는 탈분극이 이루어진다. 보통 휴지막전위로부터 $15 \sim 20$ mV만큼 막전위가 탈분극화되면 닫혀 있던 나트륨채널이 열리기 시작한다. 외부의 자극이 작아서 $15 \sim 20$ mV만큼 탈분극화시키지 못하면 나트륨채널은 열리지 않고 활동전위도 생성되지 않는데, 이와 같이 막전위를 탈분극시킬 수 있는 자극의 크기를 역치(threshold)라고 한다.

자극이 역치에 도달하지 못하면 활동전위의 생성은 없다. 역치 이상의 자극에 의해 나트륨채널이 열리면 주로 $Na^+$이온이 막을 통과하여 세포 안으로 밀려 들어와 막전위는 $Na^+$이온의 평형전위($E_{Na}$)에 근접한다. 이 시점에서 나트륨채널이 비활성화되어 이온통로가 닫히면서 대신 뒤늦게 칼륨채널이 열린다. 열린 칼륨채널의 이온통로를 통하여 $K^+$이온이 세포 밖으로 빠져나가면서 막전위는 다시 원래의 상태인 휴지막전위로 되돌아

• 네른스트(Nernst, W.H.: 1864~1941)

독일의 물리화학자. 전리용압(電離溶壓)·용해도곱의 개념 제창. 반응속도, 화학평형 등 화학열역학 연구. 1920년 노벨 화학상 수상.

• $[K^+]_i$와 $[K^+]_o$

각기 $K^+$이온의 세포 안쪽 농도와 바깥쪽 농도.

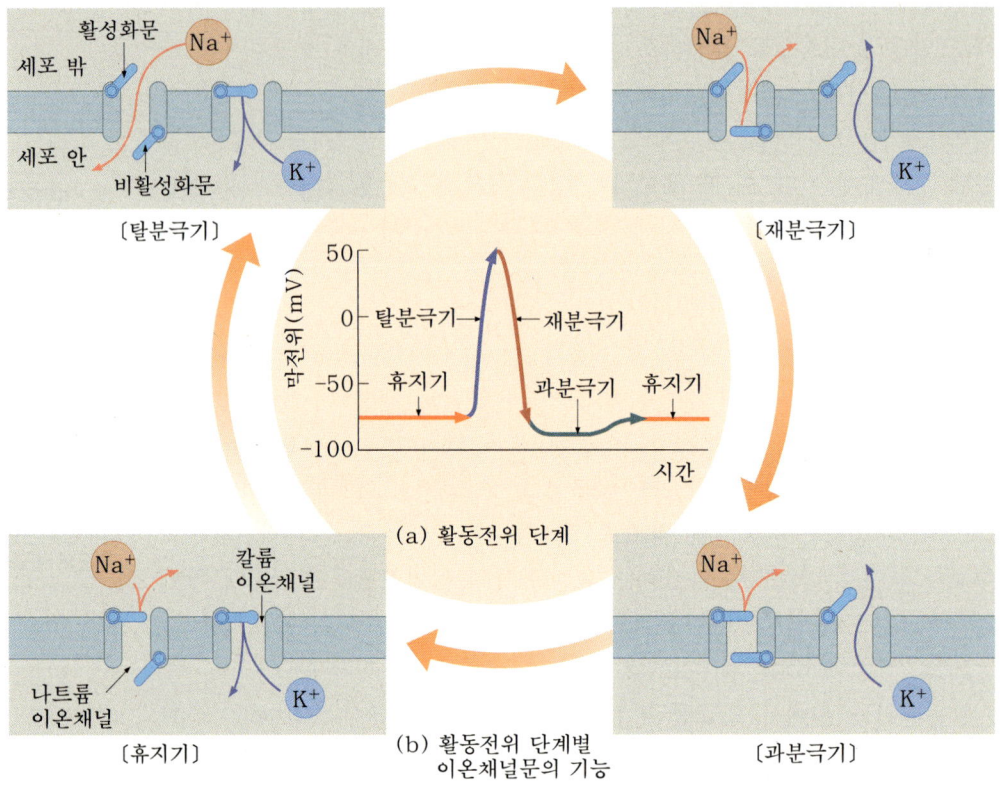

〔탈분극기〕

활성화문
세포 밖
세포 안
비활성화문
Na⁺
K⁺

〔재분극기〕
Na⁺
K⁺

(a) 활동전위 단계

막전위 (mV)
50
0
-50
-100
휴지기
탈분극기
재분극기
과분극기
휴지기
시간

〔휴지기〕
나트륨
이온채널
칼륨
이온채널
Na⁺
K⁺

(b) 활동전위 단계별
이온채널문의 기능

〔과분극기〕
Na⁺
K⁺

그림 4-3  활동전위의 단계와 각 단계에서의 이온채널문의 역할

가는데, 이것을 재분극이라고 한다(그림 4-3).

뉴런은 일반적으로 수상돌기에서 외부의 자극을 받고, 이것을 다시 통합하여 세포체에서 생성된 활동전위가 축색을 따라 뉴런 끝으로 이동한다. 일단 활동전위가 뉴런의 특정부위에서 생성되면 $Na^+$의 유입에 의한 강한 탈분극화는 활동전위가 생성된 주변을 역치 이상으로 탈분극시켜 새로운 활동전위를 생성한다.

새로운 활동전위의 생성은 다시 주변을 탈분극시켜 주변에서 새로운 활동전위를 생성시킨다. 이와 같은 방법으로 활동전위는 축색을 따라 이동한다(그림 4-4). 활동전위의 생성과정에서 나트륨채널이 일단 비활성화되면 막전위의 탈분극화에 의하여 다시 열리기까지는 시간이 걸리는데, 이 시기를 불응기라고 한다. 그러므로 활동전위는 앞으로만 전진하지 다시 오던 길로 되돌아가지 못한다. 이것은 마치 도미노(domino)가 시작되면 앞으로만 전진하는 현상과 동일하다.

축색을 따라 활동전위가 이동하는 속도는 축색의 지름에 비례한다. 지

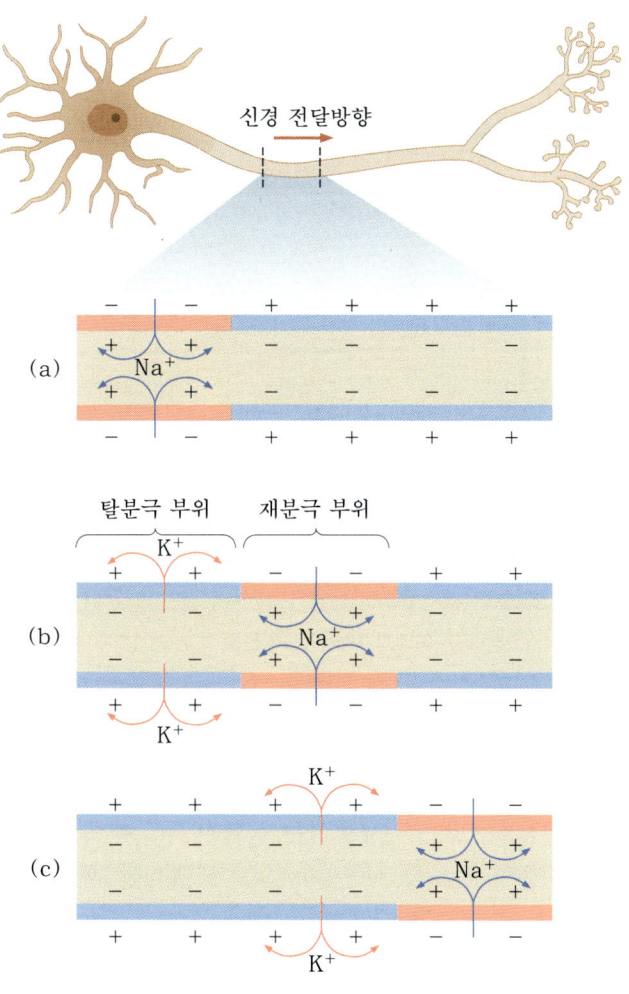

신경 전달방향

(a) Na⁺

탈분극 부위    재분극 부위

(b) K⁺    Na⁺    K⁺

(c) K⁺    Na⁺    K⁺

그림 4-4 활동전위가 축색을 따라 이동하는 양상

름이 크면 세포질의 단위면적당 저항이 작아지므로 이온들이 세포질을 따라 이동하기 쉬워진다. 예를 들면, 오징어의 거대축색(giant axon)의 지름은 1mm나 되며, 이 경우에 활동전위의 이동속도는 100 m/s이다. 그러나 고등동물에서는 뉴런의 수가 많으므로 축색의 크기를 증가시키는 데 제한을 받는다. 그래서 다른 방법으로 활동전위의 이동속도를 증가시킨다. 척추동물의 축색은 슈반세포(Schwan cell)와 같은 신경교세포(glial cell)에서 유래한 여러 겹의 세포막으로 둘러싸여 있는데, 이것을 미엘린 수초(myelin sheath)라 한다. 미엘린 수초에 의해 축색이 절연되기 때문에 활동전위는 랑비에결절(node of Ranvier)을 따라 도약전도하며, 이 경우 이동속도는 보통 30 m/s 정도이다(그림 4-5).

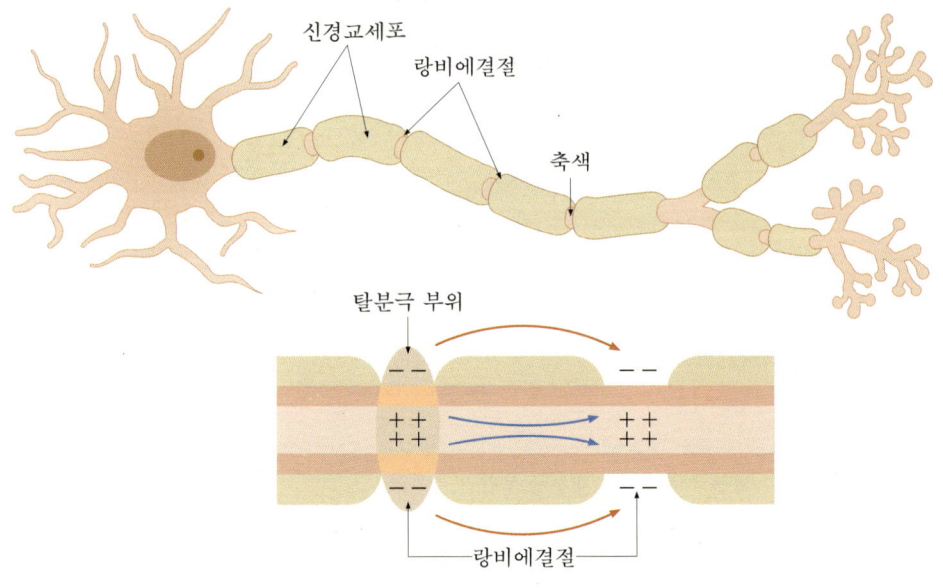

그림 4-5  미엘린 수초와 도약전도

## 3. 시냅스

뉴런들 사이의 신호전달은 시냅스라는 독특한 구조를 통해 한 방향으로 이루어진다. 이 경우 신호를 주는 뉴런을 시냅스전 세포(presynaptic cell), 신호를 받는 뉴런을 시냅스후 세포(postsynaptic cell)라 한다. 신호전달은 항상 시냅스전 세포에서 시냅스후 세포로 진행된다. 시냅스에는

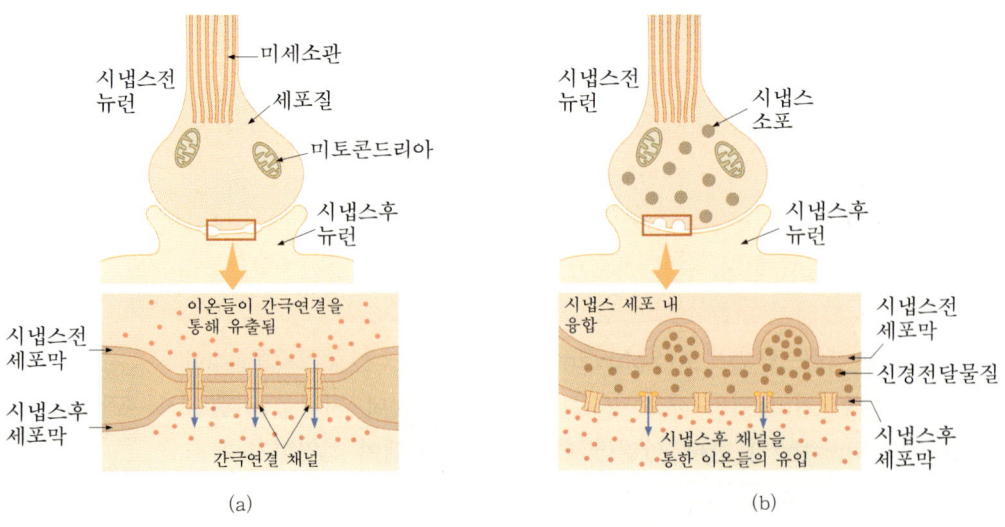

그림 4-6  전기시냅스(a)와 화학시냅스(b)의 미세구조

두 가지 종류가 있는데, 그 하나는 전기시냅스로, 활동전위가 두 뉴런 사이를 연결하는 관을 통해 직접 이동하는 방법이므로 이동속도가 빠르고 신호가 전달과정에서 손실이 일어나지 않아 주로 하등동물이나 인간의 경우 동시화(synchronization)가 필요한 경우에 사용된다. 그러나 대부분의 시냅스는 물리적으로 격리되어 있는 두 뉴런 사이에서 화학 메신저를 매개로 신호를 전달하는 화학시냅스의 방법이 이용된다(그림 4-6).

화학시냅스의 경우에는 시냅스전 세포와 시냅스후 세포 사이가 좁은 공간에 의해 분리되어 있어서 활동전위가 두 세포 사이를 직접적으로 통과할 수 없다. 대신 시냅스전 뉴런에 도달한 활동전위는 $Ca^{2+}$ 농도의 증가에 의해 신경전달물질의 분비를 촉진한다. 시냅스 소포(synaptic vesicle)에 담겨 있는 신경전달물질이 엑소시토시스(exocytosis)에 의해 세포 밖으로 분비되며, 세포 밖으로 분비된 신경전달물질은 확산에 의해 시냅스후 뉴런으로 이동하여 세포막의 표면에 있는 수용체와 반응한다. 수용체가 신경전달물질과 결합하면 $Na^+$, $K^+$, $Cl^-$과 같은 이온들이 통과하는 이온채널을 열리게 한다. 따라서, 시냅스후 뉴런의 세포막에 위치하는 수용체는 화학물질에 의해 열리고 닫히는 이온채널이라 할 수 있다.

사람의 경우 하나의 뉴런은 평균 10,000개의 화학시냅스를 통하여 신호를 받는데, 이 중에서 일부는 흥분성이고 나머지는 억제성이다. 흥분성 시냅스(excitatory synapse)와 억제성 시냅스(inhibitory synapse)는 시냅스후 세포의 막전위에 서로 반대의 효과를 갖는다. 흥분성 시냅스에서는 신경전달물질 수용체가 주로 $Na^+$과 같은 양이온을 세포 내로 유입시킨다. 결과적으로 막전위는 탈분극화되어서 활동전위의 역치값에 점점 근접하게 된다. 이와 같은 막전위의 변화를 EPSP(excitatory postsynaptic potential)라 한다. 반면, 신경전달물질이 수용체와 결합하여 $K^+$이온이나 $Cl^-$이온을 주로 통과시키는 시냅스를 억제성 시냅스라고 한다. $K^+$이온의 유출이나 $Cl^-$이온의 유입은 시냅스후 세포의 막전위를 휴지전위보다 ─방향으로 변화시키기(과분극화) 때문에 활동전위의 역치값과는 점점 멀어지게 된다. 이러한 막전위의 변화를 IPSP(inhibitory postsynaptic potential)라 한다. 결국 한 개의 뉴런은 수천 개의 EPSP와 수천 개의 IPSP를 시냅스를 통해 동시에 받게 되며, 이것을 통합하고 한 개의 막전위 변화로 수렴시켜 활동전위의 생성여부를 결정한다. EPSP가 IPSP보다 우세하면 활동전위가 생성되고, 그 반대이면 활동전위는 생성되지 않는다.

화학시냅스는 뇌에 작용하는 여러 가지 중요한 약물들이 반응하는 장소를 제공한다. 일반적으로 이러한 종류의 약물들은 신경전달물질의 분비를

**도움말**

• **엑소시토시스**
분자량이 큰 물질이 세포막을 통과하는 기작. 세포 내 물질이 세포 밖으로 이동하면 엑소시토시스, 밖에서 안으로 이동하면 엔도시토시스(endocytosis)로 구분한다. 엑소시토시스는 지질 소낭 막과 세포막의 융합에 의해 이루어진다.

촉진하거나 그 자체가 신경전달물질과 유사한 성질을 갖고 있으며, 대개 중독성이 강해 향정신성 약품으로 분류되어 취급이 제한된다. 표 4-3에 뇌에 작용하는 중요한 약물들이 제시되어 있다.

표 4-3    화학시냅스에 작용하는 향정신성 약물들

| 약물의 성질 | 약 물 명 |
|---|---|
| 신경 안정제, 최면제 | 바르비투르산염(barbiturates), 발륨(Valium), 알코올 |
| 신경 자극제 | 카페인, 니코틴, 암페타민(amphetamine), 코카인 |
| 마취제, 진통제 | 코데인, 아편, 히로인 |
| 환각제 | LSD, 마리화나(marijuana) |

# 4. 뇌의 구조와 작용

## (1) 뇌의 구조

무척추동물에서는 신경계가 신경망을 형성하며 온몸에 고루 퍼져 있다. 히드라의 신경망이나 불가사리의 방사신경 등이 대표적인 예이다. 그러나

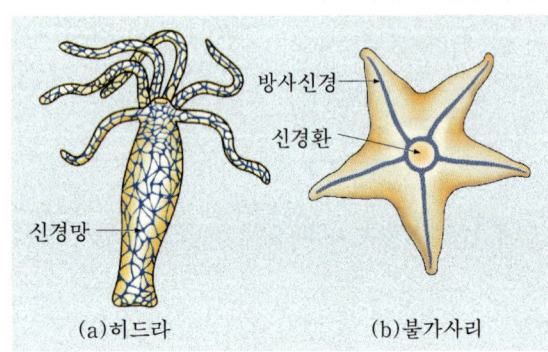

방사신경
신경환
신경망
(a)히드라    (b)불가사리

[무척추동물의 신경계]

고등한 동물로 진화하면서 뉴런들은 특정한 부위에 집중적으로 모이게 된다. 이 부위는 감각기관이 모여 있는 신체의 앞부분에 위치하며, 장차 뇌로 진화하게 된다. 뇌와 뇌로부터 발달하여 척추를 따라서 등으로 뻗어나간 신경계인 척수를 합하여 중추신경계(CNS, central nervous system), 중추신경계로부터 나와 온몸에 퍼져 있는 신경계를 말초신경계(PNS, peripheral nervous system)로 구분한다. 중추신경계 중 뇌는 자극의 감지, 몸의 항상성 유지, 운동, 지능과 감정, 기억 등을 조절하는 중추역할을 담당한다.

사람의 뇌는 무게 1.35 kg, 부피 1400 cc의 크기로 세 겹의 뇌척수막에 싸여 뇌척수액에 잠겨 있다. 뇌는 위치에 따라 앞에서부터 전뇌, 중뇌, 능뇌의 세 부분으로 구분된다(그림 4-7). 능뇌와 중뇌를 합하여 뇌간이라 하며, 뇌간은 척수의 맨 위에 위치한다.

능뇌는 체내의 항상성 유지, 움직임의 조절, 신호전달의 기능을 담당한다. 능뇌의 맨 아래 부위인 연수는 아래로 척수와 연결되어 있고 위로 뇌교와 연결되어 있다.

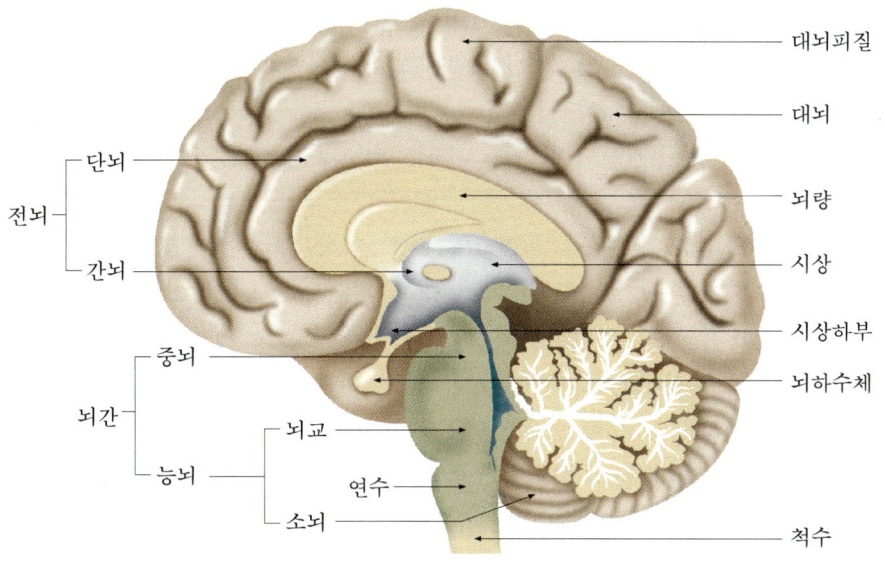

그림 4-7 인간의 뇌(종단면)

연수는 호흡, 심장박동과 혈압, 음식 삼키기, 토하기, 소화 등 내장의 기능을 조절한다. 뇌교도 연수와 공동으로 호흡 등의 자율신경계를 조절한다. 또한, 말초신경계에서 올라오는 모든 감각정보와 뇌에서 척수로 내려가는 운동정보는 반드시 능뇌를 통과하기 때문에 이들의 통과를 조절하는 기능도 갖고 있다. 능뇌의 세 번째 부위인 소뇌는 운동을 조절하는 기능을 주로 담당한다. 소뇌는 몸의 위치, 근육의 수축, 시각과 청각에 대한 정보를 얻고, 이것을 이용하여 무의식적인 몸의 균형과 움직임을 조절한다. 능뇌 위에 위치하는 중뇌는 수많은 신경정보가 통과하는 장소로 전뇌와 능뇌를 연결시킨다. 대부분의 척추동물에서 시각과 청각정보가 이 곳에서 먼저 분석되어 전뇌에 전달된다.

전뇌에는 뇌에서 가장 정교한 신경망이 형성되어 있으며, 의식적인 생각, 추론, 기억, 언어, 감각에 대한 감지와 해석, 골격근의 자의적인 움직임 등을 담당한다. 또, 전뇌는 크게 두 부분으로 구분되는데, 아래에 위치하는 간뇌(diencephalon)에는 시상과 시상하부의 두 가지 통합중심이 존재하며, 위에 위치하는 단뇌(telencephalon)는 대뇌로 구성되어 있다. 시상은 말초신경계에서 대뇌로 가는 감각정보를 분석하여 적절한 위치의 대뇌로 연결시키는 정거장 역할을 한다. 시상은 대뇌나 감정, 의식을 조절하는 다른 뇌부위로부터 신호를 받아 대뇌에 전달하는 역할을 한다. 시상하부는 항상성의 유지, 체온유지, 식욕, 갈증 등의 기본적인 본능의 조절중추이며, 성욕, 짝짓기, 싸움, 기분 등도 조절한다. 대뇌는 다시 표면의 대뇌피질과

🌕 **도움말**

• 단뇌(端腦)

전뇌의 전반부를 차지하는 돌출부분. 고등동물에서는 대뇌반구로 분화된다. 대뇌반구 중 좌반구는 언어, 논리 등 사고영역에 관여하고, 우반구는 예술적 능력을 조절하는 부위이다.

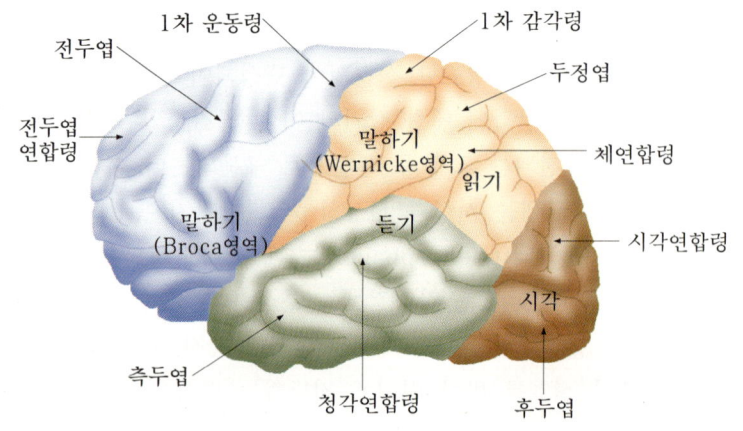

## 도움말

● 뇌량(腦梁)

좌우의 대뇌반구 사이를 연결하고 있는 신경섬유의 큰 집단. 사람의 뇌에서 잘 발달하여 두꺼운 백질판(白質板)을 이루고 있다.

● 기억상실증

뇌진탕, 만성 알코올 중독, 뇌염, 뇌종양, 뇌출혈 등으로 과거의 기억을 상실했거나 앞으로 새로운 것을 배울 수 있는 능력을 상실한 질병.

밑에 위치하는 대뇌기저핵(basal ganglia)으로 구분된다. 다른 뇌부위와 마찬가지로, 대뇌피질은 좌우대칭이며, 각각의 반구는 뇌량(corpus callosum)을 통하여 연결된다. 대뇌피질에는 감각령과 운동령이 위치하며, 여러 가지 정보를 통합하는 부위도 여기에 위치한다.

## (2) 인 지

대뇌의 약 25%는 외부의 자극을 감지하고 이에 대응하여 운동뉴런을 움직이는 기능을 담당하는데, 이들을 각각 감각령과 운동령이라고 한다. 나머지 75%는 자극의 종류를 인식하고, 특별한 자극에 관심을 기울이며, 반응을 계획하고 반추하는 기능을 담당하는데, 이것을 인지(recognition)라 한다. 인지의 기능을 담당하는 대뇌피질 부위를 연합피질(association cortex)이라 한다. 대뇌피질의 표면은 그림 4-8에서와 같이 전두엽, 두정엽, 후두엽, 측두엽의 4개의 엽으로 구분한다. 후두엽(occipital lobe)은 시신경에서 시각정보를 받아 분석하는 부위를 가리킨다. 측두엽(temporal lobe)은 주로 청각과 후각에 관계되는 감각부위로부터 정보를 받아 처리하는 역할을 한다. 측두엽이 손상을 받으면 사물을 인식하고, 확인하며, 명칭을 대는 작업이 불가능해지는데, 가장 대표적인 병리현상으로 기억상실증(amnesia)을 들 수 있다. 전두엽은 대뇌의 앞부위로, 감각정보의 분류가 주된 임무이다. 전두엽이 손상을 받으면 개인의 행동을 계획하고 제어하는 기능이 떨어져 개성이나 성격의 이상을 초래한다. 두정엽(parietal lobe)은 피부의 감각수용기로부터 감각을 받는 부분과 몸의 자세나 위치

그림 4-8  대뇌피질의 영역들

를 감지하는 부위를 포함하고 있다. 두정엽이 손상을 받으면 시각이나 촉각 등 다른 감각기능은 제대로 작동하지만 자신의 몸위치나 사물의 공간적인 위치를 감지하지 못하게 된다.

## (3) 언　어

언어는 입, 혀, 인두, 후두를 움직여 소리를 만드는 운동뉴런과 음성신호를 듣는 청각인지, 그리고 쓰여진 글자를 보는 시각인지가 함께 작용하는 복합적인 기능이다. 오른손잡이의 95%와 왼손잡이의 70%는 왼쪽반구에 언어령을 갖고 있다. 따라서, 왼쪽반구가 손상을 입으면 실어증(aphasia)에 걸리게 된다. 일반적으로 여성들의 왼쪽반구가 남성보다 발달하여 언어 구사능력이 우수하다. 왼쪽반구 대뇌피질의 3개 영역은 말하는 능력과 관련이 있는데, 이것을 각각 브로카영역(Broca's area), 베르니케영역(Wernicke's area), 각회(angular gyrus)라고 한다(그림 4-8). 우리가 어떤 단어를 들을 때 그것은 청각수용기에 의해 받아들여지는데, 이 때 청각수용기를 통하여 들어오는 신경정보가 베르니케영역에서 분석되지 않는다면 단어의 뜻은 해독되지 못하게 된다. 반면, 우리가 말하는 단어의 신경정보는 베르니케영역에서 만들어진 후 적절한 경로를 따라 브로카영역에 전달된다. 브로카영역은 운동피질을 자극시키고, 운동피질은 다시 성대, 입, 입술, 혀, 턱 등을 자극하여 소리를 내게 한다.

글자를 소리내어 읽는 일에는 피질의 시각령이나 청각령뿐만 아니라 각회도 관여한다. 눈을 통해 오는 신경정보는 피질의 시각령에 도달하게 되며, 여기서 분석된 정보는 다시 각회로 전달되고 단어로 번역된다. 각회는 시각정보를 베르니케영역에 있는 청각과 연결시켜 우리가 본 단어들을 듣게 하며, 이러한 정보가 다시 브로카영역으로, 그리고 운동피질로 전달되어야 단어를 말할 수 있다.

## (4) 수면과 의식

수면은 정상적인 의식의 중단과 함께 특정한 뇌파의 생성이 수반된다. 인간수명의 1/3은 수면에 의하여 채워지며, 모든 포유동물은 잠을 필요로 한다. 따라서, 계속 잠을 못 자게 하면 목숨을 잃게 된다. 일반적으로 수면은 단순히 뇌의 활동이 감소되거나 중단되는 것이 아니고 일련의 정교하게 조절된 뇌의 상태가 지속되는 것이라 생각된다. 그래서 수면의 어느 순간에는 깨어 있을 때보다 뇌의 활동이 왕성하다.

---

**🌀 도움말**

**• 실어증(失語症)**

뇌질환의 한 가지. 뇌손상, 특히 대뇌 좌반구 손상에 의해 말을 못하는 증상으로, 인지기능이나 혀를 움직이는 능력은 정상이지만 말을 못한다. 증후에 따라 운동성 실어, 감각성 실어, 이 두 가지 혼합형으로 나뉜다.

---

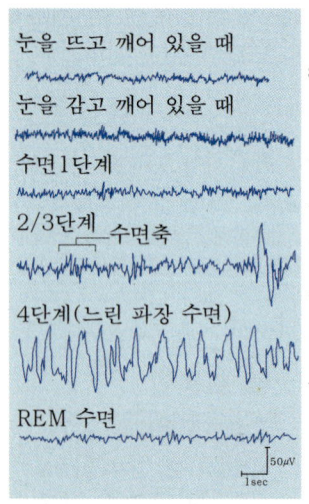

눈을 뜨고 깨어 있을 때

눈을 감고 깨어 있을 때

수면1단계

2/3단계 수면축

4단계(느린 파장 수면)

REM 수면

$50\mu V$
$1sec$

그림 4-9 인간의 수면시 생성
되는 뇌파들

뇌전도에 의한 뇌파측정에 의하면 수면은 보통 SW수면(slow wave sleep)과 REM수면(rapid eye movement sleep)의 두 부분으로 구분된다(그림 4-9). 수면의 대부분을 차지하는 SW수면은 휴식상태이며 REM수면은 뇌파의 특성이 깨어 있을 때와 동일한 상태로 뇌의 활동이 활발한 상태이다. 사람이 깨어 있을 때 뇌파의 크기는 작으나 빈도가 큰 형태를 띠며, 이것을 알파파($\alpha$-wave)라고 한다. 그에 비하여 사람이 눈을 감고 졸음에 빠지면 뇌파의 빈도는 감소하고 크기가 증가하며, 깊은 잠에 빠지면 빈도는 매우 적고 크기가 증가된 뇌파를 발생한다. 이것을 델타파($\delta$-wave)라고 한다.

REM수면 때에 발생하는 뇌파는 깨어 있을 때 발생하는 $\alpha$파와 유사하여 왕성한 뇌의 작용이 일어나고 있음을 시사한다. 평균 8시간의 수면 중에 4~5회 가량의 REM수면이 1회 평균 20분 가량 지속된다. 이에 따라 1.5~2시간 가량이 실제 REM수면에 소모되는 시기이고, 나머지 시간 중 2시간 가량은 SW수면으로, 나머지는 REM수면에서 SW수면 사이의 과도기 단계에 해당된다.

SW수면은 신체의 휴식을 위해 반드시 필요하다. 그러나 REM수면이 왜 필요한지는 아직 확실하지 않지만 이 시기는 정보의 분류와 저장이 일어나는 시기로 장기간의 기억에 필수적이라 생각된다. 만약, SW수면을 하지 못하게 하면 사람은 궁극에는 죽고 말지만, REM수면의 방해는 생존에 필수적이지는 않다.

## (5) 뇌와 성

많은 동물의 행동은 성에 따라 차이가 나는데, 이것을 성이형현상(sexual dimorphism)이라 한다. 이 중에서 어떤 것은 본능적인 반사행위의 산물이지만, 다른 많은 것들은 고차적인 인지활동을 필요로 한다. 본능적인 반사행위의 예로는 성행위시 성기의 흥분성, 성행위의 자세, 성욕을 발산하는 방법 등을 들 수 있다. 고차적인 인지활동을 요구하는 행위로는 성행위의 결과인 자식의 양육문제, 성행위 파트너의 선택, 성행위에 수반되는 여러 가지 행동들이 암수 또는 남녀에 따라 차이가 난다.

모든 행동은 크건 작건 간에 신경망의 조절을 받기 때문에 성이형현상도 남녀의 뇌차이에 기인한다고 믿고 있다. 실제로 많은 연구결과 쥐, 원숭이, 인간에서 특정부위의 뇌구조가 암수 사이에 차이를 보인다. 사람의 성은 인자형적 성, 표현형적 성, 성정체성의 관점에서 정의된다. 인자형적 성(genotypic sex)은 성염색체에 의하여 결정되는 성으로, 두 개의 X염색체를 갖고 있으면 여자, X염색체와 Y염색체를 1개씩 갖고 있으면 남자로 정의되는 성이다. 표현형적 성(phenotypic sex)은 내부와 외부의 생식기의 발달에 의하여 결정되는 성이다.

태아의 발생과정이 순조롭다면 XX인자형은 난소, 수란관, 자궁, 자궁경부, 음핵, 음순, 질 등을 갖는 정상적인 여자로 발달한다. XY인 경우는 정소, 부정소, 정관, 정낭, 음경 및 고환 등을 갖는 남자로 발달한다. 이 경우에 인자적 성과 표현적 성은 일치한다. 성정체성(gender identification)은 개인이 느끼는 자신의 성을 나타내며, 이것은 주관적이고 동시에 주위의 기대에 의하여 영향을 받는다. 간혹 인자적 성과 표현형적 성, 성정체성이 일치하지 않는 경우가 생기는데, 이러한 불일치는 의학적인 문제나 정신적인 문제, 또는 성기능의 결여 등에 이르게 된다.

성에 따른 뇌의 구조와 기능의 차이는 궁극적으로 인자형적 성의 산물이다. 일반적으로 인자형은 생식기의 표현형을 결정하고, 생식기는 다시 성호르몬의 생성을 결정한다. 즉, 정소는 남성호르몬인 테스토스테론(testosterone)을, 난소는 여성 호르몬인 에스트로겐(estrogen)을 생성한다. 이와 같은 호르몬의 차이는 뇌를 포함한 신체의 발달에 영향을 주어 남성과 여성의 차이를 가져온다. 호르몬에 의해 유발되는 성차이는 갓 태어난 암컷에 남성호르몬을 투여한다든지 갓 태어난 수컷을 거세하는 것과 같은 실험동물을 이용하여 여러 부위에서 성에 따른 차이가 관찰되었지만, 특히 시상하부의 특정부위의 크기차이가 두드러졌다. 인간의 경우에도 시상하부의 여러 부위가 성에 의하여 영향을 받는데, 이러한 부위들의 성호르몬의 종류와 분비량에 따라 또는 나이에 따라 차이를 보인다. 더욱이 동성애의 남자와 이성애의 남자의 경우에도 이 부위의 차이가 발견되어 시상하부의 특정부위가 성적인 경향성과 성정체성을 결정하는 데 관여한다고 여겨진다.

## (6) 기 억

뇌의 기능 중 가장 흥미로운 분야의 하나는 정보를 저장하고 필요할 때 반추하는 능력과 시간이 지남에 따라 저장된 정보를 잃어버리는 현상이다. 이러한 현상을 학습(learning), 기억(memory), 망각(forgetting)이라 한다. 학습은 새로운 정보를 신경계가 습득하는 과정이고, 기억은 정보를 저장하고 재생하는 과정이며, 망각은 시간이 지남에 따라 저장된 정보가 손실되는 과정이다.

인간은 두 가지의 서로 다른 기억을 갖고 있다고 여겨진다. 그 하나는 서술적 기억(declarative memory or explicit memory)이고 다른 하나는 비서술적 기억(precedural memory or implicit memory)이다. 서술적 기억은 언어나 글로 표현할 수 있는 기억으로, 전화번호나 생일을 기억하는 것들이 이에 속한다. 반면, 비서술적 기억은 자전거를 타는 것이나 타자를 치는 것과 같이 무의식적으로 이루어지는 기억이다. 또한, 기억의 지속시간에 따라 단기기억(short term memory)과 장기기억(long term memory)으로 구분된다. 단기기억은 보통 수초에서 수분 내로 유지되는 기억을, 장기기억은 그 이상 또는 평생 지속되는 기억을 일컫는다.

망각도 기억만큼 중요한 정신작용이라 생각된다. 망각이 없으면 인간은 무수히 많은 쓸데없는 정보 때문에 정작 중요한 정보를 간직하기 힘들 것이다. 아직 망각의 작용기작은 알려져 있지 않지만 사고나 질병에 의한 망각증상인 기억상실증으로부터 원인의 일부를 추측할 수 있다. 측두엽, 특히 해마(hippocampus)부위의 혈관이 막히면 발생하는 기억상실증이 가장 대표적인 병인으로 꼽히고 있다. 간뇌의 해마부위는 서술적 기억을 저장하는 부위로 인식되고 있다.

학습과 기억을 설명하는 세포기작으로는 현재 시냅스 가소성(synaptic plasticity)이 정설로 여겨지고 있다. 시냅스 가소성은 시냅스를 통한 신호전달의 강도가 반복적 사용에 의해 증가하는 현상이다.

## 5. 신경질환

신경질환은 신경계의 이상으로 유발된 질환으로, 신경질환의 요인에는 유전, 노화, 감염, 또는 신경세포 및 주변세포의 직접 및 간접적 손상이 있다. 또한, 파킨슨병(Parkinson's disease)과 같이 아직도 질환의 원인이 베일에 숨겨져 있는 질환도 많이 있다. 질환의 발생은 앞에서 언급된 요소들에 의해 단독적으로 이루어질 수 있지만, 많은 경우 여러 요소가 복합적으로 관계해 질환을 유발시킬 수 있다. 현재까지 알려진 질병에 대해서 아직도 적절한 치료방법이 없으며, 단지 장애의 정도를 완화시키는 경우가 많다. 그러나 최근에는 줄기세포를 이용한 치료법 또는 유전자 치료법 등과 같은 원천적 치료방법으로 질병치료에 접근하고 있다.

유전적 및 후천적 뇌질환 중에서 퇴행성 뇌질환은 현대사회에서 많이 대두되는 질환이다. 퇴행성 질환의 종류에는 대표적으로 치매, 파킨슨병, 헌팅턴병(Huntington's disease)이 있다. 치매에는 유전적인 요인이 있기

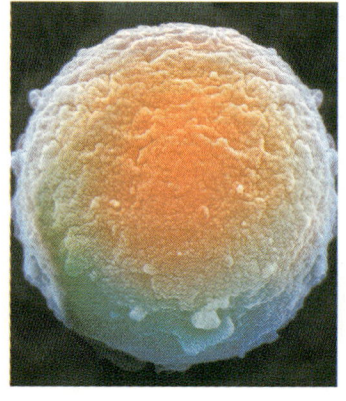

[탯줄의 혈액에서 얻은 줄기세포]

🌀 도움말

• 줄기세포
여러 조직으로 분화할 수 있는 능력을 가진 세포. 배아 발생단계의 포배기 세포내괴에 존재하는 세포들이 주로 이용된다. 이를 이용하여 뉴런, 근육세포 등으로 분화시켜 세포치료에 이용한다.

도 하지만, 그렇다고 전적으로 유전병도 아니다. 치매의 발병은 지역적, 인종적, 경제적 및 다른 분야에 속한 모든 사람에게 적용될 수 있는 질병의 결과이고, 현재로는 적절한 치료법이 없다. 알츠하이머병(Alzheimer's disease) 등의 원발성 퇴행성 질환, 헌팅턴 무도병, 슬로(slow) 바이러스 감염증 등은 근본적인 치료가 불가능한 치매에 대한 대표적인 예이다.

## (1) 알츠하이머병

알츠하이머병은 일반적으로 치매라고 알려져 있지만, 위에서 언급된 치매와는 다른 양상의 병이다. 특히, 서양인 치매환자의 절반을 차지하는 것으로 보고되고 있으며, 이에 따른 사회, 경제적 손실 또한 매우 크다. 알츠하이머병에 걸린 환자로부터 대부분 심각한 대뇌피질 위축증(cortical atrophy)을 발견할 수 있는데, 특히 대뇌변연계와 연합피질부위에서 위축이 현저하며, 측면뇌실(lateral ventricle)의 증대가 수반된다.

세포학적 측면에서 살펴보면 알츠하이머병은 뉴런의 손실, 특히 중간크기 내지 매우 큰 추체세포(pyramidal cell)가 손실되고 신경섬유성 다발(neurofibrilary tangel)의 존재와 세포 외 아밀로이드성 섬유가 축적되며, 변형된 신경돌기(neurite)와 교세포가 축적된 아밀로이드를 싸고 있다(그림 4-10). 이로 인해 기억력, 언어, 사고, 결정을 내리는데 심각한 장애를 가져온다. 또한, 아세틸콜린과 같은 신경신호 전달자들의 생산이 영향을 받게 되어 신호전달의 효율이 떨어지게 된다.

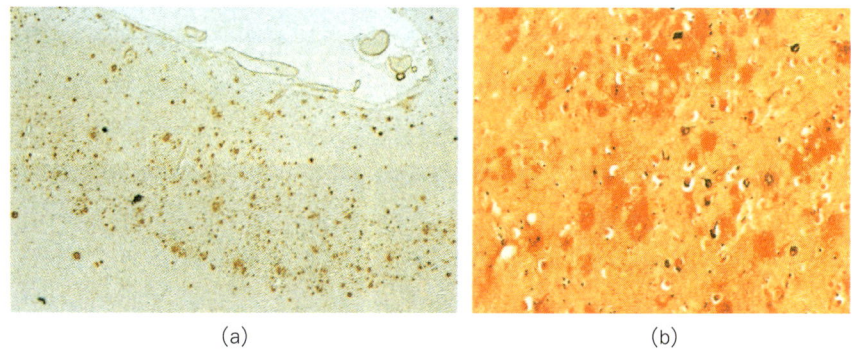

(a)                    (b)

그림 4-10 알츠하이머병에 걸린 사람의 뇌에서 볼 수 있는 노인반(a)과 신경원섬유 변화(b)

알츠하이머병의 치료는 현재 약물요법이 주를 이루고 있다. 약물요법은 주로 신경세포 사멸에 따른 부족한 신경전달물질, 특히 콜린계 및 모노아민계 물질의 보충과 남아 있는 신경세포의 대사항진을 목적으로 한다.

● 도움말

• 퇴행성 질환
(退行性疾患)

병리형태학상 조직 또는 세포가 어떤 원인으로 기능의 감퇴나 정지를 일으키고 신진대사 장애가 발생한 결과, 조직 또는 세포에 나타나는 위축, 변성, 괴사 등의 질환.

• 슬로 바이러스 감염

체내에 장기간 잠복해 있으면서 어떤 계기로 생체에 병변을 일으키는 진행성 바이러스에 의한 감염증.

## (2) 파킨슨병

파킨슨병은 현재까지 구체적으로 그 원인이 밝혀지지 않았고, 완전한 치료법도 없다. 이 병의 기본적인 증세는 휴식기의 떨림, 걷기·쓰기·말하기·안면표현 등을 어렵게 하는 근육의 경화, 움직임 시작의 어려움을 동반하는 서동증(bradykinesia), 그리고 구부러진 자세와 평형유지의 어려움 등이 있다.

질환이 진행되면서 소화계, 분비계 등의 자율신경계 이상이 발견되고, 증세가 진행됨에 따라 정신·행동·기분 장애가 함께 유발된다. 또한, 한쪽 뇌에서 발생된 증상은 다른 반쪽의 뇌에 전염되어 증상이 악화된다.

지금까지 알려진 바에 의하면, 파킨슨병은 뇌의 안쪽에 위치하는 흑질 (substantia nigra)이라는 부위의 신경세포가 줄어드는 중추신경계 질환이다. 흑질에 있는 신경세포들은 주로 도파민(dopamine)이라는 신경전달물질을 생산하는데, 도파민은 운동, 감정 그리고 인지 등의 과정에 중요한 역할을 한다. 현미경으로 보면 손상받거나 죽은 흑질의 신경세포 내에 루이체(Lewy body)라고 불리는 둥근 소체가 보이는데, 이것은 파킨슨병에서 나타나는 특별한 병리학적 소견으로 간주된다. 이에 따라 파킨슨병은 종종 루이체병, 루이체 파킨슨병, 루이체 파킨슨 증후군 등으로 불리기도 한다.

파킨슨병의 치료에는 수술적 치료와 약물치료가 있다. 수술적 치료법은 크게 제거, 자극, 그리고 이식으로 구분된다. 제거와 자극의 개념은 파킨슨 증후군의 증상을 일으키는 데 관여하는 뇌의 부분인 흑질을 포함하는 시상(thalamus)이나 병세가 오래되어 장기 약물복용을 하는 환자의 담창구(globus pallidus)를 손상시키거나 전극을 심고 자극을 주어 증상을 완화시키는 것이다. 이러한 시술이 시행되는 환자는 주로 심한 경련의 증상을 보이거나 한쪽의 뇌에서만 증상이 보이는 환자들이다. 약물치료의 가장 큰 발전은 L 도파의 발견이다. L 도파는 도파민 전구물질이며 투여 후 파킨슨병의 증세와 징후에 확실한 호전을 나타낸다.

## (3) 헌팅턴병

헌팅턴병은 행동장애, 성격장애, 치매가 특징적이다. 이러한 모습은 무도병(chorea), 무작정 운동형(athetosis), 근육긴장이상(dystonia)의 특징을 포함한다. 또한, 한쪽으로 치우쳐진 눈흘김(conjugated gaze)이 헌팅턴병 환자로부터 발견될 수 있다.

---

**🔵 도움말**

- **파킨슨(Parkinson, J. : 1755~1824)**
영국의 병리학자, 의사. 1817년 파킨슨병을 처음 보고하였다.

- **파킨슨 증후군**
파킨슨병과 그와 유사한 증상을 일으키는 질환들.

- **담창구(淡蒼球)**
대뇌반구의 중심부에 있는 회백질 덩이. 비교적 큰 신경세포가 집합되어 있어서 무의식적인 골격근의 운동을 관장한다.

---

헌팅턴병은 상염색체 유전병으로 병세가 진행되며, 초기 성년기로부터 주로 발견된다. 헌팅턴 유전자는 4번 염색체의 짧은 팔에 위치하고, 이 유전자의 돌연변이 산물은 유전적으로 우성이므로 한 쌍의 대립유전자 중 한 유전자만으로도 발병된다. 이 병을 가진 사람의 헌팅턴 유전자는 CAG코돈의 반복에 의해 정상인의 것보다 약간 길다. 정상인의 CAG반복은 9에서 35회인 반면 병에 걸린 사람의 반복횟수는 36에서 121까지 기록되고 있다. 이러한 반복횟수 증가는 발병나이와 비례하게 된다. 평균적인 발병연령은 35~44세이다.

## 6. 호르몬

### (1) 호르몬이란?

다세포생물의 출현과 함께 다양한 기능을 갖는 조직들이 분화되었으며, 이에 따라 서로 다른 유형의 세포들 사이에 신호를 주고받는 기능이 필요하게 되었다. 이것을 담당하는 화학물질을 호르몬(hormone)이라 한다.

일반적으로 호르몬을 생산하는 세포와 이에 반응하는 세포는 다르다. 내분비선에서 세포 밖으로 분비된 호르몬은 순환계를 따라 온몸을 돌다가 호르몬과 반응하는 표적세포와 반응하여 표적세포의 기능을 변화시킨다. 항상성 유지나 생장과 분화의 조절 등은 모두 호르몬에 의해 조절된다.

내분비선에서 방출되는 호르몬의 양은 소량이어서 혈중농도는 매우 낮으나 표적세포들은 호르몬에 극히 민감하여 $10^{-12}$ M 정도의 낮은 농도에서도 호르몬과 반응한다. 이것은 표적세포에 위치하는 호르몬 수용체가 호르몬에 극히 민감하기 때문이다. 수용체와 호르몬이 결합하면 표적세포에서 일련의 증폭된 효소반응을 유발하여 신호의 증폭이 이루어지기 때문에 소량의 호르몬도 충분한 신호전달 효과를 갖는다.

### (2) 호르몬의 분비와 운송양상

호르몬에 의한 세포들 상호간의 신호전달 양상은 크게 오토크린 (autocrine), 파라크린(paracrine), 내분비(endocrine), 페로몬 (pheromone)의 4가지로 구분된다. 오토크린은 항상 호르몬을 분비하는 세포가 자신이 분비한 호르몬과 반응하는 경우이다. 파라크린은 분비된 호르몬이 바로 이웃하는 세포와 반응하는 경우이며, 이 때 방출되는 호르몬을 국부호르몬이라 한다. 대표적인 예로, 염증반응을 유도하는 프로스타

**도움말**

- 혈중농도(血中濃度)
혈액 속에 들어간 어떤 성분량의 비율.

- M
몰농도(molarity)의 단위. 용액 1 $l$ 중에 녹아 있는 용액의 몰(mole)수를 나타낸다.

글란딘(prostaglandin)이 있다. 세포가 세균에 감염되면 그 세포는 프로스타글란딘을 방출하고, 이웃에 있는 세포들은 이에 반응하여 세균과 싸우는 염증을 유도한다.

　내분비는 분비된 호르몬이 혈액을 따라 이동하여 표적세포와 반응하는 경우로, 대부분의 호르몬이 여기에 속한다.

　한 예로, 이자에서 분비된 인슐린은 혈액을 따라 순환하다가 줄기세포나 그 밖에 인슐린 수용체를 갖고 있는 표적세포와 반응하여 혈당을 낮추는 작용을 한다(그림 4-11). 페로몬은 체외로 배출되어 다른 개체에 의해 인식되는 호르몬으로, 어류의 산란과 수정의 촉진은 암수에 의해 각각 체외로 배출된 페로몬에 의해 이루어진다.

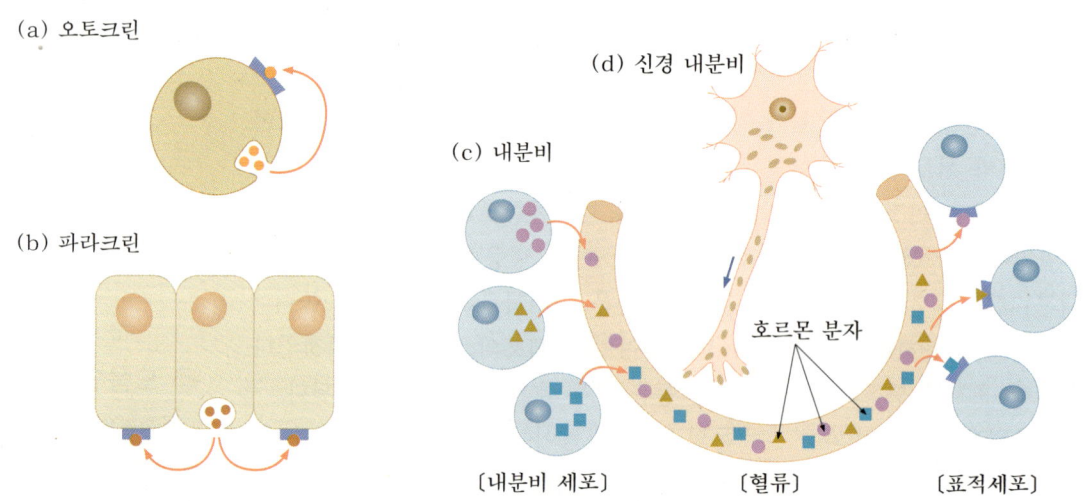

그림 4-11　호르몬의 작용경로

## (3) 호르몬의 종류

　호르몬의 종류는 매우 다양하다. 구조적으로 살펴보면, 아드레날린(일명 에피네프린)은 아민의 구조를 하고 있는 대표적인 호르몬이다. 반면, 대부분의 성호르몬은 스테로이드성 화합물이다. 프로스타글란딘은 지질의 유도체이고, 인슐린 등은 펩티드로 되어 있는 호르몬이다(그림 4-12). 또한, 호르몬은 생성장소에 따라 신경호르몬, 내분비호르몬, 국부호르몬, 그리고 페로몬으로 구분된다. 신경호르몬은 뇌에 위치하는 뉴런에서 분비되는 호르몬으로, 시상하부와 뇌하수체에서 주로 분비된다. 내분비호르몬은 뉴런 이외의 내분비선에서 분비되는 호르몬으로, 부신피질, 부신수질, 갑상선,

성선(난소와 정소), 이자의 랑게르한스섬 등에서 분비되는 호르몬이다. 국부호르몬은 세균에 감염된 세포가 분비하는 호르몬으로, 히스타민, 프로스타글란딘 등이 있다. 페로몬은 외부에 노출된 샘에서 체외로 분비되는 호르몬으로, 주로 하등동물에서 성유인물질로 이용된다.

표 4-4에 인간의 주요 호르몬의 작용부위, 기능 등이 수록되어 있다.

표 4-4                 인간의 주요 호르몬

| 호르몬 | 분비세포 | 화학구조 | 표적세포 | 작용 |
|---|---|---|---|---|
| 옥시토신 | 뇌하수체 후엽 | 펩티드 | 자궁, 유선 | 평활근의 수축, 젖분비 |
| 항이뇨 호르몬(바소프레신) | 뇌하수체 후엽 | 펩티드 | 신장 | 물의 재흡수 |
| 성장 호르몬(GH) | 뇌하수체 전엽 | 펩티드 | 모든 조직 | RNA합성, 단백질 합성 촉진 |
| 부신피질 자극호르몬(ACTH) | 뇌하수체 전엽 | 펩티드 | 부신피질 | 스테로이드성 호르몬의 합성과 분비촉진 |
| 갑상선 자극호르몬(TSH) | 뇌하수체 전엽 | 당단백질 | 갑상선 | 갑상선 호르몬의 합성 및 분비촉진 |
| 여포 자극호르몬(FSH) | 뇌하수체 전엽 | 당단백질 | 정소의 세뇨관과 난소의 여포 | 남성 : 정자형성, 여성 : 여포성숙을 촉진 |
| 글루코코르티코이드 (glucocorticoid) | 부신피질 | 스테로이드 | 대부분의 세포 | 혈당량의 증가, 근세포의 아미노산 가동 촉진 |
| 티록신 | 갑상선 | 아미노산 유도체 | 대부분의 세포 | 대사율, 열발생, 성장 및 발생을 촉진 |
| 인슐린 | 이자의 랑게르한스섬 | 펩티드 | 신경조직을 제외한 모든 조직 | 포도당과 아미노산의 세포투과 촉진 |
| 글루카곤 | 이자의 랑게르한스섬 | 펩티드 | 간과 지방 | 혈당증가, 지방분해 촉진 |
| 노르에피네프린과 에피네프린 | 부신수질 | 아민 | 대부분의 세포 | 심장활동, 혈관수축, 글리코겐 분해, 고혈당 증상 및 지방분해 |
| 멜라토닌 | 송과선 | 아미노산 유도체 | 흑색 소세포 | 멜라닌색소 응집촉진 |
| 테스토스테론 | 정소의 세정관 | 스테로이드 | 모든 조직 | 남성의 1차 및 2차 성징발현, 근육과 뼈의 생장촉진, 뇌에서의 행동변화 유도 |
| 에스트로겐 | 난소, 정소 및 부신피질 | 스테로이드 | 여성의 생식기, 유방, 골반 | 여성의 생식기의 후기성장과 성숙을 자극, 여성의 2차 성징의 분화 및 생식주기를 조절 |
| 프로게스테론 | 난소의 황체 | 스테로이드 | 여성의 생식기와 유방 | 유선의 발달, 자궁내벽의 주기적 변화 |

## 도움말

**• 바소프레신(vasopressin)**

뇌하수체 후엽 호르몬의 하나. 8개의 아미노산으로 이루어지는 펩티드로, 모세혈관을 수축시켜 혈압상승작용을 일으키며, 신장의 신소관에 작용하여 수분의 재흡수를 촉진시킨다.

**• 글루카곤(glucagon)**

췌장의 랑게르한스섬에서 분비되는 호르몬. 29개의 아미노산으로 이루어진 한 줄기의 폴리펩티드로, 인슐린과는 반대로 혈당량을 상승시키는 작용을 한다.

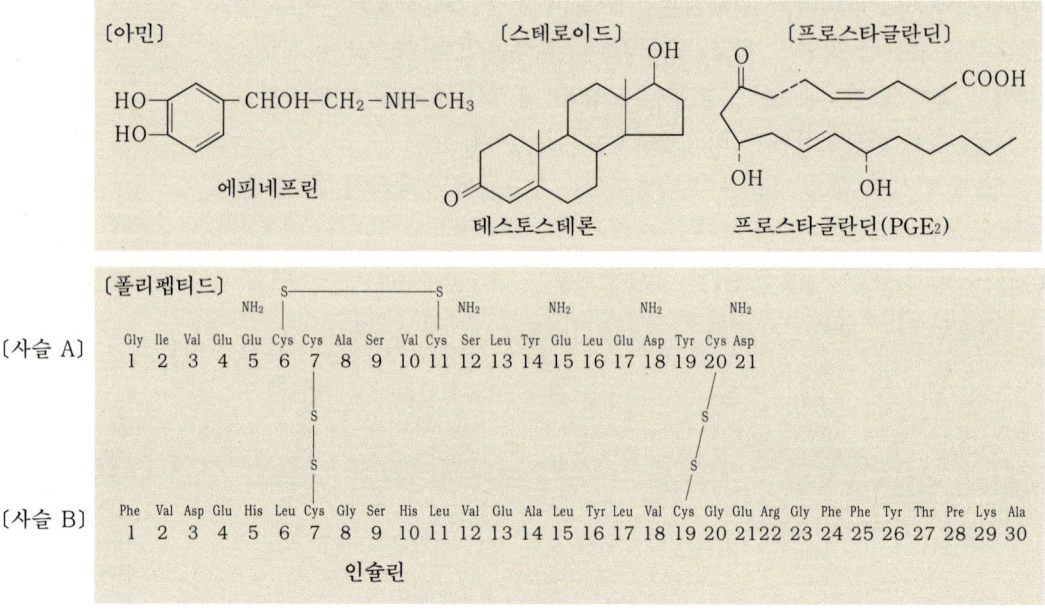

그림 4-12 주요 호르몬의 분자구조

## (4) 호르몬의 작용기작

분비된 호르몬이 표적세포를 인식하는 것은 표적세포에 위치하는 호르몬 수용체 때문이다. 호르몬 수용체는 호르몬과 결합하여 일련의 세포 내 효소반응을 촉진한다.

첫째, 수용성 호르몬(펩티드 호르몬, 아미노산 호르몬, 또는 아민 호르몬)의 수용체들은 세포막에 위치한다. 세포막에 위치하는 수용체와 호르몬이 결합하면 세포 내의 GTP(guanosine triphosphate)-결합단백질(G단백질)의 매개로 2차 메신저를 생성하는 효소의 활성이 변한다. 2차 메신저는 다시 효과단백질(effector)이라고 하는 단백질과 결합하여 효과단백질의 기능을 변화시켜 궁극적으로 세포가 반응하게 된다. 한 예로, 사람이 흥분하거나 긴장하면 부신수질에서 아드레날린(에피네프린)이 분비되어 혈액을 따라 순환하다가 근육세포를 만나면 근육세포막의 아드레날린 수용체($\beta 2$ type)와 결합하여 G단백질을 활성화시킨다.

활성화된 G단백질은 아데닐산 고리화효소의 활성을 증가시켜서 2차 메신저인 cAMP의 세포 내 농도가 증가한다. cAMP의 농도증가는 단백질 인산화효소 A를 활성화시켜 여러 가지 단백질의 인산화를 유도하여 심장의 박동을 촉진한다.

둘째, 세포막을 통과할 수 있는 소수성의 스테로이드 호르몬은 세포질에 위치하는 수용체와 결합한 다음, 수용체-호르몬 복합체가 핵 안으로 이동하여 특정 유전자의 발현을 조절하는 방법으로 반응한다. 일반적으로 스테로이드 호르몬의 반응은 유전자의 발현을 통해 일어나기 때문에 수용성 호르몬보다 장기간에 걸쳐 천천히 진행된다(그림 4-13).

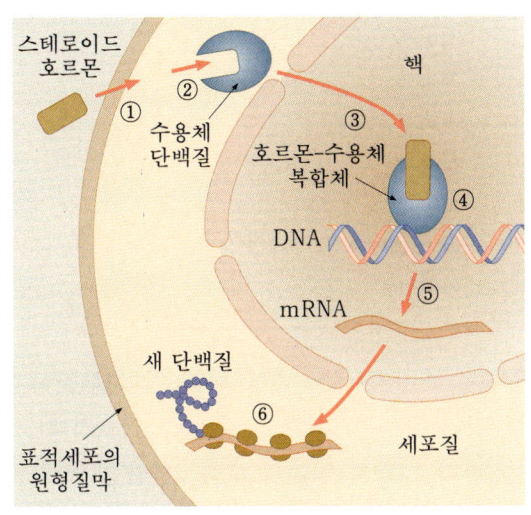

(a) 스테로이드 호르몬의 작용          (b) 비스테로이드 호르몬의 작용

그림 4-13  호르몬의 작용기작

## (5) 환경호르몬

환경호르몬이란, 생물의 정상적인 내분비 기능을 방해하는 인공합성 화학물질을 일컫는다. 이 용어는 처음 일본에서 사용되기 시작한 것으로, 환경에 노출되어 있는 이물질이 인체에서 호르몬 행세를 하는 물질을 가리키는 데서 시작되었다. 이와 같은 내분비계 장애물질의 종류는 매우 다양하며, 인간은 이러한 환경호르몬에 쉽게 노출되어 있다. 예를 들면, 뜨거운 컵라면 용기에서 검출되는 스티렌다이머(styrendimer)와 스티렌트라이머(styrentrimer)는 사람의 생식기능에 이상을 일으키는 환경호르몬의 일종이다. 이 밖에도 쓰레기 소각장에서 발생하는 다이옥신(dioxin), 대부분의 농약성분 등도 환경호르몬으로 작용한다(표 4-5).

인간이 이들로부터 완전히 해방되는 일은 힘들 것 같다. 왜냐하면, 우리가 문명생활을 포기하지 않는 한 우리 주변의 무수한 플라스틱 포장용기를 당장 대체할 수 없기 때문이다. 또한, 농약의 경우도 독성이 강한 살충제나 제초제의 도움없이는 현재의 생산량을 유지하기 힘들기 때문이다.

🌐 **도움말**

• **다이옥신**
독성이 강한 유기염소 화합물. 제초제 등의 농약, 쓰레기 소각시에 생성되며, 포장용기, 육류·채소 등의 음식물을 통해 오염된다.

표 4-5 대표적인 환경호르몬

| 환경호르몬 | 용도 및 생성장소 |
| --- | --- |
| 유기주석 | 선박도료 |
| 폴리염화비페닐(PCB) | 전기 절연체 |
| 다이옥신 | 쓰레기 소각장에서 발생 |
| 아트라진 | 제초제 |
| 아미톨 | 제초제 |
| 엔도살판 | 제초제 |
| DDT | 살충제 |
| 헥사클로로벤젠 | 제초제 |
| 노닐페놀 | 계면 활성제 |
| 비스페놀 A | 수지원료 |

### 도움말

- PCB(poly chlorinated biphenyl)

전기절연성이 좋고 불연성이 있어서 전기기구의 트랜스, 콘덴서, TV, 형광등 및 재생화장지 등에 널리 쓰였으나 강한 독성과 광범위한 오염 등으로 생산이 금지되었다.

환경호르몬에 의한 내분비계 장애의 예로 가장 널리 알려진 것이 남자의 정자수 감소이다. 정상남성인 경우는 1회 사정시 배출되는 정액(3 ml)에 약 3억 개의 정자가 존재한다. 그러나 정자의 수가 6천만 개 이하로 떨어지면 약정자증이라 하여 불임의 원인이 되며, 현재 많은 남성이 약정자증에 걸려 있다. 남성 정자수의 감소와 활동력 저하의 원인을 환경호르몬의 영향으로 보고 있다. 인간뿐만 아니라, 야생동물에서도 환경호르몬의 피해가 많이 보고되고 있다. 낙동강 하구의 괭이갈매기는 생식능력을 거의 상실하였고, 울산만 일대의 복족류 암컷에 수컷의 생식기가 돋는 현상이 나타나고 있다.

일반적으로 환경호르몬의 내분비계 장애현상은 환경호르몬이 체내로 들어가 정상적인 호르몬의 활동을 방해하거나, 정상적인 호르몬과 유사하게 작동하거나, 또는 정상적인 호르몬 대신 생리기능을 촉발하는 등 세 가지로 설명하고 있다.

## (6) 스트레스와 호르몬

인간은 생존하면서 끊임없이 스트레스(stress)에 시달리고 있다. 스트레스란, 생물학적으로 체내의 항상성(homeostasis)을 변화시키는 위험한 요인들을 가리킨다. 이와 같은 요인들이 감지되면 신경계의 시상하부에 전달되고 시상하부는 항상성을 유지시키는 방향으로 반응하도록 명령한다. 스트레스는 물리적인 스트레스와 심리적인 스트레스로 구분된다. 물리적 스트레스의 예로는 추위나 더위, 과도한 운동, 소음 등이 있다. 심리적 스트레스에는 현실적 또는 가상적인 위험에 대한 생각, 개인적인 손실, 화나 절망 같은 감정 등이 있다.

물리적 스트레스나 심리적 스트레스 모두 감각기관에 의해 감지되어 시상하부에 전달되고, 시상하부는 이를 다시 교감신경계를 통해 여러 기관을 자극한다. 이 중 하나의 기관이 부신수질(adrenal medulla)이다. 부신수질은 교감신경의 명령에 따라 에피네프린(또는 아드레날린) 분비를 촉진하여 "싸우거나 또는 도망가기" 반응준비를 한다. 다른 한편으로는 시상하부가 뇌하수체를 자극하여 부신피질(adrenal cortex)로 하여금 코르티졸(cortisol) 분비를 촉진시켜 온몸의 반응을 준비하게 한다(그림 4-14).

🏵 도움말

• 아드레날린
부신수질에서 분비되는 호르몬의 일종. 혈압상승, 심장박동수의 증가, 지혈작용을 하며, 인슐린과 길항적으로 작용하여 혈당량을 조절한다.

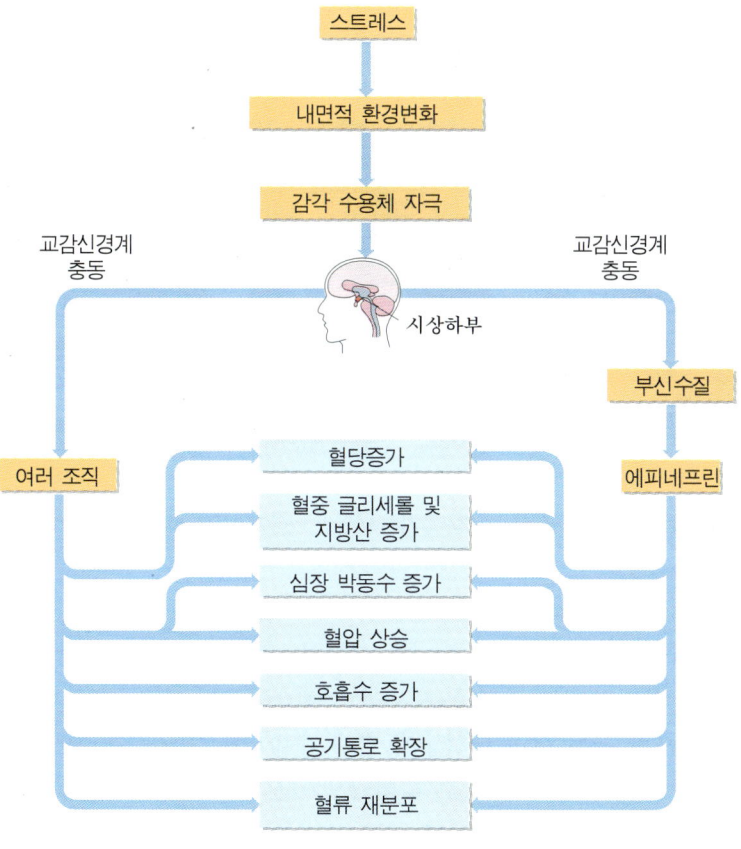

그림 4-14 스트레스 중의 시상하부의 반응성

## (7) 호르몬 결핍증

호르몬은 신경계와 함께 외부의 자극에 대한 반응을 매개하고 체내의 항상성을 유지하는 데 기여한다. 그러므로 이와 같은 호르몬분비의 이상은 여러 가지 질병을 유발한다.

생장기에 성장호르몬이 충분히 분비되지 않으면 뇌하수체의 기능저하성 왜소증(hypopituitary dwarfism)이라는 병에 걸린다. 이 질병에 걸린 사람은 전체적인 몸의 비율이나 정신적인 발달은 정상이지만 키가 크지 않아 사춘기 이전의 키를 유지하고, 때로는 다른 뇌하수체 호르몬의 결핍에 의해 완전한 성기능이 발달하지 않는 등의 부수적인 증후도 갖는다.

최근에는 유전자조작에 의해 제작된 인간 성장호르몬이 시판되기 때문에 적절한 치료를 받으면 치유될 수 있다. 이와는 반대로 뇌하수체의 이상에 의해 성장호르몬이 과도하게 분비되는 사람은 거대증(gigantism)에 걸린다. 거대증에 걸린 사람은 키가 2.5 m까지 자라며 손가락, 발가락, 코, 턱 등 말단부위의 뼈가 비대해지는 말단비대증이 나타난다(그림 4-15).

(a) 10 세   (b) 18 세   (c) 30 세   (d) 60 세

그림 4-15 성장호르몬 과다분비로 인한 거대증에 걸린 여인의 나이별 신체변화

갑상선호르몬의 하나인 티록신(thyroxine)의 주된 기능 중 하나가 신체의 대사율을 조절하는 기능이다. 따라서, 갑상선항진이나 갑상선저하는 티록신의 분비량과 연관되기 때문에 신체대사율과 밀접한 관계가 있다. 갑상선항진은 높은 신체 대사율에 의해 수반되는 체온증가, 불면증, 과민반응, 체중감소와 눈이 앞으로 튀어나오거나 갑상선이 부어 혹처럼 불거지는 현상이 나타난다. 반면, 갑상선저하는 일명 크레아틴병(Creatinism)이라 불리기도 하며, 체온감소, 비정상적 발육, 느린 손발의 움직임 등의 특성이 있다. 티록신을 합성하는 데는 반드시 요오드(iodide)가 필요하다. 따라서, 정상적인 티록신의 분비를 위해서는 적정량의 요오드를 음식물을 통해 섭취해야 한다. 미역이나 다시마와 같은 해산물은 풍부한 요오드를 함유하고 있다.

이자의 랑게르한스섬에서 분비되는 인슐린의 양이 비정상적으로 적을 때 사람들은 당뇨병에 걸린다. 당뇨병의 원인은 많은 경우에 자가면역반응에 의해 면역계가 자신의 랑게르한스섬을 공격하여 인슐린을 생성하는 세포(β세포)를 파괴하여 인슐린 생성을 억제한다. 인슐린의 양이 적으면 근육세포나 지방세포로 포도당의 이동이 저해되고 간에서 글리코겐의 합성도 억제된다. 따라서, 혈중 포도당의 양(혈당량)이 증가하여 일부는 오줌으로 빠져나온다. 당뇨병이 치료되지 않고 지속되면 실명, 다리의 종양, 신장의 손상 등을 초래한다. 당뇨병에 걸린 환자는 계속적인 인슐린 주사를 통해 필요한 인슐린을 제공받아야 생존이 가능하다.

자가면역에 의한 공격이나 결핵에 의한 감염 등에 의해 부신수질에서 호르몬의 분비가 비정상적일 때 발생하는 질병으로 애디슨병(Addison disease)과 쿠싱병(Cushing syndrome)이 있다. 애디슨병은 알도스테론의 과소분비로 체내 무기염의 균형이상으로 생기고, 쿠싱병은 코르티졸의 과소분비로 체내의 포도당 균형이상으로 생겨난다.

## 하나 더 알기     환경호르몬의 영향과 대책

야생동물들은 이미 환경호르몬에 의해 많은 영향을 받고 있는데, 대표적인 것으로 조류와 어류의 갑상선 질환, 생식력 감소, 어류 및 포유류의 대사이상, 조류의 행동학적 이상, 조류 및 포유류 수컷의 탈남성화와 여성화, 조류와 포유류의 면역계 이상 등을 들 수 있다.

어류의 알은 다이옥신이나 PCB와 같은 화학물질에 대해 감수성이 매우 높아 약간의 농도에서도 모두 죽어버린다. 뿐만 아니라, 많은 어류에서 갑상선 비대증이 나타나고, 수컷의 2차성징이 나타나지 않는 등의 이상이 보고되었다. 이러한 현상은 모두 오염된 먹이를 통한 오염물질 농축으로 내분비계 장애를 일으킨 때문으로 추측된다.

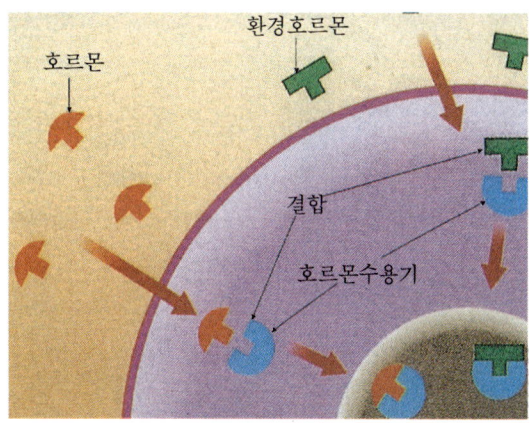

[환경호르몬의 작용]

조류는 대부분 먹이사슬의 정점인 최상위 포식자에 해당하므로 많은 오염물질을 농축하게 된다. 주로 갈매기, 가마우지, 왜가리, 독수리 등에서 발견되며, 오염이 심한 지역에서 서식하는 새들의 생식능력 및 성적 습성의 변화, 면역능력의 감소나 알의 부화율 저하, 그리고 기형 등의 형태로 나타난다.

포유류에 영향을 주는 물질들은 인간에게 바로 영향을 줄 수 있다는 점에서 포유류의 영향발견은 매우 우려되는 일이 아닐 수 없다. 1988년 북유럽에서 바다표범들이 DDT나 PCB 등의 오염에 의해 면역능력이 저하되어 바이러스의 감염으로 과반수 이상이 죽었다.

환경호르몬이 인간에게 주는 가장 대표적인 예는 정자수 감소이다. 덴마크에서는 1940년 건강한

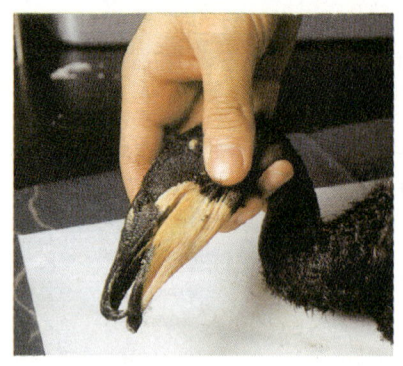
[환경호르몬에 의한 가마우지의 부리기형]

남성의 정자수가 1ml의 정액 속에 약 1억 1천 3백만 개에서 1990년 6천 6백만 개로 50년 사이에 45%가 감소하였고, 정액의 양도 25% 감소하였다는 보고가 있다. 1ml 정액 속의 정자수가 2천만 개 이하가 되면 수정이 불가능하여 불임의 원인이 된다는 것을 생각해 볼 때 이러한 정자 수 감소현상은 인류의 장래에 불안감을 안겨 주고 있다.

환경호르몬에 대응하기 위한 방안은 우선 기업이 더 이상 환경호르몬이 되는 화학물질을 만들어 내지 않아야 하며, 이에 대한 정부차원의 규제와 감시가 뒤따라야 한다. 그러나 지금 당장 우리 스스로가 할 수 있는 대책으로는 자기자신이 환경호르몬의 오염으로부터 몸을 지키는 자기방어가 가장 중요하다. 대표적인 몇 가지를 열거해 보면 다음과 같다.

환경호르몬이 들어 있는 것과는 될 수 있는 한 접촉을 피하고 안전한 물을 마셔야 한다. 특히, 생수가 들어 있는 플라스틱통의 안전성 유무를 살펴야 한다. 농약이나 화학비료가 사용되지 않은 유기농 식품의 섭취를 장려하고, 식품을 담는 플라스틱 용기의 안전성을 검사한다. 특히, 오염이 의심되는 하천에서 잡은 물고기는 먹지 않으며, 살충제의 사용을 최소화한다.

휴게실

♣ 만병통치약 멜라토닌

멜라토닌은 1950년대 척추동물의 송과선(pineal gland)에서 분비되는 펩티드성 호르몬으로 발견되었다. 송과선은 밤에만 멜라토닌을 합성하고 낮에는 합성하지 않기 때문에 동물들은 멜라토닌의 양을 감지하여 밤과 낮 또는 장일과 단일을 구분한다고 생각되었다. 따라서, 멜라토닌은 동물의 생체시계와 연결되어 있는 탈피, 번식, 이동, 동면 등을 조절하는 데 중요한 역할을 하리라고 생각되었다. 실제로 생체주기를 조절한다고 알려져 있는 초시각 교차핵(suprachiasmatic nucleus)에 다량의 멜라토닌 결합부위가 존재한다는 사실은 이러한 추론을 뒷받침한다.

그러나 최근 미국에서 멜라토닌이 건강보조식품으로 분류되어 시판되면서 멜라토닌의 효용성이 만병통치약 수준으로 과장되고 있다. 멜라토닌이 효용이 있다고 광고된 질병은 AIDS, 알츠하이머병, 암, 백내장, 우울증, 당뇨병, 심장병, 독감, 불면증, 시차적응, 파킨슨병, 정신분열증, 뇌졸중, 유아돌연사 등 이루 헤아릴 수 없을 만큼 많다. 이 중에서 실제로 효력이 있다고 밝혀진 것은 시차로 인한 불면증 하나뿐이다. 장시간 비행기 여행에 의한 시차로 밤낮이 바뀌면 밤에 잠을 이루지 못한다. 우리 몸은 예전처럼 낮으로 인식하기 때문이다. 이 때 멜라토닌 알약을 한 개 복용하면 우리 몸이 밤이라 인식하여 수면을 촉진시켜 잠을 이룰 수 있다. 그러나 그 밖의 효능은 아직 확인된 것이 없으므로 필요 이상의 기대감으로 멜라토닌을 오용하는 것은 피해야 할 것이다.

## 요 약

　인간은 신경계를 이용하여 외부의 자극을 감지하고, 감지된 자극에 반응하여 근육을 움직이거나 내분비 기관을 통해 화학메신저의 분비량을 조절한다. 근육의 움직임은 직접적인 육체의 움직임으로 나타나고, 화학메신저의 분비는 우리 몸 내부의 화학적 조성을 바꾸는 역할을 한다.

　세포 사이의 선호전달에는 전기신호를 이용하여 전달하는 방법과 화학물질의 분비를 통해 전달하는 두 가지 방법이 있다. 전자는 빠르고 양방향의 이동이 가능하나, 사용빈도에 따른 신호전달의 수월성이 나타나는 후자가 주로 사용된다.

　전기신호를 이용한 뉴런 사이의 신호전달에는 세포막의 전위차인 막전위를 이용한다. 활동전위는 막전위의 급격한 변화에 의해 생성되며, 뉴런을 따라 이동하는 성질을 갖고 있다.

　화학시냅스는 화학메신저인 신경전달물질을 매개로 뉴런 사이의 신호를 전달하는 구조이다. 화학시냅스는 뇌에 작용하는 여러 가지 약물들이 반응하는 장소이며, 기억의 저장도 화학시냅스의 효율성 향상으로 설명하고 있다.

　인간의 뇌는 다른 포유류와 마찬가지로 전뇌, 중뇌, 능뇌의 세 부분으로 구성되어 있으며, 특히 전뇌의 대뇌피질 부위가 발달되어 지능을 갖는다.

　호르몬이란, 세포 밖으로 분비되어 혈액을 통하여 이동한 다음, 표적세포와 반응하여 표적세포의 기능을 변화시키는 화학물질이다.

　오토크린은 호르몬을 분비하는 세포자신에 호르몬이 반응하는 것이고, 파라크린은 분비된 호르몬이 바로 이웃하는 세포를 표적세포로 삼는 것이며, 내분비는 내분비세포에서 분비된 호르몬이 혈액을 따라 이동하다가 표적세포와 반응하는 것이다.

　환경호르몬은 인간이 만들어낸 이물질로, 체내에서 내분비계 장애물질로 작용하는 화학물질을 가리킨다. 호르몬의 분비이상은 여러 가지 질병을 초래하며, 이러한 질병의 치유는 이상이 생긴 호르몬을 인위적으로 공급하는 것이다.

## 탐구문제

*1.* 화학메신저 중에서 신경전달물질과 호르몬의 차이점은 무엇인지 알아보자.

*2.* 페로몬의 예를 들어 보자.

*3.* 스트레스에 반응하여 분비되는 호르몬을 열거하고, 이들의 기능을 설명하여 보자.

*4.* 파킨슨병의 치료제인 L도파의 역할을 설명해 보자.

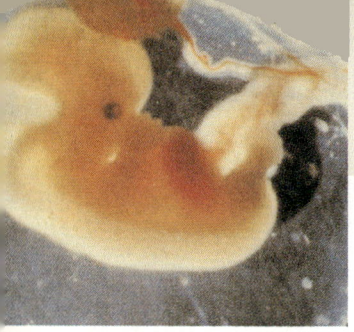

# 5. 생식과 발생

## 1. 생식이란?

인간을 포함하는 모든 생물들은 한정된 삶을 살기 때문에 종족을 보존하기 위하여 다음 세대를 생산하여야 하는데, 이와 같은 생산과정을 생식(reproduction)이라고 한다. 사람은 유성생식을 통해 양부모의 유전자가 적절하게 조합을 이루어 다양한 자손이 나오게 되는데, 실제로 같은 형제라도 일란성 쌍생아가 아니면 모습에는 상당한 차이가 있다(그림 5-1). 이러한 다양성은 23쌍의 염색체가 감수분열을 하면서 염색체의 짝짓기와 유전자의 재조합으로 인해 다양한 유전자 배열이 일어나기 때문이다.

사람의 체세포에는 염색체가 1쌍씩 23 종류가 있으며, 23개의 다른 종류의 염색체를 유전체(genome, 과거에는 게놈 또는 지놈으로 불렀음)라고 한다. 따라서, 체세포에는 2세트의 유전체가 있으며, 감수분열을 통해 만들어진 정자나 난자는 한 세트의 유전체, 즉 23개의 염색체를 갖는다. 감수분열시 23쌍에서 23개가 한 세트가 되는 방법에는 $2^{23}$이 있다. 즉, 23쌍을 영어 알파벳으로 표시하면 $A_1A_2$, $B_1B_2$, $C_1C_2$,…, $W_1W_2$가 된다. 여기서 23개를 한 세트로 하는 조합은 $A_1B_1C_1…W_1$, $A_2B_1C_1…W_1$… 등 매우 다양한 조합의 생식세포가 만들어진다. 따라서, 정자와 난자가 만나 한 개체를 형성할 때 예상되는 조합은 $2^{23} \times 2^{23} = 2^{46}$으로 상상을 초월하는 다양한 개체가 나올 수 있기 때문에 유전자형이 완전히 같은 인간이 태어난다는 것은 거의 불가능하다.

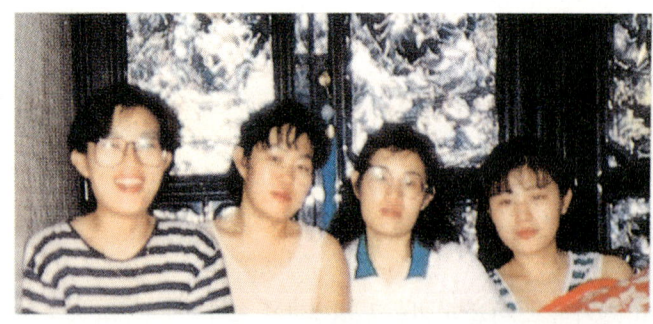

(a) 자매들

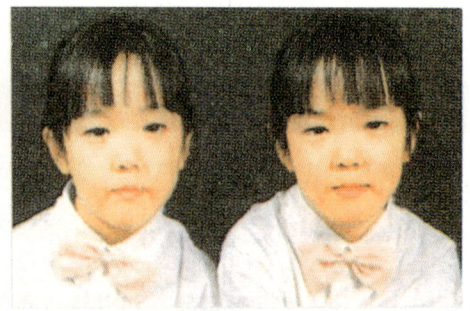

(b) 일란성 쌍생아

그림 5-1 한 부모로부터 태어난 자식들의 다양한 모습
일란성 쌍생아가 아니면 같은 부모에서 태어나도 다른 모습을 나타낸다.

## 2. 생식기관

### (1) 남성의 생식기관

남성의 생식기관으로는 정자와 남성 호르몬을 생산하는 정소(testis), 정자의 성숙이 일어나는 부정소, 활동성의 정자가 이동하는 정관(vas deferens), 여러 물질을 분비하는 부속선 및 교미기관인 음경(penis)을 들 수 있다(그림 5-2). 정소는 한 쌍이 있고 음낭(scrotum)으로 싸여 있

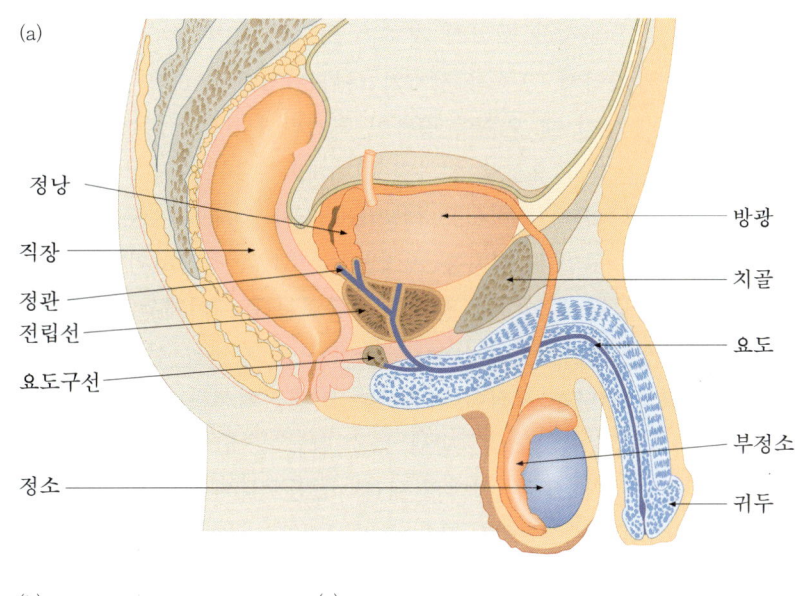

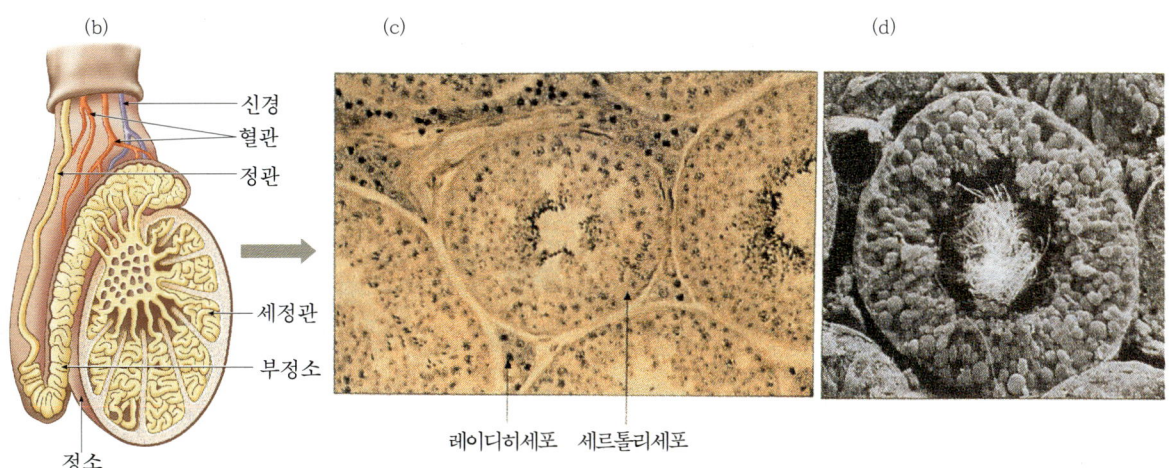

그림 5-2 **남성의 생식기관(a) 및 정소의 미세구조(b, c, d)**
정자는 세르톨리세포의 도움으로 세정관에서 만들어진 후 부정소로 간다. 레이디히세포에서는 테스토스테론을 생산한다. 그림(d)는 감수분열 과정에 있는 정자형성 세포와 중앙의 완성된 정자가 밀집해 있는 것을 보여주는 주사전자현미경 사진이다.

으며, 체외로 노출되어 있다. 만약 정소의 온도가 체온과 같거나 높으면 정자가 잘 발달하지 못해 불임의 원인이 된다.

정소에는 수많은 세정관(seminiferous tubules)이 있는데, 이 관에서는 세포들이 감수분열하여 정자를 형성하며, 남성 호르몬인 테스토스테론 (testosterone)이 만들어진다. 이 호르몬은 근육의 발달, 목소리의 변화, 체모의 발달, 수염의 발달, 음경의 확장 등과 같은 남성의 2차 성징이 발달하도록 유도한다.

세정관에서 만들어진 미성숙한 정자는 정소의 위쪽에 있는 매우 꼬인 구조인 부정소(epididymis)에서 성숙되며, 편모(flagellum)의 발달로 운동성을 갖는다. 운동성을 획득한 정자는 정관을 따라 요도를 지나 음경을 통해 방출된다. 따라서, 오줌과 정자가 나가는 길은 같으나, 호르몬의 조절에 의해 정자가 나갈 때 오줌의 방출이 억제된다.

정자가 정관을 지나 요도로 지나갈 때 3개의 분비선으로부터 물질을 받는다(그림 5-3). 첫번째 분비선은 정낭(seminal vesicle)으로 정액의 대부분을 만들어내는 곳인데, 정자를 저장하는 장소로 착각하기 쉽다. 정액에는 풍부한 영양물질이 있어서 정자가 운동하는데 에너지원으로 이용된다. 두 번째 분비선은 전립선(prostate gland)으로 정액과 섞인 정자가 정관을 지나 요도와 만나는 지점에 위치한다. 전립선에서는 정액의 pH를 높여주고 정액의 특징적인 점성도, 냄새 등을 만들어 내며, 알칼리성 분비물을 정액에 더하여 준다. 또한, 정액의 pH를 높임으로써 사정한 후에 정자의 운동성을 증가시키고, 산성의 질을 중화시켜서 정자가 희생되는 것을 줄인다. 세 번째 부속선은 요도구선(bulbourethral gland)으로 미끈한 점액성의 물질을 분비하여 요도를 코팅함으로써 남아 있는 오줌을 씻어 내고 정자의 흐름을 원활하게 해주는 윤활유 역할을 한다.

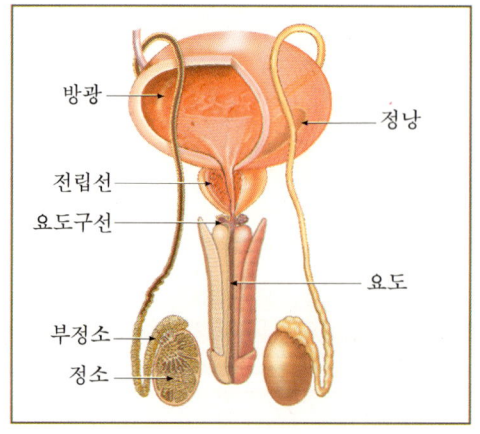

그림 5-3 부속선의 확대. 정자는 정낭, 전립선, 요도구선의 세 분비선으로부터 나오는 물질과 합쳐져 밖으로 사정된다.

방광
정낭
전립선
요도구선
요도
부정소
정소

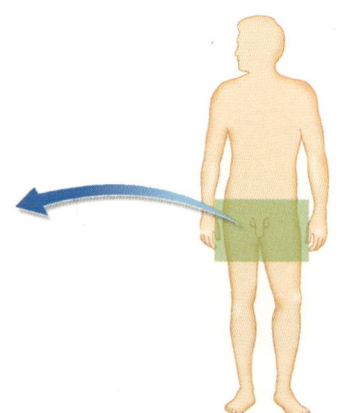

표 5-1 남성 생식기관의 부속선

| 종 류 | 분비물질 | 분비물의 기능 | 정액구성(%) |
|---|---|---|---|
| 정낭 | 물, 과당, 비타민 C, 알칼리성 물질 | 정자 내 영양물질 공급 | 60 |
| 전립선 | 물, 콜레스테롤, 완충용 염류, 인지질, 알칼리성 물질, 프로스타글란딘 | 정자의 운동성 증가, 질 내 산성의 중화 | 30 |
| 요도구선 | 알칼리성 점액 | 요도관 내의 오줌을 중화 | 5 |

## (2) 여성의 생식기관

여성의 생식기관은 생식세포 형성뿐만 아니라 태아가 자랄 수 있는 장소를 제공해야 하므로 남성의 생식기관보다 더 복잡하다. 여성의 생식기관은 난자와 여성호르몬을 분비하는 난소(ovary), 수정란 또는 미수정란이 이동하는 경로인 난관(oviduct), 태아가 수개월 동안 자라는 자궁(uterus), 성교시 음경을 받아들이기도 하고 출생시 태아가 나아가는 통로인 질(vagina)이 있다. 치구는 치골 위를 덮고 있으며, 털로 덮여 있다. 치구 밑에는 커다란 주름인 대음순(major lip)과 대음순 바로 안쪽의 가는 주름인 소음순(minor lip)이 있다(그림 5-4).

대음순과 소음순은 위쪽 부분에서 합쳐져 작은 덮개인 음핵(clitoris)을 형성하는데, 이것은 발생학적으로 볼 때 남성 음경의 귀두에 해당되는 부분으로, 성적으로 매우 민감한 부분이다. 또한, 외부 생식기관으로 유방이 있다.

남성은 오줌과 정자가 하나의 관을 통해서 밖으로 배출되지만 여성의 경우에는 2개의 관이 있어서 요도구(urinary meatus)로 오줌이 배출되고, 질구는 성교시 음경을 받아들인다. 처녀의 질구는 처녀막(hymen)으로 알려진 막에 의해 부분적으로 막혀 있다.

질은 신축성이 있는 근육질의 관으로 성적으로 흥분된 동안 바르톨린선(Bartholin's glands)에서 윤활성 점액질이 나오는데, 이것은 남성의 요도구선에 해당되는 기관이다. 출산시 질은 지름이 약 10 cm나 늘어나 신생아의 머리가 통과할 수 있으며, 아기가 나오면 곧 원상태로 돌아간다. 질의 위쪽에 자궁과 접하고 있는 부분이 자궁경부(cervix)이며, 평상시는 점액질로 되어 있어서 정자가 통과하기 어려우나 흥분되면 묽어져 정자의 통과가 용이해진다.

많은 포유류는 자궁이 2개이지만 인간과 같은 영장류는 자궁이 하나밖에 없어서 일반적으로 한 번에 하나의 자식을 낳는다.

**📀 도움말**

• 치구(恥丘)

외부 생식기.

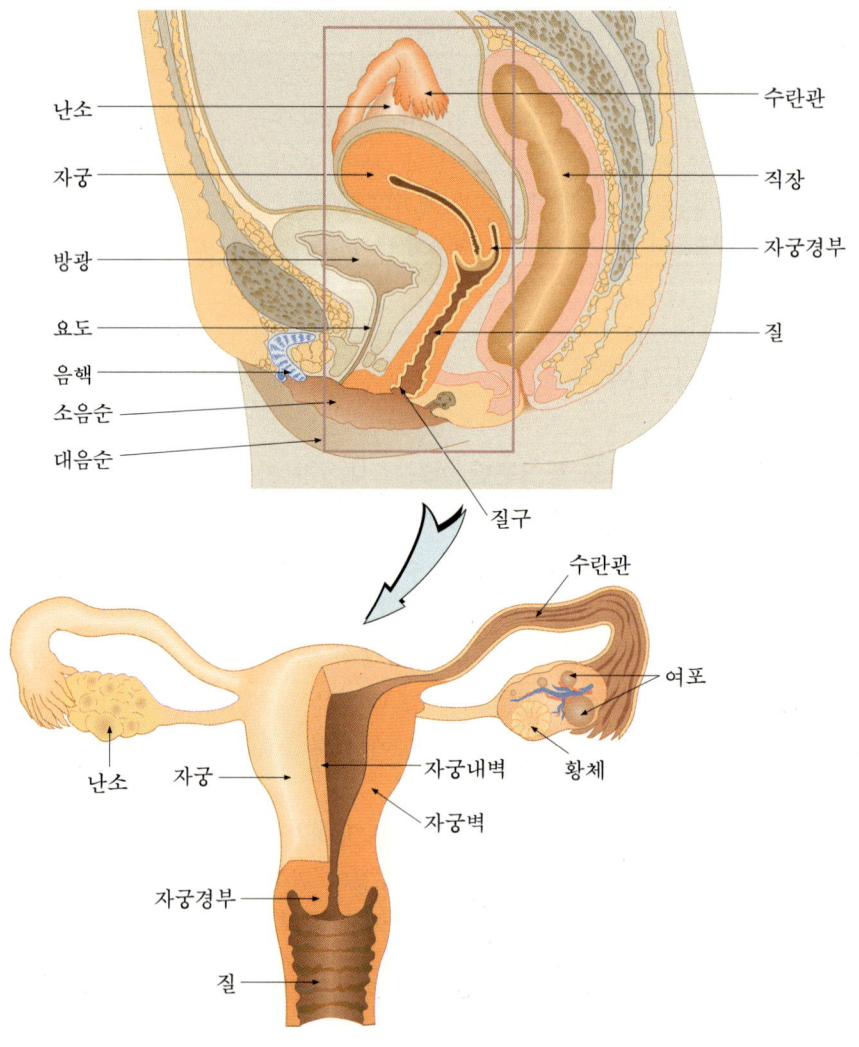

그림 5-4  여성 생식기관의 구조

# 3. 정자와 난자의 생성

## (1) 정자의 생성

정자는 세정관의 벽에서 형성된다. 세정관의 외부표면에 있는 정원세포(spermatogonia)들은 유사분열을 계속하고, 이들 중 많은 수가 감수분열 과정으로 들어가면서 제 1 정모세포가 된다. 제 1 감수분열이 완성되면 제 2 정모세포가 된다. 이들은 염색체의 수가 반으로 줄어든 $n=23$ 개의 염색체조합을 갖는다. 제 2 감수분열이 일어나 4개의 정세포(spermatid)가 만

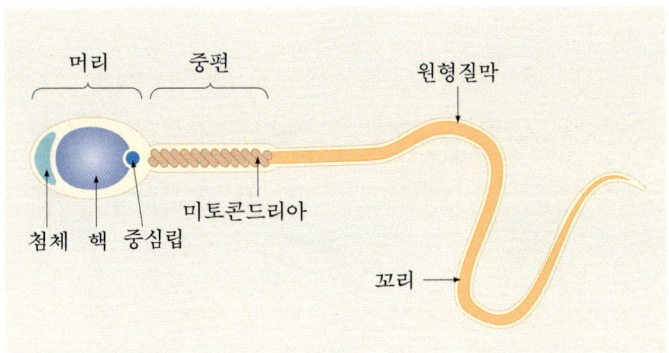

그림 5-5 정자의 구조

머리　중편

원형질막

미토콘드리아

첨체　핵　중심립

꼬리 →

들어지고 정세포는 분화과정을 거쳐 정자가 된다(그림 5-5). 미성숙한 정자는 세포처럼 원형의 형태이나 성숙하면서 편모가 형성되고, 대부분의 세포질은 제거되며, 유전물질을 전달하는 핵과 정자의 운동에 필요한 에너지를 제공하는 미토콘드리아 등 핵심부분만 남게 된다.

　정자의 끝에는 첨체(acrosome)가 있어서 난자에 접근하게 되면 효소반응을 통해 난자의 막을 뚫고 들어간다. 남성이 1회 사정시 약 3~4 ml의 정액을 방출하게 되는데, 이 속에는 약 3~5억 개의 정자가 들어 있다. 정자가 꼬리가 없거나 운동성이 없는 경우 불임의 원인이 된다. 정자의 미토콘드리아는 수정시 없어지므로 난자에 있는 미토콘드리아만 자손에게 전달된다.

## (2) 난자의 형성

　난자는 난소에서 만들어진다. 난소는 약 2.5 cm 정도되는 기관으로, 난자들은 원시여포로 둘러싸여 있다(그림 5-6). 난자의 형성은 정자의 형성과는 매우 다르다. 여아로 태어난 아이의 난소는 정소처럼 새로운 세포를 끊임없이 만들어 내는 것이 아니라 이미 만들어진 난모세포를 성숙시킬 뿐이다. 출생시 난자는 제 1 감수분열 전기상태이며, 사춘기까지 이 상태로 유지된다. 사춘기 때에 여성이 생식주기를 시작하면 제 1 감수분열을 완성한 후 제 2 감수분열 중기에서 멈춘다. 정자와 난자가 만나 수정이 일어나면 감수분열을 완성하고 핵의 융합이 일어난다. 따라서, 40세의 여성으로부터 나오는 난자는 무려 40년을 기다렸다가 감수분열이 완성되기 때문에 나이가 많이 들어 형성되는 난자로, X선 또는 여러 화학물질에 노출되는 시간이 많아 수정시 덜 건강한 자손을 형성할 가능성이 크다.

　수정 후 5개월 무렵의 태아는 최대값인 약 700만 개의 제 1 난모세포를 지니며, 이 이후부터 퇴화하기 시작하여 7개월 된 태아의 난소는 약 200

### 도움말

● 첨체(尖體)

정자 선단에 있는 세포기관. 핵 선단을 덮고 있는 것, 핵에서 돌출해 있는 것, 핵에 묻혀 있는 것, 가늘고 긴 핵의 연장으로 되어 있는 것 등 형태가 다양하다.

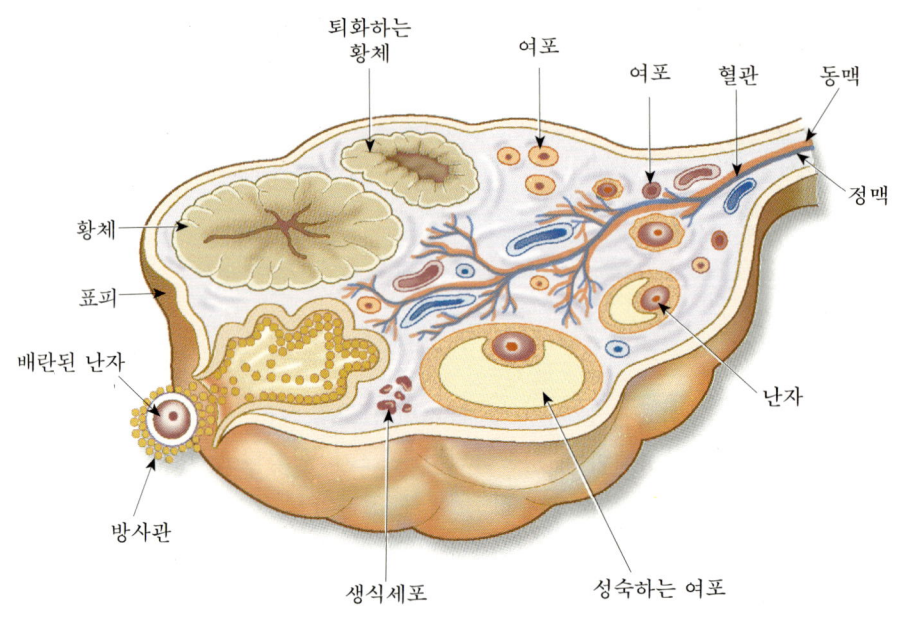

퇴화하는
황체

여포

여포    혈관    동맥

정맥

황체

표피

배란된 난자

난자

방사관

생식세포

성숙하는 여포

그림 5-6  난소의 구조 및 난자의 성숙과정

만 개의 난모세포를 지니게 된다. 신생아는 수십만 개, 사춘기까지 남는
것은 20~40만 개 정도에 불과하다. 이 중에서 여성은 4주에 한 번꼴로
임신기회를 가지므로 약 35년 동안 생식주기가 진행된다고 할 때 평생 동
안 약 450개 정도의 성숙한 난자를 만들게 된다.

## (3) 여성의 생식주기

여성은 보통 9~12세 사이에 사춘기에 접어들면서 가슴, 유선, 엉덩이가
커지는 등 여성의 2차 성징이 발달한다. 이 시기부터 생식이 가능한 기간
까지 평균 28일을 주기로 규칙적인 생식주기(reproduction cycle)를 반복
하며, 이 과정에는 시상하부, 뇌하수체, 난소에서 나오는 호르몬이 주도적
인 역할을 한다. 여성의 생식주기는 난소주기(ovarian cycle), 월경주기
(menstrual cycle), 호르몬주기(hormonal cycle) 등으로 구분하지만 이
들 사이에는 불가분의 관계가 있다(그림 5-7).

월경주기는 월경을 수반하는 자궁내막의 주기적인 변화로 월경이 시작
되는 날을 주기의 1일로 잡는다. 월경(menstruation)이란 자궁내막이 규
칙적이며 주기적으로 떨어지면서 출혈하는 현상으로, 질을 통해서 밖으로
유출된다. 이러한 활동들은 생식 호르몬의 작용으로 일어난다. 여성의 처

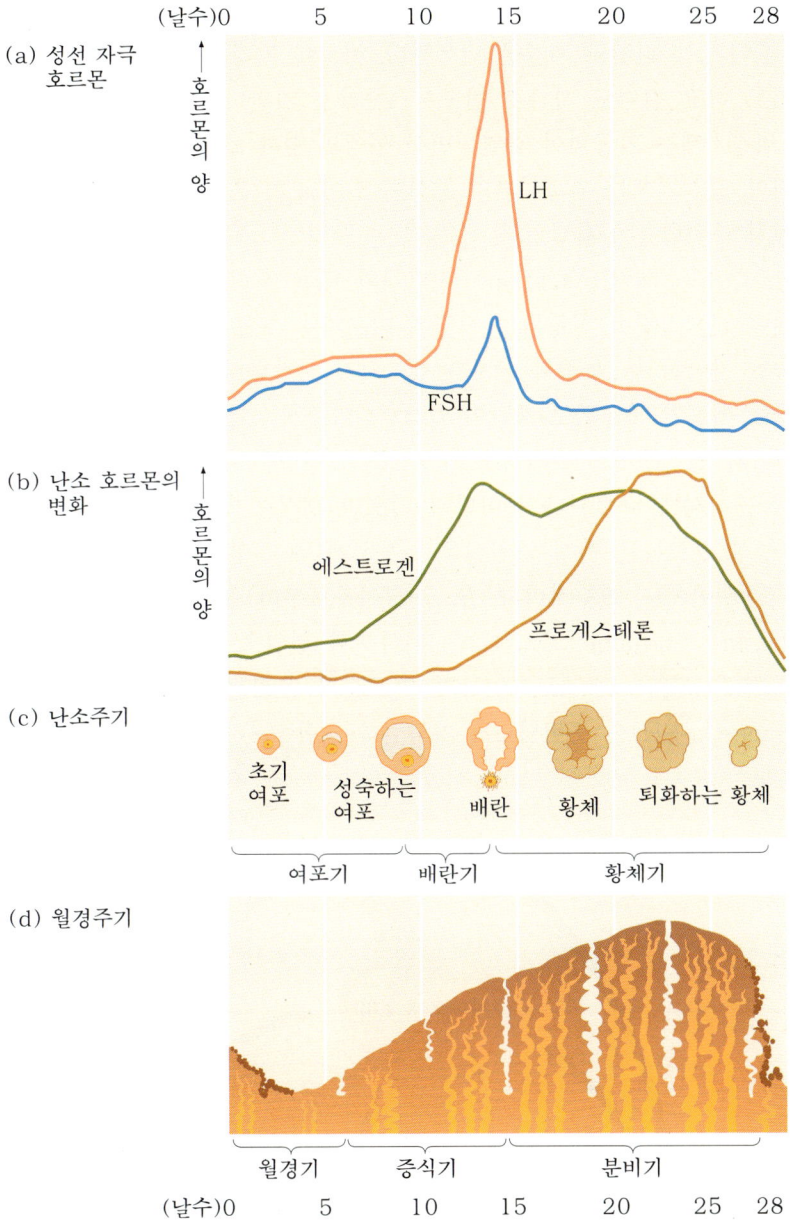

그림 5-7 **여성의 생식주기**
여성의 생식주기는 크게 호르몬주기, 난소주기, 월경주기로 구분할 수 있다.

(a) 성선 자극 호르몬

호르몬의 양 →

(날수)0　　5　　10　　15　　20　　25　　28

LH

FSH

(b) 난소 호르몬의 변화

호르몬의 양 →

에스트로겐

프로게스테론

(c) 난소주기

초기 여포　　성숙하는 여포　　배란　　황체　　퇴화하는 황체

여포기　　배란기　　황체기

(d) 월경주기

월경기　　증식기　　분비기

(날수)0　　5　　10　　15　　20　　25　　28

음 월경을 초경이라 하는데, 보통 12~15 세 사이에 하지만, 이보다 2~3 세 빨리 하는 경우도 있고, 느린 경우도 있으며, 모두 정상으로 간주한다.

　월경을 시작하면 간혹 두통 등 여러 통증을 호소하는 일이 있다. 여성은 50대를 전후하여 여포자극 호르몬과 황체형성 호르몬에 대한 난소 내 여포의 반응이 급격하게 떨어져 에스트로겐의 분비량이 감소한다. 이로 인해 생식주기와 배란이 불규칙하게 되고, 결국에는 월경이 중단되는 폐경(menopause)에 이르게 된다.

여성의 월경주기는 어떻게 진행되는가? 월경주기는 4주를 주기로 월경기, 증식기, 분비기의 과정을 반복한다. 여성에 따라 월경주기는 28일보다 짧기도 하고 길기도 하므로 반드시 4주라는 기간이 적용되는 것이 아니다. 월경기에는 자궁벽이 파열되면서 혈액과 함께 질을 통하여 밖으로 배출되며, 증식기에는 자궁내벽의 증식이 일어나고, 분비기에는 자궁의 상피선에서 분비활동이 활발하다.

난소주기는 배란(ovulation) 전단계와 배란 후단계로 나눈다. 배란 전단계에서는 월경이 진행되는 시점에 여포자극 호르몬이 분비되어 여포의 성숙을 자극하고, 그 결과 난자가 성숙하기 시작한다. 월경을 시작한지 14일쯤에 여포가 파열되고 배란이 일어난다.

여성의 생식주기는 절대적으로 호르몬의 영향을 받는다. 따라서, 호르몬이 불규칙하게 나오거나 분비되지 않으면 생식주기 역시 불규칙하게 된다. 생식 호르몬은 여성이 임신을 가능하게 해줄 뿐만 아니라 임신의 유지 및 출산에도 필수적이다. 또, 시상하부로부터 분비되는 방출 호르몬(releasing hormone, GnRH)은 뇌하수체 전엽으로부터 황체형성 호르몬(luteinizing hormone, LH)과 여포자극 호르몬(follicle stimulating hormone, FSH)이 분비되도록 자극한다(그림 5-8).

● 도움말

• 배란(排卵)
난자가 성숙하여 난소를 빠져 나오는 것. 이 때가 임신될 확률이 가장 높다.

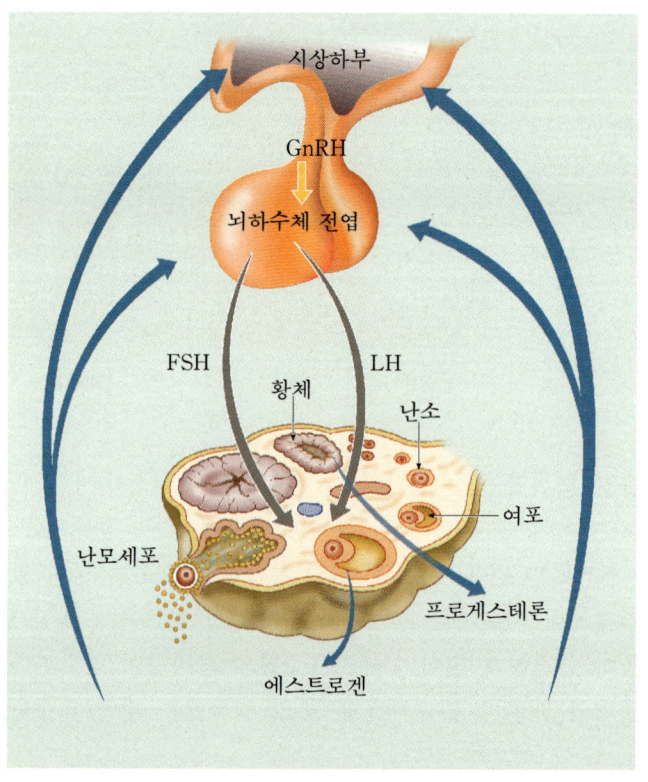

그림 5-8 여성의 생식주기와 시상하부, 뇌하수체 및 난소 호르몬과의 관계
시상하부에서 방출 호르몬을 분비하면 뇌하수체에서 FSH와 LH가 분비된다. 순차적으로 난소에서 에스트로겐과 프로게스테론이 분비된다.

뇌하수체에서 분비된 FSH는 혈액을 통해 난소로 가서 난자를 둘러싸고 있는 여포를 발달시킨다. 여포가 발달되면서 에스트로겐(estrogen)을 분비하여 자궁내막을 두껍게 하며, 새로운 혈관과 분비선이 형성되는 등 임신을 위한 준비를 하게 된다. 자궁내벽이 두꺼워져야 하는 이유는 수정된 배아가 착상하여 내벽을 뚫고 들어가 자리를 잡아야 하기 때문이다.

혈액 속에 에스트로겐의 농도가 증가하면 뇌하수체 전엽이 자극을 받아 LH의 분비가 촉진되며, 여포자극 호르몬과 황체형성 호르몬에 의하여 배란이 유도된다.

배란으로 인해 자유로워진 난자는 수란관을 통해 난관으로 들어간다. 이 때 난자를 둘러쌌던 여포세포는 황체로 변하며, 여기에서 프로게스테론과 에스트로겐을 분비한다. 프로게스테론은 자궁내벽의 혈관의 발달을 더욱 촉진하고 두껍게 발달시키며, 자궁벽을 두꺼운 상태로 유지시키는 역할을 한다. 임신되지 않으면 황체가 퇴화되고 호르몬의 양이 감소하면서 자궁벽이 허물어지고 다시 월경기로 들어간다.

난자는 배란 후 약 24시간 동안 생존이 가능하며, 정자는 이보다 긴 약 48시간 정도이므로 배란 이틀 전에 성관계를 가졌다면 임신이 일어날 가능성이 있다.

표 5-2 　　　　　　　　 난소주기 및 월경주기에 관여하는 호르몬

| 호르몬 | 분비장소 | 기　　　　능 |
|---|---|---|
| 방출 호르몬 | 시상하부 | 뇌하수체에서 LH와 FSH 호르몬 분비조절 |
| FSH | 뇌하수체 전엽 | 여포의 성장을 조절 |
| LH | 뇌하수체 전엽 | 여포의 성장과 제2난모세포의 형성을 촉진하고, 황체의 형성을 촉진 |
| 에스트로겐 | 여포 및 황체 | 배란 전 높은 농도의 호르몬은 시상하부 자극, 배란 후 높은 농도의 호르몬은 시상하부 억제, 자궁내막 발달 촉진 |
| 프로게스테론 | 황체 | 자궁내막 유지, 높은 농도에서 시상하부 및 뇌하수체 억제, 급격한 농도감소는 월경 촉진 |

## 4. 임신과 발생

### (1) 임신의 징후와 임신기간의 산출

하나의 세포인 난자가 수정된 후 분열과 분화 과정을 거쳐 40주가 되면 태아가 어머니의 뱃속에서 나와 움직이고, 숨쉬고, 소화하며, 배설하고, 생각하고, 느끼고, 자극에 대하여 반응하는 것을 보면 매우 신비롭다.

여성이 임신에 대한 가능성을 확인하는 것은 생식주기가 지나도 월경을 하지 않을 때이다. 따라서, 임신이 일어나고 생식주기가 끝날 때쯤에는 엄밀하게 따질 경우 임신 2주가 된다. 그러나 통상적으로 따지는 임신기간은 월경주기가 처음 시작할 때를 1일로 계산하므로 만 2주의 임신기간은 실제로 한 달이 되는 때이다.

이러한 산출방법에 따르면 임신 280일 또는 40주만에 아이를 낳는다. 그러나 실제 수정시기로부터 따지면 266일 또는 38주가 되므로 어떻게 따지느냐에 따라 임신기간이 달라질 수 있다.

임신초기의 증상으로는 머리가 아프고, 여성 호르몬의 분비가 늘면서 자궁에 분비물이 증가한다. 입덧은 보통 임신 4~5주부터 시작되며, 대개 12주부터 잦아진다. 특히, 공복일 때 증세가 심해지므로 음식을 소량씩 자주 먹는 것이 필요하다. 임신 중기~후기에는 얼굴에 기미 또는 검버섯이 생기며, 자궁이 과다하게 커지면서 주로 배, 유방, 엉덩이 부위가 튼다. 임신 16주가 지나면 자궁이 앞쪽으로 몰리고 이에 따라 허리근육에 부담이 커지면서 요통이 발생한다.

---

**휴게실**

### ♣ 자가임신 테스트

임신하게 되면 배아의 영양세포층으로부터 임신 호르몬이라고 하는 인간 융모성 성선자극 호르몬(HCG, human chorionic gonadotropin)이 소변으로 배출된다. 약국에서 이 호르몬을 탐지하는 키트를 구입하여 간단히 임신여부를 검사할 수 있다.

아침의 첫소변을 비누가 묻지 않은 깨끗한 용기에 받아 테스트하며, 소변이 묽어질 수 있으므로 소변을 받기 전에 물은 마시지 않는 것이 좋다. 너무 이른 시기에 테스트를 하면 키트시약으로 검출되지 않을 수도 있으므로 다음 월경이 시작되는 날짜를 정확히 알고 있다가 월경이 시작되지 않으면 1주일 정도 기다려 실온에서 테스트를 시작한다.

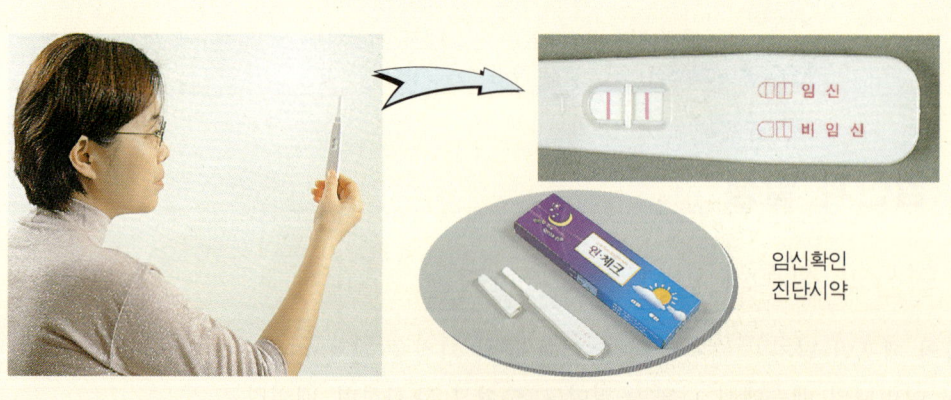

임 신
비 임 신

임신확인
진단시약

그림 5-9 자가임신 진단모습

## (2) 수정과 초기발생의 특징

수정은 난소 가까이에 있는 수란관의 상단부에서 일어난다. 남성이 여성의 질에 사정을 하면 정자는 자궁경부를 지나 자궁으로 들어간 후 난관을 타고 상단부로 이동하며, 그 곳에서 정자와 난자가 만난다. 정자는 편모가 있어서 운동하여 수란관의 상단부에 도착할 수 있지만 수정이 일어난 난자는 운동성이 없어 움직일 수 없으나, 난관의 벽에는 섬모가 있어서 수정란을 자궁으로 이동시킨다. 수정란은 자궁으로 이동하면서 분열하여 자궁에 도달할 즈음에는 배반포(blastocyst)가 된다. 이 때 포배아의 표면세포에서 나오는 효소를 이용하여 자궁벽을 뚫고 들어가 자궁내벽에 자리를 잡고 발생을 시작한다(그림 5-10).

> 🌑 **도움말**
>
> • **배반포(胚盤胞)**
> 수정란이 일정한 세포분열을 끝내고 속이 빈 단계의 배아.

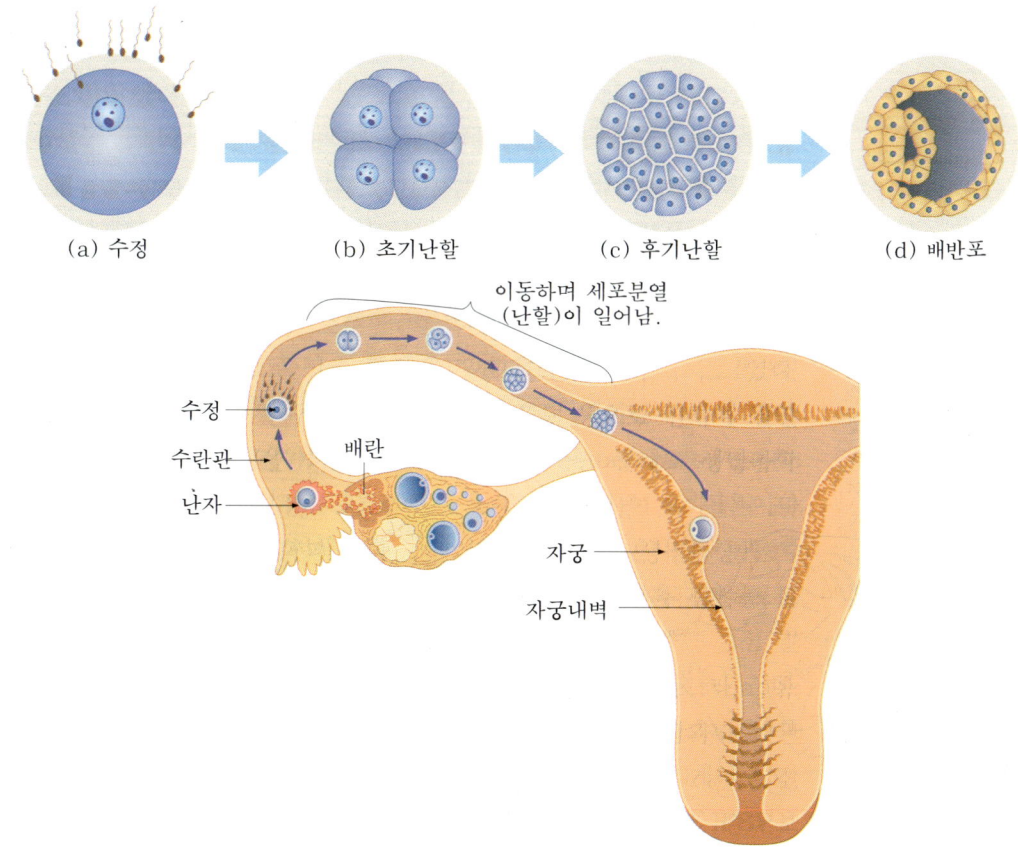

(a) 수정   (b) 초기난할   (c) 후기난할   (d) 배반포

이동하며 세포분열
(난할)이 일어남.

수정
수란관
난자
자궁
자궁내벽

그림 5-10  사람의 초기발생(수정, 난할, 포배, 착상 과정)
수란관에서 수정된 수정란은 난관을 따라 자궁으로 이동한다. 이동 중에도 분열을 계속하며, 자궁에 도달할 즈음에는 상실배가 되며, 배반포로 발달한 후 자궁벽에 착상한다.

## (3) 임신 중 발생의 3 단계

임신기간 중 인간의 발생은 크게 세 단계로 구분된다. 첫째가 선배아기 (preembryonic stage)이며, 둘째가 배아기(embryonic stage)이고, 셋째 가 9주에서 태어날 때까지로 태아기(fetus)라고 한다. 이 시기에 기관이 형성되고 기관계를 형성하여 신체의 기능이 유기적인 관계를 가지고 상호 조절된다.

### ① 선배아기

선배아기는 첫 2주간이며, 수정과 난할, 그리고 착상이 일어난다. 정자는 정자머리 끝의 첨체부분에 있는 효소를 이용하여 난자의 방사관(corona radiata)과 투명대(zona pellucida)를 지나 난자막을 뚫고 안으로 들어간 다. 처음 사정시 수억 개이던 정자의 숫자는 난자에 도달할 즈음에는 약 200개로 줄며, 이 중에서 하나만 난자막을 뚫고 들어가는 치열한 경쟁을 보인다. 이러한 극한적인 경쟁을 통해 이상이 있는 정자는 정상적인 것과 의 경쟁에서 패배함으로써 수정을 통해 형성되는 인간은 대부분이 정상적 인 인간이 될 확률이 커진다고 볼 수 있다.

수정 후 첫분열은 약 30시간만에 일어나며, 분열을 계속하여 뽕나무 열 매처럼 생긴 상실배가 되고, 3~6일이 지나면 난관에서 자궁에 도달한다. 이후 분열이 더 진행되어 배반포를 형성하게 되고, 5~7일 사이에 자궁벽 에 착상한다. 이 때, 배반포의 외부세포층(영양세포층, trophoblast)에서 효소가 나와 자궁벽을 녹이며 파괴된 혈관들이 배반포를 둘러싸서 풍부한 영양 속에 있게 된다. 이 때 영양세포층에서는 인간 융모성 성선자극 호

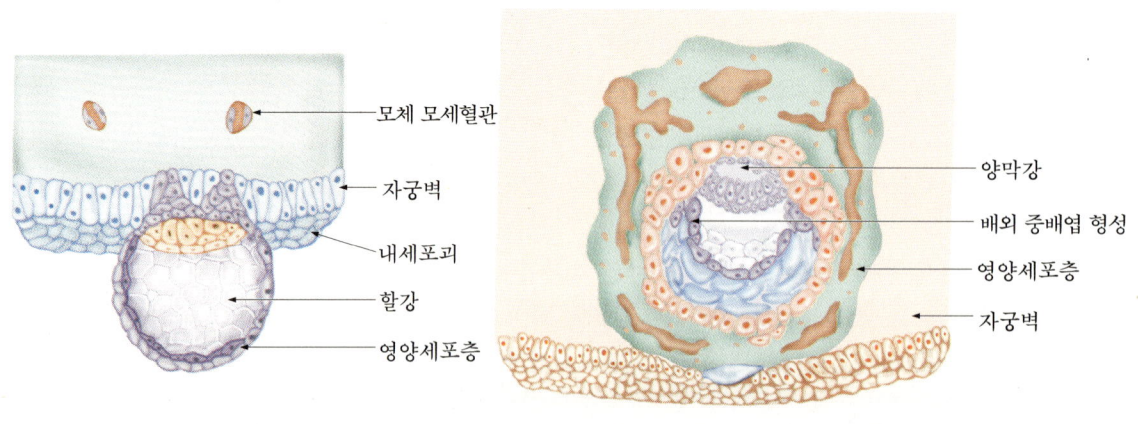

(a) 발생 7일째의 배아

모체 모세혈관
자궁벽
내세포괴
할강
영양세포층

(b) 발생 10~11일째의 배아

양막강
배외 중배엽 형성
영양세포층
자궁벽

그림 5-11 배아의 착상 및 배반포의 구조

르몬(HCG)을 약 10주간 분비하여 월경이 일어나는 것을 억제한다. 이것은 월경이 일어나게 되면 자궁벽이 헐어 유산되기 때문이다.

배아는 포배단계에서 낭배단계로 들어간다. 낭배의 특징은 정적인 상태에 있던 세포가 격렬하게 이동하는 시기이다. 낭배시기에 내배엽, 외배엽, 중배엽이 자리를 잡아 필요한 조직을 형성할 수 있도록 한다.

각 배엽으로부터 조직이 형성되는데, 외배엽에서는 신경계, 표피가, 내배엽에서는 호흡계, 소화계가, 그리고 중배엽에서는 근육, 피, 뼈, 심장, 생식기관 등이 형성된다.

선배아기의 끝무렵에는 여성의 가슴이 부풀어 오르고, 부드러워지며, 유달리 피곤함을 느끼므로 임신의 가능성을 생각해 보아야 한다. 임신이 의심되면 약국에서 임신확인용 약품을 구입하여 소변검사를 해보면 쉽게 임신여부를 알 수 있다(그림 5-9).

수정이 정상적으로 일어나기 위해서는 하나의 정자와 하나의 난자가 만나 2n=46의 염색체를 가져야 한다. 일반적으로 하나의 정자가 들어가면

## 하나 더 알기          쌍생아의 출산

한 번 임신에 둘 이상의 태아를 동시에 임신한 경우를 다태임신이라 하며, 태아의 수에 따라 쌍태, 삼태, 사태라 부른다. 두 개의 성숙한 난자가 형성되어 수정되면 이란성 쌍생아가 되며, 하나의 수정된 알이 나누어지면 일란성 쌍생아가 태어나게 된다.

불임치료를 위한 배란 유도제의 사용, 체외수정(시험관 아기)의 시도로 쌍태의 빈도는 높아지고 있다. 일란성인지 이란성인지의 여부는 분만 후 태반과 양막, 융모막을 관찰하여 판단할 수 있다. 대개 성별이 같거나, 태반·양막·융모막이 하나이면 일란성, 성별이 다르거나 태반·양막·융모막이 2개로 분리되어 있으면 이란성이다.

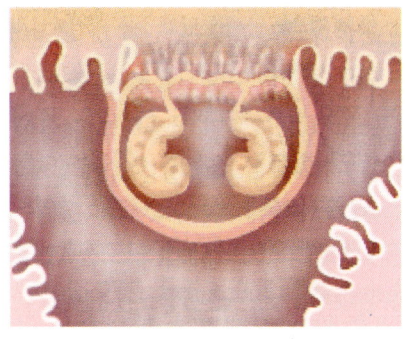
(a) 일란성 쌍생아

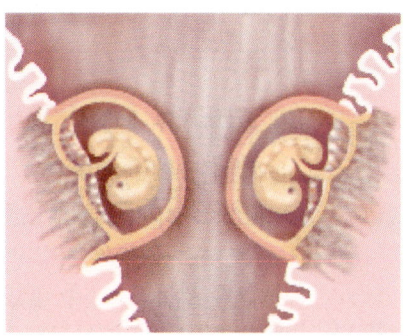
(b) 이란성 쌍생아

그림 5-12 일란성(a) 및 이란성(b) 쌍생아

바로 전기적인 변화가 일어나고 곧이어 화학적인 변화가 일어나며 더 이상 정자가 들어오지 못하도록 한다. 그러나 다정자 수정(polyspermy)이 일어나 유산되기도 한다.

다태임신의 절반 이상에서 쌍생아 중의 하나는 태어나기 전에 죽게 되므로 많은 경우 산모는 태어난 아기가 쌍생아였다는 사실을 모르는 경우가 많다. 다태임신은 단태임신보다 유산, 태아 사망률, 기형 발생률이 높다. 또한, 산모에서 혈액량의 증가로 인한 빈혈, 임신 중독증, 자궁이완으로 인한 산후출혈, 조기진통의 위험성이 있다.

일란성 쌍생아는 어떻게 만들어지는 것일까? 신생아는 하나의 세포로 된 수정란으로부터 형성되며, 하나의 세포가 분열을 거듭하여 한 인간을 형성하므로, 만약 초기에 세포가 쪼개지면 정상적인 인간이 만들어질 수 없을 것으로 생각된다. 그러나 분열을 한 세포가 초기에 나누어지더라도 각각은 분열을 계속하여 두 사람이 만들어진다. 일란성 쌍생아는 전체 출산의 약 0.25%를 나타내며, 이들은 유전적으로 동일하고, 성도 같으며, 외부 모습도 매우 유사하다.

쌍생아들은 언제 어떻게 나누어지며, 세포가 나누어지는 시기들의 시간적인 차이는 어떤 영향을 미치는가? 일란성 쌍생아는 발생초기에 일어나

그림 5-13 일란성 쌍생아의 형성시기
(a) 5일 이전에 분리되면 다른 태반과 양막을 갖는다. (b) 발생 5~9일 사이에서 내세포괴가 분리되면 공통의 태반을 가지지만 다른 양막을 갖는다. (c) 발생 9일 이후에 세포가 분리되면 공통의 양막과 태반을 갖게 되어 접착 쌍생아가 태어날 가능성이 있다.

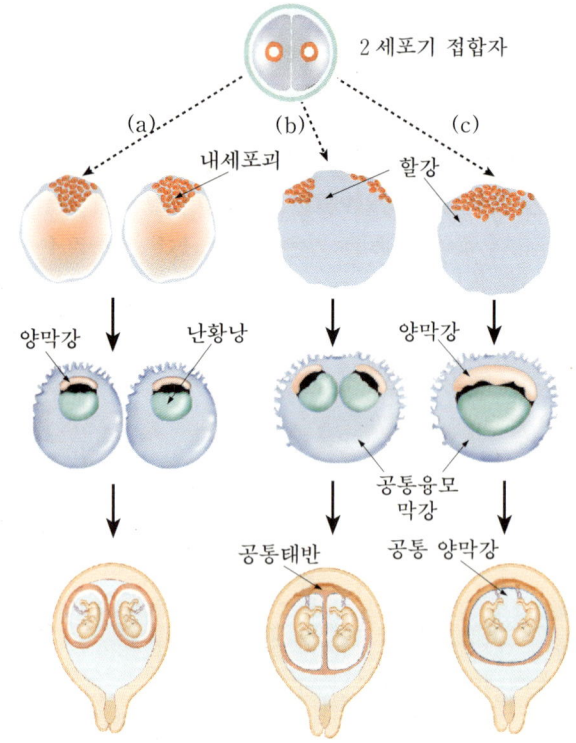

2 세포기 접합자

(a) (b) (c)

내세포괴 · 할강

양막강 · 난황낭 · 양막강

공통융모막강

공통태반 · 공통 양막강

며, 세포가 나누어지는 시기에 따라 다른 상황에 놓이게
된다. 첫째, 수정 후 5일쯤 영양세포층이 형성되기 전에 세
포가 나누어지면 쌍생아가 서로 다른 양막과 융모막에 싸
이게 되는데, 이는 1/3의 확률로 나타난다(그림 5-13(a)).
둘째, 세포가 발생 5일과 9일 사이에 나누어지면 융모막은
공유하되 다른 양막 속에 놓이게 된다(그림 5-13(b)). 셋째,
양막과 융모막이 형성된 후 세포가 나누어지면 둘은 하나
의 융모막과 양막에 놓이게 된다(그림 5-13(c)). 세 번째의

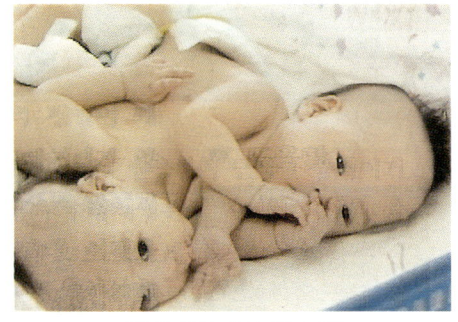

[접착 쌍둥이(샴 쌍둥이)]

환경에서는 배아가 서로 머리나 등부분에서 붙어 태어나는 경우가 생겨
(샴 쌍둥이) 매우 불행한 결과를 초래한다.

### ② 배아기

배아기는 임신 3주에서 8주까지로, 중배엽, 내배엽, 외배엽이 형성되며,
몸의 기관을 형성하기 위하여 세포 및 조직 사이에 상호작용이 일어난다.
배아를 보호할 보조막들인 태반(placenta), 탯줄(umbilical cord), 난황막
(yolk sac) 및 요막(allantois) 등이 배아기에 형성되며, 반면에 융모막
(chorion) 및 양막(amnion)은 선배아기에 만들어진다.

3주쯤 지나면 융모막으로부터 손가락 모양으로 융모막 돌기가 자궁벽으
로 확장하여 태반이 형성되기 시작한다. 태반의 일부는 배아로부터, 그리
고 다른 일부는 모체의 순환계로부터 형성된다. 태반은 약 10주쯤에 완전

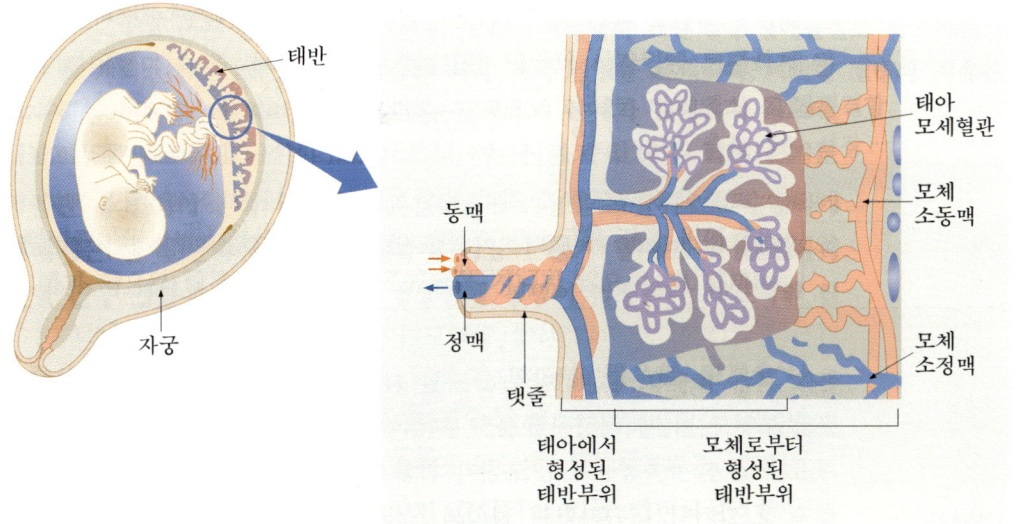

그림 5-14 태반에서의 물질교환
태반은 모체 혈관계의 일부와 태아 혈관계의 부분으로 구성되어 있다. 영양분과 산소가 모체의 혈류로부터
배아 또는 태아로 확산해 가며, 반대로 이산화탄소와 노폐물은 모체로 이동한다.

히 형성되어 임신기간 내내 존재하며, 물질의 이동에 중요한 역할을 할 뿐만 아니라 프로게스테론이 분비되어 자궁벽이 계속 두꺼운 상태로 존재하게 함으로써 임신이 원만하게 유지되도록 한다. 모체의 혈관계와 배아의 혈관계는 만나는 일이 없다.

그렇다면 모체의 혈관과 배아의 혈관이 만나지 않는데, 어떻게 영양분과 산소를 얻는 것일까? 모체의 순환계로부터 나온 풍부한 영양분과 산소가 배아의 융모막 돌기로 확산해 간다(그림 5-14). 따라서, 여성이 임신 중에 담배를 피우면 니코틴이 태반을 가로질러 태아에 영향을 주므로 정도에 따라서는 치명적일 수 있다.

난황막과 요막이 발달할 때 양막 안에는 모체의 피로부터 유도된 양수가 차며, 태아의 소변과 양막, 태반, 태아로부터 나온 세포들로 차 있다. 양막의 양수는 태아를 충격으로부터 보호하고, 일정한 온도와 압력을 유지하여 중력에 의한 영향을 감소시킨다.

폐동맥을 제외한 동맥은 풍부한 산소를 가지고 온몸을 돌면서 산소를 공급한다. 그러나 2개의 탯줄동맥은 태아에서 피를 모체의 순환계로 보내야 하므로 산소가 부족하며, 대신 하나만 있는 탯줄정맥에서 영양분과 산소를 받아 태아로 이동시키는 특징을 갖는다.

배아의 세포들이 분화하여 기관과 기관계를 형성하기 시작하는데, 처음 형성되는 기관계는 신경계이고, 이어서 심장 등이 형성된다. 이 기간 동안 배아는 화학물질이나 바이러스에 매우 민감하다.

발생 4주 정도 되면 매우 빠른 세포의 분화가 일어나고 혈구세포가 만들어져서 원시혈관을 채우며, 미성숙한 폐와 신장이 나타난다. 약 28일쯤 되어도 신경관이 닫히지 않으면 신경관 결함(neural tube defect)이 일어나서 뇌나 척수의 부분이 튀어나오고, 간에서 알파 페토단백질(alpha fetoprotein)이 만들어져 모체의 순환계로 빠르게 분비된다. 임신 15주째에 혈액검사를 통해 이 단백질이 많으면 신경관 결함을 의심해 보아야 한다. 4주째에는 다리와 팔들이 나올 작은 돌기(bud)가 형성되는데, 만약 이 기간 동안(임신 28~42일)에 탈리도마이드와 같은 신경안정제를 복용하면 팔다리가 비정상적인 아기로 자랄 확률이 크다. 또한, 머리, 턱, 눈, 귀, 코의 모양도 이 때 형성된다.

5주가 되면 배아의 머리가 몸에 비해 월등히 크며, 다리가 자란다. 6주가 되면 발가락과 손가락이 형성되고, 눈이 열리지만 눈꺼풀이나 홍채는 형성되지 않는다. 뇌세포가 매우 빠르게 발달하며 배아는 약 1.3 cm가 된다. 7~8주쯤에는 연골이 형성되며, 태반이 거의 형성되고, 눈과 코가 닫혀지며 상당히 사람처럼 보인다.

도움말

● 동맥과 정맥
심장에서 피가 나가는 혈관을 동맥, 피가 들어오는 혈관을 정맥이라 한다.

● 분화(分化)
생물의 조직·기관·기능이 특수화되고 발달하는 일.

많은 유전질환은 출생 전에 미리 확인함으로써 불행한 결과를 예방할 수 있다. 태아검진 방법으로는 양수검사(amniocentesis), 융모막돌기 채취법(chorionic villus sampling：CVS), 초음파 검사(ultrasound imaging), 태아경 검사(fetoscopy)를 들 수 있다(그림 5-15).

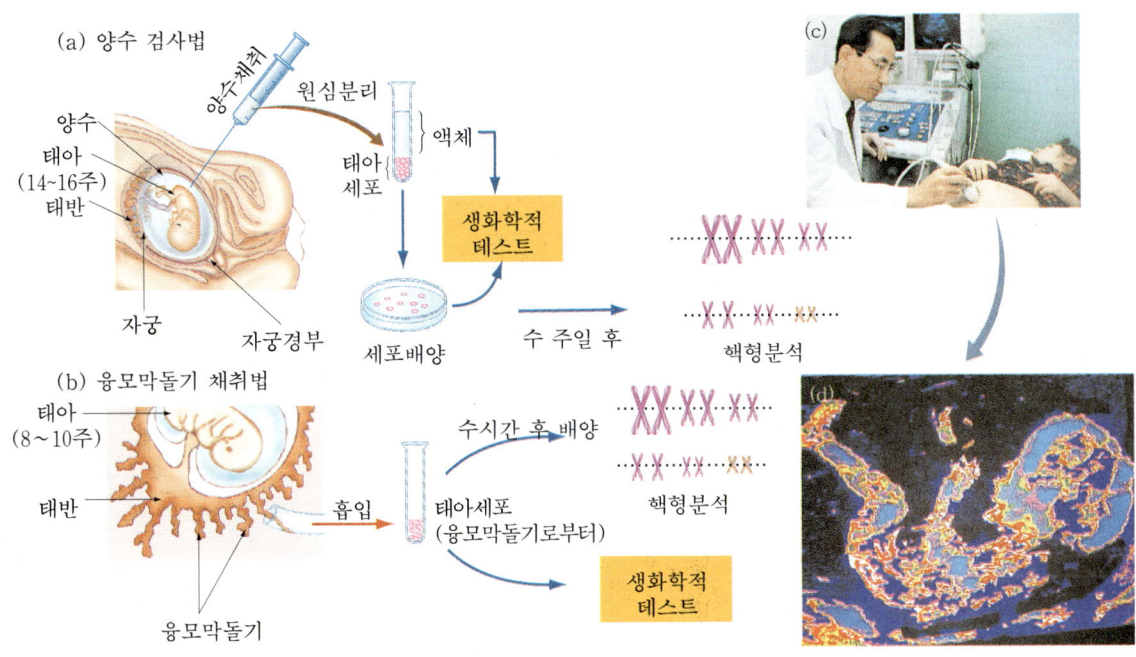

그림 5-15　태아검진을 통한 유전질환 확인
태아검진을 통해 임신초기에 유전질환을 확인할 수 있다. (a) 양수검사, (b) 융모막 돌기 채취법,
(c) 초음파 검사, (d) 초음파의 상

　　양수검사는 임신 14주에서 16주에 실시하는데 약 $10\,ml$ 정도의 양수를 뽑아 원심분리한 다음 태아의 피부와 구강에서 떨어져 나온 세포를 얻고, 핵형분석을 통해 다운증후군과 같은 염색체 이상을 확인하거나 양수 속의 생화학 물질을 측정하여 몇몇 유전질환을 확인할 수 있다.

　　융모막돌기 채취법은 임산부의 질을 통하여 자궁까지 가늘고 구부러지는 관을 삽입하여 태반의 융모성 돌기, 즉 태아조직을 약간 뽑아 내어 조사하는 것으로, 임신 8~10주 정도면 검사가 가능하다. 초음파 검사는 음파를 이용하여 태아의 영상을 보는 것으로, 임산부의 몸에 이물질을 삽입하지 않아 해롭지 않고 위험하지도 않다. 태아경 검사는 렌즈가 부착된 가느다란 관을 자궁에 삽입하여 태아를 직접 관찰하는 방법이다.

　　초음파 검사를 제외한 방법들은 임산부의 출혈, 유산, 조산 등의 후유증을 초래할 수 있으므로 유전질환이나 그 밖에 다른 선천성 기형의 가능성이 높을 때에만 시행해야 한다.

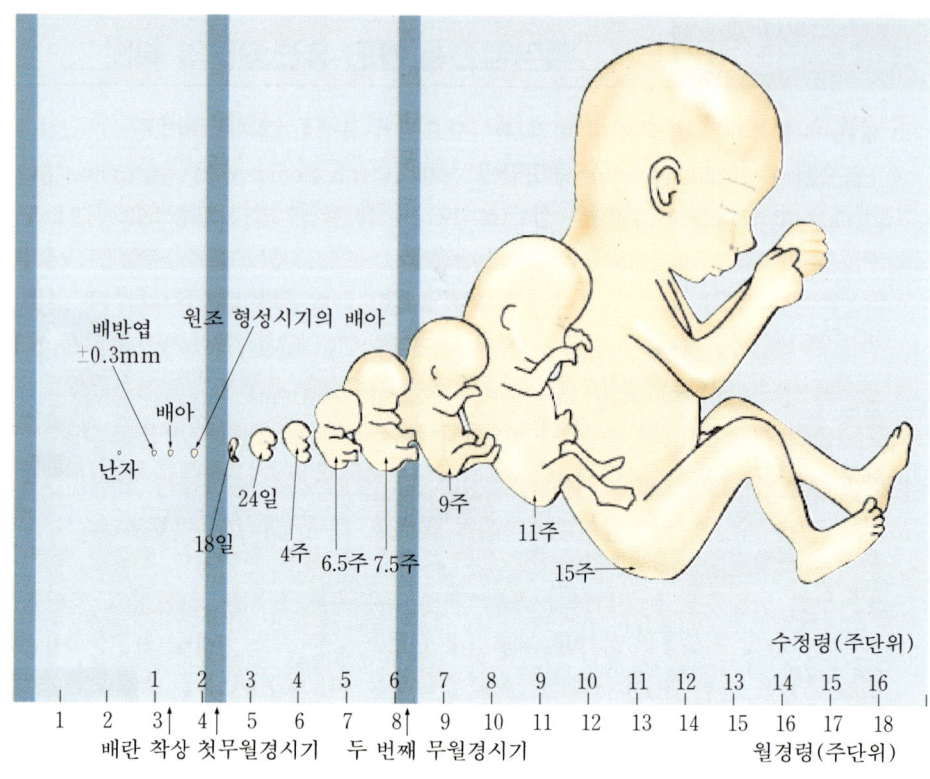

배반엽
±0.3mm

원조 형성시기의 배아

배아

난자

24일

18일

4주

6.5주 7.5주

9주

11주

15주

수정령(주단위)

1  2  3  4  5  6  7  8  9  10  11  12  13  14  15  16

1  2  3  4  5  6  7  8  9  10  11  12  13  14  15  16  17  18

배란 착상 첫무월경시기  두 번째 무월경시기                    월경령(주단위)

그림 5-16 발생단계에 따른 태아의 상대적인 크기
태아의 크기는 발생 동안에 급격하게 변한다. 초기에는 머리가 상대적으로 매우 크지만
발생이 진행되면서 작아진다.

### ③ 태아기

임신 8주 이후부터는 배아가 아니라 태아(fetus)라고 부르며, 갓 태어난
아기와 형태가 비슷해 보인다. 연골이 뼈로 대치되며, 신경과 근육이 통합
조정되어 팔과 근육을 움직일 수 있다(그림 5-17). 6주까지는 성의 차이가
외형적으로 구별되지 않으며, 양성 중 어느 하나가 될 수 있는 가변성이
있다. Y 염색체가 없으면 원시 생식소가 난소로 발달하고 난소에서 나오
는 에스트로겐이 뮐러리안(Müllerian)관을 자궁, 난관 등으로 발달하도록
한다. 그러나 Y 염색체가 있으면 뮐러리안 억제물질을 내어 뮐러리안관을
파괴시키고, 테스토스테론을 내어 태아가 볼프(Wolff)관으로부터 음경,
고환 등 남성의 생식구조를 형성하도록 한다.

3개월쯤에는 성의 구별이 확실해진다. 태아는 손가락을 빨며, 차고 주먹
을 쥐기도 하며, 유아 이빨을 형성한다. 4개월쯤에는 머리털, 팔꿈치, 속눈
썹, 젖꼭지, 손발톱이 형성된다. 4개월이 지나면서 성대(vocal cord)가 형
성되나 공기를 마시지 못해 소리를 내지 못한다.

### 🌀 도움말

● 뮐러리안관
척추동물에서 중배엽 기원
의 관. 수컷에서는 퇴화되며,
엄컷에서는 발달하여 수란
관이 된다.

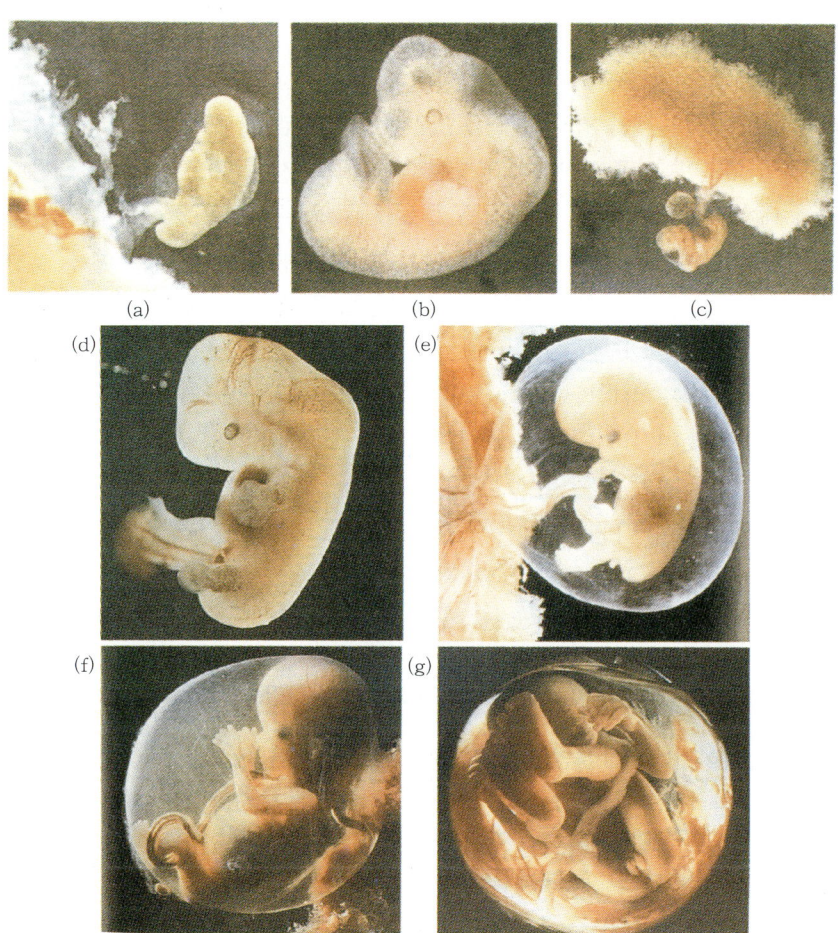

5개월 말쯤에는 머리와 무릎이 맞대는 형태로 구부러져 있으며 약 450g에 크기는 30 cm 가량 된다. 6개월쯤에는 피부 밑에 지방이 부족하기 때문에 주름이 지며, 핏줄이 확장되어 피부가 핑크색으로 보인다. 7개월쯤에는 태아가 세게 차고, 찌르는 것을 느낄 수 있다.

마지막 3개월은 뇌세포가 더욱 발달하고 복잡한 네트워크를 형성하며, 기관들이 좀더 잘 발달하고 마지막으로 소화계와 호흡계가 발달한다. 따라서, 조산아가 태어나면 소화하는데 어려움이 있으며, 호흡에 곤란을 느끼게 된다.

## (4) 출 산

여성에게 제일 적합한 임신연령은 25～30세 사이로 신체적으로 완전히 발육하였고, 성숙하여 임신이나 분만에 비교적 강한 적응력을 지니고 있으며, 아기에 대한 양육과 교육에서도 정력과 애정이 제일 강한 시기로 알려져 있다. 그러나 35세 이상의 여성은 선천성 백치인 다운증후군을 보이는 아기를 낳을 확률이 10배 이상이며, 기형아 출산율이 매우 높다.

임신부는 정기적인 검사를 받음으로써 임신으로 인한 상황의 변화를 제때에 알 수 있다. 즉, 골반의 정상여부, 태아의 선천성 또는 유전성 질병 등에 대하여 알 수 있다. 일반적으로 월경이 멈춘 지 6주 후에 1차 검사를 받고, 2차 검사는 임신 12주쯤에 하며, 그 후부터는 매달에 한 번씩 검진한다. 임신 30주 후에는 매달 2번씩 하고, 36주 후에는 매주에 한 차례씩 검사하는 것이 일반적이다.

분만 예정일은 마지막 월경이 시작된 달에 9를 더하거나 3을 빼면 분만 예정달이 나오며, 월경날짜에 7일을 더하면 분만 예정일이 된다. 예를 들어, 3월 1일에 월경이 있었고, 그 후에 임신이 되었다면, 3에 9를 더하거나 3을 빼면 12월이 나온다. 월경이 1일에 시작되었으므로 여기에 7을 더하면 분만 예정일은 12월 8일이 된다.

진통은 질로부터 약간의 피와 점액이 나오면서 시작되는데, 태아가 양막을 압박하여 양수가 터지면서 시작되기도 한다. 진통은 매 20분마다 아랫배에서 가벼운 수축을 느끼면서 시작되는데, 진통이 시작된 후 약 24시간 안에 태아가 나오지 않으면 감염될 수 있다.

출산은 다음과 같이 3단계로 진행된다.

첫째, 자궁경부의 확장으로 자궁의 입구가 약 10 cm 가량 열릴 때까지 지속되며, 일반적으로 6~12 시간이 걸린다.

그림 5-18  자연 출산과정
(실제모습)

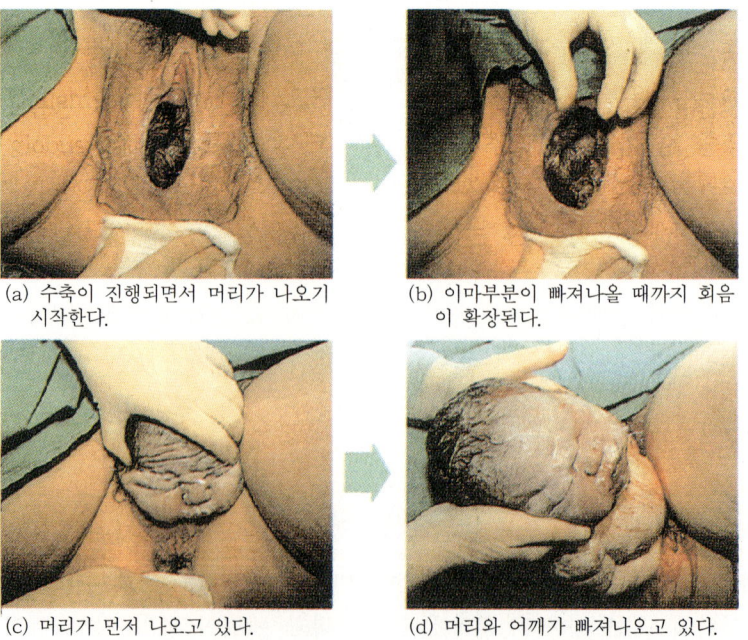

(a) 수축이 진행되면서 머리가 나오기 시작한다.

(b) 이마부분이 빠져나올 때까지 회음이 확장된다.

(c) 머리가 먼저 나오고 있다.

(d) 머리와 어깨가 빠져나오고 있다.

둘째, 배출기로 자궁경부가 완전히 열리고 신생아가 나올 때까지를 말한다. 약 2~3분마다 강력한 자궁수축이 일어나며, 보통 1시간 안에 신생아가 질을 통해 자궁 밖으로 나온다. 이 때 신생아의 탯줄을 끊는다.

셋째, 태반의 배출로 신생아가 나온 후 약 15분 이내에 마지막 자궁수축을 통해 태반이 밖으로 빠져 나온다(그림 5-18, 5-19).

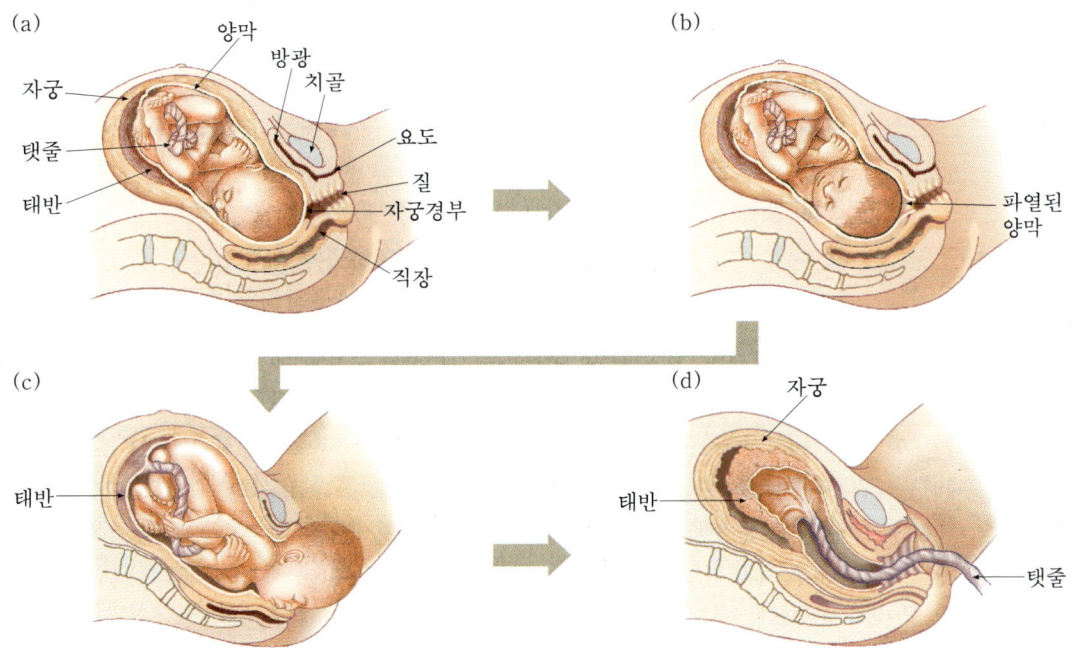

그림 5-19 **출산과정**
(a) 출산 2주 전 태아는 산모의 골반으로 내려오며 자궁경부가 열리기 시작한다.
(b) 진통이 시작될 무렵 양막이 터진다.
(c) 먼저 신생아가 나오고,
(d) 태반 및 배외막들이 뒤이어 나온다.

아기가 빠져 나올 때의 정상적인 위치는 머리가 아래로 향해 있으므로 머리가 먼저 나온다. 만약 위치가 반대로 되어 있거나, 머리가 너무 크거나, 탯줄이 태아의 목을 감고 있거나 하여 자연분만이 어려울 때는 제왕절개(caesarian section)를 해야 한다.

1999년의 통계자료에 의하면 우리 나라 임산부 가운데 제왕절개 수술로 아기를 낳은 산모가 43%에 달하며, 이는 세계보건기구(WHO)가 권장하는 제왕절개율 10%의 4배가 넘는 것으로 밝혀졌다.

제왕절개는 마취로 인한 합병증 발생률이 높고 분만 중 사망률도 자연분만에 비해 훨씬 높다. 수술로 인한 자궁감염, 출혈, 담낭질환 등의

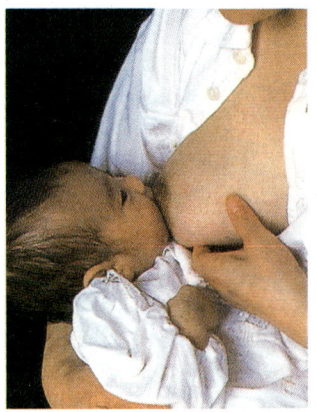

그림 5-20 **수유하는 여성의 모습**

### 도움말

• 수유(授乳)

유아에게 모유 또는 우유를 먹이는 것으로, 수유의 개시는 출생한 후 10시간 전후이며, 신생아가 깊은 잠에서 깨어났을 때 주기 시작한다. 모유는 아기에게 면역성을 제공해 주고, 인성형성에 도움이 된다.

우려가 있으며, 수유가 늦어져 산모가 모유를 먹이는 것을 기피하고 산모의 회복기간도 더딘 것으로 알려져 있다.

출산 후 감소하는 에스트로겐과 프로게스테론은 자궁이 임신 전의 상태로 돌아가도록 한다.

또한, 프로게스테론의 농도가 낮아짐으로써 뇌하수체로부터 프롤락틴(prolactin)이 분비되어 젖샘에서 젖분비가 유도되며, 2~3일 내에 옥시토신(oxytocin)과 프롤락틴에 의해 산모로부터 젖이 분비되기 시작한다(그림 5-20).

---

### 휴게실 ♣ 호르몬에 의한 출산의 유도작용

출산을 유도하는 데는 호르몬의 역할이 매우 중요하다. 임신의 마지막 주에 모체의 혈류 내 에스트로겐의 농도는 최고값에 달한다. 에스트로겐은 자궁에서 옥시토신 수용체의 형성을 유도한다.

한편, 태아는 옥시토신을 분비하며, 뒤에 모체의 뇌하수체 후엽에서 호르몬 생산을 증가시킨다. 옥시토신은 자궁벽 골격근의 강력한 수축을 유도하여 자궁이 수축하도록 한다. 또한, 태반에서 프로스타글란딘(prostaglandin)이 분비되도록 하여 근육의 수축을 더욱 증가시킨다.

옥시토신과 프로스타글란딘에 의해 자궁이 수축되면 양성피드백 작용에 의해 두 호르몬이 더 많이 분비되어 자궁수축이 더욱 증가한다(그림 5-21).

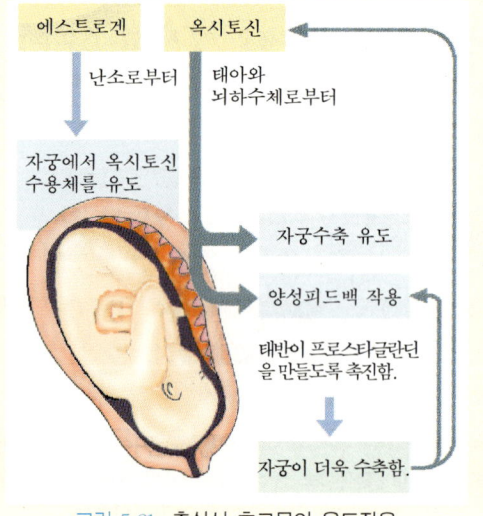

그림 5-21 출산시 호르몬의 유도작용

---

### 하나 더 알기  수정란의 몇 퍼센트가 아기로 태어날 수 있는가?

수정된 난자라도 유산율이 높아 실제로 태어나는 아기의 수는 낮은 것으로 집계되고 있다. 예를 들면, 100개의 난자가 정자와 만났을 때 약 85%만이 수정되며, 이 중에서 약 70%만이 착상을 한다. 또한, 1주일까지 생존하는 것은 42% 정도이며, 6주까지 생존하는 것은 37% 정도이고, 태어나는 아기는 단지 30%정도밖에 되지 않는다.

이처럼 낮은 출산율은 염색체 수나 구조에 이상이 생기기 때문인데, 35세 이상의 여성이 임신할 때 비정상적인 염색체를 가지고 태어날 확률이 젊은 여성보다 훨씬 높다(그림 5-22). 많은 경우 여성이 의식하지 못한 상태에서 유산이 일어난다.

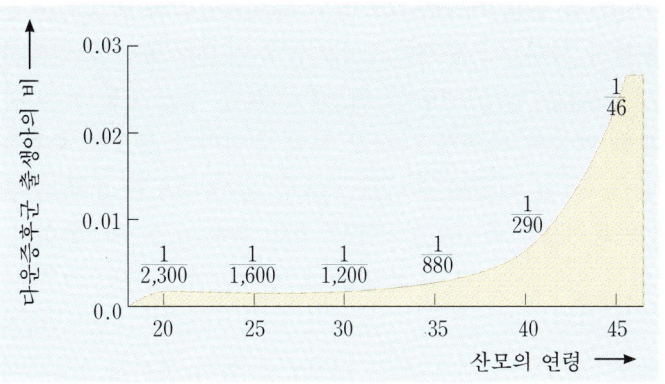

그림 5-22  여성의 연령과 다운증후군 아기의 출산율 여성이 35세 이상의 연령에서 임신하면 다운증후군이 크게 증가하며, 50세 가까이에서는 약 10%의 비율로 다운증후군 아기가 태어난다.

## (5) 자궁외 임신

임신이 자궁 이외의 장소에서 일어나는 것을 자궁외 임신이라고 하며, 90% 이상이 난관임신이고, 드물게 난소 내, 복강, 자궁경부 임신이 일어난다(그림 5-23). 난관에 착상되어 임신이 진행되면 출혈이 일어나 산모에게 위험하므로 제거하여야 한다.

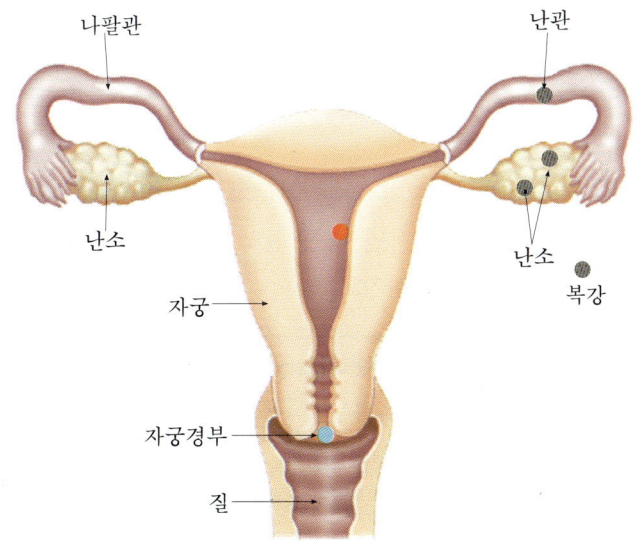

그림 5-23  자궁외 임신 수정란이 자궁에 착상하지 못하고 복강, 나팔관, 난소, 자궁경부 등에서 착상하는 자궁외 임신은 매우 위험하다.

## (6) 조산 및 발생결함

배아 또는 태아의 발생에 이상이 있거나 여성의 몸에 이상이 생길 경우

자연유산이 일어나는데, 미국의 경우 실제로 2/3의 여성이 유산을 경험했다는 통계가 있다. 이 중에서 많은 수의 여성은 유산을 인식하지 못하는데, 그렇지 않은 경우는 유산 때 매우 심한 월경기를 겪는 것처럼 보인다. 3개월 이상의 태아가 24시간 동안 움직이지 않으면 죽었을 가능성이 크다. 만약, 6개월 이상의 태아가 죽으면 출산 때처럼 진통을 겪는다. 임신 초기에 반복적으로 유산되면 절대안정을 취하는 것이 중요하다.

정상임신 기간을 38주로 하였을 때 정상임신 기간을 채우지 못하고 나온 아기의 몸무게가 2.3 kg 이하이거나 34주 전에 나오는 아기를 미숙아라고 하는데, 24주 안에 나오면 며칠밖에 살지 못한다. 10대 여성이 임신하거나 영양실조의 여성이 아기를 낳으면 미숙아일 가능성이 크다.

일반적으로 출산아의 97%는 정상이지만 유전적인 잘못이 있거나 해로운 물질에 배아나 태아가 접할 때에 출생시 결함(birth defect)이 일어나는데, 그림 5-24는 출생결함 중의 하나인 다운증후군과 신경관이 닫히지 않은 유형을 보여 준다.

뇌는 전 임신기간 동안 발달하며, 태어나서 첫 2년 동안 발달하게 되므로 출생결함 중 뇌이상이 가장 크다. 그러나 팔과 다리는 특정시기에 만들어지므로 이 때 해로운 물질을 만나면 매우 비정상적인 구조가 나오거나 아예 형성되지 않는다.

기형유발물질로는 탈리도마이드, 알코올, 코카인, 과량의 비타민 또는 결핍증, 작업장에서의 중금속(납, 수은, 카드뮴, 현상 및 인화용액), 담배 속의 니코틴 및 일산화탄소 등을 들 수 있다.

임신시기에 나타나는 구토증상 등을 완화시켜 주는 신경안정제인 탈리도마이드를 복용하면 팔, 다리가 없는 자녀가 나오며, 술을 하루에 한두 컵 또는 한 번에 다량으로 마시면 태아 알코올 증후군이 생긴다(그림 5-25). 알코올 증후군은 IQ가 낮아지고, 눈이 기형으로 생기며, 머리가 작고

그림 5-24  출생결함

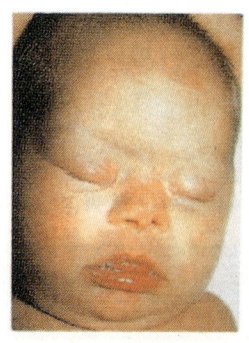

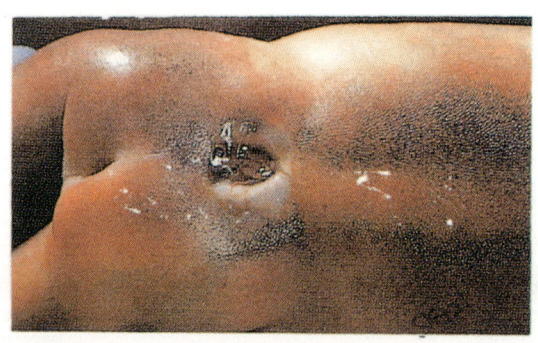

(a) 다운증후군                    (b) 신경관이 닫히지 않은 모습

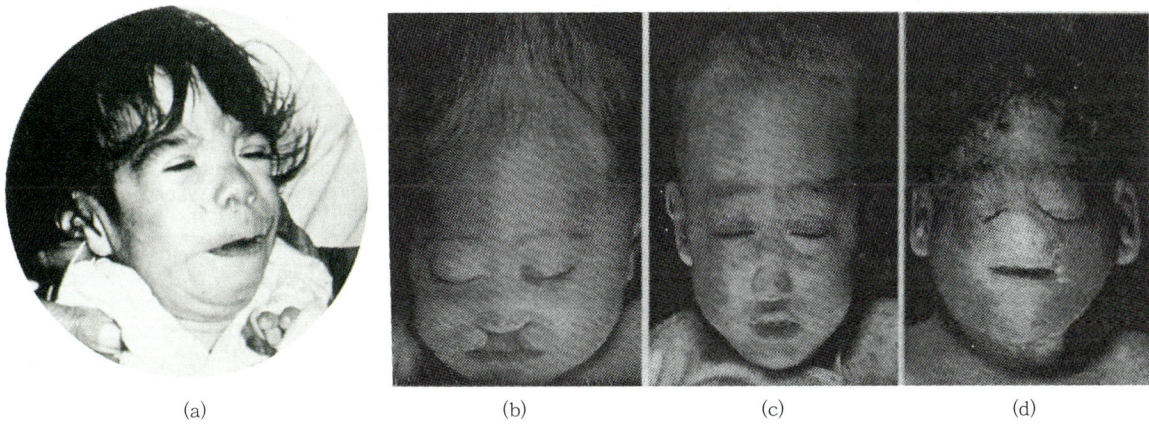

|  |  |  |  |
|---|---|---|---|
| (a) | (b) | (c) | (d) |

그림 5-25  알코올 증후군
(a) 머리둘레가 작고, 콧등이 낮으며, 양 볼이 작고, 윗입술이 얇아지는 모습을 보인다.
(b)~(d) 알코올 증후군의 다른 경우로 얼굴의 기형발달을 보여준다.

얼굴과 코가 납작해지는 경향이 있다. 임신부가 술을 마시면 어른의 간은 알코올을 분해할 수 있지만 태아의 간은 그렇지 못하여 모체에서 알코올을 분해할 때까지 마치 스펀지가 물을 머금은 것처럼 태아의 간이 술에 젖어 있게 된다.

코카인을 섭취하면 자연유산될 가능성이 크며, 태어나더라도 주의가 매우 산만한 아기가 되며, 마약에 쉽게 접근하는 경향이 있다.

담배연기 속의 일산화탄소는 산소와 강하게 결합하여 산소가 태아에 전달되는 것을 방해하고, 담배연기에 접한 태반에 성장인자가 적은 것으로 보아 태아가 빈약하게 성장되는 경향이 있다.

비타민이 우리에게 없어서는 안 될 영양소이지만 과량 복용하면 오히려 기형현상이 나타나는데, 비타민 A 유도체를 과량 복용하면 자연유산되거나, 심장, 신경계, 얼굴에 결함을 유도한다. 영양부족이면 자연유산되거나 뇌의 조직이 잘 발달하지 못한다. 또한, 태반의 발달이 미약하게 되어 아기의 몸무게가 미달이거나, 키가 작고, 치아가 퇴화하며, 성적 발달이 늦고, 학습을 할 수 없거나 지진아가 되는 경향이 있다.

## (7) 출산 후의 성장

태어나서 2살 때까지 대부분의 뇌세포가 형성되며, 뇌 자체도 매우 빠른 속도로 자란다. 10살 때에는 듣는 능력이 최고에 달하며, 여성은 12살, 남성은 14살쯤에 성적으로 성숙기에 도달하고, 면역세포인 T 세포의 분화에 관여하는 흉선이 최대의 크기에 도달한다. 흉선은 나이가 들면서 감소하여 70세에는 현미경으로 보아야 구별될 정도의 작은 크기가 되어 나이가 들면서 면역기능이 감소되는 한 원인을 제공한다(그림 5-26).

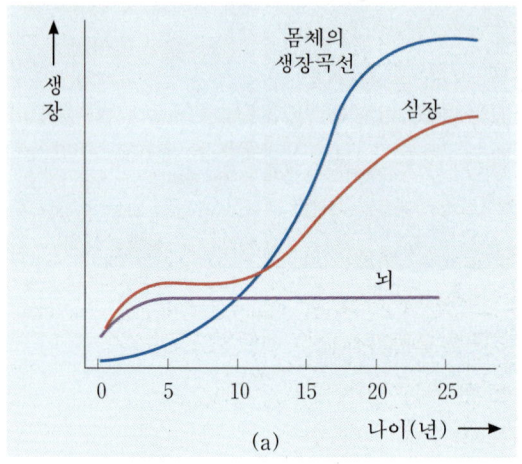
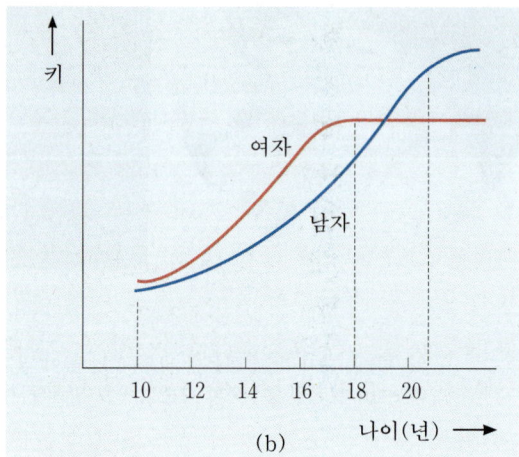

그림 5-26 인간의 생장곡선과 남녀의 상대적인 생장속도

(a) 신체의 각 구조가 다른 속도로 성장하는 것을 볼 수 있다. 뇌세포는 초기에 최대의 수에 도달하며, 심장은 두 번의 생장곡선을 나타낸다.

(b) 여성은 사춘기에 매우 빠르게 생장하지만 남성보다 먼저 생장기가 멈춘다.

20대에는 근육의 탄력이 최대에 도달하며, 30대에는 모발이 가장 굵어지는데, 30대 말에는 잔주름이 입과 눈 주위에 형성되기 시작한다. 또한, 30대는 발생의 전환점으로 청력이 감소하고, 등뼈를 잇는 인대의 탄력이 감소하며, 매년 0.8%씩 몸의 기능이 감소한다. 30대가 성욕이 가장 왕성하게 느끼는 시기이다.

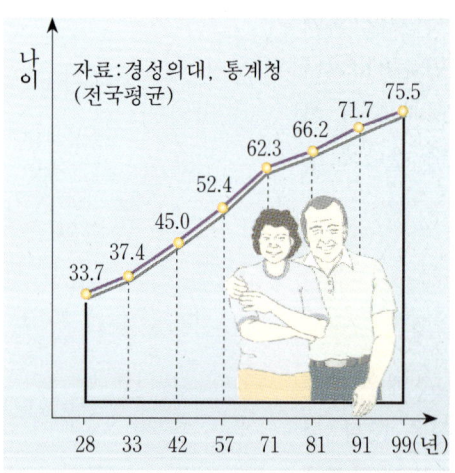

그림 5-27 연도별 한국인의 평균수명
(출처:동아일보 2001. 9. 11.)

40대에는 대사활동이 감소하고 활동이 줄어들면서 몸무게가 많게는 약 10 kg까지 늘며, 키가 약 0.3 cm 정도 감소한다. 머리털은 회색을 띠고 얇아지며, 원시가 되고, 면역계의 효율이 떨어진다. 그리고 감염과 암에 대하여 더욱 민감해진다.

50대에는 손톱의 성장이 느리고, 미각세포가 죽으며, 피부의 탄력이 없어진다. 여성은 이르면 40대 중반부터 폐경기에 접어들며, 대부분의 여성이 50대에 폐경기를 맞는다. 이자의 기능감소로 당뇨병에 걸릴 수도 있다. 50대 말에는 근육이 감소하고 몸무게가 감소한다.

남성의 경우 정액의 형성이 감소하고, 성대가 퇴화함으로써 목소리가 높아진다. 25세와 비교하여 팔의 힘이 반으로 줄어들고 폐의 기능도 반감된다.

60대에는 기억력이 감소하고, 키가 약 2 cm 정도 작아지며, 많은 뇌세포가 죽지만 지능은 남아 있다. 70대에는 키가 더욱 줄어들고, 연결조직이 손상되며, 코, 귀, 눈이 튀어나온다. 의학의 발달과 영양개선으로 평균수명이 계속 늘어 2000년 현재 남자는 평균수명이 72.1세, 여자는 79.5세로 1980년 이후 20년간 10세 가량 평균수명이 늘어난 셈이다.

# 5. 불임의 원인과 해결

30세 이전 피임을 하지 않고 부부생활을 할 경우 3~4개월만에 임신될 확률이 매우 높지만, 우리 나라의 경우 약 10~15% 정도가 불임인 것으로 알려져 있다. 남성은 정자를 제공해 주는 정도지만, 여성은 난자를 만들고 수정란의 발생이 일어나는 장소를 제공해야 하므로 일반적으로 여성이 남성보다 더 많은 불임의 원인을 제공하며, 원인을 알 수 없는 경우도 10~15% 정도 되는 것으로 알려져 있다.

불임의 원인은 매우 다양하며, 이에 대한 올바른 진단을 통해 처방함으로써 오늘날 많은 부부들이 자식을 낳고 있다.

## (1) 남성불임의 원인과 치료

남성불임의 원인은 여성보다 찾기 쉬우나 치료에는 어려운 점이 있다. 첫째, 정자의 수가 적을 수 있다. 정자의 수가 약 1억 개 이하로 호르몬 조절이 불균등하여 일어날 수 있고, 너무 꽉 낀 옷을 입거나 너무 뜨거운 물로 자주 샤워하면 비정상적인 수의 정자를 형성할 수 있다. 또한, 요즈음 심각하게 대두되고 있는 환경 호르몬의 영향으로 인하여 정자 수가 줄거나 아예 무정자증이 나타나기도 한다. 둘째, 정자의 운동성의 부족으로 난자에 도달할 수 없어서 불임이 되는 경우가 있다. 이것은 정자에 꼬리가 없거나 전립선의 기능이 잘못되어 나타날 수 있기 때문이다. 셋째, 정자에 대한 항체가 만들어져 정자가 난자에 붙는 것이 억제될 수 있다.

불임의 치료법으로는 정자 수가 적을 때 과열을 피하고, 균등한 호르몬 조절이 일어나도록 하며, 여러 주 동안 불임치료 센터에서 정자를 모아 여성의 생식기에 주사하면 상당한 효과가 있다. 정자가 운동성이 없을 경우 치료방법은 없으며, 전립선의 기능이 잘못된 경우 호르몬 치료를 통해 회복이 가능하다. 정자에 대한 항체가 생길 경우 약을 이용하여 치료할 수 있다.

🏵 **도움말**

• **불임(不姙)**
1년 이상 부부생활을 해도 임신되지 않을 때 의학적으로 불임이라고 정의한다.

## (2) 여성불임의 원인과 치료

여성불임의 원인은 다양하다(그림 5-28).

첫째, 불규칙적인 생식주기에 의하여 임신이 드물게 되는 경우이다. 이것은 호르몬을 분비하는 난소나 뇌하수체에 종양이 생겨 호르몬의 분비에 이상이 생김으로써 배란시기를 맞추기 어렵거나 프롤락틴 등이 과다분비되어 모유의 생성을 야기시키며, 배란을 억제하여 나타나는 현상이다.

둘째, 나팔관이 막힘으로써 정자가 난자에 도달하는 것을 막거나 정자는 통과하나 난자는 통과하지 못하여 수정란이 난관에서 발생함으로써 자궁외 임신이 이루어지는 경우이다. 나팔관이 막히는 것은 유전적인 결함이나 성병 등의 감염에 의해 생긴다.

셋째, 자궁벽이 지나치게 자라 배아가 잘 붙지 못하여 임신되지 않는 경우이다. 나이가 들어 임신할 때 일어날 가능성이 높다. 월경 때에는 과도한 조직에서 많은 피가 나오고 고통을 주며, 수정이 되더라도 유산되기 쉽다. 디에틸스틸베스트롤(diethylstilbestrol, DES)과 같은 약을 복용하면 비정상적인 자궁모양을 야기시켜 유산되는 경우가 있다.

넷째, 정자의 이동을 어렵게 하는 끈끈한 점액이 질과 자궁경부에서 분

🌑 **도움말**

• **DES**
합성 여성 호르몬의 하나.

그림 5-28 여성불임이 일어나는 부위

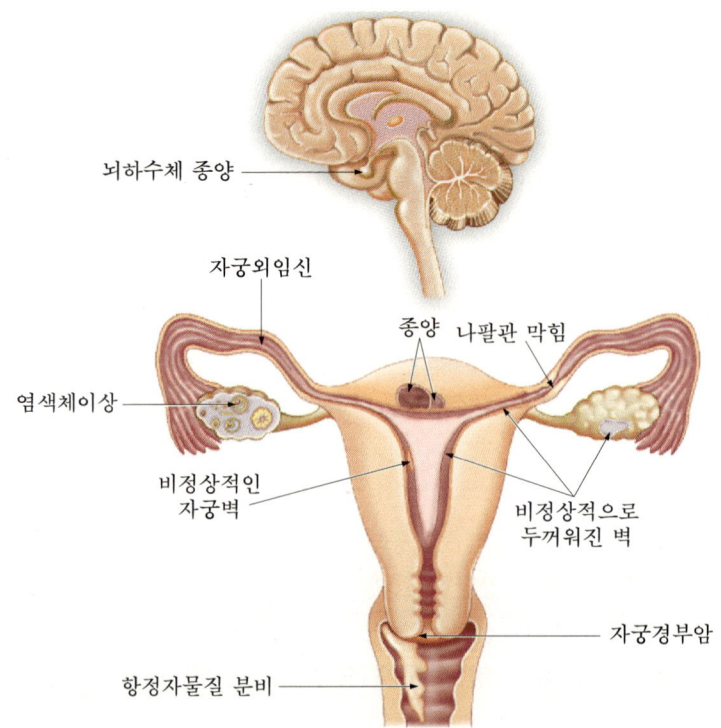

뇌하수체 종양

자궁외임신

종양    나팔관 막힘

염색체이상

비정상적인
자궁벽

비정상적으로
두꺼워진 벽

자궁경부암

항정자물질 분비

비되어 정자가 붙잡혀 자궁 안으로 진입할 수 없는 경우이다. 산 또는 알칼리성 분비물들이 정자세포를 약하게 하거나 죽일 수도 있다.

다섯째, 나이를 먹을수록 여성이 비정상적인 염색체 수를 갖는 난자를 형성할 확률이 커져 심한 경우 유산된다.

불임의 치료방법으로 먼저 호르몬의 이상으로 배란시기를 맞추지 못할 때에는 배란 하루 전에 올라가는 기초체온의 측정을 통해 배란시기를 맞춘다. 또한, 배란 촉진제를 사용할 수도 있는데, 한 달에 한 개 이상의 성숙한 난자가 형성될 수 있으므로 쌍생아를 낳을 확률이 증가한다. 나팔관이 막혔으면 외과적으로 뚫거나 난자를 난소에서 얻은 후 자궁으로 옮긴다. 자궁경부에서 산 또는 알칼리 분비물들이 정자세포를 죽일 때에는 반대 pH 용액으로 세척한다.

## (3) 환경호르몬과 불임

최근 불임을 호소하는 20~30대의 사람들이 늘고 있다. 이들을 조사해 보면 많은 경우 그 원인을 정확하게 모르지만, 남자의 경우 정자 수가 적은 과소 약정자증을 보이거나 아예 무정자이며, 여성의 경우 월경 또는 배란이 정상적이지 못하다. 이러한 증상에 대한 가능한 이유로 환경호르몬의 영향을 주목하고 있다. 환경호르몬은 내분비 교란물질로도 알려져 있다. 환경호르몬이 계속 증가하면 100년 뒤에는 인류가 자손을 낳을 수 없어 인류의 종말이 올지도 모른다.

대표적인 예로 폴리염화비닐(PVC)로 만든 장난감을 아기가 빨 때 나오는 DEHP와 DINP의 유해 화학물질, 알루미늄 그릇, 캔, 물 파이프 안쪽

### 🪙 도움말

• pH

수소이온 농도지수를 나타내는 기호. 중성인 경우에는 pH값이 7이며, 7보다 작으면 산성, 7보다 크면 알칼리성이 된다. 지표수는 보통 pH 6.0~8.0이고, 산성비는 pH 5.6 이하이다.

• DEHP와 DINP

diethyl hexyl phthalate와 diiso nonyl phthalate의 약칭. 플라스틱 제조 첨가물(가소제)로, 성장장애, 기형, 암 등을 유발한다.

그림 5-29  다이옥신의 배출(쓰레기 소각장)

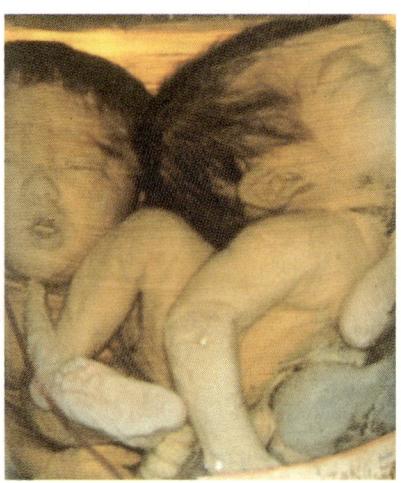
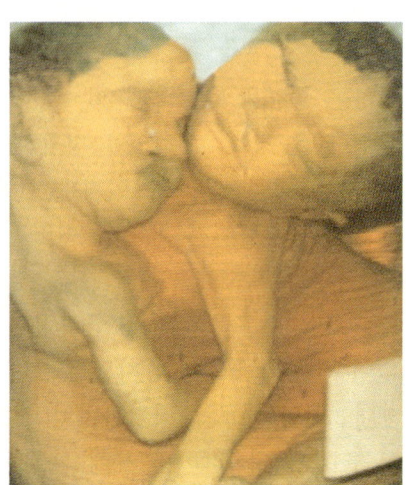

**도움말**

• DOP와 DBP

dioctyl phthalate와 dibutyl phthalate의 약칭. 내분비 장애물질, 발암물질.

에 칠한 페인트 성분인 비스페놀(bisphenol), 어린 아기의 치아 발육기 등에서 나오며 발암물질이기도 한 프탈레이트(DOP, DBP), 뜨거운 물을 부었을 때 컵라면 용기 등에서 검출되는 스티렌다이머(styrene dimer), 스티렌트라이머(styrene trimer), 고엽제의 성분이며 쓰레기 소각장에서 나오는 다이옥신(dioxin) 등을 들 수 있다(그림 5-29).

정상 호르몬은 만들어진 장소에서 혈액을 통해 이동하여 작용부위의 세포막에 있는 막수용체에 붙어 신호를 안으로 전달함으로써 기능을 하게 된다. 이에 비해 환경호르몬은 정상 호르몬의 경로를 차단함으로써 정상 호르몬의 기능을 방해하여 여러 증상들을 유발하는데, 특히 생식기능에 관여하는 호르몬 작용을 방해하여 암수의 성이 바뀌고, 기형아가 태어나며, 성기능이 불능인 상태를 초래한다. 또한, 면역기능을 약화시키고, 호흡계 질환과 암 발생률을 상당히 증가시킨다(그림 5-30).

그림 5-30 환경호르몬에 의한 기형아

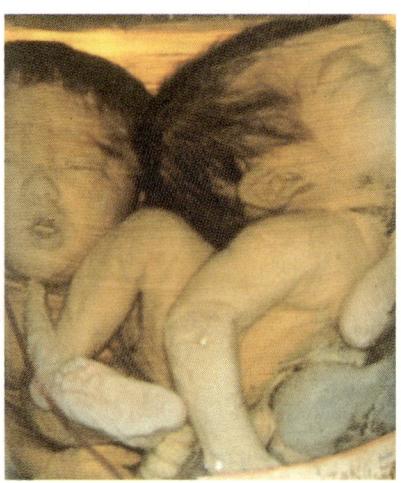
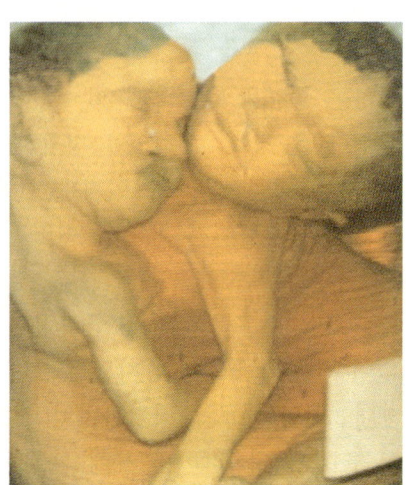

최근의 연구보고에 의하면, 인간의 정자 수는 50년 전에 비하여 대략 50~60%가 감소하였고, 운동성도 크게 떨어졌으며, 정액의 양도 감소한 것으로 나타났다. 여성의 경우에는 월경이 불규칙하거나 없고, 배란이 없는 월경을 하는 경우도 보이며, 자궁내막의 세포가 내막 밖에서 자라는 자궁내막증을 보인다.

실제로, 국내의 한 사업장에서 일하던 젊은 남녀가 환경호르몬으로 작용하는 유기용매를 사용함으로써 남자는 무정자 증상을 보여주고, 여성은 월경이 없거나 배란이 없는 월경을 하여 심한 육체적, 정신적인 피해를 입는 경우가 있다. 환경호르몬은 심지어 뇌에 영향을 주어 기억력을 감퇴시키거나, 지능을 감소시켜 학습능력을 저해하는 증상을 보이기도 한다.

## (4) 불임검사

불임은 치료가 늦을수록 성공률이 떨어지므로 불임으로 의심되면 빨리
병원을 찾는 것이 좋다(그림 5-31). 불임검사는 좀더 쉽게 접근할 수 있는
남성부터 먼저 받아 보는 것이 좋다. 남성의 경우 고환의 크기와 구조 등
에 대한 검사와 함께 정액검사, 소변검사, 호르몬검사 등을 받는다. 정자의
구조, 운동성 등을 확인하며, 경우에 따라 정자의 '힘'도 살펴보기 위하여
실험용 햄스터의 난자에 정자가 투과하는 것을 측정하기도 한다. 여성은
체온측정, 호르몬 검사, 자궁내막 검사, 골반검사 등을 받으며, 새벽이나
전날밤 부부관계를 가진 뒤 자궁 내 정자의 상태를 측정받기도 한다.

먼저, 배란시기를 점검하기 위해 호르몬의 양을 측정하거나, 생식기관이
정상적인지를 알기 위해서 초음파 검사를 하여 확인한다. 점액의 정도를
측정하기 위해서는 성교 바로 뒤에 자궁경부에서 점액을 얻어 점액이 충
분히 묽은지를 확인한다. 자궁벽에 배아를 지지할 수 있는지를 알기 위해
서는 자궁벽에서 샘플을 얻어 현미경 아래서 관찰한다. 나팔관이 막혔는
지를 확인하기 위해서는 염색약을 넣은 후 이것의 움직임을 통해 관이 막
혔는지 알아본다. 또는 광학적인 관찰이 가능한 기구를 넣어 나팔관이 상
처받은 조직 등에 의해 막혔는지 확인할 수 있다. 여러 가지 검사 후에도
불임의 원인이 밝혀지지 않을 때 스트레스성 불임으로 볼 수 있는데, 이
는 호르몬 분비에 이상이 생김으로써 월경이나 배란이 없게 된다.

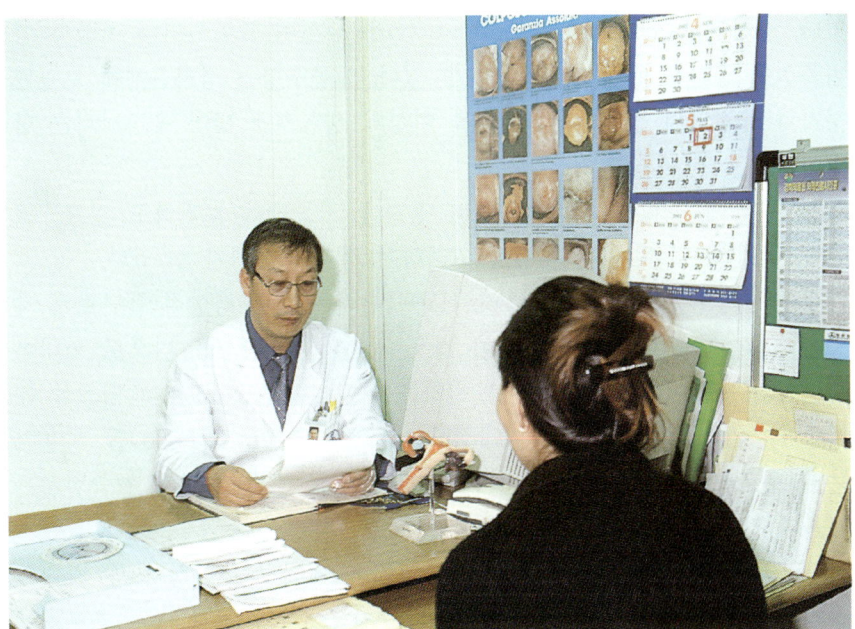

그림 5-31 불임치료에 대한
상담

| 남성의 경우 | | | |
|---|---|---|---|
| 문제점 | 가능한 원인 | 진 단 | 처 방 |
| 적은 수의 정자 | 호르몬 이상, 과도한 열에 고환 노출 | 현미경 아래서 정자 관찰 | 호르몬 치료, 과도한 열을 피함. |
| 비운동성의 정자 | 비정상적인 정자모양 | 현미경 아래서 정자 관찰 | 없음 |
| | 감염 | 정액을 관찰하여 감염원 확인 | 항생제 |
| | 비정상적인 전립선 | 정액의 화학성분 검사 | 호르몬 치료 |
| 항정자 항체 | 면역계 이상 | 정액에서 항체의 출현 조사 | 약복용 |

| 여성의 경우 | | | |
|---|---|---|---|
| 문제점 | 가능한 원인 | 진 단 | 처 방 |
| 배란의 이상 | 뇌하수체 또는 난소종양 | 호르몬량 측정, 매일 체온측정, X선측정 | 외과적으로 제거 |
| 항정자 물질분비 | 모름 | 자궁경부의 점액성 확인 | 산, 알칼리 세척, 에스트로겐 처방 |
| 난관의 막힘 | 감염, 낙태, 성병 | X선, 초음파 | 광학적 기구를 넣어 막힌 부분을 뚫음, 체외수정 |
| 자궁내막 이상 (자궁벽 비후) | 임신을 30세 이후로 늦춘 경우 | 광학기구 이용 확인 | 호르몬 조절, 외과적으로 과도한 조직제거 |

## (5) 불임치료

현대적인 불임치료 방법으로는 인공수정, 체외수정, 대리모 등을 들 수 있다. 인공수정 (artificial insemination)은 남성이 불임이거나 여성이 성 접촉없이 임신을 원할 때 시행할 수 있다. 인공수정은 정자은행에 보관된 정자나 특정인의 정자를 얻어 이를 여성의 생식기에 넣어 수정시키는 방법이다.

정자은행에는 많은 사람으로부터 정자를 기증받아 보관하고 있으므로 민족, 혈액형, 털 및 눈의 색깔을 고려하여 정자를 선택할 수 있다.

체외수정(in vitro fertilization, IVF)이란 여성이 정상적인 난소와 자궁을 갖고 있으나 나팔관이 막힌 경우 정자와 난자를 몸 밖으로 꺼내어 수정시키는 것이다. 또한, 임신을 원하는 여성이 자궁이 없거나 임신을 유지할 수 없는 경우에 드물게 대리모(surrogate motherhood)를 이용하는 경우도 있다. 현재 가장 많이 시술되고 있는 체외수정의 시술절차는 다음과 같다(그림 5-32).

배란 촉진제를 복용한 후 가장 큰 난자를 채취하여 여성의 몸 밖에서 수정시킨다. 수정란을 2~3일 배양한 후 자궁에 이식하여 HCG호르몬이

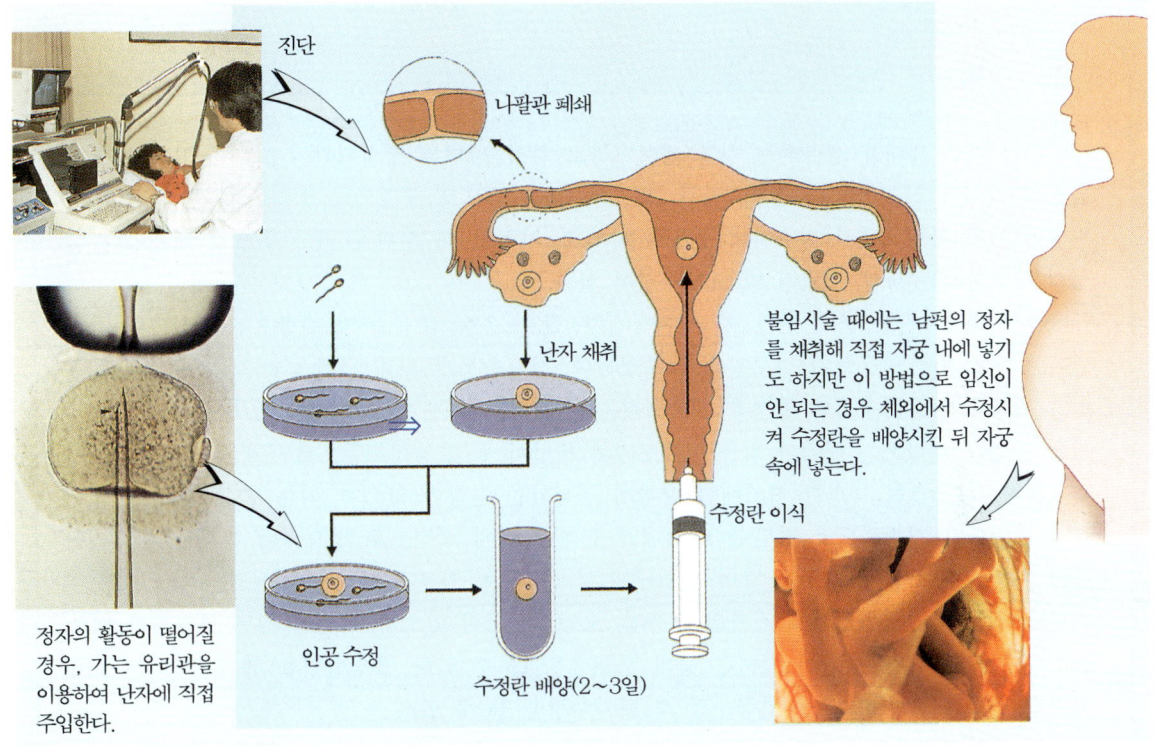

진단

나팔관 폐쇄

난자 채취

불임시술 때에는 남편의 정자를 채취해 직접 자궁 내에 넣기도 하지만 이 방법으로 임신이 안 되는 경우 체외에서 수정시켜 수정란을 배양시킨 뒤 자궁속에 넣는다.

수정란 이식

정자의 활동이 떨어질 경우, 가는 유리관을 이용하여 난자에 직접 주입한다.

인공 수정

수정란 배양(2~3일)

그림 5-32  시험관 아기 시술절차

증가하면 임신이 성공했다고 볼 수 있다. 보통 여러 배아를 동시에 이식하므로 다태가 형성될 확률이 높다. 최근에 냉동된 수정란을 몇 년이 지난 후에 이식하여 성공한 사례가 있다. 냉동된 수정란에 대하여 재산을 분배할 세상이 올지도 모른다.

유전질환이 의심되는 경우에 배아를 이식하기 전 8세포기 때 하나의 세포를 떼어 유전자 이상 및 염색체 이상을 확인하고 정상적이면 나머지 7개의 세포를 여성의 자궁에 이식하기도 한다.

의학의 발달과 영양의 개선으로 사람의 평균수명이 많이 연장되었는데, 최근에는 새로운 차원에서 생명연장에 대한 노력이 진행되고 있다. 정자은행은 인공수정을 위하여 오래 전에 만들어졌다. 최근에는 장래에 백혈병, 류머티스 등에 걸려 골수이식을 받아야 할 때 줄기세포나 자신의 조직세포를 이용하는 것이 훨씬 안전하고 치료의 가능성이 높기 때문에 태어날 때 미리 탯줄태반 혈액은행에 혈액을 냉동보관시켜 놓기도 한다. 또한, 고환조직은행, 심장혈관조직은행, 난자은행, 뼈은행 등이 설립되어 나중에 벌어질지도 모르는 상황에 대비하려는 움직임이 있다.

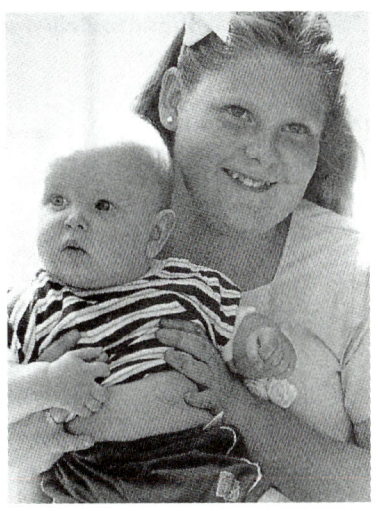

그림 5-33  최초로 체외수정을 통해 태어난 여성
최초의 시험관아기로 태어난 Louise Joy Brown이 다른 시험관아기를 안고 있다.

## 요 약

    인간이 다음 세대를 생산하는 것을 생식이라고 하며, 남녀의 생식기관이 그 기능을 담당한다. 남성의 생식기관은 정소, 부정소, 정관, 분비선, 음경 등으로 구성되어 있다. 정자는 정소에서 만들어진 후 부정소에서 성숙하여 운동성을 얻고, 사정할 때 정관을 타고 밖으로 배출된다. 남성의 분비선에는 정낭, 전립선 및 요도구선이 있다.

    여성의 생식기관은 난소, 난관, 자궁, 자궁경부, 질, 소음순, 대음순 및 유방으로 구성되어 있다. 난자는 난소에서 만들어져 나팔관에서 수정되며, 섬모운동에 의해 난관을 따라 자궁으로 이동하고 자궁내벽에 착상하여 발생을 계속한다. 수정이 일어나지 않으면 여성은 반복적인 생식주기를 갖는다. 배반포는 배아가 되는 내세포괴와 태반이 될 영양세포층으로 구성되어 있다.

    신체의 각 구조는 특정한 시기에 왕성하게 형성되는 경향이 있으며, 뇌는 발생초기부터 출생 후 2~3년까지 지속적으로 발달한다. 남녀는 10대 초반에 성적으로 성숙하며, 30대 후반부터는 몸의 기능이 감소한다. 불임은 남녀 모두에게 일어나며, 불임조사는 비용과 편의상 남성부터 실시한다. 남성의 불임원인으로 정자의 운동성, 모양, 수 등이 있으며, 여성의 경우 불규칙한 배란, 난소나 자궁의 이상, 난관이 막히는 등의 문제점을 들 수 있다. 불임원인을 제거함으로써 해결되지만 현대적인 방법으로는 인공수정 및 체외수정을 들 수 있다.

## 탐구문제

*1.* 무성생식에 비해 유성생식이 갖는 장점은 무엇인지 알아보자.

*2.* 여성이 나이가 들어 임신하면 왜 유산율과 기형아 형성률이 높은지 알아보자.

*3.* 사람의 초기 발생과정의 특징은 무엇인지 알아보자.

*4.* 남녀불임의 원인은 무엇인지 알아보자.

*5.* 불임을 해결하기 위한 다양한 방법을 알아보자.

# 6. 성생활과 건강

## 1. 성과 성욕

### (1) 성이란?

성이라 하면 가장 먼저 떠올리는 것이 섹스(sex)이다. '섹스'는 인간생활에서 매우 필요한 것이지만 일반적으로 성행위 자체로만 생각하는 경향이 있다. 성의 총체적인 개념에는 3가지 요소인 생명, 사랑, 쾌락이 있다. 성생활을 통해 자손을 낳음으로써 인간사회를 유지하고 발전시키는 기초가 되고 있으며, 상대방에 대한 사랑과 관심에 근거하여 서로 만족감과 책임감을 느끼게 하는 행위가 됨으로써 인간을 성숙시킨다. 사랑과 책임감에 바탕을 두고 남녀가 동등한 위치에서 이루어지는 성활동은 참된 즐거움을 가져다준다.

인간의 성이 종족을 번식시키는 본능적인 수단을 제공하는 측면에서는 다른 동물과 같으나 인간 개인에게 쾌락을, 그리고 가정에는 행복을 주고, 사회생활을 하는데 활력을 주며, 적절한 성생활을 통해 건강을 증진하는 것은 다른 동물과는 매우 다른 특징이라고 할 수 있다(그림 6-1).

그림 6-1 행복한 가정

과거에는 사회나 학교 그 어느 곳에서도 성에 대하여 이야기하지 않았으므로 성에 대한 지식은 스스로 깨우치거나 음성적으로 얻는 정도에 불과하였다. 현대는 오히려 성에 대한 지식이 범람하는 시기로, 학교, 사회, 매스미디어 등을 통해 다양하게 성에 대한 지식을 습득하고 있다. 그러나 놀라운 것은 아직도 많은 사람들이 성에 대한 지식이 부족하거나 잘못된 지식을 많이 가지고 있다는 사실이다. 잘못된 성지식은 성의 본연의 의미인 생명, 사랑, 쾌락이 잘못 이해되고 있기 때문이다. 즉, 생명에 대한 존엄성이 이해되지 못하여 낙태가 빈번해지고, 이로 인한 불임이 유발되며, 자식을 버리는 일이 생기기도 한다.

또한, 사랑과 책임감의 부족으로 적대감을 갖거나 죄악시하여 상대방과 자신의 삶을 폐허로 만들며, 잘못된 쾌락으로 인하여 성이 상품화되고, 성폭력이 난무하며, 성병 등의 문제들을 낳고 있다.

성에 대한 세 가지 속성이 함께 조화를 이룰 때 성은 밝아지고 건강해지기 때문에 가정, 학교, 그리고 사회에서 관심을 가지고 올바른 성에 대한 지식을 습득할 수 있는 기회를 제공해 주어야 한다.

## (2) 성욕이란?

🌐 **도움말**

• **성 욕**
성욕은 성행위, 성적충동, 성적관심, 또는 성적흥분 모두를 포함한다.

식욕이나 성욕은 인간의 본성으로, 식욕은 자기 생명보존을 위해, 성욕은 종족보존을 위해 필연적이다. 따라서, 성에 대한 것은 누가 가르쳐 주지 않더라도 알게 되는 본능적인 것이다. 성욕은 사춘기에 성호르몬의 작용으로 2차성징이 뚜렷해지면서 느끼기 시작하며, 남녀로서의 매력을 증대시킴으로써 이성간에 성행동을 촉진시킨다. 이성을 인식하면 이성에게 가까워지려는 욕망이 생기고, 이로 인해 어릴 때와는 달리 새로운 인간관계를 느끼게 된다. 이 때부터 많은 고민과 갈등을 느끼면서 성숙해지고, 부모로부터 독립하여 자기의 짝을 찾기 위한 성장이 시작되는 것이다.

성욕은 자연스러운 것이므로, 청춘남녀가 이성을 그리워하는 것은 청춘기에 도달한 인간에게서 나타나는 필연적인 현상이 아닐

그림 6-2 서로에게 매우 깊은 사랑을 느끼는 로미오와 줄리엣
성적으로 성숙하여 이성을 그리워하는 것은 남녀 사이의 자연적인 과정이라 할 수 있다.

수 없다(그림 6-2).

성욕에 대한 중추는 본능의 중추인 시상하부로, 짝짓기에도 관여하는 것으로 알려져 있다. 성행동을 촉진하는 것은 신체적인 특징뿐만 아니라 체취, 향수, 인격, 음성, 화장, 지식 등 매우 다양하다. 성욕의 중추는 남자가 여자보다 더 큰 것으로 알려져 있으며, 나이가 들면서 성욕은 점차 줄어든다.

---

**휴게실**

## ♣ 성욕과 호르몬

성욕을 유지하려면 성호르몬이 원활하게 분비되어야 한다. 성호르몬은 외부의 자극이 시상하부에 전달되면, 시상하부는 뇌하수체를 자극하여 호르몬을 분비하도록 하고, 뇌하수체 호르몬은 생식소에서 성호르몬이 분비되도록 유도한다(그림 6-3). 테스토스테론은 에로틱한 환상을 일으키는데 필수적인 남성 호르몬으로, 남성의 고환에서 만들어지지만 여성에서도 남성의 1/10~1/15의 수준으로 난소에서 만들어진다. 테스토스테론은 음경 귀두부의 민감성을 높여 주고, 발기와 사정에 관여하는 척수신경의 기능을 잘 유지시켜 주며, 성중추인 시상하부에도 영향을 미쳐 성욕과 성적 흥분이 일어나게 한다.

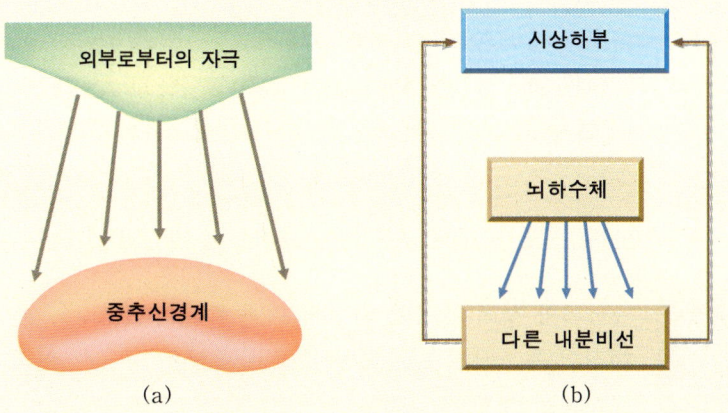

(a)  (b)

그림 6-3 인간뇌의 성활동 중추(a)와 신경계, 내분비계 및 시상하부의 상호관계(b)

성욕은 본능적이기 때문에 충동대로 행동할 수 있는데, 사람이 본능대로 성행위를 하지 않는 것은 대뇌피질의 전두엽의 조절이 있기 때문에 가능하다. 생후학습에 의하여 새로운 대뇌피질이 발달하며, 이를 통해 욕구를 제어하는 자기 통제력을 발달시키고, 보다 풍부하고 아름다운 정서를 만들어 내는 것으로 알려져 있다.

## 2. 성행위와 조화로운 성생활

### (1) 성행위

성욕에 의한 성행위는 본능적으로 이루어지는 인간의 한 활동이지만, 성행위에 대한 정의를 내리는 것은 그리 쉽지 않다. 법률적으로는 성행위가 좁게 규정되어 있지만, 넓은 의미에서 성행위란 성적 쾌감을 느끼는 모든 행위 또는 성적 고조를 일으킬 수 있는 모든 행위라고 할 수 있다.

일반적으로 사람의 나이나 체질 등에 따라 성교의 횟수가 달라지는데, 20~30대는 매주 2~4회, 40대는 매주 1~2회, 노인은 매달에 2~3회 갖는 것으로 알려져 있다(표 6-1). 성욕은 사회환경, 계절, 건강 등 많은 것에 영향을 받는다.

표 6-1  남성의 연령에 따른 테스토스테론의 농도, 성교빈도 및 성교 불능증의 상호관계

| 연 령 | 테스토스테론<br>(ng/m$l$) | 성교횟수<br>(회/주) | 성교 불능증<br>(%) |
|---|---|---|---|
| 21~30 | 7.71 | 3.9 | 0.8 |
| 31~40 | 6.00 | 2.7 | 1.9 |
| 41~50 | 4.61 | 1.9 | 6.7 |
| 51~60 | 3.70 | 1.5 | 18.4 |
| 61~70 | 3.12 | 1.0 | 27.0 |
| 71~80 | 3.00 | 0.5 | 75.0 |

그림 6-4 알프레드 킨제이
1940년도 말에 성에 대한 연구보고를 공개함으로써 서방 세계에 큰 충격을 주었다.

남녀의 성적 욕구의 차이에 대한 킨제이(Kinsey, A.) 보고서에 따르면, 여성의 누드사진을 보고 흥분하는 남성은 약 54%인데 반하여, 남성의 누드사진을 보고 흥분하는 여성은 약 12%에 불과하다고 조사되었다(그림 6-4). 또한, 남성의 성기를 보고 흥분하는 여성은 약 48%인데 비해, 여성의 성기를 보고 흥분하는 남성은 거의 100%가 된다고 하였다. 이러한 보고서는 남성의 성욕은 시각에 의해 매우 쉽게 흥분되지만, 여성은 주위의 분위기, 사랑의 대화 등과 같은 정서적인 요인도 매우 중요함을 알려 주고 있다.

사랑을 하면 사람들이 황홀감을 느끼는 것은 사랑 호르몬이라고 불리는 phenylethylamine(PEA)이라는 물질이 자극제로 작용하여 행복한 상태로 만들기 때문인 것으로 알려져 있다(그림 6-5).

| 신체적인 접촉 | → | 뇌하수체 자극 | → | PEA 방출 | → | PEA가 표적 세포에 작용 | → | 강력하고 짧은 황홀감 |

그림 6-5 사랑하는 동안의 황홀감의 표출과정

신체적인 접촉이 있게 되면 뇌하수체에서 PEA 호르몬이 방출되어 표적세포에 작용함으로써 황홀감을 느끼도록 한다.

## (2) 남녀의 성반응 패턴

오늘날 성교 전이나 성교 중의 생리적인 반응에 대하여 가장 널리 인용되는 것이 1950년대에 이루어진 마스터즈(Masters)와 존슨(Johnson)의 연구를 기초로 하여 쓰여진 "인간의 성반응"이다(그림 6-6). 이들은 20~61세 사이의 대학병원에 근무하는 건강한 의사, 간호원, 교수, 대학원생을 대상자로 하여 조사하였다. 인간은 남녀를 막론하고 성행위시 흥분기(excitement stage), 성흥분 정체기(평탄기 또는 고조기, plateau stage), 절정기(오르가즘기, orgasm stage), 쇠퇴기(해소기, resolution stage)의 4단계를 거친다. 남녀의 성반응 패턴을 구체적으로 살펴보면 다음과 같다.

### ① 흥분기

성적으로 흥분이 일어나는 과정으로, 사랑의 대화 등의 정신적인 행동이나, 포옹이나 키스 등의 육체적인 활동을 통해 심장박동이 빨라지고 근육이 수축된다.

여성의 경우 질의 분비액이 많아져 남성의 음경이 여성의 질 속으로 쉽게 삽입될 수 있도록 한다. 질의 깊이도 깊어지며, 자궁은 혈관의 충혈로 확장되고, 정자를 받아들일 준비를 하기 위해서 본래의 위치보다 높이 올라간다. 음핵이 팽창되어 평소보다 커지고, 단단해진다. 유방은 커지고, 유두는 단단해지며 짙은 색깔로 변한다. 심리적인 면에서 성적으로 매우 억압되어 있으면 질의 분비액이 적고, 질의 팽창도 일어나지 않아 여성의 불감증이나 성부전증의 원인이 된다.

남성의 흥분기의 가장 큰 특징은 음경이 발기되는 것이다. 이 때에 여성에서 보이는 것처럼 유두가 발기하고, 근육이 수축하며, 호흡수 및 혈압이 상승하기 시작한다. 남성의 발기현상은 부교감계 신경전달 작용에 의해 평소보다 약 20~50배나 많은 혈액이 음경 안으로 들어가 음경 해면체가

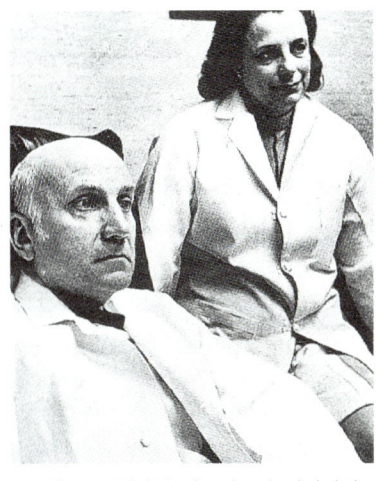

그림 6-6 윌리암 마스터즈와 버지니아 존슨

두 사람은 실험실에서 성행위를 하는 것을 직접 관찰함으로써 성행위시 신체적 및 생리적으로 어떠한 변화가 일어나는지에 대하여 처음으로 연구하였다.

확장됨으로써 일어난다. 반면에 정맥은 수축되어 들어온 혈액이 음경 밖으로 빠져나가는 것이 억제됨으로써 발기현상이 유지된다. 성적으로 건강한 남성은 하루 평균 3~5회 정도 수면 중 발기현상이 나타나고, 한 번 발기시 약 20~40분 간 지속된다. 사춘기 때에는 수면시간의 약 40% 동안 발기되며, 나이가 들면서 줄어든다.

### ② 성흥분 정체기

남녀의 성기관이 접촉하는 단계이다. 즉, 질은 음경을 조이게 되며, 서로 간의 마찰로 성적 고조기에 이르러 상승된 상태를 유지하는 시기로, 약간의 자극만 가해져도 바로 오르가즘에 도달할 수 있는 단계이다. 이 시기에 여성의 질은 더욱 넓어지고, 자궁은 위쪽으로 올라간다. 남성은 사정(ejaculation)을 참고 있으며, 음경이 가장 크게 팽창하게 된다. 음경 귀두 끝의 요도구멍에서는 요도구선에서 분비된 투명한 알칼리성 점액이 2~3방울 나온다. 이 점액은 사정될 정자를 보호하기 위해서 요도를 미끈하게 해주는데, 간혹 이 점액 속에 정자가 섞여 있어서 질외사정 피임법이 실패하는 원인이 된다.

음경의 크기나 굵기는 질의 팽창정도에 영향을 줄 뿐이며, 이 차이에 따라 여성이 쉽게 절정기에 도달하지는 않는다.

### ③ 절정기

성행위 중에서 가장 최고의 쾌감인 오르가즘(orgasm)을 느끼는 시기로, 전신의 근육이 최대로 긴장되며, 맥박과 호흡, 혈압이 급격하게 상승한다. 여성은 천천히 완만한 상승곡선을 그리며 절정기에 도달하고, 또한 완만한 하강곡선을 그리며 떨어지므로 시간이 오래 걸리는 경향이 있다. 개인에 따라 차이를 보이기는 하지만 여성은 남성과는 달리 오르가즘을 느낀 후에도 성적인 자극을 계속 주면 다시 절정기를 경험할 수 있다. 여성이 오르가즘에 도달하면 정액을 자궁경부로 강하게 빨아들이고 자궁 밖으로 배출하는 정자의 수도 적어져, 여성의 오르가즘은 생물학적인 측면에서 볼 때 본인이 원하는 우수한 정자를 선택하려는 본능의 발로로 추측된다(그림 6-7).

발기는 부교감신경에 의해 조절되고, 사정은 교감신경에 의해 조절되므로 남성의 발기와 사정은 서로 독립적으로 조절되어 발기하지 않고도 사정할 수 있고, 반대로 발기되어도 사정을 하지 않는 경우도 있다. 남성은 사정 직전에 최고의 절정기를 느끼며, 사정과 함께 성감은 급속히 떨어진다. 사정 후에는 더 이상 성기에 자극을 주어도 반응을 보이지 않는 무반응기로 들어간다.

### 🟡 도움말

**• 부교감신경**

교감신경과 함께 자율신경을 구성하는 원심성 신경. 호흡·소화·순환 등을 지배하며 교감신경과 길항적 작용을 하는 기능이 있다.

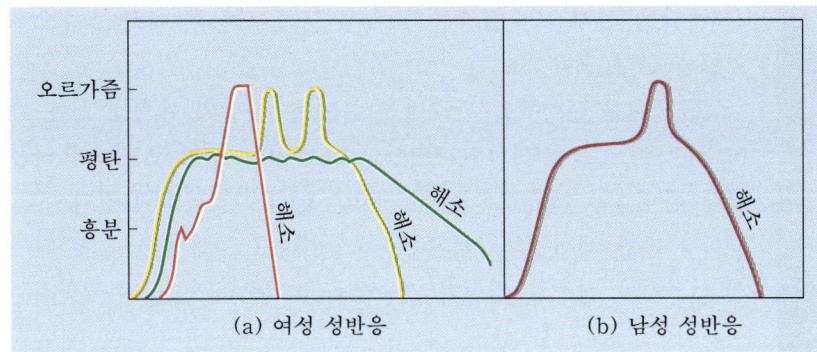

그림 6-7 여성과 남성의 성
적 반응주기
여성은 오르가즘을 느끼는
양상이 다양한데 비해, 남성
은 보통 사정할 때 한 번의
오르가즘을 느낀다.

### ④ 쇠퇴기

신체가 원래의 상태로 돌아가는 시기로, 남성의 발기는 신속하게 줄어들고, 여성의 부풀었던 음핵과 충혈된 질은 천천히 본래대로 돌아간다.

남녀의 성욕의 차이에 대하여 요약하면 다음과 같다.

첫째, 남성은 주로 성기관의 접촉을 원하지만 여성은 비교적 긴 애무를 원한다.

둘째, 남성은 성욕이 매우 강열하고 왕성한 반면에 여성은 완만하고 느린 경향이 있다.

셋째, 남성은 빠른 시간 내에 절정에 이르지만 여성은 완만하게 절정기에 도달하고 서서히 쇠퇴기로 들어간다. 따라서, 성교 후에 바로 자리를 뜨는 것은 상대방에게 좋지 않은 기분을 줄 수 있다.

넷째, 남성은 보통 성교 때마다 일정한 쾌감을 느끼지만 여성은 그 정도가 매번 다르고 절정기에 도달하지 못하는 경우도 많다. 따라서, 부부생활을 할 때 한쪽만의 일방적인 만족만 추구한다면 다른 한쪽은 의무감 이상은 없을 것이다. 부부생활이 부조화스러울 때는 서로간에 원인을 생각해 보고 서로를 배려하는 마음과 함께 부부에 맞는 기교나 방법을 찾아보는 것이 필요하다.

## (3) 전희 및 성교체위

전희는 성교를 시작하기 위한 준비활동으로, 여성이 높은 오르가즘을 느끼려면 음경의 삽입만을 통해서는 불가능하며, 여성이 음경의 삽입을 갈망하는 상태에 도달해야 한다는 것이다. 이는 전희과정을 통해 여성이 수치심과 경계심 등으로부터 해방되어 자유로운 성행위를 할 수 있기 때문이다. 전희의 방법은 다양하다고 할 수 있는데, 키스, 유방 및 성기의 자극과 같은 신체적인 접촉이 있으며, 또한 사랑의 대화도 중요한 역할을 한다(그림 6-8).

성교체위란 성행위를 위하여 취하는 두 사람의 몸의 위치를 나타내는 것으로, 두 사람의 건강, 만족도, 임신 등을 고려하여 적절하게 선택해야 한다. 그 중 몇 가지만 살펴보면 다음과 같다.

가장 흔한 체위는 남성상위로 정상위라고도 하며, 남성이 위에서 리드하는 경우로, 임신의 가능성을 높여준다. 반면, 여성상위는 여성이 위에서 리드하는 것으로, 많은 부부들이 이러한 체위를 이용하고 있는 것으로 알려져 있다. 이 체위는 여성이 능동적으로 성교에 참여할 수 있고, 자신의 만족정도에 맞추어 삽입의 정도를 조절할 수 있다. 옆체위는 몸을 격렬하게 움직이지 않는 체위로 임신부에게는 부담이 적고 태아에 대해서도 나쁜 영향을 주지 않는다. 후배위는 남성이 여성의 뒤에서 삽입하는 것으로, 여성이 엉덩이를 내밀고 자신의 성기를 노출시키는 것 때문에 수치심을 불러일으킬 수 있다.

그림 6-8 사랑의 대화
원만한 성생활이 이루어지기 위해서는 사랑의 대화를 통해 상대방에 대한 자신감과 편안한 마음을 가질 수 있어야 한다.

## (4) 성활동시 주의할 점

포경인 경우 소변 등이 포피낭에 남기도 하며, 세균이 살 수 있는 적절한 환경으로 귀두염을 유발하기도 한다. 대부분은 수술없이 귀두와 포피가 분리되지만 그렇지 못한 사람도 있다. 이런 사람은 포경수술을 받을 필요가 있다. 우리 나라의 경우 포경수술이 매우 일반화되어 있지만 대부분의 나라에서는 포경수술이 드물다.

여성은 월경이 시작될 때 두통, 복통 등 여러 통증을 호소하기도 한다. 월경의 색깔은 어두운 홍색을 띠며 간혹 선홍색을 띠는데, 만약 월경량에 큰 차이가 나타나고 커피색 등을 띠며, 생리통이 심한 경우에는 의사에게 치료를 받는 것이 좋다. 월경기간 중에는 중노동이나 격렬한 운동은 피하며, 성생활도 피하여 부인병 등이 발병하는 것을 방지해야 한다.

그릇된 성지식 중의 하나는 결혼 첫날밤의 성교과정에서 신부의 처녀막이 이미 파열된 경우 정조를 의심하는 것이다. 일반적으로 처녀막은 처음 성교시 파열되지만 매우 약하기 때문에 종종 달리기, 자전거 등 격렬한 활동 등으로 인해 파열되기도 한다. 과거와는 달리 현대는 여성의 활동이 매우 활발한 사회인 만큼 처녀막의 파열을 기준으로 여성의 정조를 따지는 것은 어리석다고 할 수 있다.

임신 첫 3개월 동안은 성교를 삼가는 것이 바람직한데, 그 이유는 성교시 자궁의 수축을 초래하여 유산될 수 있기 때문이다. 또한, 출산 1개월 전에는 성교를 금하는 것이 좋은데, 이는 세균이 침입하여 염증을 일으킬 수 있고, 자궁의 수축으로 조산아가 태어날 수 있기 때문이다. 출산 후 6주 이상은 되어야 생식기관이 정상으로 돌아오므로 이 기간 중에는 성생활을 피하는 것이 좋으며, 젖을 먹이더라도 출산 12주 후에는 임신이 가능해지므로 부부 간의 성관계를 시작하기 전에 피임에 대한 계획을 세우는 것이 바람직하다.

## 3. 성생활 장애와 성기능 장애

일반적으로 건강한 사람은 성생활에 큰 장애가 없지만 생각보다 많은 수의 사람이 성생활의 문제점을 호소하고, 심하면 결혼에 파경을 맞는 경우를 본다. 이는 결혼생활이 정신적인 삶만으로는 영위될 수 없다는 것을 말해 준다. 성생활의 큰 장애요인으로 남녀의 성반응속도의 차이와 남녀의 성기능 장애를 들 수 있다. 성기능 장애로는 남성은 조루와 발기부전증을, 여성은 불감증 또는 오르가즘 부전증 등을 들 수 있다.

### (1) 남녀의 성반응속도의 차이

남성은 거의 일률적으로 성적으로 흥분되면서 발기, 사정을 하며, 성적 불응기를 거치게 되어 바로 다시 성관계를 가질 수 없다. 그러나 여성은 성적인 절정기에 도달하는데 남성보다 훨씬 긴 시간을 요하고 절정(오르가즘)을 계속적으로 느낄 수 있다.

아직도 유교적인 영향이 깊이 남아 있는 우리 나라에서 여성이 절정기에 오를 수 있도록 남성이 전희과정에 쏟는 시간은 매우 적은 것으로 조사된 바 있다. 아마도 부부 간의 성생활에서 남녀가 동등하게 즐거움을 추구한다는 인식이 되어 있지 않는 한 성반응의 속도차이에 의한 불만을 해소하기란 어려울 것이다.

### (2) 남성의 성기능 장애

남성의 성기능 장애로는 성기의 발기부전과 조루를 들 수 있다. 성적인 자극이 오면 남성의 성기가 발기한다. 성적인 자극으로 분비된 산화질소가 음경의 근육세포 안의 특정효소를 활성화시킴으로써 음경의 해면체 근육을 이완시키고 많은 혈액이 음경의 해면체로 들어온다. 해면체가 혈액

<aside>
🌀 **도움말**

• **발기부전(發起不全)**
남성의 성기가 발기되지 않거나 발기상태가 지속되지 않아 성행위를 할 수 없는 현상.
</aside>

으로 부풀어 오르면 정맥이 압박을 받아 빠져나가는 혈액의 양이 감소하게 되어 음경이 발기하게 된다. 발기부전은 음경으로 들어오는 혈액의 양이 적거나(동맥성 발기부전), 음경에서 쉽게 빠져나가는 경우(정맥성 발기부전)에 일어나며, 신체적인 요인과 스트레스와 같은 정신적인 요인이 있다.

발기부전을 치료하는 방법에는 먹는 약, 주사제, 압축기구, 혈관수술, 보형물 삽입, 좌약 등 여러 가지가 있다. 특히, 발기부전 치료제에 대한 연구가 활발하여 1998년에는 발기부전으로 고개숙인 남성에게 큰 희소식이 되었던 비아그라(Viagra)가 개발되었고(그림 6-9), 연이어 이와 유사한 발기부전 치료제들(시알리스, 레비트라 등)이 개발되고 있다.

비아그라는 음경에 혈액이 잘 들어가게 함으로써 발기를 촉진한다. 이 약은 성기뿐만 아니라 전신에 영향을 주어 복용한 사람들이 두통, 소화불량과 심장마비 등으로 죽는 등 부작용이 보고되고 있지만 발기부전 환자들은 큰 기대를 하고 있다. 비아그라는 정상인에게는 필요 없지만 자칫 무분별하게 판매될 경우 남용과 오용의 부작용이 예상되고, 또한 단순한 쾌락의 도구로 이용되어 성범죄와 연결될 수도 있는 등의 우려가 있는 만큼 이 약의 이용에 대한 적절한 규제가 필요하다.

성교시 발기된 음경을 질내에 삽입하기 전 또는 질구에 삽입하는 과정에서 사정하고 음경이 이완되는 것을 조루라고 한다. 조루현상이 자주 나타나게 되면 여성은 만족할 수 없게 되므로 자칫 성생활을 불쾌하게 생각할 수 있다.

조루의 주원인은 정신적인 스트레스로 알려져 있으므로 건강한 생활습관과 편안한 마음을 갖는 것이 중요하다. 콘돔을 이용하여 흥분에 대한 민감도를 떨어뜨리는 것도 한 방편이며, 원기가 왕성한 아침에 부부관계를 갖는 것도 사정을 늦출 수 있는 한 방법으로 알려져 있다.

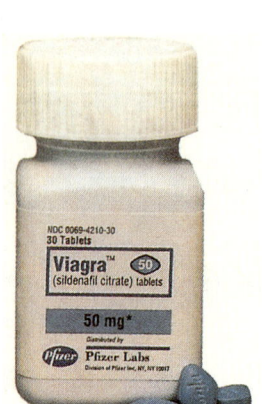

그림 6-9  발기부전 치료약 비아그라

## (3) 여성의 성기능 장애

여성의 성기능 장애로 성적 흥분을 전혀 느끼지 못하는 불감증이 있는가 하면, 성적 흥분을 느끼나 오르가즘을 느끼지 못하는 오르가즘 부전증이 있다. 각 여성마다 오르가즘 부전증에 상당한 차이를 보인다. 처음부터 전혀 오르가즘을 느껴 보지 못한 여성이 있는가 하면 처음 신혼 때는 느껴보다가 남편과의 습관적인 성행위로 오르가즘에 더 이상 도달하지 못하는 여성이 있다. 성교를 남편에 대한 불쾌한 의무로 생각하는 경우 오르가즘에 도달할 수 없으며, 친밀감을 표시하기 위하여 성적 접촉을 하는 경우도 마찬가지이다. 신체적인 결함이 없는 한 여성의 오르가즘 부전증은 육체적, 정신적인 스트레스, 긴장감, 피로 등이 원인이 될 수 있다. 또한, 여성이 자라온 종교적, 도덕적 환경이 영향을 줄 수도 있다.

오르가즘 부전증을 치료하기 위해서는 남성과 여성이 동등하게 성생활의 즐거움을 추구한다는 인식이 필요하다. 성교시 여성은 편안한 마음을 가져야 하며, 남성은 충분한 전희과정을 통해 여성이 오르가즘에 도달하도록 도와야 한다. 여성이 적극적인 성교체위를 택하는 것도 치료효과를 높이는 한 방법이다.

# 4. 여러 형태의 성욕 및 성행위

## (1) 자위행위

자위(masturbation)는 남녀노소 누구에게나 성적인 긴장을 해소시키는 안전하고 자연스런 표현이다. 그러나 우리 사회에서는 자위를 부정적 시각으로 바라보는 경향이 있다.

청소년기의 자위행위로 인해 성인이 되었을 때 정액이 감소하거나 성기능 장애가 온다는 것은 사실이 아니다. 정액은 사춘기부터 죽을 때까지 매일 만들어지므로 정액의 양은 한정되어 있지 않으며, 지나치지만 않다면 자위행위가 몸에 나쁠 이유는 없다. 다만 자위행위를 하다가 들켜서 꾸중을 듣거나 죄책감을 가지고 자위행위를 하는 경우에는 어른이 되었을 때 정신적인 스트레스로 남게 되어 발기부전, 조루, 성행위 거부 등 후유증이 남을 수 있다. 또한, 자위행위가 지나치게 되면 강한 자극에 길들여져 상대방의 자극에 거의 반응하지 않는 경우도 있어서 결혼 후의 성생활에 문제가 될 수 있다.

## (2) 변태성욕

변태성욕은 심리적 이상에서 시작되는 것으로, 성욕이 발동되면 성의 상대를 선택하거나 성행위 방식이 정상적인 과정을 벗어나는 행동을 한다. 변태성욕자는 정상적인 성생활에는 관심이 없으며, 애착대상의 손, 발, 신발, 엉덩이, 배설물, 속옷, 양말 등이 성적 쾌감의 대상이 된다. 또한, 여성 앞에서 음부를 노출시켜 여성이 당황해 하면 만족을 느끼는 황당한 행동을 하기도 한다. 변태의 원인은 유전적인 측면도 있고, 어릴 때 자라온 환경에 영향을 받아 생기기도 한다.

도움말

• 자위(自慰)

신체가 발달하는 가운데 생기는 성욕을 자연스럽게 해소하는 방법으로, 주로 손을 이용하여 자신의 성기를 자극해 성적인 만족을 얻는 행위이다.

## (3) 동성애와 트랜스젠더

동성연애라는 것은 동성끼리 상대가 되어 성적인 만족을 추구하는 것으로, 평생 동안 동성애만 하는 사람, 이성연애도 같이 즐기는 사람 등 몇 가지 패턴이 있다. 동성애는 전세계적으로 존재하며, 역사적으로도 상당히 오래 전으로 거슬러 올라간다. 성에 대한 연구로 유명한 킨제이 보고서에 따르면, 소크라테스, 플라톤, 다 빈치, 차이코프스키 등이 모두 동성애자들이었다는 것이다.

남성 동성애자는 호모(homo)라고 하며, 비교적 여러 명의 성상대를 갖고 있다. 반면에 여성 동성애자는 레즈비언(lesbian)이라고 하며, 대부분이 1:1의 성상대를 갖는 것으로 알려져 있다.

동성애와 동성애자를 어떻게 바라보고 사회 속에서 어떤 위치로 자리매김을 해야 할 것인가? 이러한 질문에 대한 해답은 동성애의 원인이 어디에 있는지를 알면 더 쉽게 해결될 수 있을 것이다.

동성애자의 한 그룹은 자신의 성을 그대로 인정하면서 개인적인 성향이나 취향에 따라 동성에 성적 관심과 매력을 갖는 반면, 다른 한 그룹은 발생과정에서 염색체상 보여 주어야 할 성과는 반대의 성이 나타남으로써 자신을 돌연변이로 생각하는 그룹으로, 신체적인 특징 때문에 어쩔 수 없이 반대의 성으로 살아간다.

전자는 어릴 때 이성과의 교제가 단절되거나 심리발육 상태에서 아동기의 동성연애 상태에 머물러 있는 경우 동성연애의 발생이 높아진다는 것이다. 후자를 특별히 트랜스젠더(transgender)라고 하며, 호르몬 분비 등의 이상에 의해 반대의 성이 나타난 것으로 생각된다.

이러한 연유로 세계 의학계에서는 오래 전에 동성애를 정신병의 분류에서 제외하였으며, 어떤 의사들은 환자가 아니라 성적인 선호도가 다른 정도로 생각하고 있다.

현재 동성애자들은 매우 적극적으로 사회에서 한 위치를 차지하기 위해서, 그리고 정당한 대우를 받기 위해서 많은 노력을 기울이고 있다. 대학 내에서도 동성애 동우회가 만들어지고 법적으로 자식을 양육할 수 있는 권한을 얻기 위해서 노력하고 있다.

그러나 많은 사람들이 동성애자들을 도덕이나 윤리적으로 옳지 못하다고 생각하고 있으며, 당사자들도 자신이 선택한 성상대가 정상인과 다르다는 생각에 많은 정신적인 고통을 겪고 있다. 동성애자들이 여러 명의 성상대자를 갖고 문란한 성생활을 함으로써 성병, 특히 에이즈(AIDS)의 감염률이 매우 높은 것으로 알려져 있다.

---

🌀 **도움말**

● **호모**

homosexual의 약칭. 동성애.

● **레즈비언**

고대 여성의 동성애가 성행하였다는 에게바다의 레보스(Lebos)섬과 관련지어 불려진 이름.

● **트랜스젠더**

남성이나 여성의 신체를 지니고 태어났지만 자신을 반대 성의 사람이라고 여기는 사람. 즉, 육체적 성과 정신적 성이 일치하지 않는 것. 트랜스젠더 중 성전환 수술을 받은 사람을 트랜스섹슈얼(transsexual)이라고 한다.

---

### ♣ 트랜스젠더 하리수

최근에 하리수라는 트랜스젠더의 등장으로 트랜스젠더를 알고 이해하는 사람이 많이 늘어났다. 트랜스젠더 중의 극히 일부는 성전환 수술을 받는 것으로 알려졌다.

여성으로 성전환 수술을 받으려면 2년간 여성 호르몬인 에스트로겐과 프로게스테론 주사와 항남성 호르몬제 등을 받아야 한다. 6개월 이상 여성 호르몬을 투여받으면 정자 생성능력을 완전히 상실해 후에 호르몬 주입을 중단하더라도 임신능력을 상실한다. 또한, 호르몬 주사를 1년 정도 맞으면 남성의 발기나 성욕이 사라진다.

그림 6-10 트랜스젠더 하리수의 모습
하리수의 등장은 유교사회인 한국이 성에 대하여 개방화되어 가고 있다는 한 사례가 되었다.

## (4) 원조교제와 매춘

원조교제란 일본에서 건너온 것으로, 도와주면서 사귄다는 뜻이지만, 실제로는 돈이 필요한 10대 소녀들이 경제력이 있는 성인남성들에게 몸을 파는 것을 말한다. 따라서, 최근에 원조교제는 '청소년 매춘' 또는 '소녀 매춘'으로 명칭이 바뀌었다. 2000년의 조사에 의하면 청소년 매춘을 하는 10대 소녀 32%가 여중생인 것으로 밝혀졌으며, 가출소녀가 상당부분을 차지하여 사회적인 문제가 되고 있다.

매춘은 성을 제공하고 그 대가로 금품을 받는 행위를 말한다. 매춘은 직접적인 성관계를 갖거나 성기관의 자극을 통한 성적인 쾌감을 주는 행위로 나눌 수 있다. 이러한 매춘의 형태는 사창가에서 벌어지는 전통적 매춘, 단란주점, 안마시술소 등에서 벌어지는 겸업매춘, 일정한 장소 없이 두 사람의 직거래를 통해 이루어지는 자영매춘 등이 있다. 비공식적인 통계에 의하면 15~45세의 가임여성 10명당 1명은 매춘에 관련되어 있다고 한다. 매춘이 성행하게 된 이유는 여성의 경우 특정기술이 없이도 쉽게 돈을 벌 수 있다는 것이며, 남성의 경우 결혼생활로부터의 도피, 남성다움의 과시, 호기심, 성적 욕구의 분출 등의 이유로 여성을 찾기 때문이다. 또한, IMF와 같은 사회 구조적인 영향, 대중매체의 영향, 성을 상품화시키는 왜곡된 성문화, 남성들에게 관대한 불공정한 법집행도 한 몫을 했다고 할 수 있다.

### 📀 도움말

• IMF
International Monetary Fund의 약칭. 국제통화기금. UN전문기관의 하나.

# 5. 피 임

● 도움말

• 피임(contraception)
정자와 난자가 만나지 못하
게 하거나 만나서 수정되더
라도 발생이 진행되지 못하
도록 하는 것.

신혼부부가 결혼 초에 아기를 원하지 않거나 가족계획을 하려면 피임이 필수적이다. 성적인 활동이 활발한 사람의 경우 성병에 대한 예방방법으로 피임을 함으로써, 고통을 유발하고 심하면 생명을 앗아가는 성병으로부터 자신을 보호할 수 있다.

부부의 가족계획 방법으로 과거에는 여성이 난관수술, 피임약 복용 등을 하여 적극적인 피임에 나섰지만 남성이 정관수술과 콘돔 등을 사용하는 빈도가 증가함에 따라 여성의 피임이 상대적으로 줄어드는 경향을 보인다. 피임방법은 매우 다양하므로 개인에게 맞는 것을 취사선택하여 이용하는 것이 바람직하다.

피임의 원리는 임신과 발생과정에 대한 지식을 역이용하는 것으로, 첫째 배란억제 및 정자형성 억제, 둘째 사정조절, 셋째 정자의 이동억제, 넷째 수정억제, 다섯째 자궁 내 착상방지 등이 있다.

표 6-2는 월경주기 기간에 따른 가능한 임신시기를 나타낸 것인데, 여성에 따라 주기가 일정하지 않기 때문에 수치는 절대적이라고 볼 수 없다 .

표 6-2                     월경주기에 따른 임신시기

| 가장 짧은 월경 주기(일) | 임신 가능한 첫째 날 | 가장 긴 월경 주기(일) | 임신 가능한 마지막 날 |
|---|---|---|---|
| 21 | 3 일째 | 21 | 10 일째 |
| 22 | 4 일째 | 22 | 11 일째 |
| 23 | 5 일째 | 23 | 12 일째 |
| 24 | 6 일째 | 24 | 13 일째 |
| 25 | 7 일째 | 25 | 14 일째 |
| 26 | 8 일째 | 26 | 15 일째 |
| 27 | 9 일째 | 27 | 16 일째 |
| 28 | 10 일째 | 28 | 17 일째 |
| 29 | 11 일째 | 29 | 18 일째 |
| 30 | 12 일째 | 30 | 19 일째 |
| 31 | 13 일째 | 31 | 20 일째 |
| 32 | 14 일째 | 32 | 21 일째 |
| 33 | 15 일째 | 33 | 22 일째 |
| 34 | 16 일째 | 34 | 23 일째 |
| 35 | 17 일째 | 35 | 24 일째 |

## (1) 자연 피임법

자연 피임법에는 성교를 하더라도 남성이 사정 직전에 질에서 음경을 빼내는 성교 중단법과 여성의 월경주기를 이용하는 리듬 조절법이 있다.

성교 중단법은 인류가 알고 있는 가장 오래된 피임법으로 남녀의 자제력에 달려 있는데, 실패할 확률이 다른 방법에 비해 상당히 높다.

리듬 조절법은 여성의 월경주기를 이용하는 것으로, 여성의 월경주기가 정확하다면 수정은 보통 배란이 일어나는 시기인 12일과 16일 사이에 잘 일어나므로 이 때를 피하는 것이 좋다. 그러나 여성에 따라 월경주기가 일정하지 않고, 정자가 2~3일 간 생존하기 때문에 실패할 확률이 높다.

배란일을 예측하는 방법으로 기초체온법을 이용하기도 한다(그림 6-11). 즉, 배란 전날 체온이 올라가므로 여성이 매일 아침에 자신의 온도를 측정해야 한다. 고온기를 맞이한 4일 이후부터 다음 월경이 시작되기 전까지의 약 10일 간이 피임이 가능한 안정일이라고 할 수 있다. 여성의 월경주기는 사람에 따라 일정하지 않기 때문에 기초체온법으로는 배란 전의 피임 가능한 시기를 알아내기 어렵다.

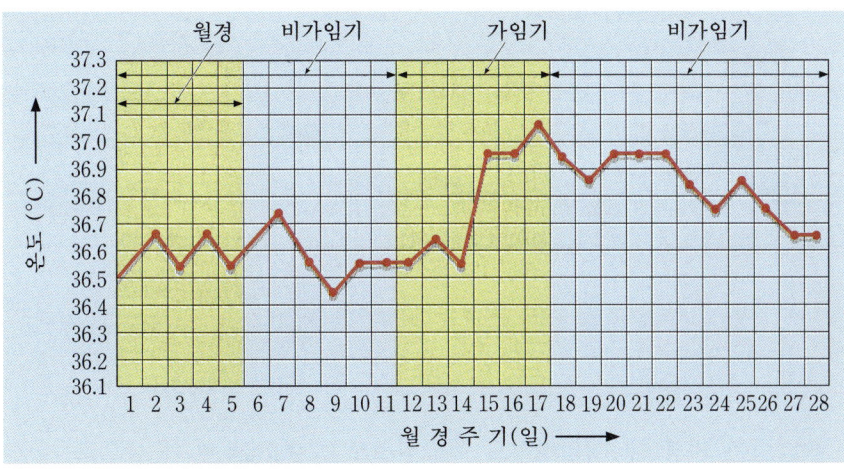

그림 6-11 기초체온을 이용한 피임방법

## (2) 기구를 이용하는 피임법

기구를 이용하는 방법에는 남녀 콘돔(condom), 격막(diaphragm), 자궁경부 캡(cervical cap), 피임링(intrauterine device, IUD) 등을 들 수 있다.

콘돔은 남성들이 이용하는 가장 흔한 피임방법이며, 여성 콘돔도 개발되어 이용되고 있다. 성병예방을 목적으로 만들어진 콘돔은 피임을 위해서 뿐만 아니라 성병예방에 필수적인 것으로 널리 홍보되고 있다. 보통 콘돔 끝에는 돌출부분이 있어서 사정 때 정액이 모아지도록 되어 있다. 그렇지 않은 경우에는 정액이 모일 수 있는 공간을 남겨 놓아야 한다. 콘돔은 남성이 발기하였을 때 음경 위에 덮어 씌우는데, 이 때 찢어지지 않도록 주의해야 한다(그림 6-12). 또한, 사정 후에는 콘돔의 아랫부분을 잡고 정액이 새어 나오지 않도록 조심하면서 질에서 빼 낸다. 그리고 성관계 때마다 새 콘돔을 사용해야 한다.

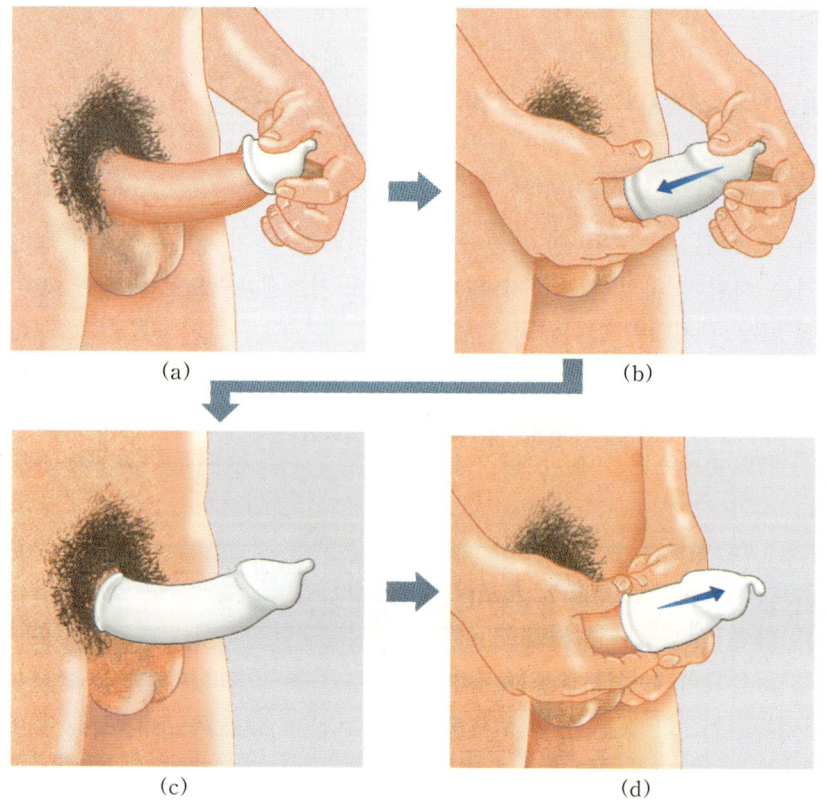

그림 6-12  남성콘돔의 사용 방법
음경이 발기되면 고무 주머니 안쪽으로 공기가 들어가지 않도록 비튼 후에 음경에 씌운다(a, b, c). 성관계가 끝나면 음경의 기저부에서부터 귀두방향으로 콘돔을 벗긴다(d).

(a)

(b)

(c)

(d)

피임링은 자궁 내 삽입장치로 루프라고도 하며, 의사의 도움으로 자궁에 넣어 배아의 착상을 억제하는 것이다. 피임링은 경구용 피임약 다음으로 가장 많이 사용되고, 피임률이 높아 여성들이 만족하는 방법으로, T자나 S자 모양으로 되어 있다(그림 6-13). 한 번 장착하면 8년까지 사용할 수 있으며, 자궁 내에서 이탈하지 않는 한 95~99%의 피임률을 보인다. 루프를 넣는 시기는 월경이 시작된 지 5일째, 자궁입구가 약간 열릴 때나 유산 또는 분만 후 2~3일 안에 넣어도 된다. 루프 끝에 실이 매달려 있어서 자신이 자궁 내 루프의 위치를 확인할 수 있는데, 이 실이 세균이나

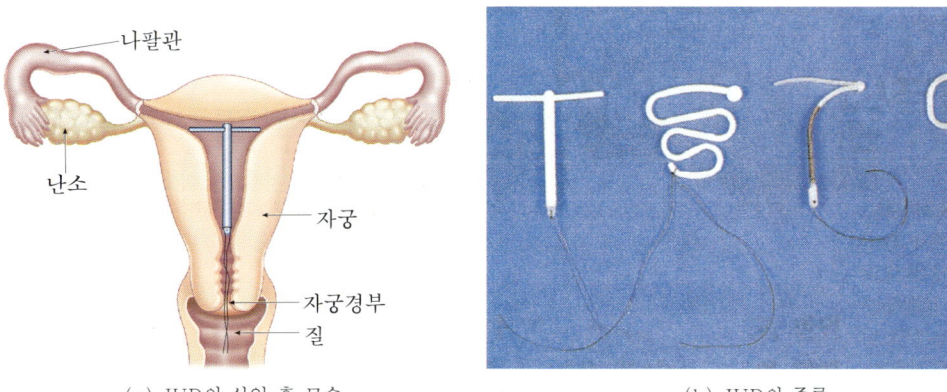

(a) IUD의 삽입 후 모습                    (b) IUD의 종류

그림 6-13 자궁내 장치(IUD)의 사용법과 종류

바이러스의 감염경로가 되어 불임, 염증, 자궁외 임신을 유발하기도 한다.

　　피임용 격막을 이용하여 자궁경부의 입구를 막아 정자가 들어가는 것을
억제할 수도 있다(그림 6-14b). 격막의 크기는 의사의 도움을 받아 결정하
며, 성교 몇 시간 전에 삽입하고, 성교 후 최소한 6시간 후에 빼내야 한다.
값이 싸고 부작용이 없으며 여러 번 반복해서 사용할 수 있는 장점이 있
는 반면, 격막의 테두리를 따라 안으로 들어갈 수 있는 단점이 있다. 이
때 격막과 함께 살정제를 사용하면 효과가 더 확실해진다.

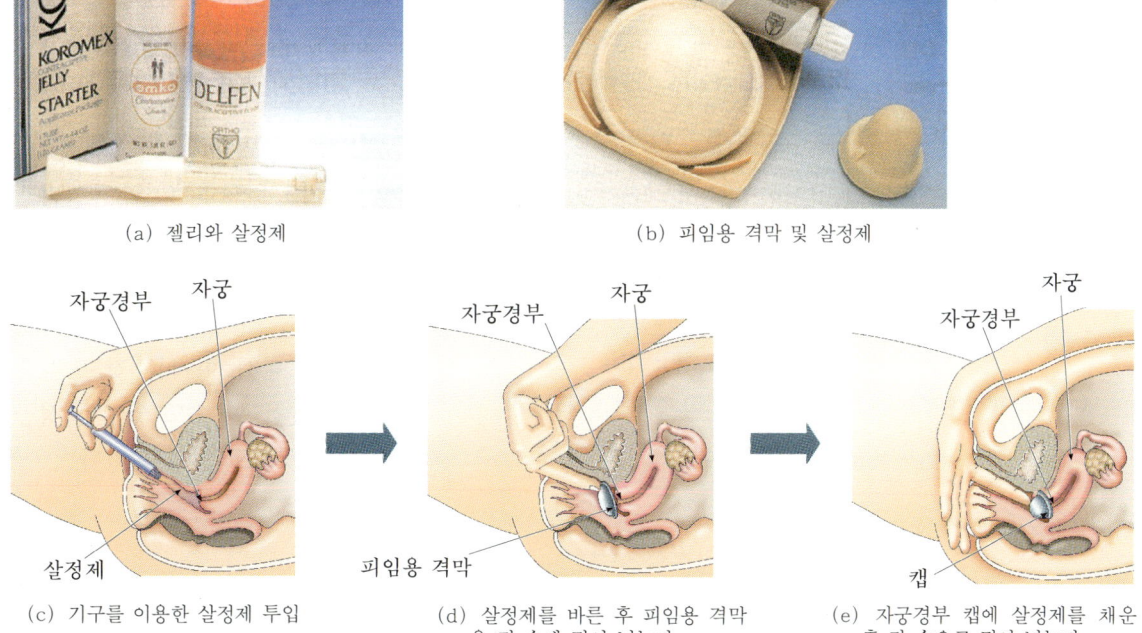

(a) 젤리와 살정제                    (b) 피임용 격막 및 살정제

(c) 기구를 이용한 살정제 투입　　(d) 살정제를 바른 후 피임용 격막
　　　　　　　　　　　　　　　　　　을 질 속에 밀어 넣는다.

(e) 자궁경부 캡에 살정제를 채운
　　후 질 속으로 밀어 넣는다.

그림 6-14 살정제(a), 피임용 격막(b), 자궁경부 캡의 사용법(c~e)

## (3) 피임약 이용법

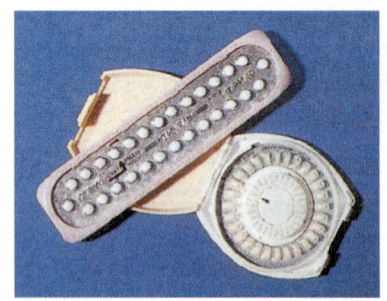

그림 6-15 경구용 피임약

피임약(contraceptive pill)은 합성된 에스트로겐과 프로게스테론을 적절하게 혼합시킨 알약으로, 여성이 이것을 먹음으로써 배란을 억제하고, 수정란이 착상하는 것을 억제하며, 자궁경부의 점액질을 두껍게 하여 정자의 통과를 막음으로써 임신을 억제시켜 준다(그림 6-15).

피임약에는 혼합제와 미니필(minipill)이 있다. 혼합제는 에스트로겐과 프로게스테론을 함유하고 있는 것으로, 21일간 복용하고, 7일간은 쉰다. 미니필에는 프로게스테론만 들어 있으며, 매일 복용하는데, 자궁경부 점액과 자궁내막을 변화시켜 임신을 억제한다. 여성에 따라 경구용 피임약이 맞지 않아 간혹 부작용이 생기기도 한다.

매일 먹는 번거로움을 피하는 방법으로 피하 삽입법이 있는데, 이는 피하조직에 기구를 꽂아 넣음으로써 소량의 프로게스테론이 피하조직에서 방출되어 피임하는 방법이다. 한 번 피하조직에 넣으면 5년 간 효력이 있어서 간편하나 체중증가, 하혈 등의 부작용이 보고되었다.

## (4) 수술에 의한 영구 피임법

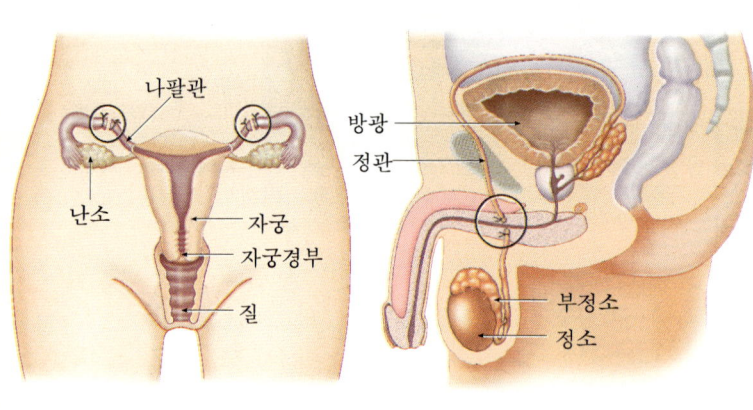

(a) 난관의 절제수술    (b) 정관의 절제수술

그림 6-16 영구적 피임방법

정자와 난자가 만나는 것을 영구히 원천봉쇄하는 방법으로, 남성의 경우 정관을 묶거나 절제하는 정관수술(vasectomy)과 여성의 경우 난관을 묶어 버리는 난관수술(tubal ligation)이 있다(그림 6-16).

정관수술은 난관수술에 비해 간편하고 경비도 적게 드는 장점이 있다. 부부가 다시 아기를 갖고 싶으면 복원수술을 할 수도 있지만 성공률은 낮은 것으로 알려져 있다.

## (5) 사후 피임법

사후 피임법은 비상 또는 응급 피임법으로 임신에 대한 계획이 없는 상태에서 성관계를 가졌거나 강간과 같은 성폭력을 당했을 때 이용될 수 있

표 6-3 피임방법 및 피임률과 임신율

| 피임방법 | 작용기작 | 이론적인 피임률(%) | 실제 피임률(%) | 임신율(%) |
|---|---|---|---|---|
| 혼합 경구용 피임약 (pill) | 정자 및 난자의 방출억제, 착상억제 | 99.9 | 97 | 3 |
| 합성 프로게스틴 (minipill) | " | 99.5 | 97 | 3 |
| 리듬 조절법 | 수정 억제 | 91~99 | 80 | 20 |
| 성교 중단법 | " | 96 | 81 | 19 |
| 남성콘돔 | " | 97 | 88 | 12 |
| 자궁경부용 캡 (출산경험이 없는 여성) | " | 91 | 82 | 18 |
| 자궁경부용 캡 (출산경험이 있는 여성) | " | 74 | 64 | 36 |
| 격막 | " | 94 | 82 | 18 |
| 살정제 | " | 94 | 79 | 21 |
| 피임링(IUD) | 착상억제 | 98.5~99.9 | 98~99.9 | 0.1~2 |
| 난관수술 | 수정억제 | 99.6 | 99.6 | 0.4 |
| 정관수술 | " | 99.9 | 99.85 | 0.15 |

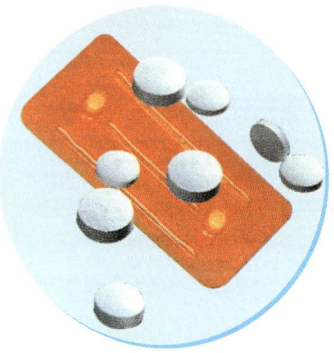

[사후 피임약 노레보정]

다. 보통 배아의 착상을 억제하기 때문에 성교 후 최대한 72시간 이내에 고농도의 프로게스테론(일반 피임약의 5배)을 복용하고, 12시간 후에 같은 양을 한 번 더 복용한다. 90% 정도의 피임효과를 보이나 고농도의 호르몬 복용으로 인해 여성의 건강에 영향을 줄 수 있으며, 임신이 지속될 경우 기형아가 태어날 확률이 높다.

최근 정부는 사후 피임약으로 프랑스에서 개발된 노레보정의 수입을 허가하였다. 노레보정은 1996년 미국 FDA의 승인을 받은 이후 미국, 유럽 등지에서 판매되고 있다.

## (6) 인공 임신중절

인공 임신중절은 낙태라고도 하며, 배아나 태아를 인공적으로 자궁 밖으로 적출해 내보내는 것이다. 보통 임신 24주 미만까지를 임신중절 시기로 보고 있지만 발생이 진행될수록 부속물이 많아져 출혈이 심해지므로 수술이 어려워진다.

법률적으로 허용된 임신중절 수술은 다음과 같다.

### 🔵 도움말

**• 노레보정**

프랑스 제약회사 'HRA 파머사'가 개발한 사후 피임약으로 지름 5mm, 무게 0.75g, 무광택으로 처리된 흰색표면의 응급 피임약. 2001년 11월 의사처방이 필요한 전문 의약품으로 분류되어 수입 허가가 되었다.

• 진공흡입법
(眞空吸入法)

가는 관을 자궁경부를 통해
자궁 속으로 넣은 뒤 진공
펌프를 이용하여 배아나 태
아를 자궁 밖으로 뽑아 내
는 것. 임신 8~12주 사이에
시행한다.

• 확장소파술
(擴張搔爬術)

자궁경부를 확장시키고 자
궁내부를 긁어 내는 것.

첫째, 자궁외 임신으로 생육이 불가능하거나 모체의 건강에 심각한 영향이 예견될 때, 둘째 약물복용에 따른 기형이 예상되었을 때, 셋째 강간 등에 의하여 임신된 경우, 넷째 법률상 혼인할 수 없는 혈족 또는 인척 간에 임신된 경우, 본인 또는 배우자가 우생학적 또는 유전학적 정신장애나 신체질환이 있는 경우 등이 이에 해당된다. 피임실패 때문에, 경제적으로 어려워서, 미혼모이기 때문에, 자녀의 나이터울이 맞지 않아서, 태아가 딸이어서 등은 법적으로 허용되지 않는 사유가 된다.

낙태는 진공흡입법(extraction)과 확장소파술(dilation and curettage)을 이용한다. 임신 3개월이 지나 태아가 너무 클 경우에는 양수를 고장액 등으로 치환하여 태아를 조기에 유도분만하는 방법을 쓰기도 한다.

그림 6-17 진공흡입법에 의한 낙태과정

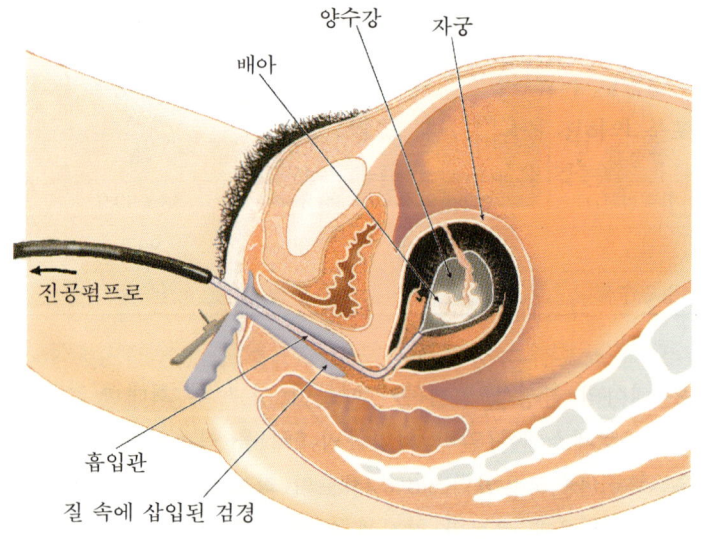

양수강    자궁

배아

진공펌프로

흡입관

질 속에 삽입된 검경

## 6. 성 병

도움말

• 성 병(sexually trans-
mitted disease : STD
성적인 접촉에 의해 전염되
는 병.

성병에 걸리면 본인뿐만 아니라, 배우자를 감염시키고, 자식에게도 심각한 영향을 미친다. 성병은 치료가 되는 것이 있지만 그렇지 못한 것도 있다. 대부분의 성병은 잠복기를 가지고 있으며, 스트레스를 받거나 몸의 상태가 좋지 않을 때 증상이 나타나 고통을 준다.

성병에 걸리면 소변을 볼 때 고통스럽고, 아랫배가 아프거나 목에 열이 나며 부어 오른다. 질이나 음경으로부터 비정상적인 방출물이 생기며, 성기나 항문부위가 가렵고 염증이 생긴다. 또한, 성행위시 고통을 느낀다. 입과 성기 등의 몸부위에 노란 고름이 생기고 심하면 코 등이 떨어져 나간다. 잘 알려진 성병으로 임질, 매독, 생식기 포진(허피스), 곤지름(성기 사마귀), 사면발이, 에이즈(후천성 면역결핍증) 등이 있다.

성병을 유발하는 병원체는 건조하거나 햇볕을 쬐면 죽지만 인체의 습한 부위에서 살아남기 때문에 성교시 점막을 거쳐 상대방의 체내에 진입할 수 있어서 생식기관에만 전염되는 경향이 있다.

## (1) 임 질

임질(gonorrhea)은 가장 오래 전에 알려졌고, 가장 흔한 성병의 하나이다. 박테리아에 의해 감염되며, 남성의 경우 음경 끝부분의 요도를 통하여 노란색의 분비물이 나오고 요도염으로 진전된다(그림 6-18). 남성의 10% 정도는 증상을 느끼지 못하여 자신도 모르게 타인에게 전염시킨다. 만약, 치료를 받지 않으면 감염이 확산되어 전립선, 음낭 등에 감염되고, 통증과 고열을 유발하며, 심하면 불임이 된다.

여성이 감염되면 많은 수가 증상을 느끼지 못하므로 타인에게 전염시키기 쉽다. 질분비가 많아지며, 외부성기에 자극을 느끼고, 오줌을 눌 때 고통을 느끼며, 비정상적인 월경을 한다. 또한, 불임이 되며, 자궁외 임신을 할 가능성이 높다. 치료시 중요한 점은 조기진단을 통하여 만성화되는 것을 막고, 배우자의 전염여부를 확인하여 함께 치료하는 것이 필요하다. 페니실린류의 항생제를 이용하면 치료가 가능하다.

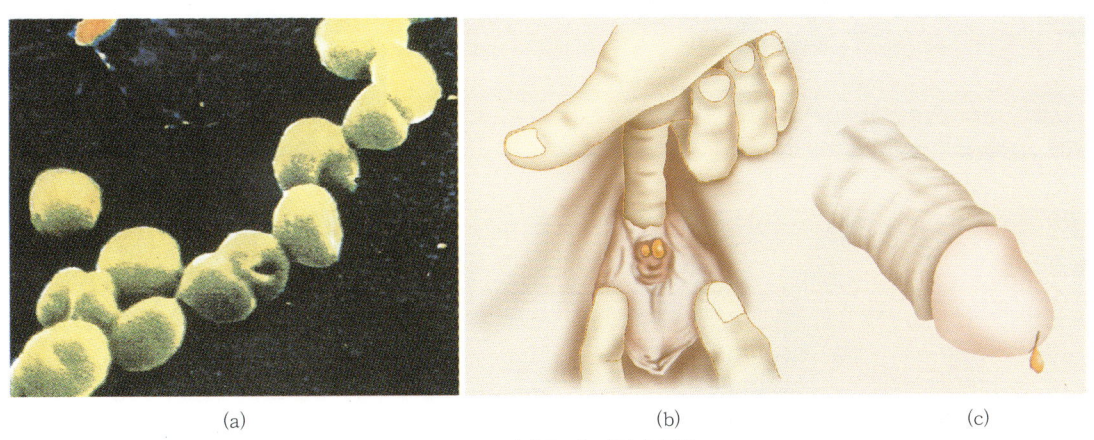

(a)  (b)  (c)

그림 6-18 임질균 및 임질의 증상
(a) 임질균(*Nesseria gonorrheae*), (b) 여성성기의 요도염, (c) 남성성기의 요도염

## (2) 매 독

매독(syphilis)도 박테리아에 의해 유발된다. 주로 성행위에 의해 감염되나 수혈과정에 의해서도 감염되고, 신체 전체에서 나타나며, 활동기와

잠복기를 갖는다.

초기증세는 감염 2~4주에 나타나며, 입술, 입, 손, 가슴 등 여러 부위에서 작은 피부궤양이 나타난다(그림 6-19). 처음에는 붉은색의 반점으로 보이다가 나중에는 돌기가 된다. 4~6주 후에는 피부궤양이 저절로 없어져 환자는 이 병이 없어진 것으로 착각하는데, 1주일 내지 6개월 사이에 더욱 심한 증상으로 발전하며 나타난다. 이를 제2기 매독증상이라고 하는데, 손바닥이나 발바닥에 약간 붉거나 분홍색 발진이 생기고, 열이 오르거나 목에 통증이 오며, 두통이 생기고, 식욕이 감소하여 체중이 준다. 몇 개월 간 지속되면 증상이 생겼다 없어졌다를 반복한다.

치료를 받지 않으면 죽을 때까지 가며, 결국 뇌, 척추, 혈관, 뼈 등이 감염되어 제3기로 접어들면 심장병, 뇌와 척추의 손상, 정신이상 등 심각한 증상으로 인해 생명을 잃게 된다.

매독은 뚜렷한 활동증상을 나타내지 않더라도 혈청반응 검사를 하면 양성으로 나타난다. 따라서, 혈액을 검사하여 매독의 감염여부를 알 수 있다. 매독은 페니실린 등을 이용하여 효과적으로 치료될 수 있으므로 되도록 빨리 전문의와 상의하는 것이 좋다.

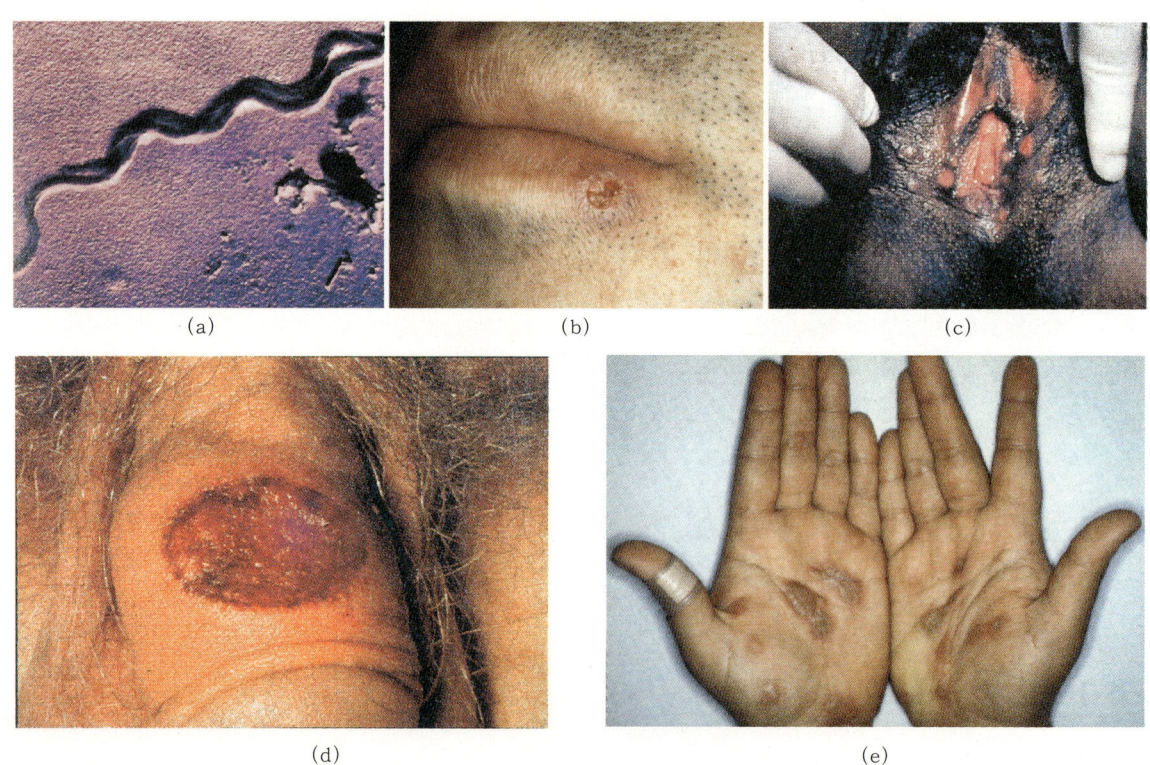

(a)  (b)  (c)

(d)  (e)

그림 6-19  매독균 및 매독의 증상
(a) 매독균(*Treponema pallidum*), (b) 입술, (c) 여성의 음순부, (d) 남성성기, (e) 손바닥

## (3) 곤지름

곤지름은 성기 사마귀 또는 첨형 콘딜로마나라고도 하며, 주원인은 첨 규형 콘딜로마(*condyloma accuminata*) 바이러스이다. 성기나 항문주 위에 양배추 모양의 종양이 생기는 것으로, 성접촉을 통해 전염되는데, 특 히 성관계가 문란한 사람에게서 많이 나타난다(그림 6-20). 종양이 다치게 되면 출혈하여 그 부위가 불결하거나 감염되었을 때 악취를 풍기며, 요도, 질, 항문, 인후의 구멍을 막을 수도 있다. 잠복기는 2~3개월로, 이 시기에 는 감염된 사실을 모르고 지낼 수도 있다.

구강성교, 항문성교 등에 의해 쉽게 전염되며, 애무와 같은 간접적인 접 촉에 의해서도 매우 잘 전염된다. 특별한 화학약품으로 녹이거나, 레이저 등으로 제거할 수 있지만 재발률이 높다.

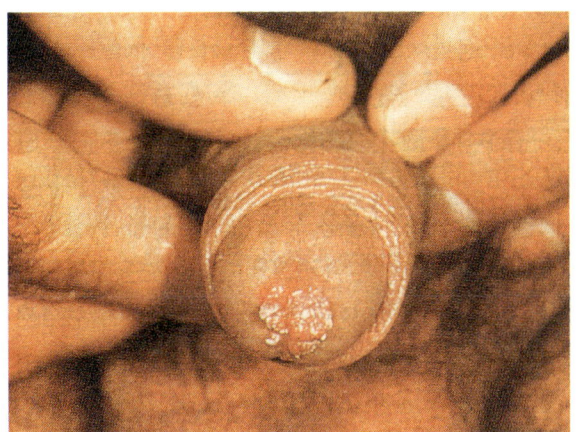
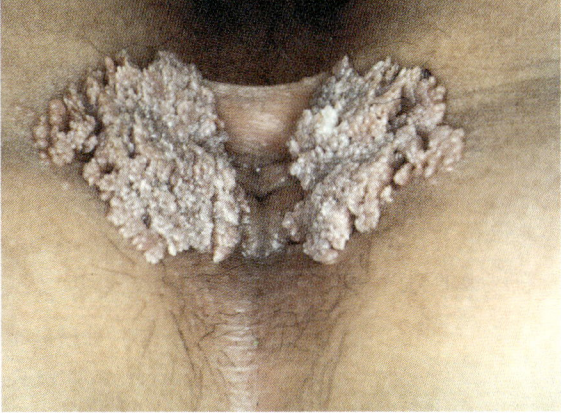

(a) 남성　　　　　　　　　　　　　　　(b) 여성

그림 6-20　곤지름을 보여주는 남녀의 외음부

## (4) 허피스(포진)

허피스(herpes)는 바이러스에 의해 유발되는 것으로, 감염되면 입주위 에 포진, 대상포진 등이 생긴다. 종류에는 허피스 바이러스 I과 허피스 바 이러스 II가 있다(그림 6-21). 허피스 바이러스 I형태는 입주위의 포진을 유발하고, II의 형태가 성기에 이상을 나타내는 것으로 알려졌으나 현재 I형태도 성기에 이상을 유발하는 것이 발견되는데, 이는 구강성교의 증가 로 생각되지만 정확한 이유는 아직 모른다. 허피스 바이러스는 늘 나타나 는 것이 아니므로 1주일에 서너 번의 반복적인 조사를 통해 확실하게 알 수 있다. 포진은 남녀성기에 나며, 열과 두통을 느끼고, 근육통이 생긴다.

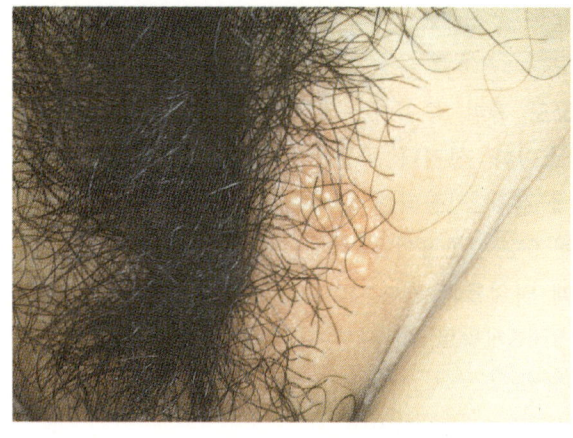

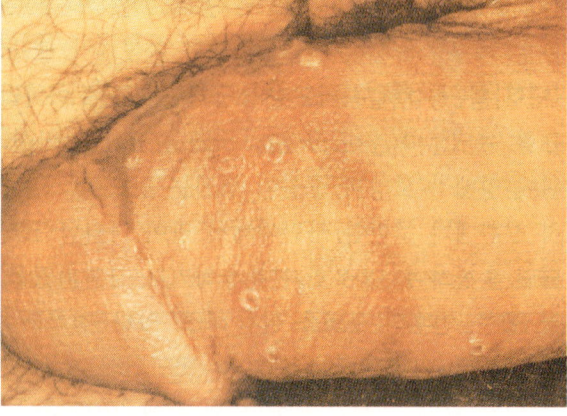

(a) 여성 포진의 증상　　　　　　　　　　　　　(b) 남성포진의 증상

그림 6-21　허피스에 의한 포진

오줌을 눌 때 고통스럽고, 성기에서 고름이 나온다.

## (5) 에이즈 : 후천성 면역결핍증

에이즈(AIDS, acquired immunodeficiency syndrome)는 후천성 면역결핍증으로 HIV(human immunodeficiency virus)에 의해 유발되고 (그림 6-22), 인간의 면역체계를 후천적으로 파괴함으로써 각종 외부 이물질에 대하여 대항할 수 없게 만드는 질병이다. 에이즈 바이러스에 감염되면 몇 년까지 보균상태로 있기도 하는데, 일단 증상이 나타나면 사망률이 매우 높은 무서운 병이다. 에이즈는 치료방법이 없으며, 발병의 진도를 늦추는 정도에 불과하다.

초기증세로는 열이나 오한이 나며, 근육통, 가벼운 발진 등이 나타나나 곧 잠복기로 들어간다. 따라서, 타인에게 감염시킬 가능성이 높아진다. 에이즈에 감염되면 면역세포인 T세포가 감소한다. T세포는 세포성 면역을 담당하며, 항체를 만드는 B세포의 분화를 돕는다.

에이즈 증세는 설사, 열, 체중감소, 피로 등으로 나타나는데, 이는 바이러스 자체의 특징이라기보다 ARC(AIDS-related complex) 증상으로 불리운다. 즉, 면역체계에 이상이 생김으로써 여러 합병증이 나타나게 된다(그림 6-23).

에이즈 환자에게서 흔하게 나타나는 것으로 폐렴증세가 있으며, 균류에 감염되어 뇌막염에 걸리기도 하고, 바이러스에 의해 뇌가 직접 감염되어 손상되면 정신분열, 정서불안, 보행곤란, 발작 그리고 혼수상태에 빠지다가 죽음에 이르게 된다.

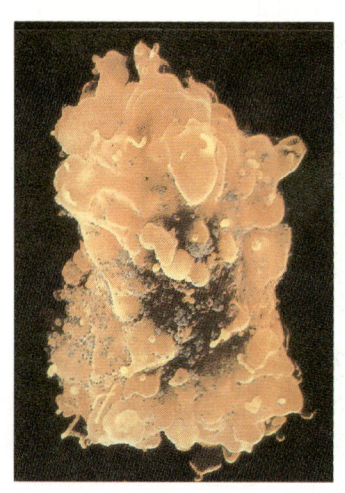

그림 6-22　백혈구를 공격하는 HIV(파란색)

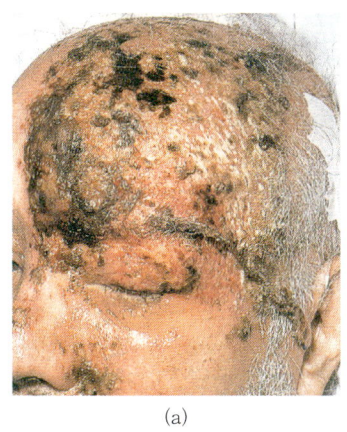
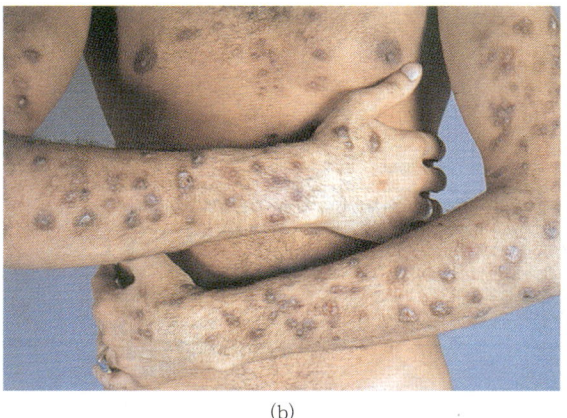

(a)                                         (b)

그림 6-23  에이즈 감염환자에서 면역체계의 파괴로 인한 발병증상
(a) 뇌신경이 바이러스에 감염되어 피부에 생긴 부스럼, (b) 치료가 어려운 몸 전체에 퍼진 혹

1998년에 이미 환자가 3천만 명이 넘었으며, 주로 아시아와 동남아시아에 밀집해 있다. 서유럽은 콘돔 및 교육의 효과로 에이즈 감염률이 줄어들고 있는 반면, 제3세계에서는 경각심의 부족으로 빠른 속도로 증가하고 있다. 우리 나라도 성문란의 증가로 에이즈 환자가 증가일로에 있다. 에이즈 감염원은 혈액, 정액, 질분비액 등이며, 침, 눈물, 땀에 의한 감염이나 곤충 매개감염은 없다. 에이즈는 첫째 감염자와의 성접촉, 둘째 감염혈액의 수혈이나 감염된 주사기와 피부를 뚫는 기구의 사용, 셋째 감염된 산모에서 태어난 신생아 등에 의해 전파된다.

에이즈를 예방하기 위해서는 감염 우려자와 성접촉시 반드시 콘돔을 사용하여야 하며, 주사기나 주사침은 반드시 1회용을 사용하고, 칫솔, 면도기 등의 공동사용을 금지해야 한다. 또한, 수혈이나 장기이식을 할 경우에는 충분한 사전검사를 받아야 하며, 문신을 새기거나, 귓불을 뚫을 때에는 멸균된 기구를 사용해야 한다.

[수혈할 때에는 사전검사를 철저히 한다.]

성병이나 에이즈 감염에 대한 상담은 절대비밀을 보장하고 있으므로, 의심될 때는 반드시 검사를 받도록 하며, 특히 에이즈 검사는 부득이한 경우 가명으로도 검사받을 수 있다.

## (6) 사면발이(성기의 이)

성기에 기생하는 이로, 성행위에 의해 옮기지만 때로는 옷, 침대, 수건 등에 의해서 옮기기도 한다. 알을 낳아서 번식하는데, 이들은 성기의 털에 붙어 목욕을 해도 떨어지지 않는다.

　이는 성기 주위를 가렵게 만들어 긁다보면 상처가 나게 되고 거기에 박테리아가 감염하여 붉은 발진이 생긴다. 크림의 형태로 되어 있는 약으로 처리하면 죽는다.

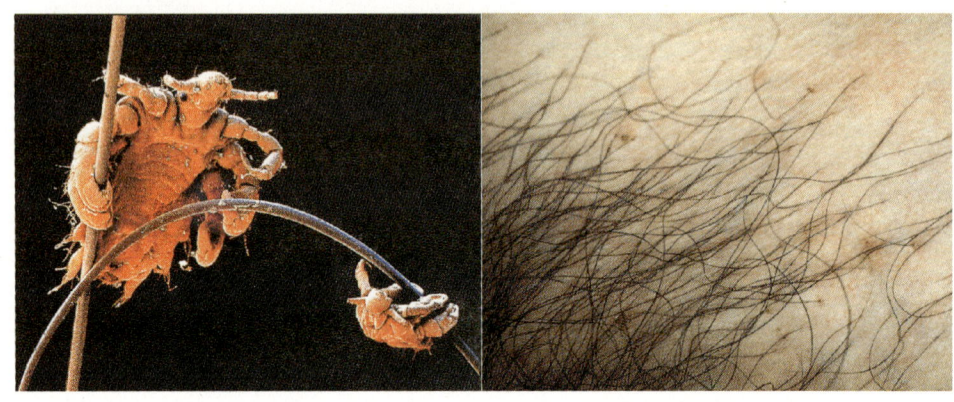

(a) 성기의 이　　　　　　　　(b) 긁어서 생긴 발진모습

그림 6-24 성기 이

**우리 나라의 HIV 감염자 현황(2001. 9. 현재)**

● 국립보건원은 지금까지 확인된 우리 나라의 HIV 총 감염자 수가 2001년 9월 말 현재 1,515명이라고 밝혔다. 이 발표에 따르면 2001년 1월부터 9월 말까지 235명의 감염자가 추가로 확인되었으며(같은 기간 동안 1998년 97명, 1999년 138명, 2000년 164명으로 2000년 동기대비 43% 증가), 36명의 감염자가 환자로 전환되었고, 48명이 사망하여 현재 1,181명이 생존해 있다.

● 최근 감염자 증가율이 높아진 주요인으로는 20~30대(전체 감염자 수의 64%) 및 50대 이상 연령층에서 이성 간 및 동성 간 성적접촉에 의한 감염증가로 보인다. 또한, 과거에 비해 개인 건강관리 차원에서 익명검사를 포함한 위험집단들의 보건소, 의료기관 등을 통한 자진 검진사례 증가 등으로 의료기관에서의 HIV 감염자 발견이 증가한데 따른 것으로 분석되고 있다. 이는 후천성 면역결핍증 예방법에서의 감염자 강제격리 보호조치 조항 삭제(1999.2.8), 진료비 지급(2001, 803백만 원) 등 감염자 및 환자에 대한 지원확대, TV 등 각종 매체를 통한 지속적인 홍보, 교육 등이 자진검진 및 치료를 유도한 주요요인 것으로 판단된다.

연도별 발생현황

| 구 분 | 계 | 1985~1993 | 1994 | 1995 | 1996 | 1997 | 1998 | 1999 | 2000 | 2001 |
|---|---|---|---|---|---|---|---|---|---|---|
| 총 감염자<br>(여자) | 1515<br>(189) | 323<br>(34) | 89<br>(11) | 108<br>(19) | 102<br>(12) | 124<br>(17) | 129<br>(18) | 186<br>(26) | 219<br>(25) | 235<br>(27) |
| 감염자 중 환자 | 233 | 16 | 11 | 14 | 22 | 33 | 35 | 34 | 32 | 36 |
| 사망자<br>(환자) | 334<br>(231) | 42<br>(14) | 13<br>(9) | 21<br>(14) | 33<br>(25) | 36<br>(30) | 46<br>(37) | 43<br>(34) | 52 | 48<br>(36) |

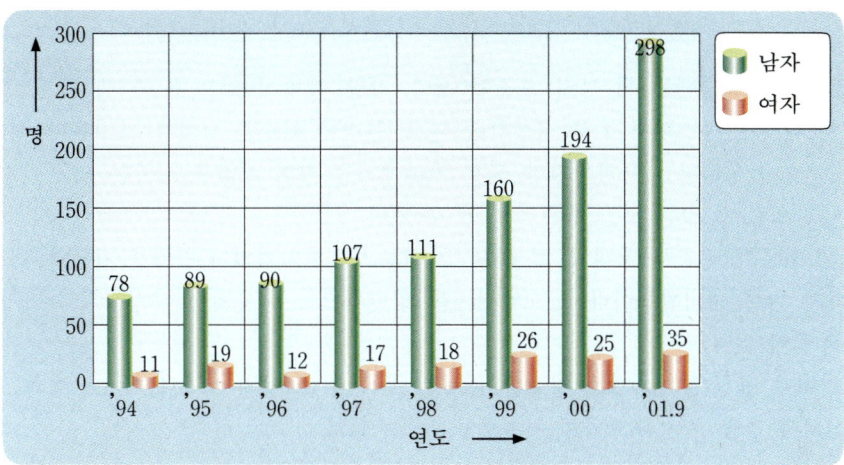

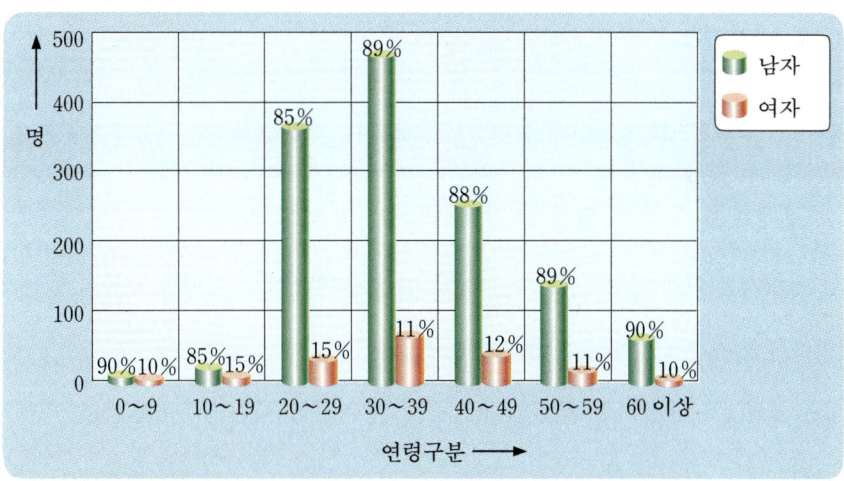

연간 감염요인별 현황

| 계 | 성 접 촉 | | | | 수 혈 | | 혈액<br>제제 | 수직<br>감염 | 약물<br>주사 | 기타 |
|---|---|---|---|---|---|---|---|---|---|---|
| | 소계 | 국외<br>이성 | 국내<br>이성 | 동성<br>연애 | 국내 | 국외 | | | | |
| 1,515 | 1,233 | 323 | 561 | 349 | 10 | 11 | 17 | 2 | 2 | 103 |
| 비율 | 96.7 | 25.3 | 44.0 | 27.4 | 0.8 | 0.9 | 1.3 | 0.15 | 0.15 | - |

＊ 비율은 감염경로가 확인된 1,275명에 대한 비율임.

[출처 : 에이즈 뉴스 매거진(http://www.aidsnews.net/)]

## 요 약

  성의 총체적인 개념에는 세 가지 요소인 생명, 사랑, 쾌락이 있으며, 이 세 가지 중 어느 한 가지만 강조되면 만족스럽지 못한 성생활이 되고, 건강에 해로운 결과를 가져온다. 성행위는 법률적으로는 좁게 성행위만 규정하지만, 넓은 의미에서는 성적 쾌감을 느끼는 모든 행위 또는 성적 고조를 일으킬 수 있는 모든 행위라고 할 수 있다.

  성행위는 흥분기, 성흥분 정체기, 절정기(오르가즘기), 쇠퇴기의 4 단계를 거친다. 전희는 성교를 시작하기 위한 준비활동이다. 성교체위에는 일반적으로 이용되는 남성상위, 여성상위, 측와위, 후배위 등이 있다.

  월경기간이나 출산 6주 이내는 성교를 금하는 것이 좋다. 성기능 장애로는 남성의 조루, 발기부전, 여성의 불감증 또는 오르가즘 부전증을 들 수 있다.

  피임에는 기구이용, 영구적 수술, 피임약을 복용하는 방법이 있다.

  성병에는 임질, 매독, 허피스, 에이즈, 곤지름, 사면발이 등이 있으며, 주로 성적인 접촉에 의해서 걸리지만 경우에 따라서는 수혈 등에 의해서도 옮겨진다.

## 탐구문제

*1.* 건전한 가정생활을 꾸리기 위한 조건에 대하여 토의해 보자.

*2.* 원치 않는 성관계를 하게 되었을 때 즉시 취할 수 있는 방법에는 어떠한 것들이 있는지 알아보자.

*3.* 사후 피임약의 필요성과 문제점에 대하여 알아보자.

*4.* 바이러스와 세균에 의해서 전염되는 성병에는 어떠한 것들이 있는지 알아보자.

*5.* 성병은 성에 대한 무지로 인해 생기는 경향이 높다. 이러한 문제를 최소화할 수 있는 성교육은 어떻게 진행되어야 한다고 생각하는지 토의해 보자.

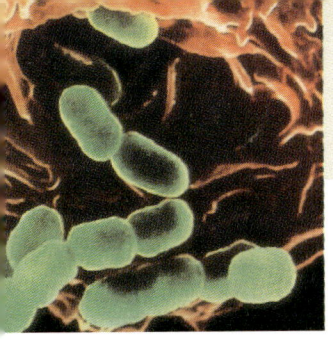

# 7. 생체의 방어기능

## 1. 생체의 방어체계

인간은 태어나는 순간부터 병원균과 같은 많은 해로운 물질들과 만나게 된다. 또한, 외부환경은 시간의 흐름과 사회의 변천에 따라 끊임없이 변화하고 있다.

이와 같이 인간은 항상 변화하는 환경 속에서도 생명활동을 유지하기 위하여 생체 내 물질대사에 필요한 복잡하고도 정교한 생화학반응들이 계속 원활히 이루어져야 하는데, 이는 생체내부의 환경을 일정하게 유지시키는 항상성에 의해서만 가능하다.

실제로 질병은 항상성이 유지되지 않아 생리반응의 균형이 깨어지게 되는 상태를 의미하고, 면역기능은 이러한 질병들을 극복하는 기능으로서, 일반적으로 생체내부로 침투하여 질병을 유발하는 외부요인(병원균, 스트레스) 등으로부터 자신을 방어하는 능력이다.

### (1) 생체 방어기능의 핵심

고등동물의 방어기능의 핵심은 우선 자기(self)와 비자기(non-self)를 구별하는 능력에 근거하여 생체내부로 침입한 이물질을 인식하고 공격하여 제거하는 데에 있다.

우리의 방어체계는 자기분자에 대해서는 공격하지 않는 관용을, 그리고 비자기분자에 대해서는 선택적으로 공격하여 제거하는 면역반응(immune response)을 발휘하는 특성이 있다.

이와 같이 자기를 보존하기 위하여 이물질을 제거하는 면역반응은 결국 내부의 항상성을 유지하는 기작인 것이다.

이러한 방어체계는 우리가 태어나면서부터 내재적으로 보유하고 있는 기능인 선천성 면역기능과 환경과 부딪혀 살아가면서 비로소 체득하게 되는 후천성 면역기능의 두 가지 형태로 나타난다. 그러나 대부분의 경우, 이 두 종류의 면역반응이 상호 연계되어 작용함으로써 생명체의 효과적인 방어기능을 수행하고 있다.

### 도움말

- **자기**
한 개체 자신을 구성하는 분자들(self molecule).

- **비자기**
자기분자 이외의 모든 다른 분자들.

# (2) 선천성 면역기능

선천성 면역기능(innate immune system)은 다양한 병원균 또는 이물질의 침입을 1차적으로 방어하는 기능으로서, 비특이적 면역기능(nonspecific immune system)이라고도 한다. 이 면역기능은 이물질의 종류에 따른 특이적인 기작을 작동시키지 않고 공통적인 방어기작으로 빠르게 대응한다. 구체적으로 인간의 1차적인 방어체계로는 우리 몸을 둘러싸고 있는 피부를 들 수 있다. 피부는 각질로 덮여 있으며, 땀을 분비하여 외부물질의 침입을 막아 준다.

한편, 소화기관에서는 타액이나 위산에 의해 세균을 죽이고, 호흡기 외벽에서는 콧물이나 가래 등 점액질을 다량 분비하여 이물질의 침입을 효과적으로 막아 주고 있다. 만약, 상처가 나는 등 피부의 손상으로 이물질이 침입하게 되면 우선 조직에 상주하는 대식세포(macrophage) 및 호중구(neutrophil)와 같은 식세포에 의한 식균작용(phagocytosis)이 일어난다. 식균작용은 침입한 병원균을 식세포가 섭취하여 세포 내에서 분해·소화시켜 제거하는 과정이다(그림 7-1). 이로써 활성화된 식세포들은 다양한 사이토카인(cytokine) 또는 키모카인(chemokine)이라는 정보물질과 히스타민, 프로스타글란딘 등 특정 화학물질을 생산, 분비함으로써 생체의

> **도움말**
>
> • **대식세포(大食細胞)**
> 아메바 모양의 대형 단핵세포. 생물체 내에 침입한 세균이나 이물질 등을 끌어들여 소화시켜 제거한다.

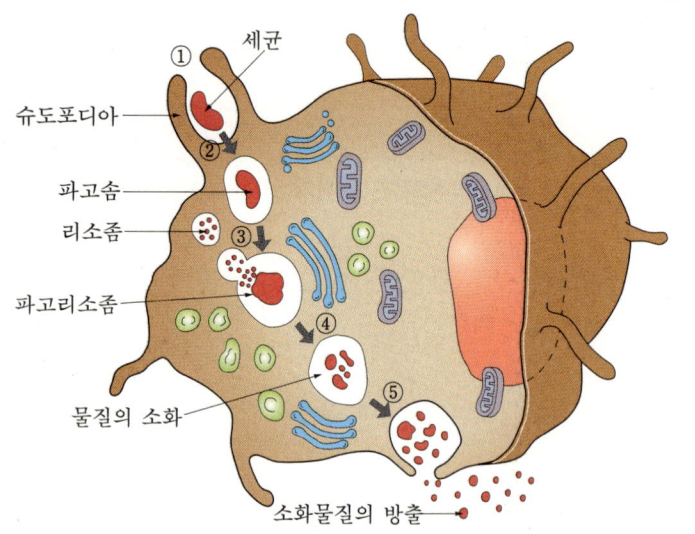

(a)

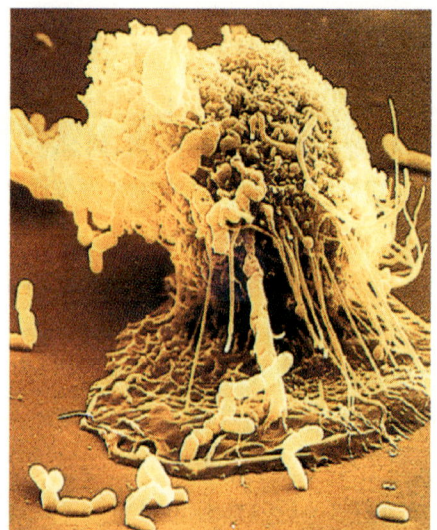

(b)

**그림 7-1** 식세포의 식균작용(a)과 전자현미경 사진(b)

① 슈도포디아(pseudopodia)의 세포막에 세균 부착, ② 세균을 흡입하여 파고솜(phagosome)을 만든다. ③ 파고솜과 리소좀(lysosome)이 합쳐져 리보솜 효소들이 파고솜에 흘러 들어가게 된다. ④ 흡입한 물질들을 소화시킨다. ⑤ 소화물질들을 밖으로 내보낸다.

방어체계를 가동시켜 이물질을 제거하게 된다.

사이토카인은 분자량이 10 kDa 정도의 작은 수용성 단백질로서, 히스타민과 같은 화학물질과 함께 혈액을 따라 쉽게 확산된다. 이들은 상처부위의 모세혈관을 확장시키고 주변의 식세포들을 상처주위의 조직으로 모이도록 유도한다. 그 결과 다음과 같이 염증반응(inflammation)의 특징들이 나타나게 된다. 즉, 모세혈관이 확장되고 혈액이 조직으로 유입됨에 따라 충혈, 부종 그리고 염증반응 유발 화학물질의 작용에 의한 근육의 수축으로 통증과 열의 발생이 수반된다(그림 7-2).

🌀 **도움말**

• **kDa(kilodalton)**
**분자량의 단위.**
1 kDa =1000 Da
1 Da =1/C$^{12}$ – H$^1$

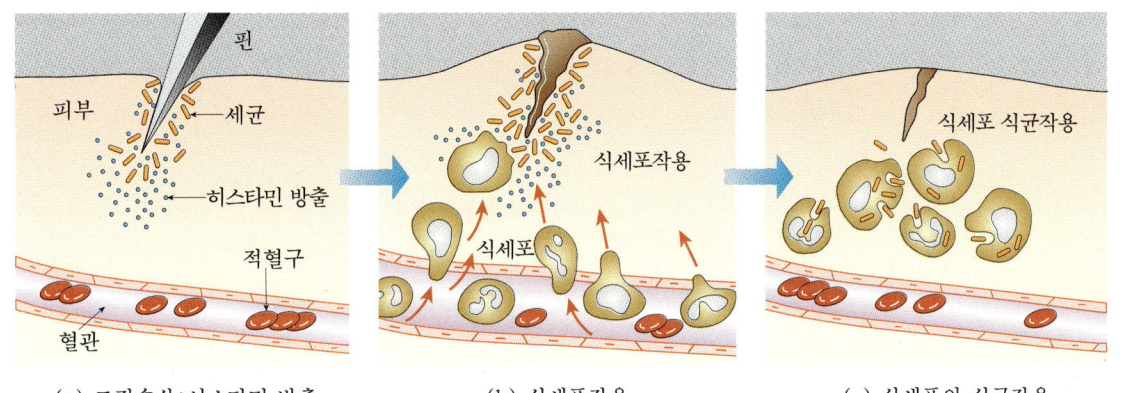

| (a) 조직손상:히스타민 방출 | (b) 식세포작용 | (c) 식세포의 식균작용 |

그림 7-2 염증반응

이와 같이 염증반응은 이물질이 침입하였을 때 선천적 방어체계가 작동하여 일어나는 자연스러운 현상이며, 이를 통하여 식세포의 식균작용이 더욱 원활해져서 세균의 증식이 억제되고 활성화된 식세포에서 분비된 물질들은 여러 가지 기작으로 후천성 방어체계에 신호를 보내어 생체가 효율적 방어태세를 갖추게 한다.

## (3) 후천성 면역기능

후천성 면역기능(acquired immune system)은 경험에 의하여 후천적으로 획득되는 면역기능으로서, 특이적 면역기능(specific immune system)이라고도 한다. 이 면역기능은 침입한 이물질의 고유구조와 특성에 따라 작동되는 방어기작이다. 침입한 물질의 종류에 관계없이 비특이적으로 작동되는 선천성 면역기능은 외부물질의 유입에 대응하여 매우 신속하게 일어난다.

그러나 이 반응은 많은 경우 다양한 외부물질의 침입에 대하여 특이성이 없으며, 완벽한 방어기능을 발휘할 수 없다. 이를 보완하기 위하여 인간과 같은 포유류에는 후천성 면역기능이 잘 발달되어 있다.

후천성 면역기능은 이물질의 구조적 특이성에 대하여 전문적인 방어를 담당하는 면역세포인 B림프구와 T림프구에 의해 수행된다.

이러한 면역기능은 태어나면서부터 존재하는 것이 아닌 반면, 특이 외부물질의 침입이라는 경험에 의해서만 얻게 되며(후천성), 오랜 시일 동안 기억되는 특징이 있다(면역기억력). 우리가 특정 병원균의 감염으로 인한 질병을 앓고 난 뒤, 그 질병에 대한 면역기능이 확립되어 오랫동안(때로는 평생) 유지되는 것은 이 후천성 면역기능의 작용 때문이다.

이러한 후천성 면역기능을 통하여 특정세균이나 이물질에 대한 면역반응은 최초 감염인 1차 면역반응보다 반복감염인 2차 면역반응에 훨씬 더 크게 발현된다(그림 7-3).

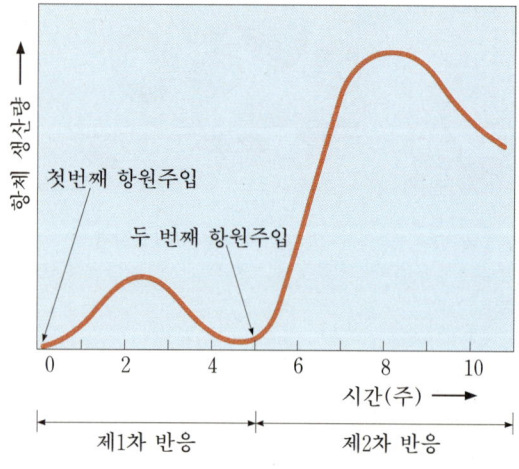

그림 7-3 항원의 주입시에 일어나는 면역반응
제1차 반응 때보다 제2차 반응 때에 면역반응이 더 크게 일어나 항체의 생산량도 더욱 증가한다.

우리가 직접 병원균의 침입을 받기 전에 소량의 약화된 병원균을 미리 주입하는 예방접종(vaccination)을 통하여 면역체계를 미리 훈련시켜 그 질병에 대한 저항력을 갖게 하는 것도 바로 이러한 원리에 근거한다.

후천성 면역반응은 거의 모든 종류의 외부물질에 대하여 일어날 수 있다(다양성). 세균이나 바이러스뿐만 아니라 음식물의 성분인 단백질이나 탄수화물 또는 유기화학물질에 대해서도 면역반응이 유도된다. 이는 많은 외부물질에 노출되어 살아가야만 하는 인간에게 꼭 필요하고도 효율적인 방어체계라 할 수 있다.

이와 같이 특이적 면역반응은 비특이적 방어기작에 비해 특이성(전문성), 기억력, 그리고 다양성을 갖는 고도로 진화된 방어기능인 것이다.

## (4) 면역세포와 면역기관

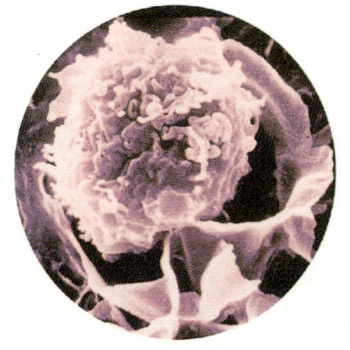

[백혈구]

면역반응을 직접 담당하는 주체는 면역세포(immune cell)들이다. 이러한 면역세포는 골수(bone marrow)에서 조혈 줄기세포(hematopoietic stem cell)로부터 분화하고 성숙하여 혈액과 면역조직으로 이동하여 분포된다(그림 7-4).

우리가 쉽게 관찰할 수 있는 면역세포는 혈액 중에 있는 백혈구

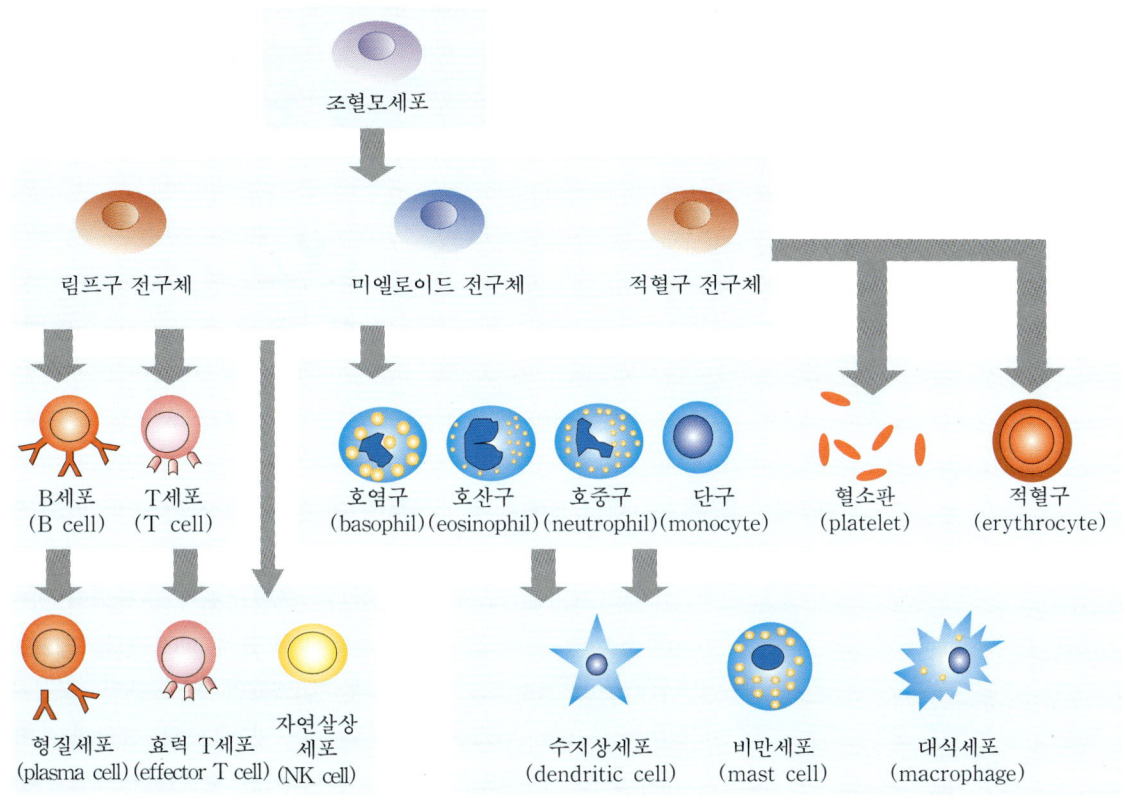

그림 7-4 면역세포의 종류와 발생체계

로서, 호중구, 호염구, 호산구 등의 과립성 세포(granulocyte)와 단구 (monocyte), 그리고 B세포와 T세포 등이 주성분이다. 이 중에서 단구가 다양한 조직으로 이동하여 분화한 것이 대식세포로서, 호중구와 함께 조직에 침입한 이물질에 대한 식균작용(비특이적 방어기능)을 주로 담당한다. 이에 비하여 B세포 또는 T세포는 개개의 세포가 특정물질에 대한 면역반응을 담당한다.

특이적 방어기능을 하는 B세포를 포함한 모든 면역세포가 골수에서 발생·분화·성숙하는데 대해 유독 T세포는 발생 도중 흉선(thymus)이라는 기관으로 이동한 뒤 그 곳에서 분화를 거쳐 성숙과정을 마치게 된다. 궁극적으로 성숙한 면역세포들은 골수 또는 흉선으로부터 나와 혈관을 따라 말초조직으로 분포된다. 이 중에서 특히 B세포는 항원에 대항하는 항체를 생산함으로써(체액성 면역기능), 그리고 T세포는 감염된 세포를 직접 제거함으로써(세포성 면역기능) 생체방어를 수행한다(그림 7-5).

한편, 호염구, 호산구 또는 조직에 분포하는 비만세포(mast cell) 등은

🌑 도움말

• 단구(單球)
혈액 속에 있는 둥글고 큰 세포. 단핵세포라고도 한다. 강한 탐식작용이 있고, 백혈구에 약 5% 가량 존재하는데, 말라리아, 홍역, 두창 때에 증가한다.

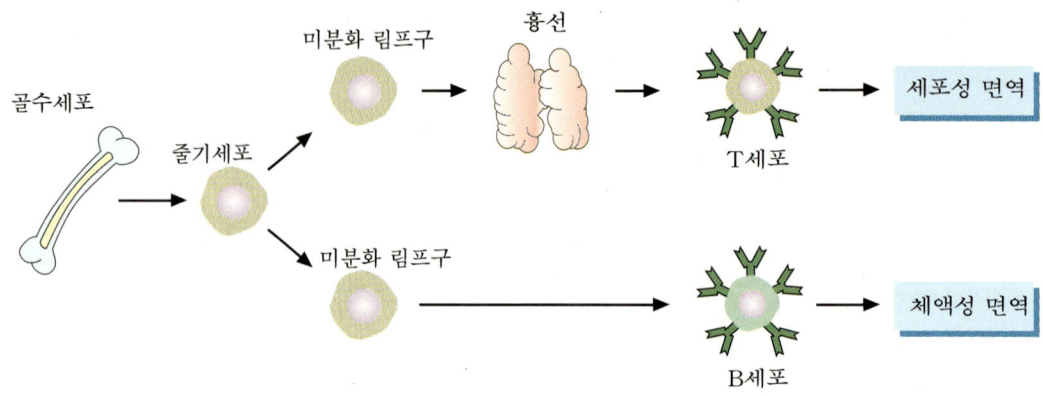

그림 7-5 B세포와 T세포의 발생과정

염증반응을 매개하거나 B세포 및 T세포의 기능을 보조하는 여러 가지 역할을 담당한다.

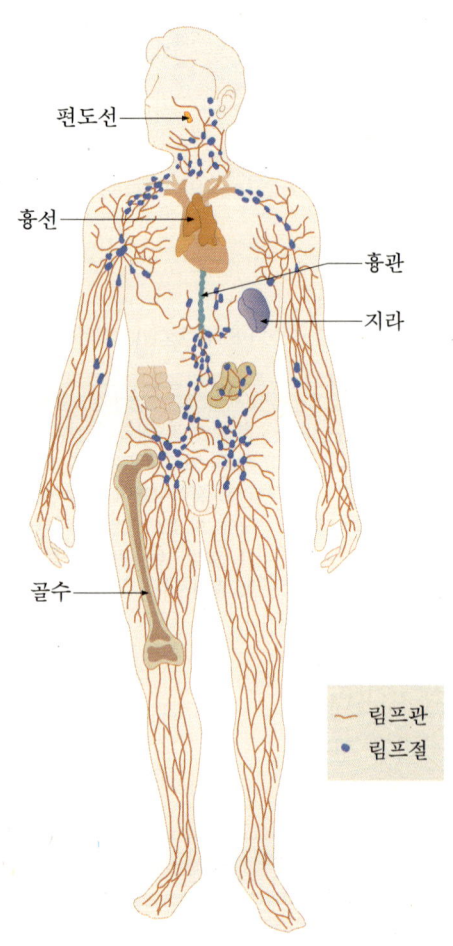

그림 7-6 인간의 면역기관

면역기관(immune organ)은 면역세포가 운집되어 있는 장소로서, 우리 전신의 말초조직 곳곳에 퍼져 있는 림프절(lymph node), 림프절과 림프절의 연결관인 림프관(lymphatic vessel), 그리고 특수한 구조로 발달한 지라(spleen) 및 편도선(tonsil) 등이 이에 포함된다(그림 7-6).

골수나 흉선에서 성숙이 완료된 면역세포는 혈관을 통하여 말초조직의 림프절로 유입되고 림프절에서 머무르거나 다시 그 곳에서 림프액과 함께 유출되어 림프관을 타고 다른 림프절로 이동한다.

림프관은 림프액과 림프구(백혈구)가 순환하는 관으로서, 혈관(정맥)과 연결되어 있다. 림프구들은 혈액과 림프액을 오가면서 우리 몸에 침입한 이물질을 만나면 방어기작을 발휘할 준비태세를 갖춘다. 보통 이물질이 우리 몸 안으로 침입하면 식세포의 식균작용(비특이적 방어)의 결과 식세포에 섭취된 채로 림프관을 따라 가까운 면역기관(림프절)으로 유입된다. 이 때 여기에 운집해 있던 수많은 림프구들이 유입된 외부물질을 검사하고, 그 결과 그 물질에 가장 특이적인 반응을 할 수 있는 림프구에 의해 전문적인 방어와 공격이 이루어지게 된다.

이와 같이 골수나 흉선에서처럼 면역세포의 발생과 초기 분화·성숙이 이루어지는 기관을 제1차 면역기관, 그리고 성숙한 면역세포가 말초조직에서 운집하여 이물질과 접촉하고 면역반응을 수행하는 림프절과 같은 기관을 제2차 면역기관이라고 한다. 병원균의 침입으로 감염되었을 때 목부위의 편도선이 붓거나 관절 부위의 림프절이 붓는데, 이것은 2차 면역기관에서 B세포와 T세포 등 림프구들이 외부물질의 자극을 받아 활성화되고 있음을 의미한다.

## 2. 체액성 및 세포성 면역반응

어떤 항원의 침입으로 면역된 개체는 혈액이나 체액에 B세포가 분비한 항체 단백질을 갖게 된다. 항체는 체액 내에서 항원을 만나 그 기능을 약화시키거나 중화시킨다. T세포 역시 T세포표면의 항원 수용체를 통하여 항원자극을 받아들여 활성화되면 면역기능을 발휘할 수 있는 상태로 분화하여 T세포 스스로 항원에 감염된 세포를 직접 인식하고 제거하는 세포 살상기능을 발현함으로써 항원을 제거한다. 때로는 T세포의 도움으로 대식세포가 항원을 제거하는 식균작용이 더욱 효율적으로 수행되기도 한다.

이와 같이 우리 몸의 면역기능은 B세포에서 분비되어 체액성분으로 존재하는 항체의 작용을 매개로 하여 일어나는 반응을 체액성 면역반응 (humoral immune)이라고 하며, T세포나 대식세포의 기능처럼 직접 면역세포가 항원 제거작용에 참여하는 반응을 세포성 면역반응(cellular immune)이라 한다.

[종양세포를 파괴하는 킬러 T세포]

그러나 항체 역시 B세포라는 면역세포의 산물이며, T세포나 대식세포의 항원 제거작용이 원활히 이루어지기 위해서 T세포가 분비하는 수용성, 즉 체액성 물질(사이토카인)들이 반드시 필요하다. 그러므로 체액성 면역반응과 세포성 면역반응은 분리되어 작용하는 것이라기보다 긴밀한 협조 체계하에 서로 의존적으로 일어나고 있다.

### (1) 체액성 면역반응

#### ① 체액성 면역반응

체액성 면역반응을 수행하는 물질로 가장 중요한 것은 항체이다. B세포가 항원자극을 받고 분화하여 항체를 대량생산하는 세포가 된 것을 형질 세포라고 한다. 그러나 분화된 B세포 중 일부는 항체를 생성하지 않고 활성화된 상태로 보존되어 있는 세포들이 있다. 이들은 후에 두 번째로 같은 항원이 침입할 경우에 매우 빠르게 반응하여 항체를 생성하게 되는데, 이러한 세포를 기억세포(memory cell)라 한다(그림 7-7). 이와 같이 많은 림프구 중에서 어느 특정한 세포들만이 항체에 의해 선택적으로 자극

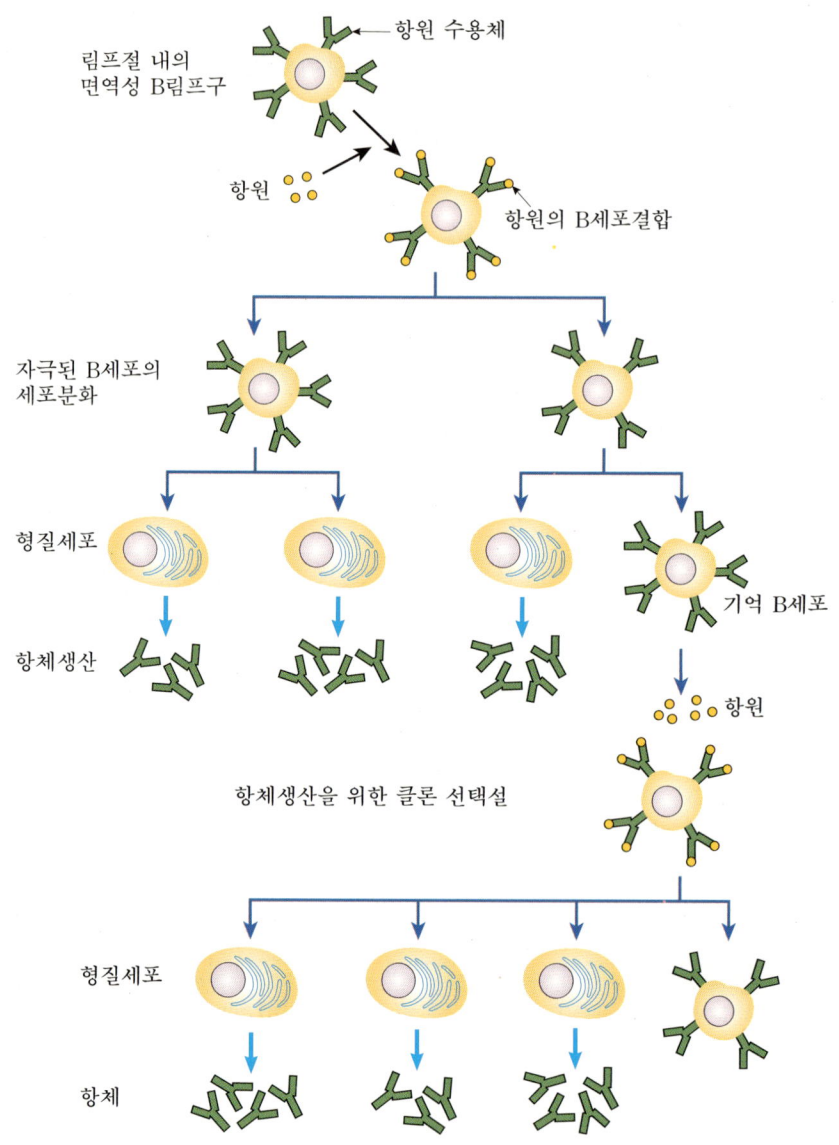

항원 수용체

림프절 내의
면역성 B림프구

항원

항원의 B세포결합

자극된 B세포의
세포분화

형질세포

기억 B세포

항체생산

항원

항체생산을 위한 클론 선택설

형질세포

항체

그림 7-7 체액성 면역반응

을 받아 클론을 형성하면서 항체를 생성하는 것을 클론선택(clone selection)이라 한다.

면역 기억력은 바로 이 기억세포에 의한 것으로서, B세포의 경우 제1차 면역반응보다 제2차 면역반응시 항체의 생성이 빠르고, 보다 많은 양이 생성되며, 생산된 항체의 항원에 대한 친화력이 더욱 증가하는 특징들을 띠게 된다(그림 7-3).

또한, 혈청에는 항체의 작용을 도와 항원에 대한 방어기능을 보조하는 보체(complement)라고 하는 여러 단백질들이 있다. 보체는 저분자량의 단백질로서, 항체의 Fc부위에 결합하여 활성화되면 항체가 인식한 항원을 분해하는 단백질 분해효소(protease)의 활성을 나타낸다. 때때로 보체는 항체에 비의존적으로 외부항원을 인식하여 분해, 제거하는 기능을 발휘하기도 한다. 따라서, 보체는 항체를 통해 수행되는 특이적 면역반응을 보조하고, 비특이적 방어작용의 수행이라는 양면적인 기능을 가진다.

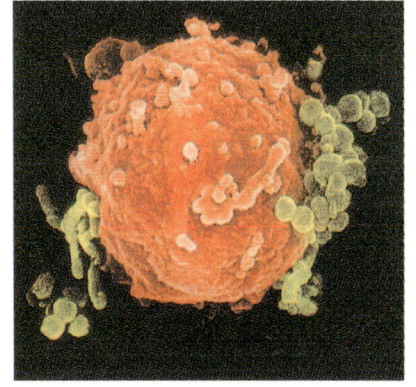

**도움말**

● 단백질 분해효소
프로테아제. 단백질이나 폴리펩티드에 작용하여 펩티드 결합의 가수분해를 촉진한다.

② 항원의 인식과 항원 수용체

항원(antigen)은 체내에서 특이적 면역반응을 유도해 낼 수 있는 물질들을 총칭한다. 대부분의 항원은 그 성분이 단백질 또는 거대한 탄수화물이다. 그러나 지질·핵산, 그 밖의 분자량이 작은 화학물질들이라도 단백질과 결합된 상태에서 항원성을 나타내게 되면 합텐(hapten)이라 한다.

항체(antibody)는 외부에서 어떤 항원이 침입하였을 때 이에 특이적으로 대항하여 개체의 방어를 수행하는 분자로서, 특이적 면역기능을 발현하는데 중심적인 역할을 한다. 결국 항원은 체내에서 항체의 생성을 자극하여 면역반응을 유도할 수 있는 물질이며, 면역원(immunogen)이라고도 한다. 특이적 면역기능을 담당하는 세포들인 성숙한 B림프구와 T림프구 표면에는 항원들을 인식할 수 있는 특정구조의 분자가 발현되어 있어서 외부에서 들어온 항원들은 림프절에서 B림프구와 T림프구가 만나 결합하게 된다.

이와 같이 림프구 표면상에서 항원과 결합하는 분자를 항원 수용체(antigen receptor)라고 하며, 개개의 림프구는 한 종류의 항원 수용체만을 발현하지만, 면역기관에 존재하는 림프구의 숫자는 수억만 개 이상이므로 사실상 이들 림프구가 전체적으로 발현하는 항원 수용체의 종류는 엄청나게 다양하다.

항원은 그·구조적인 특성에 따라 특정항원 수용체를 발현하는 림프구와 결합하게 되고, 항원과 결합한 림프구는 활성화되어 그 항원에 대항하기 위한 일련의 반응을 나타내게 된다. 즉, 항원을 만난 림프구는 활발한 세포분열을 통하여 증식하고 궁극적으로 면역기능을 발휘하기 위하여 분화하게 되는데, 특히 B림프구의 경우 항원자극을 받아들여 형질세포(plasma cell)로의 최종적인 분화가 이루어지면 항체를 대량생산하여 분비하게 된다(그림 7-8).

이 때 B세포에서 생산된 항체는 원래 B세포표면에 발현되어 있던 항원 수용체가 분비한 물질로서, 그 B세포를 자극했던 항원과 특이적으로 결합할 수 있는 상보적인 구조를 갖고 있다.

그림 7-8 항체를 생산하는 B세포

즉, 항체는 항원 수용체가 진화된 형태로 볼 수 있다.

한편, B림프구와 T림프구의 발생과정에서 발현되는 항원 수용체 중에는 자기분자(self molecule)와 결합력이 있는 것들도 등장하지만 이들은 특수한 기작에 의하여 발생과정 중 골수나 흉선에서 제거되기 때문에 성숙한 림프구가 운집하는 말초조직 림프기관(림프절)에는 존재하지 않는다. 따라서, 한 개체 내에서 자기분자에 대항하는 항체는 생성되지 않는데, 이러한 현상을 면역관용(immune tolerance)이라 한다.

### ③ 항체의 구조와 종류

• 항체의 구조와 종류

항체는 항원의 자극에 의하여 B세포로부터 분비되는 수용성 물질로서, 주성분이 글로불린이라는 단백질이어서 면역 글로불린(immunoglobulin)이라고도 한다.

항체와 항원 간의 결합은 효소와 기질(substrate) 간의 결합처럼 매우 특이적이고 강한 친화력을 보인다. 항체의 구조는 그림 7-9에서처럼 전체적으로 4개의 단백질 사슬로 이루어져 있는데, 2개의 긴사슬(heavy chain)과 2개의 짧은사슬(light chain)이 서로 이황화결합으로 연결되어 있다. 각 단백질 사슬의 아미노 말단부위는 항체분자들 사이에 구조적인 변화가 매우 크게 나타나는 곳으로, 변이부위(variable region)라고 하며, 이 부위가 특정항원과 결합하는 부위에 해당한다. 변이부위가 끝나는 부분부터 카르복시 말단에 이르는 부위는 항체분자들 모두 일정한 구조를 보이는 불변부위(constant region)에 해당한다(그림 7-9).

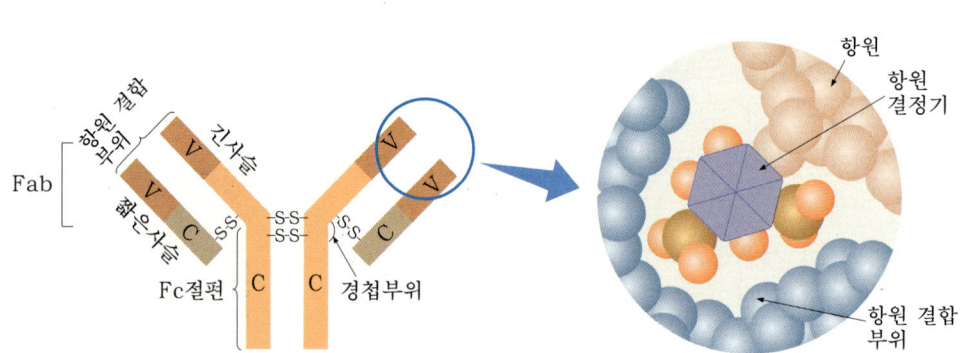

그림 7-9 항체의 구조

항체는 전반적으로 Y자 모양을 이루고 있으며, 아미노산 말단부터 긴사슬이 꺾이는 경첩부위(hinge region)까지를 항원 결합절편(Fab), 그리고 경첩부위로부터 카르복시 말단에 이르는 부위를 Fc절편이라고 한다.

표 7-1인간항체의 종류와 특성

| 구 조 | IgG | IgA | IgM | IgD | IgE |
|---|---|---|---|---|---|
| 존재상태 | 단량체 | 단량체 및 이량체 | 오량체 | 단량체 | 단량체 |
| 혈청 내 양의 비율 | 80% | 13% | 6% | 1% | 0.002% |
| 혈청 내 평균수명 | 23일 | 6일 | 5일 | 3일 | 2.5일 |
| 태반 통과능 | ○ | × | × | × | × |
| 보체 활성능 | ○ | × | ○ | × | × |
| Fc가 결합하는 세포 | 대식세포 | 대식세포 | B세포 | B세포 | 비만세포/호염구 |
| 생물학적 기능 | 장기적 면역기능 | 분비형 항체, 점막 면역능 | B세포 항원 수용체 항원에 대한 첫번째 반응으로 분비됨. | B세포 항원 수용체 | 알레르기 반응, 기생충 감염에 대한 방어 |

Fc는 보체(complement)가 결합하는 부위를 가지며, 항체들이 다른 면역세포와의 결합을 통해 다양한 항체의 기능들이 발휘되도록 매개하는 부위이기도 하다.

인간의 항체는 Fc부위를 포함하는 불변부의 특성에 따라 크게 5종류로 세분화되어 IgG, IgA, IgM, IgD, IgE의 아형이 각기 독특한 기능을 수행하고 있다(표 7-1).

항체의 항원결합은 항체의 긴사슬과 짧은사슬이 함께 공여하여 형성하는 항원 결합부위(antigen-binding site)에서 이루어진다.

따라서, 수많은 종류의 항원을 인식할 수 있는 항체의 구조적 다양성은 바로 항체의 이 가변부위가 항체분자 하나하나마다 독특하게 이루어져 있음을 말한다.

• 항체의 다양성

항체라는 단백질의 생산은 B세포에서 항체의 긴사슬과 짧은사슬의 가변부위 유전자가 발현됨으로써 가능하다. 만약, 인간의 경우 이 부위를 암호화하는 염기서열, 즉 유전자가 1개로서 동일하다면 모든 B세포에서 생산되는 항체는 항원과의 결합부위에 있어서 동일한 구조를 보일 것이다. 실제로는 인간의 항체 가변부위 유전자가 수백 개의 다양한 절편으로 존재하다가 개개의 B세포가 발생하는 과정에서 이 중 몇 개의 유전자 절편들이 무작위적 재조합(random recombination)으로 특정 가변부위 유전자의 구조를 형성하는 작업을 수행하는 것으로 밝혀졌다(그림 7-10).

이러한 가변부위 유전자 절편들의 다양성은 항체 긴사슬과 짧은사슬의

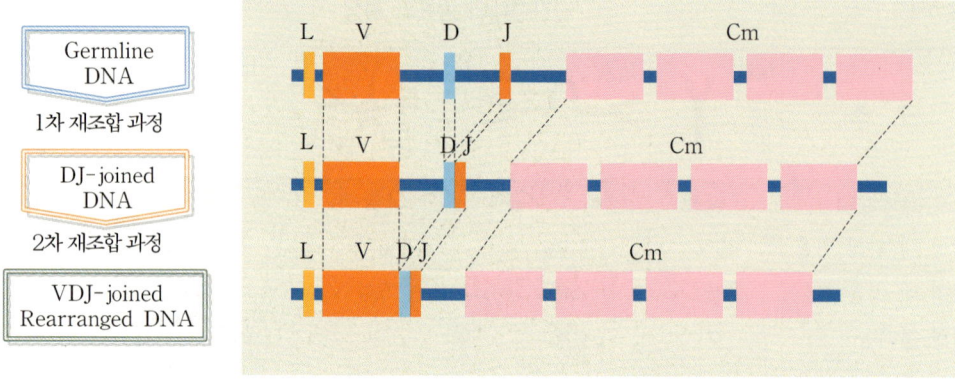

그림 7-10 항체의 다양성을 유발하는 짧은사슬 유전자의 재조합 과정

경우 유사하게 존재한다. 하나의 항체의 항원 결합부위는 짧은사슬과 긴 사슬의 가변부위 구조가 함께 형성되므로, 긴사슬의 조합 수와 짧은사슬의 조합 수를 곱한 수에다가 여러 가지로 유전자의 돌연변이가 일어날 수 있는 가능성까지 고려해 보면 각기 수백여 개에 불과한 긴사슬과 짧은사슬의 유전자 절편들로부터 무려 1억 종류 이상의 다양한 변이부위를 갖는 항체가 만들어질 수 있음을 알 수 있다.

### ④ 항체의 기능

B세포에서 생산된 항체는 구조적으로는 항원자극을 받기 전 B세포표면에 존재하던 항원 수용체와 구조적으로 거의 같은 분자이나 항원과의 결합에 있어서 훨씬 유동적이고 다양한 결합을 할 수 있게 된다. 궁극적으로 항체는 특정항원과 결합하여 항원·항체 복합체를 형성함으로써 면역반응을 나타내는데, 이 복합체가 만들어 내는 효과에 따라 항체의 기능을 다음 세 가지 형태로 구분할 수 있다(그림 7-11).

• 중화반응(neutralization) : 항체가 우리 몸에 침입한 바이러스나 해로운 세균의 독소에 결합함으로써 그들이 더 이상 우리 몸에서 작용하지 못하도록 한다.

• 응집 및 침전반응 : 항체의 항원 결합부위가 항원들에 서로 교차결합을 함으로써 항원들끼리 응집하도록 한다. 또한, 항원이 용액 속에 녹아 있는 경우 항원·항체의 거대한 복합체는 용액으로부터 침전되어 분리될 수 있다.

이러한 응집·침전 반응들은 식세포작용을 활성화시켜 침입물질이 우리 몸에서 효과적으로 제거되도록 한다.

• 보체 활성화 반응 : 앞에서 언급한 바와 같이 보체는 혈청 속에 존재

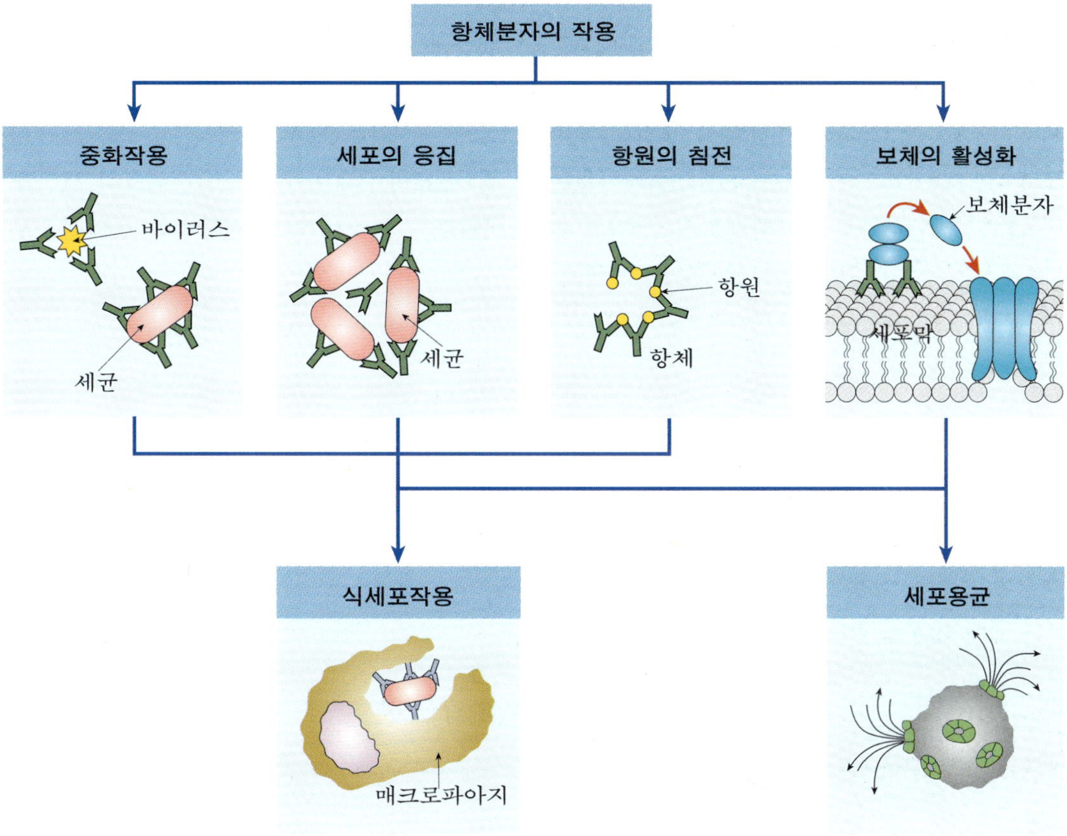

## 항체분자의 작용

| 중화작용 | 세포의 응집 | 항원의 침전 | 보체의 활성화 |
|---|---|---|---|

바이러스
세균

세균

항원
항체

보체분자
세포막

| 식세포작용 | 세포용균 |
|---|---|

매크로파아지

그림 7-11 항체의 작용

하는 단백질로서, 항체의 Fc부위에 결합하면 활성화되어 그 항체가 인식
한 항원(예: 세균)의 용해작용(cytolysis)을 일으키기도 한다.

### ⑤ 항체의 항원인식과 결합

한 종류의 항체는 항원의 특별한 부분만을 인지하
여 결합하는데, 항원의 이러한 부위를 항원 결정기
(antigen determinant) 또는 에피토프(epitope)라
고 한다. 대부분의 거대한 항원(예: 세균)은 그 표면
에 수많은 여러 종류의 항원 결정기를 갖고 있어서
생체 내에 침입했을 때 이들 각각의 항원 결정기에
결합할 수 있는 구조를 갖는 항원 수용체를 발현하
는 B세포와 결합하게 된다(그림 7-12).

한 개의 B세포는 단 한 개의 고유구조를 갖는 항
원 수용체를 발현하므로, 이 경우 세균이라는 항원을 인식하여 활성화되

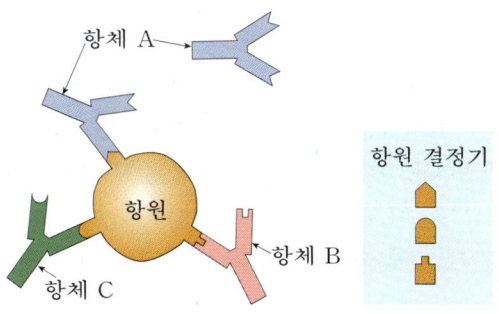

항체 A

항원 결정기

항원

항체 B
항체 C

그림 7-12 항원 결정기에 대한 항체의 결합

는 B세포는 여러 종류가 된다. 이렇게 많은 종의 B세포가 한꺼번에 증식하고 분화하여 생산해 내는 항체(다클론 항체)는 구조적으로 다양한 만큼, 일단 분비되면 혈액이나 체액에서 원래의 다양한 항원 결정기를 통하여 항원의 여러 부위에 효과적으로 결합할 수 있다. 이에 비하여 단일클론(monoclone) 항체는 단 한 종류의 B세포가 증식·분화하여 생산해 내는 항체로서, 항원의 여러 에피토프 중에서 어느 하나만을 특이적으로 인지하는 특성을 가진다.

## ♣ ABO식 혈액형과 수혈

ABO식 혈액형(ABO blood group system)은 사람의 적혈구막에 존재하는 두 종류의 서로 다른 다당류 항원, 즉 항원 A와 항원 B의 유무에 따라 혈액형을 분류하는 방법이다. 이 방법에 따르면 모든 사람은 4종류의 혈액형으로 구분할 수 있는데, 아래의 표는 이에 관한 내용을 정리한 것이다.

[ABO식 혈액형]

| 혈액형 | 적혈구 항원 | 혈청에 있는 항체 | 수혈받을 수 있는 혈액형 |
|---|---|---|---|
| AB | A+B | 없음 | AB, A, B, O |
| A | A | 항 B형 | A, O |
| B | B | 항 A형 | B, O |
| O | 없음 | 항 A형, 항 B형 | O |

혈액형이 A형인 사람의 적혈구 표면에는 항원 A가 있으며, 혈청 속에는 항원 B에 대한 항체를 가진다. 만약, 실수로 A형의 피가 B형인 사람에게 수혈되었다면, 수혈된 A형의 적혈구가 수혈받는 사람(B형)의 혈청 속에 있는 항A항체와 결합하게 되고, 바로 항 A항체의 Fc부위에 보체가 결합함으로써 보체가 활성화된다. 그 결과, 용해된 적혈구의 조각들이 수혈받는 사람의 모세혈관을 막아 사망에 이르게 한다. 병원에서는 보통 항체의 응집반응(agglutination test)을 이용하여 혈액형을 판정하고 혈액형이 같은 혈액을 수혈하고 있다.

그러나 응급상황시에는 혈액형이 다른 사람들 사이에 수혈이 이루어지기도 한다. 예를 들어, O형의 혈액은 적혈구에 A 또는 B항원이 없으므로 다른 혈액형을 가진 사람에게 수혈할 수 있다. 그러나 이 때 주의할 것은 O형의 혈청에 있는 항체(항A 또는 항B항체)가 전달되어서는 안 된다는 것이다. 따라서, 일반적으로 다른 혈액형의 혈액을 수혈할 경우에는 공여자의 혈청을 제외한 혈구만을 분리하여 이를 생리식염수에 부유시켜 주입하게 된다.

## (2) 세포성 면역반응

세포성 면역반응은 주로 T세포에 의해 수행되는 면역기능이다. T세포
에도 B세포와 마찬가지로 항원 수용체가 발현되고 있어서 그 다양성에서
는 B세포 항원 수용체를 능가하지만 B세포가 독자적으로 특정항원과 결
합하는 데에 반하여 T세포가 어떤 항원을 인식하기
위해서는 반드시 그 항원을 제시하여 주는 세포인 **항
원 제시세포**(antigen presenting cell)의 도움이 필
요하다.

흔히 항원을 섭취하는 식균작용을 하는 대식세포나
수지상 세포가 이 기능을 수행하는데, 이들 항원 제
시세포에 섭취된 단백질 항원은 세포내부에서 작은
절편으로 분해된 후 자기 단백질인 **주조직 복합체**
(MHC, major histocompatibility complex)와 결
합해야 세포표면에 항원으로 노출된다. 따라서, 조력

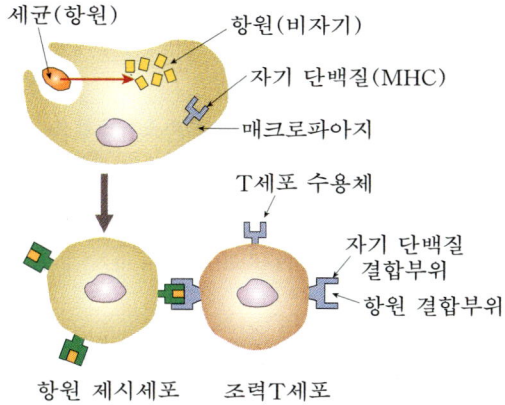

그림 7-13 항체의 제시세포의 생성과 조력 T세포의 작용

---

**단일클론 항체의 생산과 이용**

기본적으로 모든 B세포들은 그 수용체의 구조적 특이성에 의거하여 각각 다른 항원에 반응할 수
있다. 어떤 항원이 여러 개의 다양한 에피토프를 갖고 있다면, 그 항원의 주입을 받은 생쥐의 지라
(spleen)에는 그 항원의 다양한 에피토프를 각기 인지하는 B세포가 활성화되어 증식하게 된다. 자
연상태에서 이들 B세포가 생산해 내는 항체는 여러 개의 B세포 클론에서 생성된 다클론 항체이며,
분화한 B세포(형질세포)의 수명이 다해 감에 따라 한시적으로 제한된 양만을 얻을 수 있다. 만약,
다양한 에피토프를 인식하고 증식한 B세포들을 각기 분리하여 배양하면서 끊임없이 증식을 유도할
수 있다면, 즉 B세포를 암세포처럼 전환시킬 수 있다면, 그 항원의 여러 에피토프에 대한 항체를 각
기 분리하여 무한히 얻을 수 있을 것이다.

1975년 독일의 쾰러(Köhler)와 밀슈타인(Milstein)은 이처럼 하나의 에피토프만을 인지할 수 있
는 단일클론 항체를 대량으로 생산하는 방법을 개발하였다. 즉, 생쥐에 특정항원을 주입한 다음 생
쥐의 비장을 분리하여 증식시킨 B세포들을 일종의 골수종양세포인 미엘로마(myeloma) 세포와 융
합시키고, B세포와 미엘로마 세포가 융합된 잡종세포(hybrid)만을 배양할 수 있는 배지(선택배지)
를 사용하여 잡종세포를 선택적으로 (단일)클론화하고 배양하면 이들은 무한하게 증식하면서 항체,
즉 단일클론 항체를 생산해 내게 된다.

단일클론 항체의 가장 큰 장점은 하나의 특정 에피토프만을 인지하는 항체를 지속적으로 대량생
산할 수 있다는 것이다. 현재 단일클론 항체는 여러 가지 진단시약(예 : 임신 진단시약, 질병 진단시
약 등)을 비롯하여 암 치료제에 이르기까지 다양한 용도로 활용되고 있다.

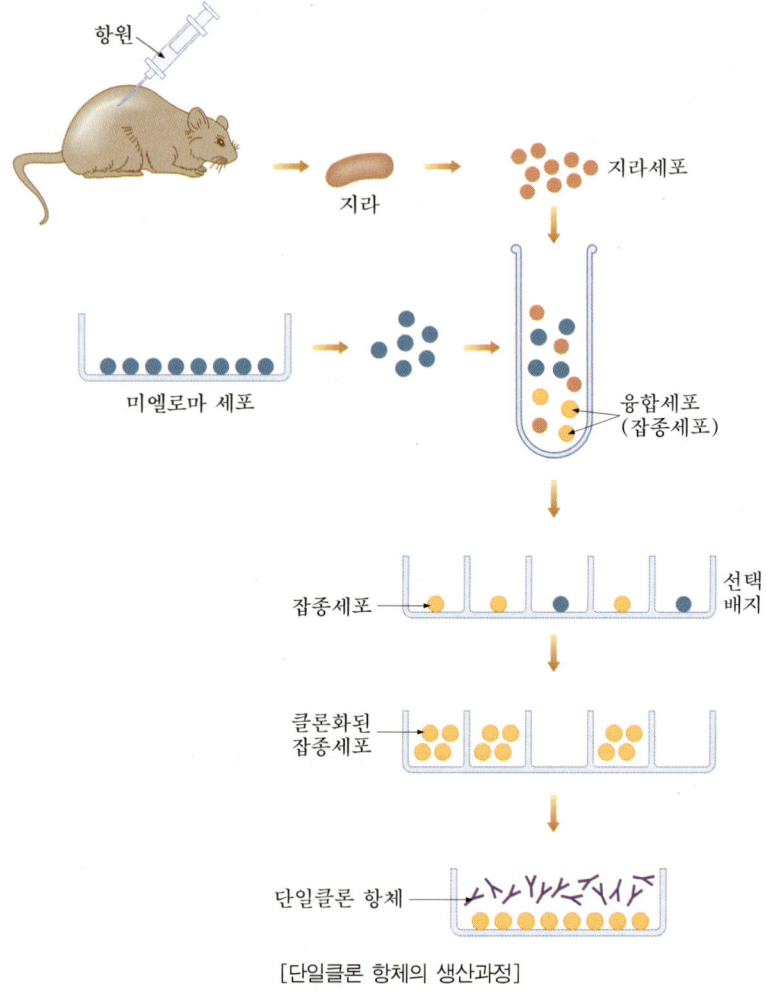

항원

지라

지라세포

미엘로마 세포

융합세포
(잡종세포)

잡종세포

선택
배지

클론화된
잡종세포

단일클론 항체

[단일클론 항체의 생산과정]

T세포의 수용체와 결합하게 되면 조력 T세포는 다른 면역기능을 도와주
게 된다(그림 7-13).

MHC 단백질은 그 구조와 기능에 따라 제Ⅰ군과 제Ⅱ군으로 구분된다.
제Ⅰ군 단백질은 우리 몸의 모든 세포표면에 발현되고 있음에 반하여 제
Ⅱ군 단백질은 대식세포, 수지상 세포 및 B세포 등 특정 면역세포에서만
발현되어 항원 제시역할을 담당한다.

한편, T세포는 흉선에서 발생하는 과정에서 세포독성 T세포(cytotoxic
T cell, Tc 세포)와 조력 T세포(helper T cell, Th 세포)의 두 가지 형으
로 성숙하게 되며, 말초조직에서 각기 MHC 분자에 의한 항원의 제시를
받아 특정 면역기능을 발휘하는 효력 T세포(effector T cell)로 분화한다.
이러한 효력 T세포가 매개하는 면역반응은 Tc세포반응과 Th세포반응으
로 구별될 수 있다.

### ① 세포독성 T(Tc)세포

Tc세포는 표면에 CD8 분자를 발현하며, 그림 7-14에서와 같이 감염된 세포가 제Ⅰ군 MHC 단백질을 매개로 그 항원을 제시하면 Tc세포 항원 수용체가 항원을 인식하게 되어 Tc세포는 활성화된다. 활성화되어 분화한 효력 Tc세포(Tc effector)는 감염된 세포를 항원 특이적으로 인식하여 그랜자임(granzyme)이나 페르포린(perforin) 등 세포 독성효소를 분비하고 감염세포를 살상, 제거한다(그림 7-14).

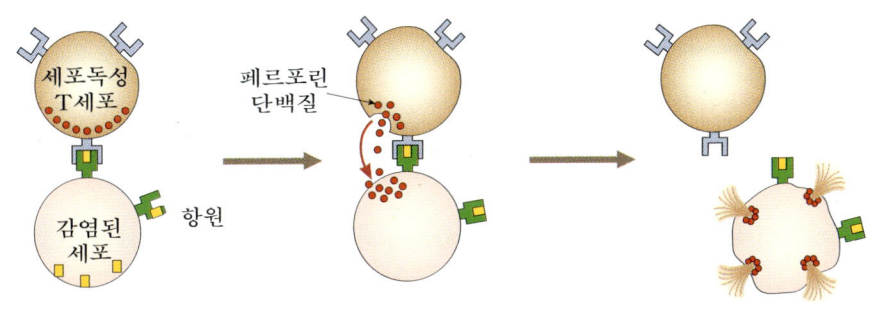

(a) 세포독성 T세포가 감염세포와 결합

(b) 세포독성 T세포는 페르포린 단백질을 생성하여 감염세포의 막에 구멍을 만든다.

(c) 감염된 세포는 용균되어 죽는다.

그림 7-14  세포독성 T세포의 작용기작

이 때 제Ⅰ군 MHC 분자가 제시하는 항원은 외부로부터 도입된 항원이 아니라 세포 내에서 합성 생산되는 항원으로서, 예를 들면 세포 내에서 바이러스가 만들어 내는 바이러스 단백질이나 암세포로 전환된 세포에서 발현되는 암세포 특이적 단백질이 이에 속한다. 즉, 이러한 이종의 단백질들은 제Ⅰ군 MHC 분자에 의해 Tc세포에 인식되고, 이들 이종 단백질을 발현시키는 세포들은 Tc세포에 인지되어 제거될 수 있다.

### ② 조력 T(Th)세포

Th세포는 표면에 CD4 분자를 발현하여 면역기능을 나타낸다. 항원을 섭취한 대식세포 또는 B세포 등이 제Ⅱ군 MHC 단백질을 매개로 하여 그 항원을 제시할 때 활성화되면 Th세포는 표면의 CD4 분자를 발현시켜서 효력 Th세포로 분화한다. 즉, 제Ⅱ군 MHC 단백질은 항원을 섭취한 제시세포에서만 발현되는 만큼 외부에서 유래한 항원만을 Th세포에 제시하는 것이다. 항원제시를 받아 활성화된 효력 Th세포는 분화하여 인터루킨(interleukin)과 같은 사이토카인을 분비하여 B세포 또는 대식세포와

세포독성 T세포의 활성을 향상시킴으로써 면역기능을 돕는 역할을 하게
된다(그림 7-15).

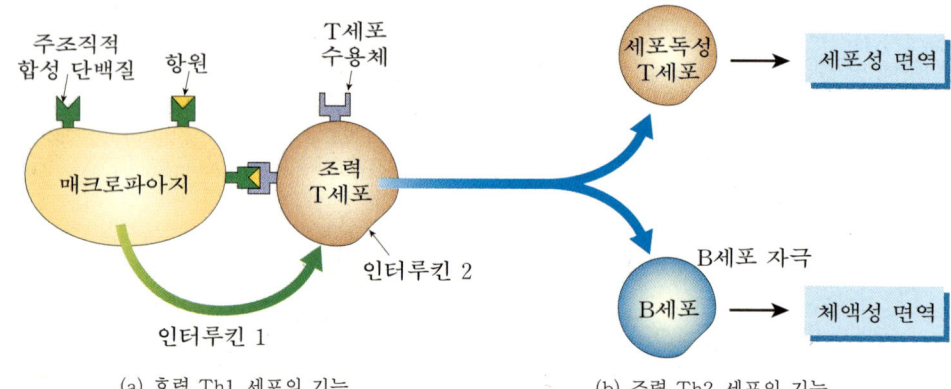

(a) 효력 Th1 세포의 기능　　　　　　　(b) 조력 Th2 세포의 기능

그림 7-15  효력 Th세포의 활성과 기능

🔵 도움말

• 림포카인
항원의 자극을 받은 림프구
가 방출하는 가용성 생물
활성인자. T림프구 증식인자,
대식세포 활성화 인자 등이
있다.

사이토카인은 흔히 림포카인(lymphokine) 또는 인터루킨이라고도 불
리는 물질로서, 면역세포의 활성과 기능을 조절할 수 있는 세포 간의 신
호 전달물질이다. 이들은 작은 분자량을 갖는 수용성 단백질로서, 수십여
종이 알려져 있는데, 이 중에서 대표적 사이토카인의 종류와 기능을 표 7-
2에 정리하였다.

표 7-2　　　　　　　　　　대표적 사이토카인의 종류와 기능

| 사이토카인 | 주요기능 |
|---|---|
| IL-1(인터루킨-1) | • Th세포로부터 IL-2 분비를 자극<br>• 염증반응시 식세포들을 유도 |
| IL-2(인터루킨-2) | • Th세포 및 Tc세포의 활성화<br>• B세포의 분화 유도 |
| IL-4(인터루킨-4) | • Th2세포의 증식/분화 유도<br>• B세포의 증식/분화 유도<br>• B세포의 IgE 생산 유도 |
| IL-6(인터루킨-6) | • B세포의 분화유도<br>• 염증반응 증진 |
| IFN-$\gamma$(인터루킨-$\gamma$; $\gamma$인터페론) | • 감염 바이러스의 세포 내 증식 억제<br>• 대식세포의 활성도 증가<br>• Th2세포의 증식 및 분화 억제<br>• Tc세포의 활성 증가 |
| TGF-$\beta$(transforming growth factor-$\beta$) | • Th1세포의 증식, 분화 억제 |
| TNF-$\beta$(tumor necrosis factor-$\beta$ ; 암괴<br>사인자 $\beta$) | • 암세포에 대한 괴사작용<br>• 식세포 활동의 증가 |
| GM-CSF(granulocyte-macrophage<br>colony-stimulation factor) | • 골수로부터 적혈구 및 백혈구 생산을<br>자극 |

# 3. 사이토카인과 면역기능의 조절

앞에서 기술한 바와 같이 사이토카인은 면역세포 간의 정보전달물질로, 그 종류와 기능이 매우 다양하다. 주목할 것은 사이토카인의 분비기능이 활성화된 Th세포와 특이적 면역반응(specific immune response)을 담당하는 세포에 모두 가능하다는 점이다. 실제로 병원균이나 이물질을 섭취한 대식세포 또는 수지상 세포가 활성화되어 분비하는 사이토카인들이 다수 밝혀졌는데, IL-1 또는 IL-12 등이 그 대표적 예이다. 이들은 스스로 대식세포의 활성을 돕기도 하나, 만약 항원이 충분히 제거되지 못했을 경우 IL-1은 림프절의 T세포를 자극하여 그 항원을 인식한 T세포의 증식과 분화를 촉진한다.

특히, IL-12의 자극을 받은 Th세포는 IFN-γ를 생산하는 Th1세포로 분화되며, 분비된 IFN-γ는 특정항원을 제시하는 대식세포의 활성화를 유도하여 항원을 제거시킬 수 있다. 항원에 따라서는 기생충처럼 점막조직에 침투하여 그 곳에 분포되어 있는 비만세포(mast cell)나 호산구 등을 자극하여 IL-4의 분비를 촉진하는 것이 있다. 이 경우 T세포가 IL-4의 영향을 받아 Th2세포로 분화하면서 IL-4, IL-5, IL-6 등의 (Th2)사이토카인을 분비하게 된다. 이들은 주로 B세포의 활성화, 증식, 분화를 촉진시켜 항체의 생성을 효과적으로 유도한다.

이와 같이 사이토카인은 비특이적으로 인식한 항원에 대한 방어기능으로부터 그 항원을 특이적으로 인식하고 반응하는 T/B 세포의 특이적 면역기능을 연결시켜 주는 면역계의 전령사(messenger)라고 할 수 있다.

## 도움말

● 비만세포(肥滿細胞)
척추동물의 결합조직 중에 널리 분포하는 세포. 특히, 모세혈관에 따라 많이 분포하는 원형의 세포로 히스타민·세로토닌·헤파린을 함유한다. 세포붕괴로 과립 및 과립 속의 물질이 방출되면 알레르기 반응을 일으킨다.

# 4. 면역질환과 치료

면역기능은 개체의 항상성 유지와 방어기작에 있어서 필수적인 것이다. 그러나 이러한 반응이 불필요한 항원에 대하여 나타나거나 지나치게 과도하게 발현될 때는 오히려 개체의 조직을 손상시키거나 파괴하는 등의 해를 끼칠 수 있다. 반대로 면역기능의 결핍이나 항원에 대한 부적절한 대응은 개체의 생존을 위협하기도 한다.

또한, 여러 가지 유전적인 또는 환경적인 요인에 의해서 인간의 면역기능은 변화하고 있으며, 암 또는 장기이식과 같은 자연 발생적인 또는 인위적인 자극에 의한 개체내부의 미세환경 변화 역시 인체의 면역체계를 혼란에 빠뜨려 여러 가지 면역반응의 불균형을 유발시키기도 한다.

실제로 생존을 유지하기 위한 전략인 인체 방어체계의 작동원리는 이러

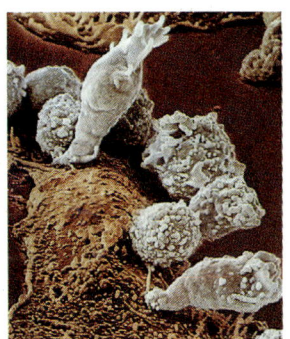

그림 7-16 암세포를 공격하는 T세포

한 변화된 면역기능을 분석함으로써 점차 밝혀지고 있다. 그러나 앞으로도 지속적으로 세포와 분자수준에서의 면역반응 연구를 수행함으로써, 이를 토대로 면역계와 다른 생리반응 조절체계의 네트워크에 대한 충분한 이해를 통해서 인체 면역기능을 향상시키거나 통제할 수 있는 방안을 도모할 수 있을 것이다.

## (1) 알레르기와 자가면역 질환

### ① 알레르기 반응

우리 몸에 침입하는 이물질(항원)에 대하여 면역체계가 비정상적으로 민감한 반응을 보이는 현상을 알레르기(allergy)라 한다. 알레르기 반응은 그 반응이 일어나는 방법과 경로에 따라 크게 다음과 같이 구분된다.

• 즉시형 과민반응(immediate hypersensitivity) : IgE항체가 관여하는 가장 대표적인 알레르기 반응으로서, 아나필락틱 반응(anaphilactic reaction)이라고도 한다. 알레르기 반응은 개체가 특정항원(예: 꽃가루)에 대하여 이미 노출된 경험이 있는 개체의 경우, 그 항원에 대한 다량의 IgE항체가 생산되어 있다가, 재차 동일한 항원이 혈청 내의 IgE항체와 결합한 상태에서 점막조직의 비만세포를 자극하게 되면 비만세포가 활성화되어 과립낭에 저장된 히스타민을 포함한 여러 가지 염증 유발물질들을 분비함으로써 관찰된다. 이들은 항원의 식균작용을 통하여 활성화된 대식세포가 분비하는 물질들과 유사한 작용을 하여 점막조직 주변의 모세혈관의 확장, 부종, 가려움증, 점액분비의 증가 등의 현상을 유발하게 된다(그림 7-17).

우리 주변의 가장 흔한 알레르기원은 꽃가루나 집먼지진드기 등으로 호

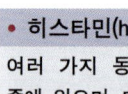

**도움말**

• 히스타민(histamine)

여러 가지 동식물의 조직 중에 있으며, 대부분 산소·효소·세균에 의한 단백질의 분해산물인 히스티딘(histidin)으로부터 생성되는 물질. 동물체 내에서 과잉으로 유리되면 알레르기 반응을 일으킨다.

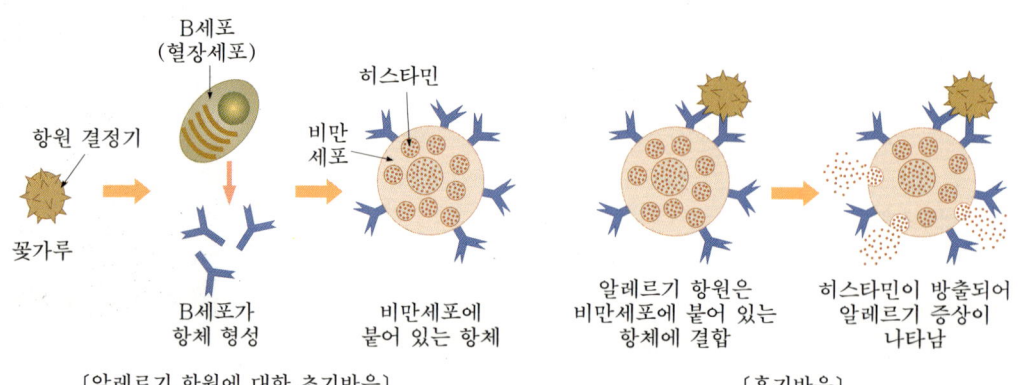

그림 7-17 알레르기 반응(즉시형 과민반응)의 진행경로

흡을 통하여 흡입된 공기 중의 이들 항원이 호흡기 점막(비강, 기관지 등)에 있는 비만세포를 자극하여 히스타민이 분비되면 염증반응과 함께 재채기, 기침이나 콧물, 가래 등의 분비물이 방출되기도 한다(예: 알레르기성 비염). 다른 예로는 달걀이나 어패류 등 특정식품의 단백질에 대한 알레르기로서 두드러기 등의 피부 염증반응이 유발되거나 때로는 구토·설사 등의 반응을 초래하기도 한다.

이와 같은 즉시형 과민반응이 비교적 약하게 유발되었을 때는 항히스타민제의 복용으로 증상을 완화시킬 수 있으나 정도가 매우 심한 경우에는 순식간에 사망할 수도 있다(예: 아나필락틱 쇼크사).

현대사회에서 알레르기 반응은 여러 가지 환경적 요인에 의하여 급증하고 있는데, 스트레스, 공해, 음식 첨가물의 남용, 서구식 생활습관에 따른 주거환경의 변화 등을 그 원인으로 보고 있다.

• 지연성 과민반응(delayed hypersensitivity) : 즉시형 과민반응이나 아나필락틱 반응이 IgE항체가 관련된 반응인데 비하여, 지연성 과민반응은 T세포가 관여하는 세포 매개성 알레르기 반응이다. 이 경우 항원이 침투한 후 T세포가 항원이 있는 곳까지 이동하여 알레르기성 염증반응을 일으키는데, 이 때 T세포가 이동하는 데에 소요되는 시간 때문에 보통 2~3 일이 지나서야 반응이 나타난다. T세포에 의해 매개되는 알레르기이므로 세포 매개성 알레르기 반응이라고도 한다.

이 반응의 대표적인 예로는 결핵성 세균(*Mycobacterium tuberclosis*)의 접촉 경험여부를 조사할 때 사용하는 튜버쿨린 반응검사(tuberculin test)를 들 수 있다. 사멸화된 소량의 결핵성

[알레르기원인 꽃가루의 현미경 사진]

세균의 균체를 피하조직에 주사하여, 2~3일 지나서 어느 정도의 발적(~1 cm 이상)이 나타나면 과거에 이 세균에 감염된 경험이 있는 것으로 판정받게 된다. 이는 기억 T(Th1)세포가 재침투한 항원에 대한 반응을 나타내어 효과적으로 활성화되어 여러 종류의 염증성 사이토카인과 염증반응 유발물질을 분비함으로써 일어나는 현상이다.

이 밖에도 지연성 과민반응의 예로서 피부에 맞지 않는 화장품을 사용하였거나, 야외에서 옻나무에 접촉하였을 때 피부에 나타나는 거부반응 등이 있다.

② 자가면역 질환

자가면역 질환(autoimmune disease)은 과민한 면역반응의 질환이다. 즉, 자기분자(self-molecule)에 대하여 B세포 또는 T세포 등의 면역세포

가 반응하여 항체를 생성하거나 Tc세포로 분화한 다음, 자기항원을 파괴하는 현상이다. 다양한 선천성 또는 후천성 자가면역 질환이 알려져 있으나 그 발병기작은 아직 밝혀져 있지 않다. 발병원인으로서 한 가지 가능성은 B세포나 T세포 발생과정에서 자기항원을 인식하는 항원 수용체를

## ♣ 적혈구 용해와 Rh반응

Rh식 혈액형(Rh blood group system)은 사람의 적혈구에 있는 단백질인 Rh항원의 유무에 따라 사람의 혈액형을 $Rh^+$와 $Rh^-$로 나누는 방법이다. 동양인의 경우에는 거의 모두가 Rh항원이 있는 $Rh^+$이고, 전체 인구의 0.4%만이 Rh항원이 없는 $Rh^-$ 혈액형을 갖고 있다.

Rh식 혈액형의 수혈시 문제가 되는 경우는 $Rh^-$인 사람이 $Rh^+$인 사람의 혈액을 수혈받는 경우이다. 이 경우 $Rh^-$인 사람의 혈청 속에 Rh항원에 대한 항체가 만들어져서 두 번째 $Rh^+$인 혈액을 수혈받을 경우에 수혈된 적혈구를 용해시키게 된다. 그러나 혈액형이 $Rh^+$인 사람이 $Rh^-$인 사람의 혈액을 수혈받는 경우에는 문제가 되지 않는다.

더욱 심각한 경우는 혈액형이 $Rh^-$인 여성이 결혼하여 $Rh^+$인 태아를 임신하는 경우이다. Rh항원 유전자는 우성이므로 $Rh^+$인 남성(Rr)이 $Rh^-$(rr)인 여성과 결혼하였을 때, 산모의 태아가 $Rh^+$ 혈액형을 가질 확률은 약 50%이다. 이 경우, 태아 출산시에 태아의 혈액($Rh^+$)이 산모에게 흘러 들어가서 산모의 혈액 속에 항Rh항체가 만들어진다.

이러한 경우에 비록 첫아기는 무사하게 태어날 수 있으나, 만약 이 여성이 다시 $Rh^+$인 태아를 임신하는 경우에는 임산부의 항 Rh항체(IgG)가 태반을 통하여 태아의 적혈구를 파괴함으로써 태아가 정상적으로 태어나지 못한다.

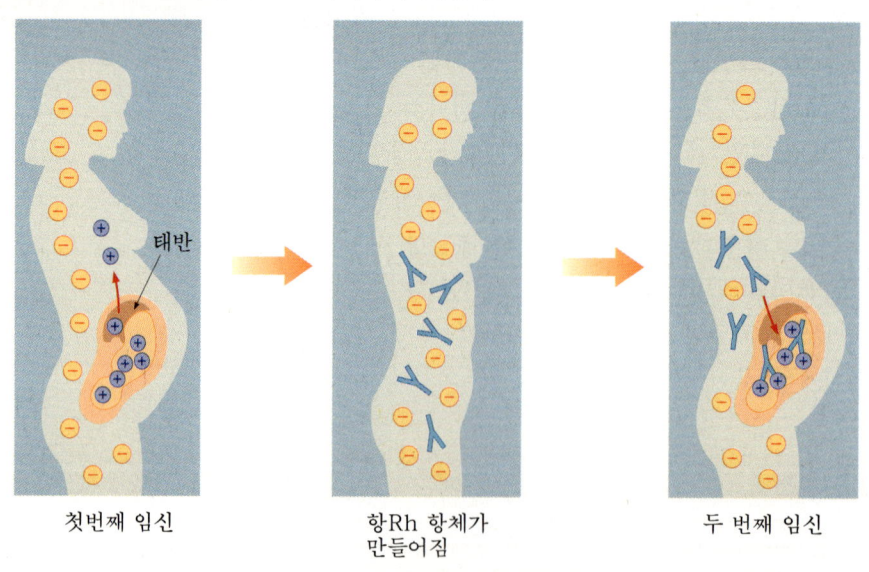

첫번째 임신　　　　　　　항Rh 항체가　　　　　　　두 번째 임신
　　　　　　　　　　　　만들어짐

[Rh항원에 관련된 혈구 용해현상의 예]

가진 세포의 제거가 불충분하게 일어나 이러한 자기반응 림프구들이 생존하여 성숙하게 됨으로써, 후에 말초조직에서 자기항원과 만난 결과 나타나는 현상으로 추측되고 있다.

또 다른 가능성으로서 바이러스 등에 의한 감염이나 조직의 손상 등으로 숨겨져 있던 자기항원이 면역체계에 노출되면서 이들에 반응성이 있는 T/B세포를 자극할 것이라고도 추측하고 있다. 대표적인 자가면역 질환으로는 인슐린 의존성 당뇨병(IDDM, insulin-dependent diabetes mellitus), 다발성 골수종(multiple myeloma), 류마티스성 관절염(rheumatoid arthritis) 및 전신성 홍반성 낭창(SLE, systemic lupus erythematosus) 등이 있는데, 이들 면역질환의 경우에도 역시 Th1/Th2 사이토카인의 불균형이 관여되어 있음이 보고되고 있다.

## (2) 면역 결핍증

외부물질의 공격에 대하여 적절한 면역반응을 나타내지 못하는 면역 결핍증은 크게 면역세포 기능의 유전적인 결함에 의해서 나타나는 선천성 면역 결핍증과 바이러스 감염, 면역 억제제의 복용 등에 의해 획득하게 되는 후천성 면역 결핍증으로 나눌 수 있다.

### ① 선천성 면역 결핍증

선천성 면역 결핍증(innate immunodeficiency syndrome)에는 식균작용이나 보체 등의 기능결함으로 나타나는 비특이적 방어기능의 결함에 의한 것과 B세포나 T세포의 기능결함으로 나타나는 특이적 면역기능의 결핍에 의한 것이 있다. 가장 대표적인 선천성 면역 결핍성 질환은 X-SCID(Xchromosome-linked severe combined immune deficiency)로서, T세포가 발생되지 못하여 면역기능이 약화되는 질환이다.

선천성 면역 결핍증 환자는 특별한 처치 없이는 모두 유아기에 사망하는 것이 보통이다. 특히, 인간의 X-SCID 중에서 ADA(adenosine deaminase) 결핍증은 ADA 단일 유전자의 결함으로 인한 T/B세포 발생저해로 유발됨이 밝혀진 이후 최초의 유전자 치료(gene therapy)의 대상이 되기도 하였다. 실제로 ADA 유전자를 이들 환자들에게 주입한 결과 이들의 면역기능을 회복시킴으로써 수명을 10년 이상 연장시킨 결과들이 보고되고 있다.

### ② 후천성 면역 결핍증

1980년대 초 미국 서부지역에서 주로 동성 연애자들을 중심으로 일련

### 🌑 도움말

- **다발성 골수종**
  **(多發性骨髓腫)**

  악성종양의 하나. 체내의 항체생산에 관여하는 형질세포가 악성화한 거대세포 육종으로, 두개골·늑골·흉골·골반 등에 잘 생긴다.

- **홍반성 낭창**
  **(紅斑性狼瘡)**

  급성·아급성의 유열성 교원병. 교원병이란 전신의 결체조직이 계통적으로 침해받는 하나의 질환균을 말한다. 뺨의 나비모양 홍반, 혀 주위의 홍반이 특징이다.

- **유전자 치료**

  선천적인 유전자 이상으로 인한 유전병을 유전공학 기술을 이용하여 치료하는 것.

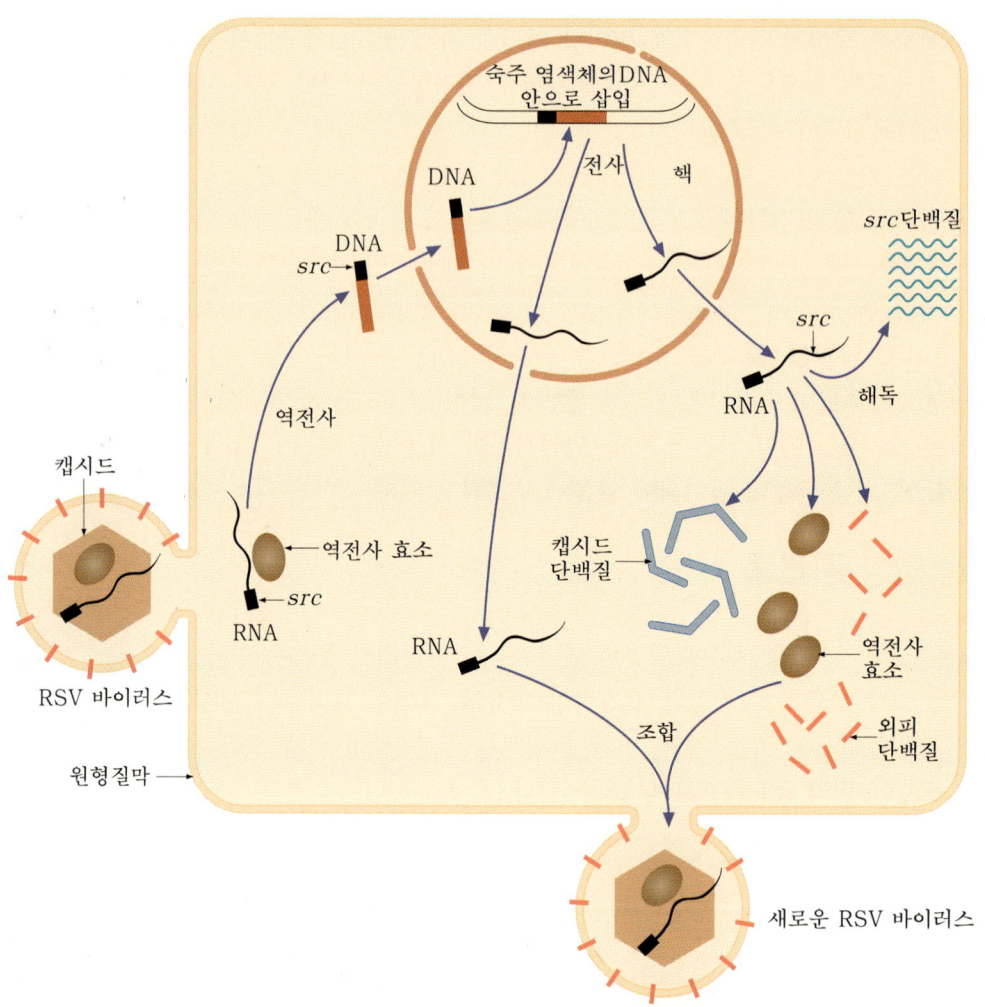

그림 7-18  HIV의 조력 Th 세포감염과 증식과정

의 질병들이 많이 나타났는데, 이들 질병의 특징은 정상인에게서는 나타
나지 않고 오직 면역활동이 억제된 사람에게서만 나타나는 질병들이었다.
특히, 이들에게서는 비병원균인 세균(기회성 감염세균)들이 질병을 유발
하는 특징을 보였다.

수년 후 이러한 질병의 원인이 RNA 바이러스이며, 이 바이러스는 면
역세포 중의 하나인 Th세포만을 공격하기 때문에 사람의 면역기능을 약
화시키는 것으로 밝혀졌다. 이 바이러스가 바로 HIV이며(그림 7-18), 이
와 관련된 일련의 질병들을 후천성 면역결핍 증후군 또는 에이즈(AIDS)
라고 한다.

HIV는 유전물질로서, DNA 대신에 RNA를 가지고 있으며, 역전사 효

소(reverse transcriptase)와 바이러스 표면에 gp120(glycoprotein, 120kDa)이라고 하는 단백질이 있어서 Th세포의 CD4 단백질과 CXCR4라는 키모카인 수용체가 동시에 결합하는 것으로 알려져 있다(그림 7-19).

즉, 주로 Th세포에 있는 CD4 단백질과 대식세포 등에 있는 CXCR4가 HIV의 수용체가 되기 때문에 HIV는 Th세포 및 대식세포를 선택적으로 감염시킬 수 있다. HIV의 감염에 의한 Th세포의 사멸은 사이토카인의 결핍을 가져와 여러 종류의 면역세포(Tc, MΦ, B, Th세포)의 활성화에 장애를 초래하며, 그 결과 총체적인 면역기능이 파괴된다.

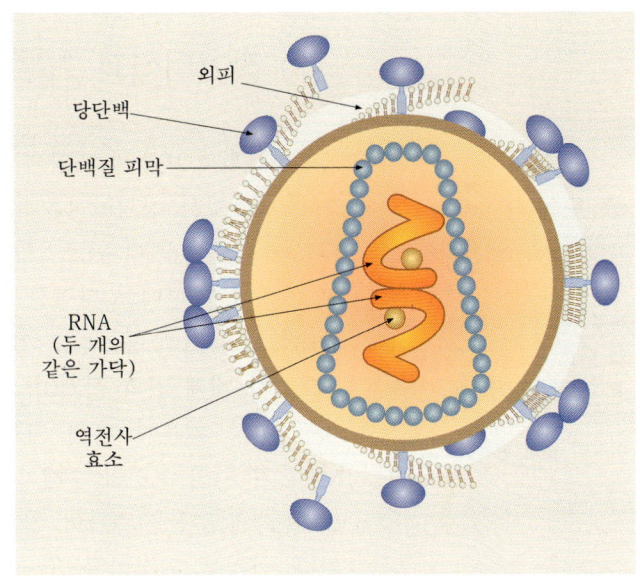

그림 7-19 HIV의 구조

한편, 감염된 HIV는 RNA가 역전사 효소에 의해 DNA로 전환되고, 이 DNA는 숙주세포의 DNA에 끼어 들어가서 잠복할 수도 있으므로 감염 시점부터 면역결핍 증상이 나타나기까지는 5~10년이 넘게 소요되기도 한다. 그러나 일단 HIV에 감염된 사람들은 대부분 AIDS를 유발하며, AIDS 환자는 종국적으로 면역 결핍증으로 사망하게 된다. 이들 환자의 사망의 직접적 원인은 주로 카포시 육종암(Kaposi's sarcoma)과 폐렴균 감염에 의한 폐렴으로서, 두 종류의 질병 모두 정상인에게서는 드물게 나타나는 특징이 있다.

HIV의 감염은 원칙적으로 사람의 체액을 통해서 이루어진다. 주로 문란한 성생활을 하거나 주사바늘을 통해서 감염된다고 하지만, 드물게는 수혈을 통한 감염이나 혈액을 원료로 만든 약을 복용했을 때에도 감염될 수 있다. 특히, HIV에 감염된 여성으로부터 태어난 아기는 거의 모두가 예외없이 HIV에 양성반응을 보인다. 현재까지는 HIV 감염을 완전히 치료할 방법은 나오지 않았으며, 몇 가지 화학적 저해제가 AIDS의 증상을 완화시킬 수 있는 것으로 보고되었다. 그 예가 azidothymidine(AZT), zidovudine(ZDV) 등인데, 이들은 핵산의 구성성분과 비슷한 화학물질로 HIV가 가지고 있는 역전사 효소의 저해제(inhibitor)로 작용한다.

현재 AIDS 치료제 및 백신개발에 대한 연구는 많은 사회적, 도덕적인 장벽에도 불구하고 전세계적으로 매우 활발하게 수행되고 있어 가까운 장래에 보다 효과적인 예방 및 치료 방안이 등장하리라고 기대된다.

🔵 도움말

• 카포시 육종암
AIDS 환자에서 가장 흔하게 나타나는 육종암으로, 정상인에게는 매우 드문 종양이다(그림 6-23b 참조). AIDS 환자의 약 15%에서 발생하며, 그 발생빈도는 정상인보다 대략 2만 배나 높다. 이렇게 발생률이 높은 이유는 면역 억제효과와 림프구에 감염된 HIV가 카포시 육종암세포의 성장 촉진인자를 생성하기 때문이다.

# (3) 장기이식과 거부반응

### 💿 도움말

• 장기이식(臟器移植)
신체의 정상 장기조직의 일부를 떼어내어 다른 부위 또는 다른 사람에게 이식하고 손상이나 결손을 보전하는 수술. 신장, 심장, 간 등의 이식이 널리 행하여지고 있다.

현대사회의 변천과 의학의 발달에 따라 인류는 특정질병을 치료하기 위한 수단으로서 장기이식을 활발히 도입하게 되었다. 주로 신장, 간에서부터 안구, 심장, 폐에 이르기까지 다양한 장기들이 이식의 대상으로 사용되고 있으며, 최근에는 다양한 혈액성 질환을 치료하기 위한 방안으로서 골수이식도 급격히 증가하고 있다.

그러나 개체 간의 장기이식은 일란성 쌍생아를 제외하고는 MHC 분자의 상이성 때문에 흔히 거부반응을 수반하게 된다. 즉, 장기 기증자의 MHC 분자의 구조와 수혜자의 MHC 분자의 구조가 상이할 때 수혜자의 면역(T)세포가 기증자의 장기조직 분자를 비자기로 인식하여 공격하게 된다. 이것을 거부반응(rejection) 또는 이식 면역질환이라 하며, 이식된 장기 및 조직을 파괴하여 장기이식이 실패하게 된다.

이와는 반대로 MHC형이 다른 기증자가 자신의 면역조직인 골수조직을 수혜자에게 공여하는 경우에는 도입된 공여자 골수의 면역세포가 수혜자의 조직과 세포를 광범위하게 파괴하는 이른바 이식 대 숙주질환(Graft vs Host Disease, GVHD)을 유발할 수도 있다. 이러한 거부반응들을 최소화하고 이식된 장기 및 조직을 안착시키기 위한 가장 필수적인 요건은 MHC형이 수혜자와 맞는 공여자를 찾아 선정하는 일이다.

MHC형은 다양한 유전자로부터 발현되며(polygeny), 또한 개체 간의 다양성이 매우 높으므로(polymorphism), 형제간이라도 완벽하게 일치되는 경우는 많지 않다. 따라서, 적합한 장기이식의 공여자를 확보하기 위하여 전세계 또는 국가적으로 골수은행 등 장기이식 센터를 건립하고 운영을 추진하고 있다.

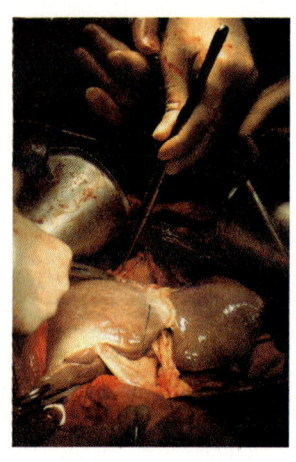

[간 이식수술]

## (4) 암과 면역반응

암은 진화한 세포의 등장으로 유발되는 생체 내 항상성의 파괴현상이라 볼 수 있다. 즉, 정상세포가 스트레스나 성장촉진 자극 등에 의한 돌연변이로 활발한 세포 증식력을 획득하여 종양세포가 등장하게 된다. 이러한 종양세포는 정상세포의 표면에서 발현되지 않는 분자, 즉 종양항원을 발현하게 되면 Tc세포가 이 항원을 이물질로 인식하고 면역활성을 발휘하여 종양세포를 살상하게 된다. 이와 같은 현상을 종양면역이라 한다. 따라서, 모든 종양세포가 초기에 이러한 면역 감시체계에 의하여 제거된다면 정상적인 면역기능을 갖는 개체가 암에 걸릴 확률은 매우 적을 것이다. 그러나 실제로 암의 발생이 빈번한 것은 아마도 종양세포가 여러 가지 방법으로 면역세포의 감시망을 뚫고 회피하기 때문이라고 생각되고 있다.

우선 암세포가 발현하는 종양항원이 자기항원과 같거나 유사하여 면역세포의 공격을 피해 가거나, 곧이은 종양항원의 소실현상도 그 원인으로 생각되고 있다. 또 다른 이유로는 암세포가 스스로 T세포에 종양항원을 제시할 수 있는 능력을 보유하고 있지 않으며, 부적절한 항원의 제시는 오히려 T세포의 불활성화 현상을 초래할 수도 있다는 점을 들 수 있다.

## 하나 더 알기　　　　백혈병과 골수이식

백혈병이란 혈액암의 일종으로서, 백혈구가 비정상적으로 증식하는 질환을 총칭하는데, 만성림프구성 백혈병, 급성림프구성 백혈병, 다종성 골수암 등 여러 종류가 있다. 주로 B세포와 T세포의 발생과정 중 특정단계에서 염색체 이상으로 원시암 유발유전자의 과다발현 및 이상발현에 의하여 유발되는 경우가 잘 알려져 있다.

백혈병 환자에 있어서 화학요법 등 여러 가지 항암요법으로 완치가 어려운 경우에 최종적으로 고려되는 것이 골수이식이다. 골수는 백혈구를 포함한 혈구의 전구체가 발생하는 기관이므로 환자의 조혈모세포를 건강한 조혈모세포로 교체하여 정상적인 혈액세포의 발생과 분화를 유도시키는 방법이 백혈병을 포함한 다양한 혈액 관련 질환을 치료하는 근본대책으로 인식되고 있다.

골수이식 때 우선 요구되는 사항이 환자의 MHC형과 맞는 골수 공여자를 확보하는 일이다. 이식 전에 환자는 방사선요법 등으로 자신의 골수 및 면역세포의 활성을 억제시키거나 파괴시켜 수여될 골수세포가 잘 생착하도록 하는 사전처치를 받게 된다. 이식은 공여자에게서 채취한 골수를 환자에게 주입하는 수혈과 같은 방식으로 이루어진다. 환자의 혈관을 통해 수혈된 골수세포는 환자의 체내에서 새롭게 조혈모세포의 분화를 유도해 내므로 골수이식이 성공적인 경우, 환자의 면역세포는 골수 공여자의 면역세포와 같이 정상적인 성격을 띠게 된다. 환자와 골수 공여자의 혈액형이 다른 경우에는 이식된 골수세포가 안착하여 증식 및 분화함에 따라 환자의 혈액형이 공여자의 혈액형으로 바뀌게 된다.

최근 골수이식을 요하는 혈액 관련 질환의 종류가 다양해지고, 국내에서도 골수 이식수술이 정착됨에 따라, 범국가차원의 골수은행의 설립과 운영에 대한 필요성이 크게 대두되고 있다.

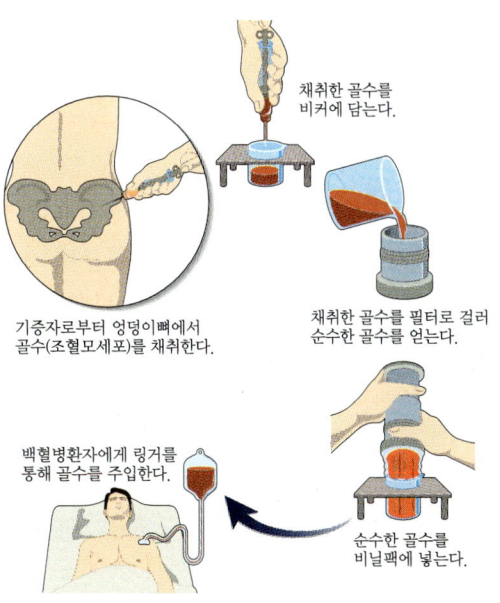

채취한 골수를 비커에 담는다.

기증자로부터 엉덩이뼈에서 골수(조혈모세포)를 채취한다.

채취한 골수를 필터로 걸러 순수한 골수를 얻는다.

백혈병환자에게 링거를 통해 골수를 주입한다.

순수한 골수를 비닐팩에 넣는다.

[골수이식 과정]

또한, 암세포 자체가 TGF-$\beta$ 등 면역세포의 활성을 억제하는 사이토카인을 분비하여 면역기능을 저해시킬 가능성도 제기된 바 있다.

항암치료를 받는 환자들의 경우 화학요법이나 방사선요법 등에 의해 암세포뿐만 아니라 면역세포의 증식능력이 현저히 억제되는 부작용으로 인해 면역기능의 저하가 더욱 가중되기도 한다. 이러한 문제점들을 해결하기 위하여 종양세포에 직접 면역세포를 활성화시키는 사이토카인이나 항원제시에 필요한 T세포 동시 자극분자의 유전자를 도입하여 발현시키는 방법으로 항암 면역반응의 유도를 꾀하고 있다.

## (5) 예방접종

[백신생산]

인간의 면역체계는 출생 후 1년이 지나야 충분히 확립된다. 따라서, 출생 직후에는 임신기간 중 모체에게서 받은 항체인 IgG에 의존하여 방어기능을 수행하게 된다. 그러나 점차로 개체는 다양한 항원 및 병원균에 노출되면서 독립적인 후천성 면역기능을 확보하게 된다.

예방접종(vaccination)이란 직접 병원균의 침입을 받기 전에 소량의 약화된 병원균을 미리 개체에 주입함으로써 면역체계를 훈련시켜 그 병원균의 감염으로 야기될 수 있는 질병에 대한 저항력을 갖게 하는 것이다. 즉, 첫번째 주입에 의하여 특정항원과 결합하여 활성화되는 B세포와 T세포를 기억세포로 전환시켜 놓음으로써 두 번째로 실제 감염이 일어났을 때에 이들 기억세포의 작용과 활성으로 효율적으로 항원에 대한 항체를 생성하고, 그 항원에 감염된 세포를 제거하도록 하는 것이다. 지난 4~50년 간 전세계적으로 시행되어 온 효과적인 예방접종 덕분에 인류는 많은 질병으로부터 해방되었다. 예를 들어 소아마비(polio) 백신은 가장 대표적인 성공사례 중의 하나이다.

우리 나라에서도 아기가 출생하면(DPT, MMR, HBV, Polio 등) 여러 종류의 질병을 예방하기 위한 예방접종을 적절한 시기에 받도록 권장하는 프로그램을 시행하고 있다. 그러나 사회의 변천에 따라 새로운 병원균의 등장으로 야기되는 새로운 난치성 병(예:AIDS)에 대한 백신개발이 시급한 과제로 떠오르고 있다.

### 도움말

**• 소아마비**

급성 회백수염의 일반적 명칭. 중추신경계에 친화성이 있는 바이러스의 전염에 의한 전신성 감염을 일으키는 마비성 질환. 처음에 갑자기 고열이 나고 2~3일 지나면 사지가 마비되며 심하면 불구자가 된다.

인간의 방어체계는 태어나면서부터 선천적으로 보유하고 있는 기능과 환경의 자극 및 경험에 의해 체득하게 되는 후천성 면역기능이 상호 연계되어 효과적으로 작용하고 있다.

염증반응이란 이물질이 침입하였을 때 선천적 방어기능이 작동되어 일어나는 기작으로서, 여러 방어물질의 분비를 유도하고 후천성 면역체계에 신호를 보내어 생체가 효율적인 방어태세를 갖추게 한다. 항원이란 체내에서 특이적 면역반응을 유도해 낼 수 있는 외부물질을 말하며, 특별히 한 종류의 항체와 결합하는 항원의 일정부위를 항원 결정기(에피토프)라 한다. 단일클론 항체는 한 개의 에피토프만을 인식하여 결합하는 항체들의 집합이다.

골수에서 발생하는 B세포는 세포마다 특정구조의 항원 수용체를 세포막에 발현하며, 항원을 인식하여 결합하면 빠르게 증식하고 분화하여 다량의 항체를 생산하게 된다. 모든 T세포 역시 세포막에 특정구조의 항원 수용체를 발현하고 항원 제시세포의 도움을 받아 항원과 결합하여 면역기능을 수행한다. 이러한 T세포의 작용은 B세포의 기능을 돕는 조력 T세포(Th) 기능과 항원에 감염된 세포를 제거하는 세포독성 T세포(Tc) 반응의 두 가지 형태로 나타난다.

MHC단백질은 우리 몸의 세포표면에 발현되어 자기·비자기의 인식과 T세포에 대한 항원제시에 중요한 역할을 하는 단백질군이다. 사이토카인은 면역세포의 활성과 기능을 조절하는 세포 간의 신호전달물질로서 림포카인 또는 인터루킨이라고도 한다.

알레르기란 우리 몸에 침입하는 항원에 대하여 면역체계가 비정상적으로 민감한 반응을 보이는 현상을 말한다. 즉시형 과민반응과 지연형 과민반응이 있으며, 현대사회에서 알레르기 질환은 여러 가지 환경적 요인으로 급증하여 심각한 문명병으로 부상하고 있다.

AIDS는 후천성 면역결핍성 증후군으로 RNA 바이러스인 HIV가 면역계의 Th세포를 공격하여 야기되는 복합적인 질환으로, 아직 특별한 치료방법이나 예방책이 없어 발병하면 결국 사망에 이르게 되는 인류 최대의 질병이다.

## 탐구문제

*1.* 예방접종의 원리와 효과를 설명해 보자.

*2.* 항원이란 어떤 물질이며, 에피토프와 어떻게 구별되는지 알아보자.

*3.* HIV가 인간의 면역기능을 약화시키는 기작은 무엇이며, AIDS 예방을 위하여 HIV의 감염을 막을 수 있는 방법들에는 어떤 것들이 있는지 알아보자.

*4.* 평생 동안 활발히 B세포의 발생이 일어나는 골수와는 달리 T세포 발생기관인 흉선은 사춘기 이전에 퇴화해도 인간의 방어체계에는 큰 영향을 주지 않는 이유를 알아보자.

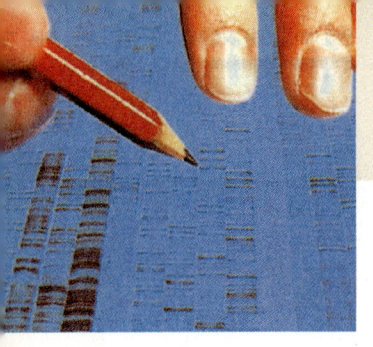

# 8. 인간유전 및 유전자감식

## 1. 멘델유전과 그 원리

멘델 유전학(Mendelian genetics)은 전달 유전학이라고도 하며, 멘델 (Mendel, G. J.) 이전에 지배적이었던 유전의 융합설(blending theory) 개념이 멘델에 의하여 유전의 요소, 즉 입자설(particulate theory)로 바뀌게 되었으며, 이는 곧 오늘날 유전학의 기초가 되었다.

멘델은 실험을 통하여 양친의 형질이 자손에게 혼합되어 나타나는 것이 아니라, 각각의 유전요소 (오늘날의 유전자)가 분리 및 독립적으로 자손에게 전달된다고 설명하였다.

### (1) 분리의 원리

당시 오스트리아의 수도원 신부로 있던 멘델은 완두를 실험재료로 하여 각각 우열의 관계가 뚜렷한 두 대립인자(allele)를 나타내는 모두 7 가지 형질 (그림 8-1)을 대상으로 교배실험을 했다.

예를 들면, 완두씨의 모양이라는 하나의 형질에 관한 단성잡종 교배실험에서 순계의 둥근 씨($WW$)와 주름진 씨($ww$)의 완두

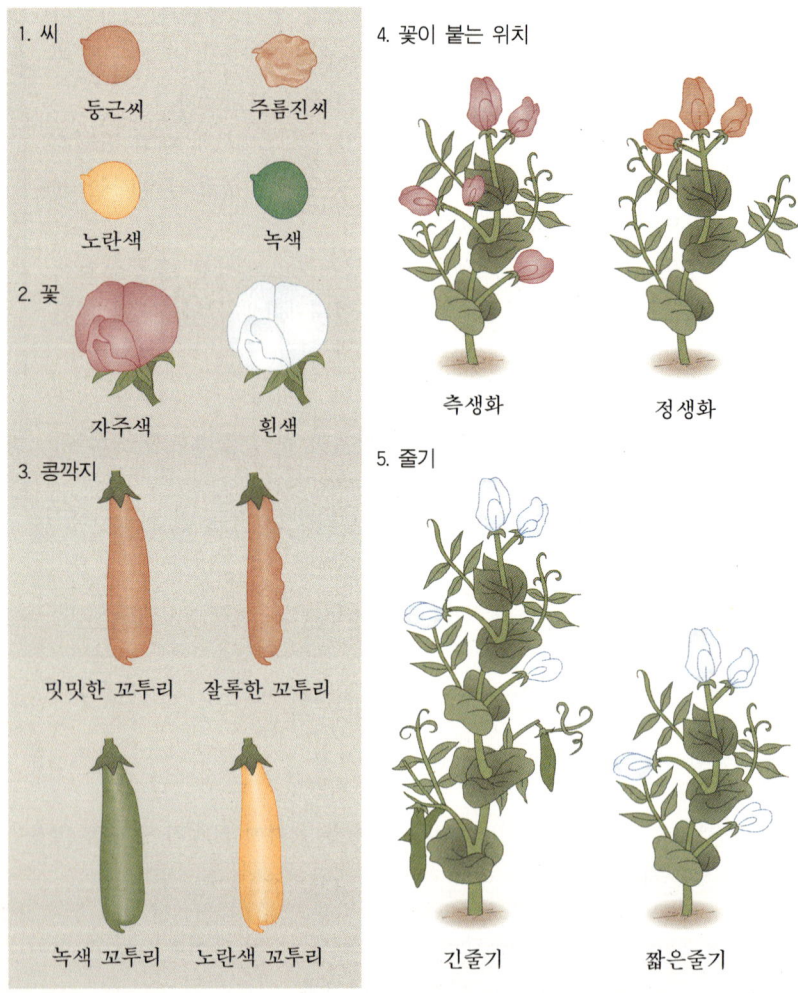

그림 8-1 멘델이 실험에 사용한 완두의 7 가지 형질

(이미지 내 라벨)

1. 씨
둥근씨 / 주름진씨
노란색 / 녹색

2. 꽃
자주색 / 흰색

3. 콩깍지
밋밋한 꼬투리 / 잘록한 꼬투리
녹색 꼬투리 / 노란색 꼬투리

4. 꽃이 붙는 위치
측생화 / 정생화

5. 줄기
긴줄기 / 짧은줄기

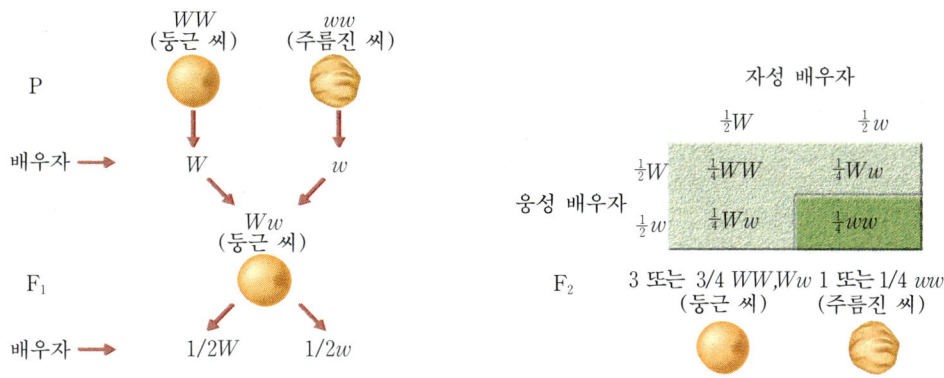

그림 8-2 분리의 원리를 설명하는 멘델의 단성잡종 교배실험

사이에 교배하였을 때, 잡종 제1대에서는 모두 둥근 씨($Ww$)의 완두만이 나타났다. 즉, 양친의 형질이 혼합된 형태로 나타나지 않고 둥근 씨의 형질만이 나타났다.

이와 같이 이형 접합자($Ww$) 상태에서 표현형으로 나타나는 형질을 **우성**(dominance)이라고 하며, 감추어져 나타나지 않는 형질을 **열성**(recessive)이라고 한다.

또한, 잡종 제1대인 둥근 씨($Ww$)의 완두를 자가수정시킨 결과, 제2대에서는 둥근 씨의 완두가 전체의 약 3/4(7,324 개체 중에서 5,474)의 비율로 나타났으며, 특히 제1대에서는 볼 수 없었던 열성의 주름진 씨가 전체의 약 1/4(7,324 개체 중에서 1,850) 가량 관찰되었다(그림 8-2).

멘델은 이상의 단성잡종 교배실험을 통하여 유전의 요소 및 분리의 원리를 설명했다. 즉, 분리의 원리는 "하나의 형질에는 서로 다른 형태로 한 쌍의 요소(대립인자)가 존재하며, 이러한 한 쌍의 대립인자는 생식세포 형성 때에 서로 분리되어 각각 다른 생식세포(배우자) 속으로 들어가게 된다"는 것이다. 이와 같이 멘델은 오늘날 감수분열의 개념을 교배실험을 통하여 분리의 원리로 설명했던 것이다.

그림 8-2에서처럼 생식세포 형성 때에 한 쌍의 대립인자는 각각 분리되기 때문에 열성의 두 배우자가 수정하여 잡종 제2대에서 열성형질인 주름진 씨가 나타날 확률이 약 1/4 가량 될 수 있다는 것이다.

특히, 멘델은 각각의 교배실험에서 잡종 제2대의 우성 및 열성형질의 분리비가 정확하게 3:1로 나타나지 않았으나(표 8-1), 통계학적으로 검정(예: $x^2$검정)했을 때 각각 3:1의 가설에 적합한 것으로 판단하였다. 이는 멘델이 수리통계학 분야에도 매우 밝았기 때문에 실험결과를 해석하는데 많은 도움이 될 수 있었던 것이다.

표 8-1　　　　　　　　멘델의 단성잡종 교배실험 결과

| 단성잡종　특성 | F₁ | F₂ | | F₂ 분리비 |
|---|---|---|---|---|
| | 표현형 | 우성 | 열성 | 우성/열성 |
| 종 자 | | | | |
| 둥근 모양 : 주름진 모양 | 둥근 모양 | 5,474 | 1,850 | 2.96 : 1 |
| 황색 : 녹색 | 황색 | 6,022 | 2,001 | 3.01 : 1 |
| 꼬투리 | | | | |
| 매끈한 모양 : 잘룩한 모양 | 매끈한 모양 | 882 | 299 | 2.95 : 1 |
| 녹색 : 황색 | 녹색 | 428 | 152 | 2.82 : 1 |
| 꽃 | | | | |
| 자주색 : 흰색 | 자주색 | 705 | 224 | 3.15 : 1 |
| 측생 : 정생 | 측생 | 651 | 207 | 3.14 : 1 |
| 줄기의 길이 | | | | |
| 큰키 : 작은키 | 큰키 | 787 | 277 | 2.84 : 1 |

## (2) 독립의 원리

멘델은 서로 다른 두 가지 형질 사이의 교배, 즉 양성잡종 교배실험에서 다른 유전자들 간에 간섭없이 독립적으로 분리된다는 사실을 알게 되었다. 예컨대, 둥글고 황색인 씨($WWGG$)를 가진 완두와 주름지고 녹색인 씨($wwgg$)로 된 완두를 교배했을 때, 잡종 제1대에서 모두 둥글고 황색인 씨($WwGg$)의 완두가 나타났다.

이후, 잡종 제1대($WwGg$)끼리 자가수정을 시켰을 때, 제2대에서 모두 556개의 씨를 얻었는데, 둥글고 황색($W$-$G$-)인 씨가 305개, 둥글고 녹색($W$-$gg$)인 씨가 108개, 주름지고 황색($wwG$-)인 씨는 101개이며, 주름지고 녹색($wwgg$)인 씨는 32개로 관찰되었다. 이와 같이 잡종 제2대에서 나타난 표현형의 분리비는 통계학적으로 검정($x^2$ 검정)했을 때, 9 : 3 : 3 : 1의 가설에 적합한 것으로 나타났다.

멘델은 이와 같은 양성잡종 교배실험 결과를 두 번의 단성잡종 교배로 나누어 생각했을 때, 씨의 모양에서 우성인 둥근 씨와 열성의 주름진 씨가 잡종 제2대에서 각각 12/16 : 4/16 = 3 : 1로 조사되었으며, 색깔형질에서도 우성과 열성의 분리비가 각각 12/16 : 4/16 = 3 : 1로 확인되었다. 따라서, "각각 서로 다른 형질(씨의 모양과 색깔)에 관여하는 유전자 간에는 생식세포 형성시에 서로 간섭없이 독립적으로 분리"되어 들어

갔음을 알 수 있는데, 이것을 독립의 원리(the principle of independent assortment)라고 한다. 이것은 확률적으로 적용했을 때, 독립사건에 해당한다고 볼 수 있다.

즉, 씨의 모양과 색깔에서 각각 우성인 둥근 씨 형질과 황색인 씨의 형질이 서로 독립적으로 분리된다면, 잡종 제2대에서 이들 두 형질이 동시에 나타날 확률은 $3/4 \times 3/4 = 9/16$가 되며, 또한 둥글고 녹색인 씨는 $3/4 \times 1/4 = 3/16$, 주름지고 황색인 씨는 $1/4 \times 3/4 = 3/16$, 그리고 주름지고 녹색인 씨의 경우 $1/4 \times 1/4 = 1/16$로 나타나야 하는데, 실제 관찰에서도 일치되었다. 이것은 마치 동전과 주사위를 던져서 각각 앞면과 1의 눈금이 동시에 나타날 독립사건의 확률계산, 즉 $1/2 \times 1/6 = 1/12$과 같다. 바꾸어 말하면, 1/12의 확률로 계산되었다면 이것은 동전과 주사위가 각각 앞면과 1의 눈금이 나타날 확률, 즉 1/2과 1/6이 서로 간섭없이 독립적일 때 가능하다.

한편, 독립의 원리는 일반적으로 이들 유전자들이 서로 다른 염색체에 위치하고 있어야 하며, 같은 염색체 위에 연관된 유전자 간에는 교차를 제외하고 독립의 원리가 적용되지 않는다. 특히, 유성생식을 하는 고등생물은 독립의 원리 때문에 유전적으로 다양한 배우자 조합을 만들게 되며, 이것은 곧 진화적으로도 매우 중요한 유전적 기구로 작용하고 있다. 사람의 경우, 한 여성에 있어서 동일한 염색체 조합으로 된 난자가 형성될 확률은 교차를 제외하고 독립의 원리만 적용해도 $2^{-23}$으로 계산되기 때문에 일란성 쌍생아를 제외하고 친형제 자매 간에도 유전적으로 동일한 경우는 없다.

멘델은 자신의 이와 같은 두 가지 중요한 유전학적 실험결과를 1865년 "식물잡종에 관한 실험"이라는 제목으로 발표한 후, 그 이듬해(1866년)에 논문으로 게재했다. 그러나 분리 및 독립의 원리에 관한 그의 유전학적 업적은 한 동안 생물학자들에게조차 관심과 인정을 받지 못하다가 1900년에 와서야 세 사람의 식물학자인 드 브리스(De Vries, H.)와 코렌스(Correns, K.E.) 그리고 체르막(von Tschermak-Seysenegg, E.)에 의해 재발견되면서 오늘날 유전학의 기초가 되었음은 이미 잘 알려진 사실이기도 하다.

## 2. 염색체와 유전자

멘델의 발견에 그다지 관심을 갖지 못했던 35년 동안, 세포학 분야에서는 획기적인 발견들이 있었다. 생물의 형질결정에 핵이 중요한 역할을 한

🔵 도움말

• 드 브리스 (1848~1935)
네덜란드의 식물학자, 유전학자. 돌연변이설, 멘델원리 재발견.

• 코렌스 (1864~1933)
독일의 유전학자. 멘델원리 재발견, 중간유전 연구.

• 체르막 (1871~1962)
오스트리아의 유전학자. 멘델원리 재발견.

다는 사실이 성게의 난자를 이용한 **보베리**(Boveri, T.)의 실험에서 밝혀지게 되었으며, 특히 체세포 유사분열과 감수분열시에 나타나는 염색체의 행동에 관해서도 상당한 연구의 진전이 있었다. 즉, 생물의 형질결정(성결정 등)과 염색체의 행동이 일치한다는 사실을 통해 유전자가 염색체 위에 있을 것이라는 사실을 예측할 수 있게 되었다.

1902년 **서턴**(Sutton, W.S.)에 의해 주장된 "유전자는 염색체에 존재한다"는 **염색체설**(chromosome theory)에 대한 가설은 1910년 **모건**(Morgan, T.H.)과 그의 제자 브리지스(Bridges, C.B.)에 의해 실험적으로 증명되었다. 이들은 초파리를 실험재료로 특정 유전자들의 상대적 위치를 염색체 위에 나타내는 **염색체 지도**(genetic map)를 작성함으로써 "유전자는 염색체 위에 선상으로 존재한다"는 **유전자설**(gene theory)을 주창하게 되었다.

## (1) 성결정과 사람의 염색체

일반적으로 2배체(diploid)로 된 개체는 크기와 모양이 같은 각각 한 쌍씩의 **상동염색체**(homologous chromosome)를 가지고 있다. 그러나 대부분의 고등생물은 성적으로 구별되며, 특히 어느 한쪽(암컷 또는 수컷)은 크기나 모양에 있어 현저한 차이가 있는 한 쌍의 염색체를 지니고 있다. 이러한 염색체를 **성염색체**(sex chromosome)라 하며, 그 개체의 성을 결정하는 기본요소가 된다. 한편, 이러한 염색체를 제외한 그 밖의 다른 염색체 모두를 **상염색체**(autosome)라고 한다.

사람의 한 체세포 내에는 모두 46개의 염색체(2n=46)가 있는데, 정상적인 남자의 핵형(karyotype)은 46, XY로서 여자(핵형: 46, XX)와는 달리 성염색체에서 X 대신에 Y 염색체를 갖는 특징이 있으나, 상염색체는 각각 22쌍으로 동일하다(그림 8-3).

사람의 염색체 수는 1950년대 초만 하더라도 2n=48개로 잘못 알고 있었으나, 1956년 티오(Tjio, J. H.)와 레반(Levan, A.)에 의해 처음으로 2n=46개로 정확하게 밝혀지게 되었다. 이와 같이 염색체 수를 보다 정확하게 관찰할 수 있게 된 것은 백혈구 세포를 배양한 후, **콜히친**(colchicine) 및 **저장액**(hypotonic solution) 처리로 분열 중인 세포에서 나타난 염색체를 보다 용이하게 관찰할 수 있

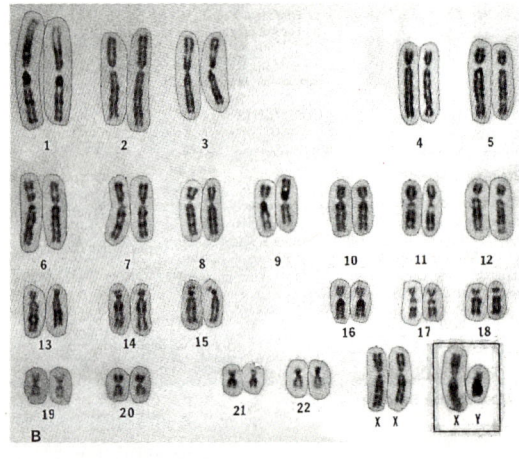

그림 8-3 세포분열 중기에 나타난 사람의 염색체의 핵형 분석 사진. 남녀 모두 상염색체(1~22번까지)는 각각 22쌍으로 동일하나, 성염색체에서 여자(XX)와 남자(XY)는 차이를 보인다.

**염색체를 관찰하는 실험과정**

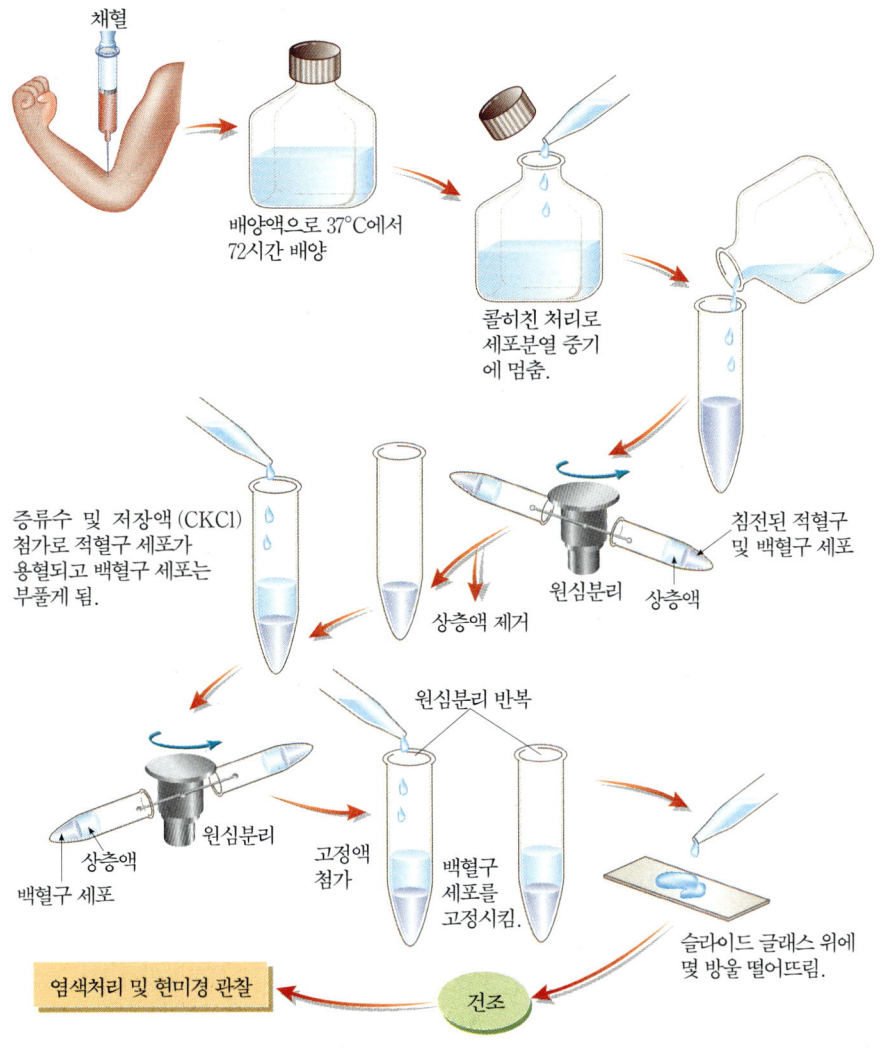

채혈

배양액으로 37°C에서
72시간 배양

콜히친 처리로
세포분열 중기
에 멈춤.

증류수 및 저장액 (CKCl)
첨가로 적혈구 세포가
용혈되고 백혈구 세포는
부풀게 됨.

상층액 제거

원심분리      상층액

침전된 적혈구
및 백혈구 세포

원심분리 반복

상층액      원심분리

백혈구 세포

고정액
첨가

백혈구
세포를
고정시킴.

슬라이드 글래스 위에
몇 방울 떨어뜨림.

염색처리 및 현미경 관찰

건조

었기 때문이다.

　이후, 사람의 염색체 수를 정확히 셀 수 있게 됨으로써 1960년대에 들
어서는 염색체 수의 이상과 관련된 유전병 연구가 활발히 진행되었는데,
다운(Down, L.)에 의하여 처음으로 발견된 **다운증후군**(Down's
syndrome)의 원인은 염색체 수의 이상에서 비롯된 것으로 밝혀졌으며,
레죤(LeJeune)과 터핀(Turpin)에 의해 다운증후군의 원인이 21번 염색
체의 3염색체성에 의한 것이라고 처음으로 밝혀지게 되었다(그림 8-4).

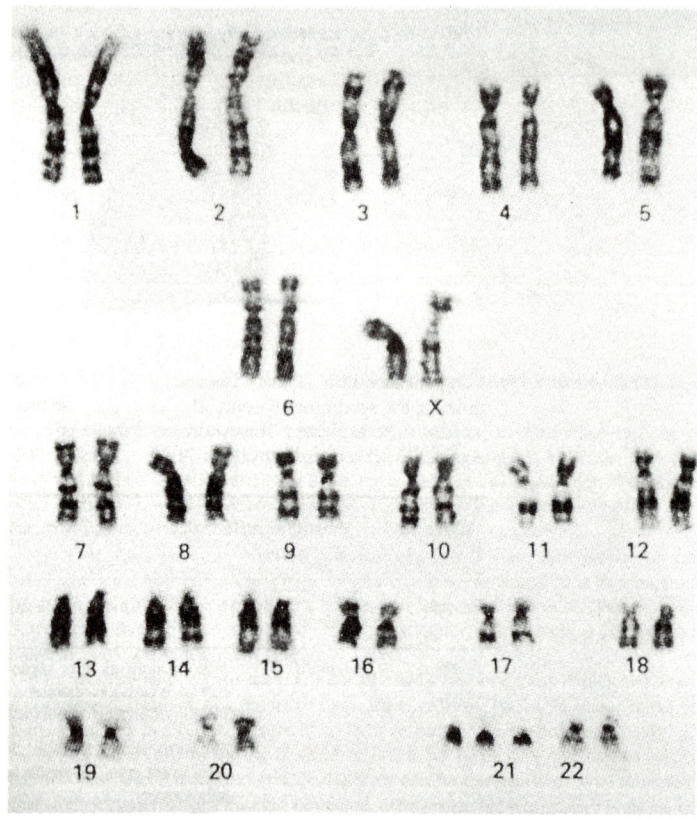

그림 8-4 21번 염색체의 3염
색체성(trisomy-21)을
나타내는 다운증후군
의 핵형

또한, 1970년대에는 염색체를 염색하여 관찰하는 방법이 개발되면서 염색체의 구조적 이상과 관련된 유전질환 연구에도 관심을 갖게 되었다.

여자의 경우는 감수분열에 의해 생성된 난자 모두가 22개의 상염색체와 하나의 X염색체를 가지고 있는 반면, 남자는 22개의 상염색체 외에 각각 X와 Y염색체를 갖는 두 종류의 정자를 갖게 된다. 따라서, X를 가진 정자와 난자가 수정되면 XX의 여자(46, XX)가 되고, Y를 지닌 정자가 난자와 수정되면 XY의 남자(46, XY)로 결정된다.

## (2) 성연관과 유전

위에서 설명한 바와 같이 사람에 있어서 여자와 남자는 상염색체로는 구분되지 않으나, 성염색체에서 각각 XX 및 XY로 상호간에 차이가 있다. 따라서, X염색체 또는 Y염색체에 어떤 유전자가 위치하는 경우는 남녀 간에 나타나는 유전양상이 상염색체 유전과는 다르게 된다.

먼저 X연관 유전을 살펴보자. X연관 유전의 대표적인 예는 색맹유전을 들 수 있다. 여자의 경우는 $X^C X^C$, $X^C X^c$, $X^c X^c$ 모두 3종류의 인자형을 볼 수 있으며, 색맹 유전자는 열성이기 때문에 $X^c X^c$인 여자만 색맹으로 나타난다. 그러나 남자의 Y염색체에는 색맹 유전자가 없기 때문에 각각 정상과 색맹을 나타내는 인자형, $X^c Y$와 $X^c Y$ 2 종류가 있다. 즉, 남자는 X염색체가 하나밖에 없기 때문에 열성인 색맹 유전자를 하나만 가지고 있어도($X^c Y$) 색맹으로 표현된다. 그림 8-5는 일부 색맹검사에 사용되는 실례로서, 정상적인 사람은 양쪽에 있는 가운데 큰 숫자를 식별할 수 있으나, 색맹인 사람은 오른쪽 그림의 가운데 숫자를 구별할 수 없는 경우가 많다.

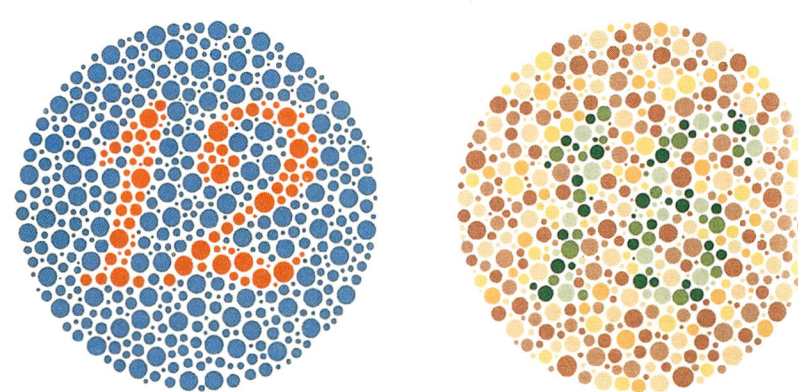

그림 8-5 색맹검사의 예. 색맹인 사람은 오른쪽의 숫자를 전혀 읽지 못한다.

혈액응고가 정상적으로 되지 않는 열성 유전병인 **혈우병**(hemophilia)의 대부분은 X염색체에 위치하는 유전자들에 의해 결정된다. 이 경우도 X연관 혈우병인 사람의 대부분은 남자들이며, 이들은 유전자를 **보인자**(carrier)인 정상적인 어머니($X^H X^h$)로부터 물려받게 된다. 이러한 혈우병의 유전양상은 영국의 빅토리아 여왕의 가계에서 찾아볼 수 있으며, 상당수의 자손들에게 어려움을 겪게 한 것으로 보아 그녀는 혈우병 유전자를 이형접합자로 지니고 있었다고 여겨진다(그림 8-6).

그림 8-6에서 나타낸 것과 같이 열성의 X연관 유전병의 특징은 주로 남

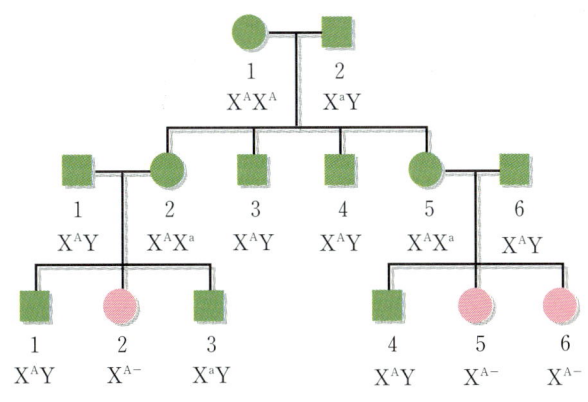

그림 8-6 X연관 열성 유전자의 유전양상을 나타내는 가계도. 열성 유전자가 동형 접합자인 환자(분홍색)는 흔히 세대를 건너뛰어 드문드문 나타나며, 남자에서 더 많이 나타나는 특징이 있다.

자들에 많이 나타나며, 또한 세대를 건너서 드문드문 나타나는 특징이 있다. 한편, 그림 8-7에서와 같이 X연관 우성 유전병의 경우, 열성과는 달리 남자에 비하여 여자에서 더 많이 나타나며(여자는 두 개의 X염색체를 갖기 때문), 매세대마다 나타나는 특징이 있다.

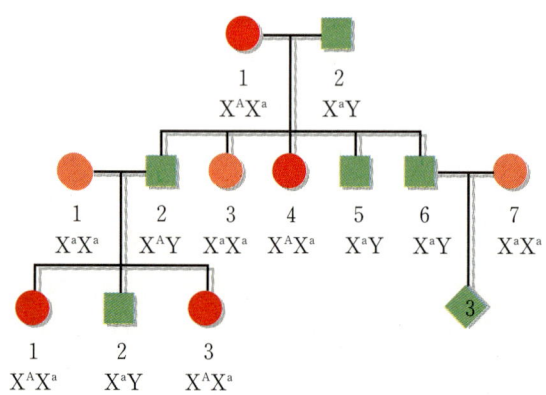

그림 8-7 X연관 우성 유전자의 유전양상을 나타내는 가계도. 유전질환과 관련된 우성 유전자를 하나만 가지고 있어도(이형접합자) 환자(분홍색)가 되기 때문에 매세대마다 나타나는 특징이 있으며, 또한 여자에서 더 많이 나타나게 된다

이 밖에도 X염색체에는 천여 개 이상의 유전자들이 존재하는 것으로 알려져 있다. 부계유전 특징을 지닌 Y염색체는 X염색체에 비하여 크기도 작을 뿐만 아니라 기능적인 유전자도 극히 일부만 지니고 있다(그림 8-8). 대표적인 유전자는 정소발생에 관여하는 TDF(testis determining factor)라는 단백질을 만드는 SRY(sex determining region of Y) 유전자를 들 수 있으며, 그 밖에 웅성발생 및 정자형성에 관여하는 일부 유전자들을 포함하여 모두 약 40 종류 이하의 유전자가 있는 것으로 조사되었다. 현재 남성불임의 일부 원인이 Y염색체 유전자들(AZFa, AZFb, AZFc)의 결함과 관련이 있는 것으로 알려져 있다. 그러나 웅성결정 유전자들을 제외하고 Y연관 유전의 예는 거의 알려져 있지 않다.

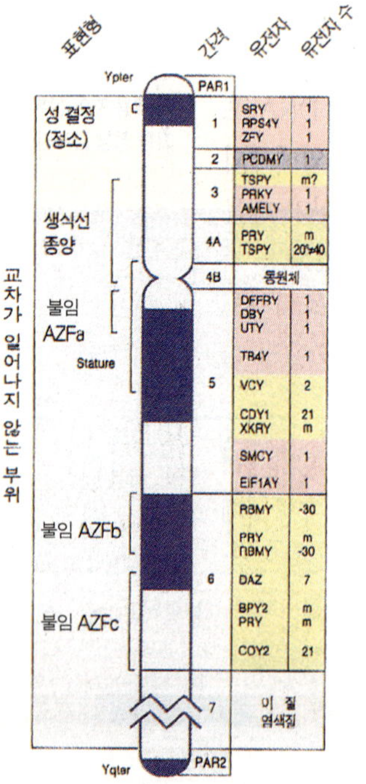

### (3) 상염색체 유전과 ABO식 혈액형

어떤 유전자들이 상염색체에 위치하는 경우는 그 유전양상이 성(sex)과는 무관하기 때문에 남녀 간에 비슷한 빈도로 나타나게 된다. 사람의 ABO식 혈액형은 상염색체인 9번 염색체(9q34)에 위치한 단일 유전자에 의해 결정되며, 현재 3종류의 대립인자 $I^A$, $I^B$, 그리고 $I^O(i$ 라고도 함)가 알려져 있다.

이와 같이 ABO식 혈액형 유전자처럼 한 유전자좌(locus)에 3종류 이상의 대립인자가 존재할 때, 이를 **복대립인자**(multiple

그림 8-8 사람의 Y염색체에 위치하는 유전자들

alleles)라 한다. 다시 말하면, 완두씨의 모양을 결정하는 유전자는 둥근 씨의 대립인자($W$)와 주름진 씨의 대립인자($w$) 2종류만 있으나, ABO식 혈액형 유전자의 경우는 모두 3종류의 대립인자가 있으며, 한 개인은 이들 중 2개의 대립인자를 각각 부모로부터 하나씩 물려받는다. 이 때 대립인자 $I^A$와 $I^B$ 사이는 **공우성**(codominance) 관계이며, $I^O$는 이들 각각의 대립인자에 대하여 열성으로 작용하기 때문에 모두 4종류의 표현형이 나타나게 된다. A형($I^A I^A$ 또는 $I^A I^O$), B형($I^B I^B$ 또는 $I^B I^O$), AB형($I^A I^B$), 그리고 O형($I^O I^O$)이 그것이다.

ABO식 혈액형이 다르게 나타나는 것은 적혈구에 있는 항원과 혈청에 있는 항체가 서로 다르게 존재하기 때문이다. 항원은 적혈구의 세포막에 위치한 당단백질 복합체로 되어 있으며, 항체는 면역계로부터 생성되어 특이항원과 반응하게 된다.

표 8-2에서처럼 각각의 혈액형에서 항원과 항체가 서로 다르게 존재하며, 특히 수혈할 때는 공여자의 적혈구에 있는 항원이 문제가 된다. 왜냐하면, 공여자의 혈액 중에서 혈청은 수혈받는 사람의 혈액과 희석되기 때문에 그다지 문제가 되지 않으나, 적혈구는 받는 사람의 혈관 속에서 항혈청과 반응하여 응집현상이 생길 수 있기 때문이다. 예를 들면, O형인 사람은 적혈구에 항원이 없는 대신 혈청에 항 A와 항 B를 모두 가지고 있기 때문에 모든 혈액형의 사람에게 혈액을 공여할 수 있으나, 수혈을 받을 때는 반드시 O형으로부터만 받아야 한다.

표 8-2 ABO식 혈액형의 특징

| 혈액형 | 유전자형 | 적혈구의 항원 특이성 | 혈청의 항체 |
|---|---|---|---|
| A | $I^A I^A$ 또는 $I^A I^O$ | A | 항 B |
| B | $I^B I^B$ 또는 $I^B I^O$ | B | 항 A |
| AB | $I^A I^B$ | A, B | 없음 |
| O | $I^O I^O$ | 없음 | 항 A, 항 B |

**하나 더 알기    AB형과 O형 사이에 태어나는 AB형 자녀**

매우 드물지만 AB형인 아버지와 O형인 어머니 사이에 AB형인 자녀가 태어날 수도 있다. 이러한 현상은 인류집단의 ABO식 혈액형에서 극히 낮은 빈도로 나타나는 봄베이 표현형(봄베이에서 처음 발견되었기 때문)으로 설명할 수 있다. 대부분의 경우, 유전인자형 $I^A I^B$ 또는 $I^A I^O$를 가지고 있는 사람은 $I^A$ 유전자가 있기 때문에, 또 다른 유전자좌에 있는 H유전자로부터 H기질이 합성되면 이를 $I^A$ 유전자에 의해 최종적으로 A항원으로 전환시켜 결국 A형으로 나타나게 되며, B 또는 AB형의 경우

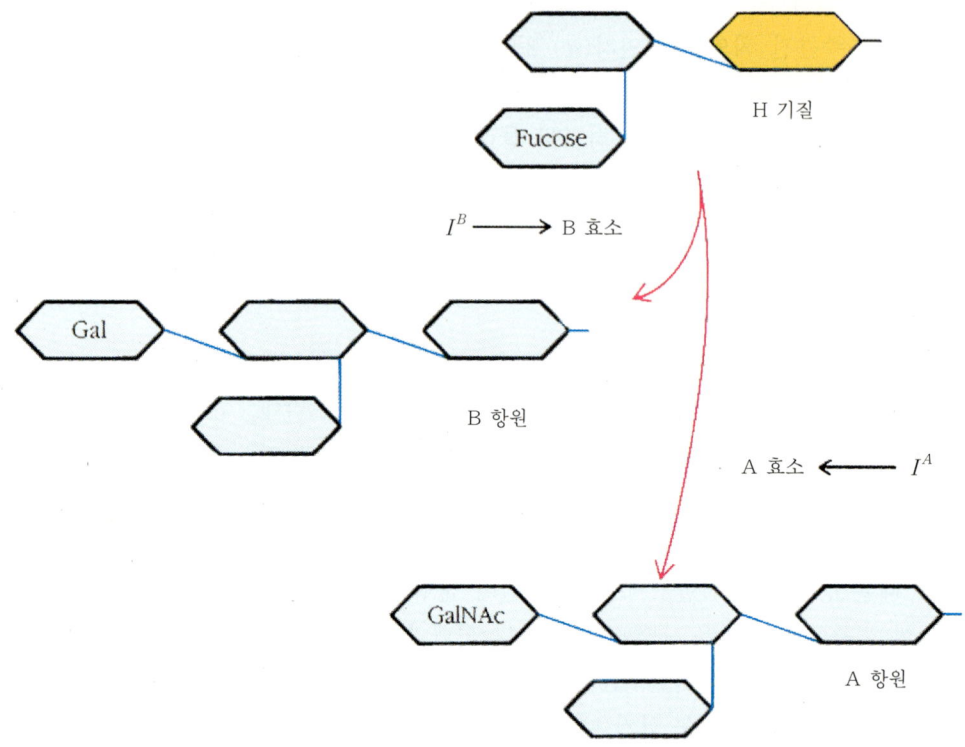

[H기질이 A 및 B 항원으로 전환되는 과정]

Gal = galactose; GalNAc = N-acetyl-D-galactosamine

도 마찬가지이다(그림 참조).

즉, ABO식 혈액형을 결정하는 데는 두 가지 유전자가 관여한다. 먼저, H유전자에 의해 H기질이 합성되고, 다음에 I유전자에 의해 최종적으로 혈액형이 결정된다. O형($I^O I^O$)인 사람은 $I^A$와 $I^B$ 유전자를 가지고 있지 않기 때문에 H유전자로부터 생성된 H기질을 A 또는 B 항원으로 전환시킬 수 없고, 결국 O형이 된다. 따라서, ABO식 혈액형의 결정은 두 유전자좌에서 조절되고 있음을 알 수 있다.

드물지만 O형인 사람 중에는 유전적으로 $I^A$ 또는 $I^B$ 유전자를 가지고 있음에도 불구하고 또 다른 유전자좌에 위치한 H유전자가 모두 돌연변이에 의하여 열성의 동형접합자인 $hh$로 되면 H기질을 합성할 수 없으며, 따라서 A 또는 B항원의 생성이 불가능하여 O형이 되는데, 이것을 봄베이 표현형 (Bombay phenotype)라 한다.

이와 같이 $I^A$(또는 $I^B$) 유전자를 정상적으로 가지고 있으나, 또 다른 유전자좌에서 $hh$로 되어 H 기질을 합성할 수 없기 때문에 O형으로 된 사람이 AB형인 사람과 결혼했을 때 AB형의 자식이 태어날 수도 있다.

이러한 경우 DNA프로필(유전자지문) 검사에 의해 친자확인 검사를 하면, H유전자의 돌연변이에 의해 나타난 봄베이 표현형인지 여부를 판단하는데 도움이 될 수 있다.

## ♣ 지능과 양적 유전

　일반적으로 지능, 피부색, 키 또는 몸무게 등과 같은 **양적 형질**(quantitative characters)은 단일 유전자에 의해 결정되는 것이 아니라 여러 유전자들이 복합적으로 작용하여 나타나는 **다인자 유전**(multifactorial inheritance)의 특징을 갖는다. 또한, 이들 양적 형질은 유전적인 요인 외에 환경적인 영향을 많이 받으며, 그 분포상태가 정규분포와 비슷한 양상을 보인다(그림 참조). 이것은 유전적인 요인 외에 여러 가지 환경적 요인이 함께 관여하고 있음을 나타낸다.

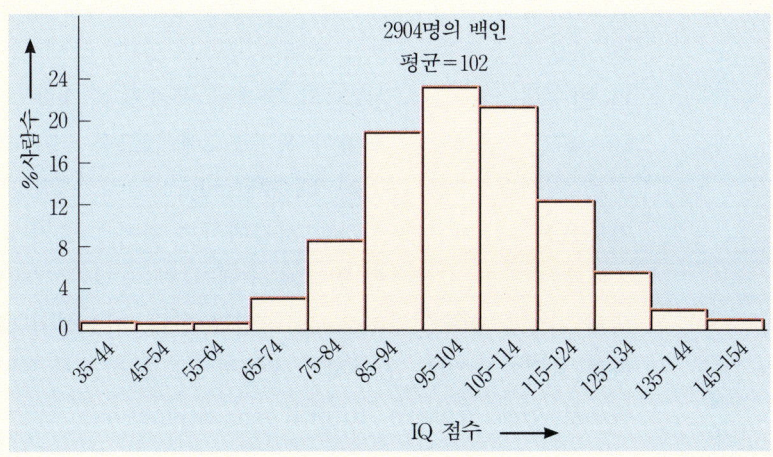

[IQ점수의 연속적인 분포]

　예를 들면, 지능과 같은 형질은 머리가 좋거나 나쁜, 즉 우성과 열성 대립인자들로 구성된 단일 유전자에 의해 결정되는 것이 아니라 여러 유전자들에 의해 결정되며, 학습이라는 환경적 노력을 통해 어느 정도 향상시킬 수 있다. 따라서, 지능은 여러 유전자가 복합적으로 관여하며, 환경적 요인이 중요하기 때문에 최근 유전자 검사를 통해 지능의 정도를 알 수 있다는 것은 잘못된 발상이 아닐 수 없다.

　그림에서와 같이 조사된 IQ점수의 분포가 정규분포에 가까운 연속적 변이의 특징을 보이는 것은 여러 요인이 관여하고 있음을 의미한다.

　일반적으로 흑인들(African-Americans)은 백인들에 비하여 지능지수가 다소 낮은 것으로 알려져 있다. 그 이유는 아마도 흑인들의 사회교육학적 환경조건이나 노력이 부족하기 때문인 것으로 해석하고 있다. 한 연구결과에 의하면, 백인과 흑인이 결혼하여 태어난 자녀들의 지능지수를 비교한 결과, 어머니 쪽이 백인이고 아버지가 흑인인 경우가 흑인이 어머니이고 백인이 아버지인 경우에 비하여 지능지수가 약 10 정도 더 높은 것으로 조사되었다. 이러한 결과는 아기를 기르고 교육시키는 어머니의 환경적 노력이 지능발달에 매우 중요한 영향을 미친다는 것을 의미한다.

# (4) 염색체 이상과 유전질환

최근 핵형분석에 의하면, 임산부의 태아 중에 약 3% 정도가 염색체에 이상이 있는 것으로 알려져 있다. 이러한 염색체 이상의 상당수는 기형아를 출산하게 되며, 이들의 대부분은 자연유산되는 경우가 많다. 이러한 염색체 이상은 염색체 일부가 **결실**(deletion)되거나 **중복**(duplication), 또는 유전자의 배열이 180° 뒤바뀌는 **역위**(inversion)를 비롯하여, 일부 염색체가 다른 염색체에 붙어 위치를 달리하는 **전좌**(translocation) 등과 같이 구조적인 결함에 의해 유전질환이 나타날 수 있다.

또한, 염색체 이상에는 46개의 정상적인 염색체 수에서 벗어나는 수적인 이상에서 오는 유전적 결함을 들 수 있다. 정상적인 사람은 기본단위인 **반수체**(haploid, n=23)의 염색체 세트가 수정에 의해 **2배체**(diploid, 2n=46)로 구성되나, 결함이 생기면 3배체(그림 8-9), 4배체 등과 같이 배수로 염색체 수가 증가된 **배수체**(polyploidy)가 되는데, 이들은 대부분 자연유산되기 때문에 성장한 사람에서는 찾아볼 수가 없다.

이와는 달리 정상적인 염색체 수에서 한두 개가 적거나 많은 경우의 염색체 이상을 **이수성**(aneuploidy)이라 한다. 이수성이 생기는 원인은 감수분열 과정에서 일부 염색체가 정상적으로 분리되지 못하고 한쪽 생식세포 속으로 함께 들어가는 **비분리**(non-disjunction) 현상에 의해 나타난 결

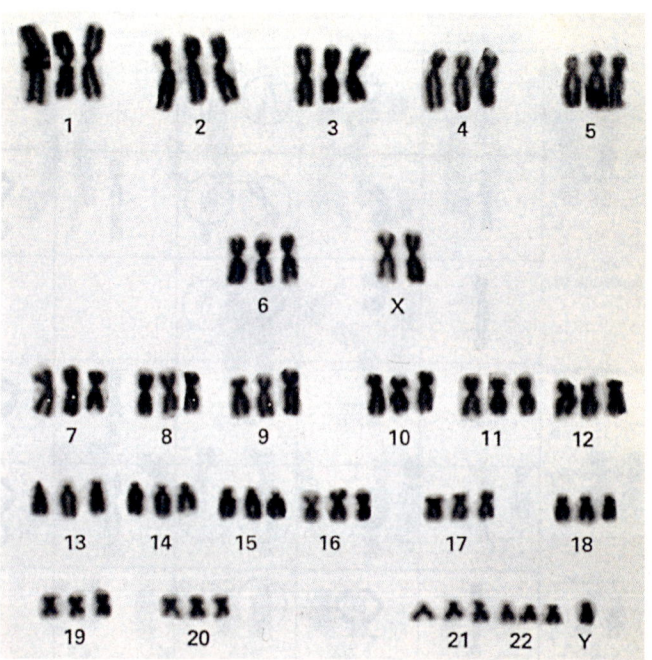

그림 8-9 자연유산된 태아에서 발견되는 3배체의 핵형

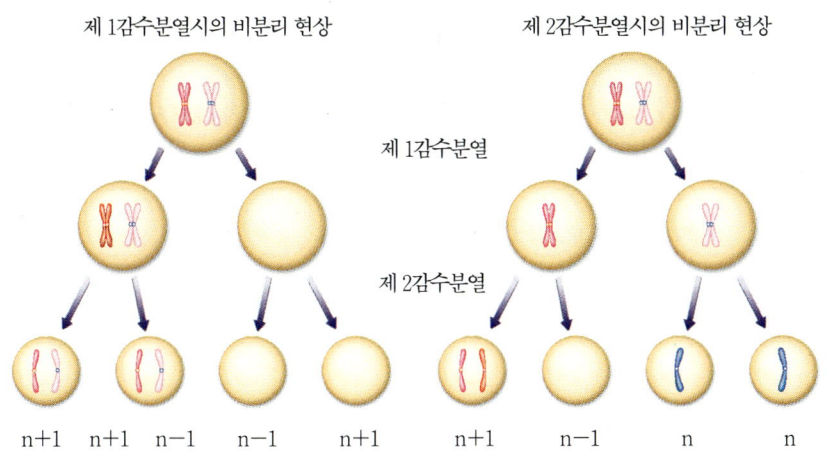

제1감수분열시의 비분리 현상          제2감수분열시의 비분리 현상

제1감수분열

제2감수분열

n+1    n+1    n−1    n−1    n+1    n+1    n−1    n    n

그림 8-10  제 1 또는 제 2 감수 분열 시기에 비분리 현상이 일어났을 경우 생성된 배우자는 비정상적인 염색체 수를 갖게 된다.

과이다(그림 8-10).

사람인 경우 이수성의 대표적인 예로는 21번 염색체가 **3염색체성** (trisomy)의 선천성 정신박약아인 "다운증후군"을 들 수 있다(그림 8-4). 이 밖에도 성염색체의 이수성과 관련하여 그림 8-11에서와 같은 **터너증후군**(Turner syndrome:XO) 및 **클라인펠터 증후군**(Klinefelter syndrome: XXY) 등이 있다(표 8-3). 특히, 이러한 다운증후군과 같은 염색체 이상

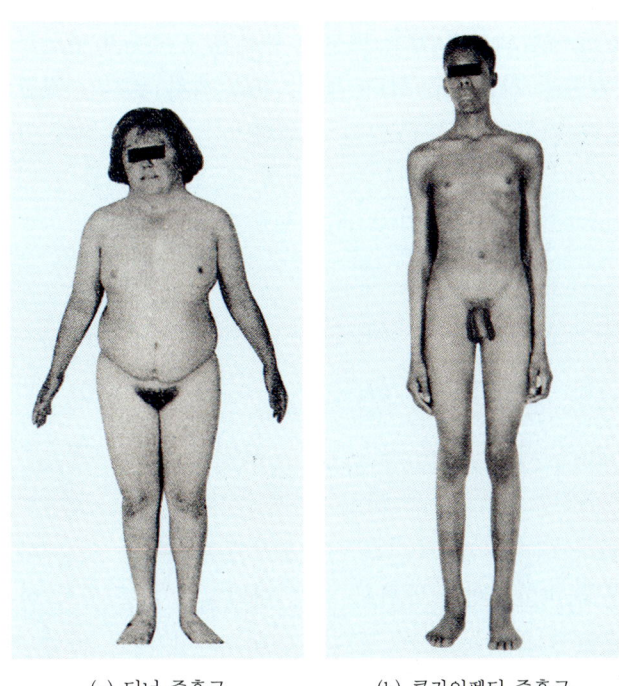

(a) 터너 중후군          (b) 클라인펠터 중후군

그림 8-11  성염색체의 이수성에 관련된 질환

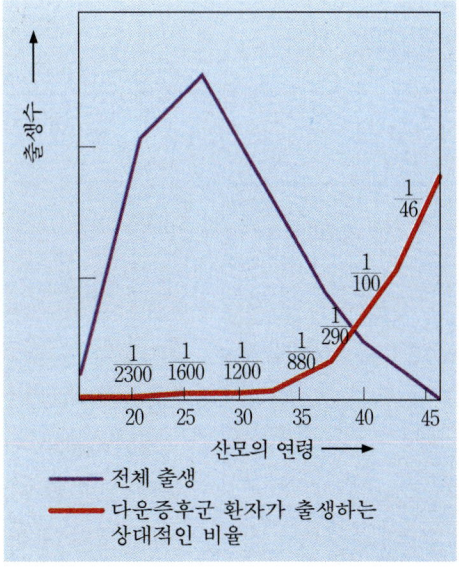

—— 전체 출생
—— 다운증후군 환자가 출생하는 상대적인 비율

그림 8-12  산모의 연령에 따른 다운증후군 환자의 출생률

표 8-3

사람에서 나타나는 대표적인 이수성의 예와 유전적 특징

| 증후군 종류 | 성 | 염색체 조성 | 출생빈도 | 특징적 증상 |
|---|---|---|---|---|
| 다운 | 남/녀 | 3염색체성 21 | 1/700 | 정신박약, 뚜렷한 손금, 혀의 돌출, 미간이 넓고 납작한 얼굴 |
| 터너 | 여 | XO | 1/5,000 | 불임, 짧은 목과 작은 키, 지능 저하 |
| 클라인펠터 | 남 | XXY | 1/2,000 | 불임, 작은 정소 및 유방 발달 |
| XYY | 남 | XYY | 1/2,000 | 정상이나 다소 성격이 포악 |

에 의한 기형아의 출생빈도는 산모의 나이가 많을수록 높아지는 것으로 보고되고 있다(그림 8-12).

## (5) 유전자 돌연변이와 유전질환

유전자 돌연변이란 유전물질인 DNA에 이상이 생겨 나타나는 돌연변이를 말한다. 유전자 돌연변이는 DNA의 염기가 치환되거나 또는 한두 개가 결실 및 중복되어 생기는 점 돌연변이(point mutation)가 그 대표적인 예가 된다.

이러한 점 돌연변이 중에서 단일염기 치환을 흔히 SNP(single nucleotide polymorphism)라고 하는데, 최근 인류의 게놈 프로젝트(genome project)가 완성됨에 따라 각국의 연구자들은 SNP를 찾고, 또한 이에 관련된 단백질의 기능을 조사함으로써 암을 비롯한 유전병 유전자의 진단과 치료를 위하여 많은 노력을 기울이고 있다. 또한, 한두 개의 염기가 결실되거나 중복되어 생긴 돌연변이의 경우는 그 돌연변이가 일어난 부위 이하부터 유전암호의 골격이 뒤바뀌게 되므로 이러한 점 돌연변이를 특히 구조이동 돌연변이(frame shift mutation)라고 한다.

그림 8-12 구조이동 돌연변이를 설명하는 예. 염기 하나가 삽입되면 (G:붉은색) 그 이하의 유전암호 구조가 변경되며, A염기가 결실 (△)되어도 같은 결과를 초래한다.

| 1. 정상형 : | CAT | CAT | CAT | CAT | CAT |
|---|---|---|---|---|---|
| 2. 염기삽입 : | CAG | TCA | TCA | TCA | TCA |
| 3. 염기결실 : | CAT | C△TC | ATC | ATC | ATC |

염기치환이 일어났다 하더라도 모두 다른 아미노산으로 바뀌는 것은 아니지만, 상당수는 다른 아미노산으로 바뀌게 되고, 단백질의 기능 역시 이상이 생겨 유전질환으로 나타나는 수가 많다. 그 대표적인 예는 적혈구 세포의 헤모글로빈 분자에 이상이 생겨 심한 빈혈증을 초래하는 겸상적혈구 빈혈(sickle-cell anemia)을 들 수 있다(그림 8-13).

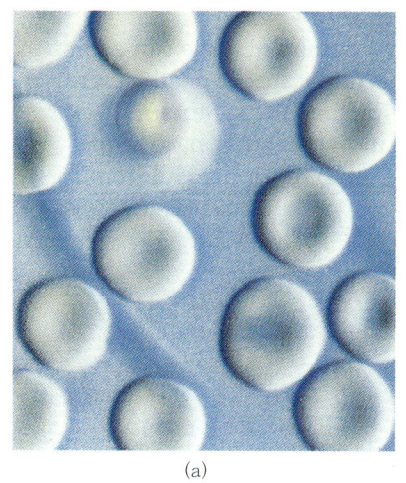 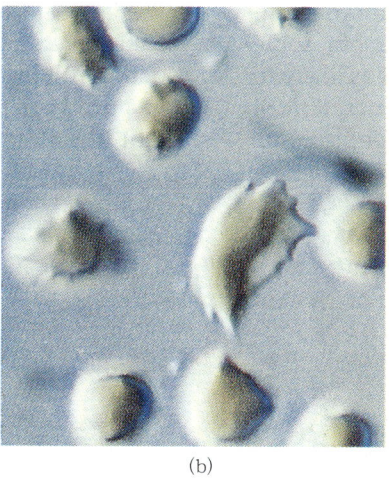

그림 8-13  정상적인 적혈구 (a)와 겸상적혈구(b) 를 나타내는 주사 전 자현미경 사진

(a)                    (b)

　정상적인 사람과 겸상적혈구 빈혈증인 사람의 차이는 146개의 아미노산으로 구성된 헤모글로빈 β사슬에서 단 하나의 아미노산이 치환된 것이 그 원인이다. 이는 정상적으로 있어야 할 6번째 아미노산인 글루탐산(glutamic acid)의 암호 GAG가 발린(valine)의 암호인 GTG로 염기치환이 일어났기 때문이다(그림 8-14).

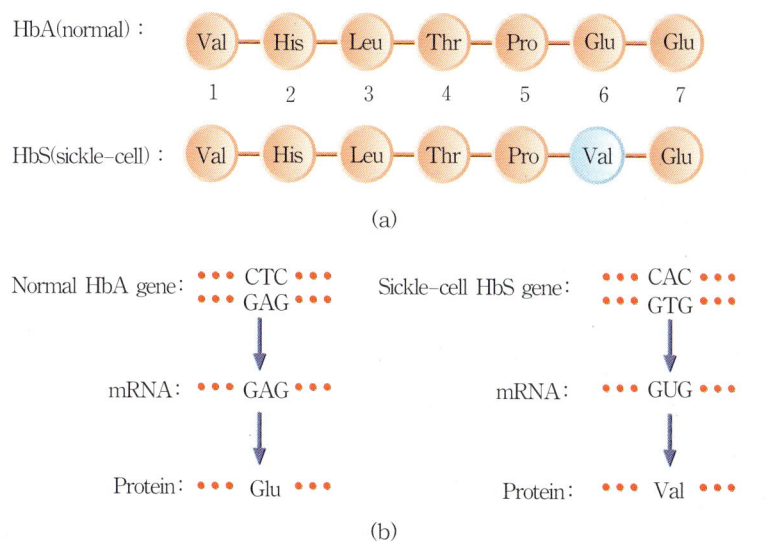

(a)

(b)

그림 8-14  정상적인 헤모글로 빈(HbA)과 겸상적혈구 헤모글로빈(HbS)의 β 글로빈 아미노산 서열 (a) 및 유전자 암호비 교(b)

　겸상적혈구 빈혈증 유전자가 동형 접합자(S/S)로 된 사람은 극심한 빈혈증으로 제대로 성장하지 못하고 일찍 사망하는 수가 많으나, 이형 접합자(A/S)인 사람은 정상적인 적혈구도 가지고 있기 때문에 일상생활에 큰 지장이 없으며, 또한 겸상적혈구 때문에 말라리아에는 잘 걸리지 않는 특징이 있다.

# 3. 법의학과 유전자감식

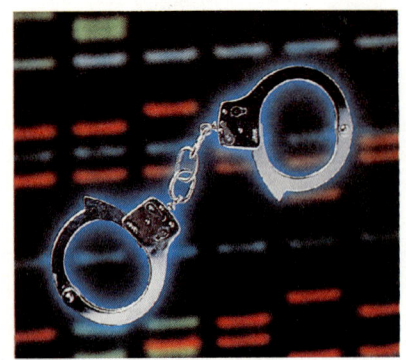

[DNA 프로필 검사와 과학수사]

법의학은 신체의 손상과 사망의 원인, 신원확인 또는 개인식별에 필요한 과학적 및 의학적 증거자료를 분석할 수 있는 방법과 원리를 연구하는 분야이며, 일반적으로 법과학(forensic science) 또는 법의학(legal medicine)을 통하여 법률적으로 문제가 되는 사건을 해결할 수 있는 중요한 단서를 얻을 수 있다. 여기에서는 최근 분자생물학과 집단유전학이 함께 접목되어 생긴 DNA 프로파일링(DNA profiling) 분야에서 유전자감식에 의한 개인식별 및 친자, 친족을 확인하는 방법과 그 원리에 대하여 알아보자.

## (1) DNA 프로필과 개인식별

1980년 보스테인(Bostein, D.)과 공동 연구자들은 일정한 DNA를 제한효소로 절단했을 때 생기는 단편이 개인마다 약간씩 차이가 있음을 발견하고 이를 RFLP(restriction fragment length polymorphism)라고 소개하였다. 그 후, 1985년 제프리스(Jeffreys, A.)는 RFLP기법을 이용하여 유전병과 관련된 DNA마커를 탐색하던 중 과변이(hypervariable) 부위를 발견하고 이를 개인식별에 활용할 수 있다고 했다. 이것은 마치 지문과도 같이 사람마다 다르기 때문에 DNA지문(DNA fingerprint)이라 한다. 그가 처음 사용한 "DNA지문" 분석은 사람에 따라 미오글로빈 유전자 내 여러 곳에 분포된 미니새틀라이트(minisatellite)라는 반복된 DNA 서열에 차이가 있다. 이들 반복서열의 핵심서열(GGGCAGGAXG)을 탐침(probe)으로 하여 서던 블로팅(Southern blotting) 방법으로 확인하면 개인별로 특이한 DNA 지문밴드가 나타나게 된다(그림 8-15).

### 도움말

• **RFLP**
제한효소 절단분획 다형. DNA 절편에 제한효소를 처리하여 전기영동을 할 때 나타나는 DNA 가닥의 유전자다형.

• **미니새틀라이트**
미세 부위체. DNA 단편부위.

그림 8-15 다중 유전자좌 탐침을 이용한 DNA 지문 분석과 법과학의 실례. 한 강간사건의 실례로 용의자 1은 피해자의 몸에서 나온 증거표본과 DNA프로필이 일치되고 있다.

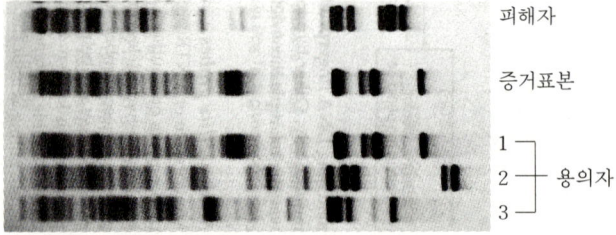

피해자

증거표본

1
2 ─ 용의자
3

세포 하나가 분열할 때마다 모든 DNA 분자는 복제가 이루어져야 한다. 따라서, 세포의 이러한 DNA 복제기구를 활용하면 어떤 DNA의 일정한 부분을 시험관 내에서 대량으로 복제할 수 있다. 즉, PCR(Polymerase Chain Reaction)란 기법을 통하여 동일한 DNA 절편(fragments)을 수억 개 이상 대량으로 증폭시킬 수 있다.

1983년 멀리스(Mullis, K. B.)가 처음 고안한 PCR 기법은 초기에 유전질환과 관련하여 질병의 진단과 원인 등을 연구하는데 사용되어 왔으나, 현재는 유전자감식 등과 같은 여러 분야에서 활용되고 있다. 즉, 범죄현장에서 수거한 소량의 혈흔이나 머리카락 또는 정액 등으로부터 PCR 방법에 의해 DNA를 증폭하여 유전자감식에 사용하게 된다.

PCR는 시험관 내에서 어떤 DNA의 일정한 부분을 급속히 증폭하는 것으로, 마치 책을 복사하는 원리와 같은데, 책 한 권을 모두 복사하는 것이 아니라 원하는 일부 페이지만을 선택적으로 복사하는 것과 같다(그림 참조). 따라서, PCR에 필요한 것은 ① 복제에 사용되는 주형 DNA(template DNA), ② 복제시킬 표적서열(target sequence)의 3′ 양측 말단부위에 상보적으로 결합될 수 있는 프라이머 DNA, ③ DNA의 전구물질(precursor)인 4종류의 dNTP(dATP, dCTP, dGTP, dTTP), ④ DNA 중합효소인 $Taq$1, ⑤ DNA 복제의 활성도를 높이는 $Mg^{2+}$ 등을 포함한 완충용액과 ⑥ PCR 더멀사이클러(Thermal cycler)라는 PCR 증폭기가 필요하다.

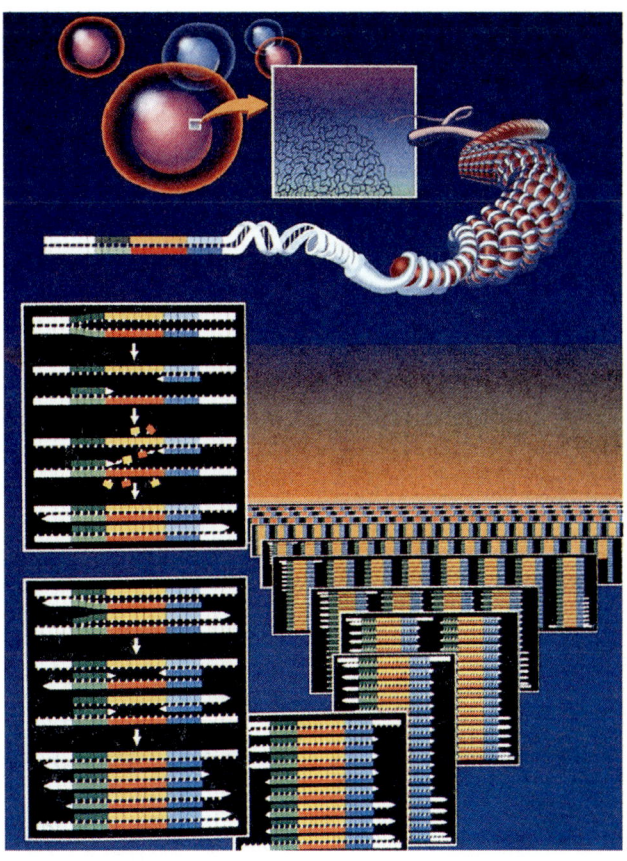

오른쪽 그림과 같이 PCR의 첫단계는 열처리에 의해 주형 DNA가 단일가닥으로 해체된다(denaturing). 두 번째 단계는 더멀사이클러에 의하여 일정한 온도로 약간 내려가면 두 종류의 프라이머 DNA가 표적서열의 3′ 양측 말단부위에 상보적으로 결합된다(annealing). 세 번째 단계에서는 약간 온도가 상승하면서 DNA 중합효소에 의하여 표적 DNA 염기서열과 상보적으로 맞는 DNA가 점차 복제되게 된다(extension). 이러한 세 단계가 한 사이클이 되어 계속적으로 반복되면 새로이 합성된 표적 DNA는 다시 주형 DNA로 사용되기 때문에 기하급수적으로 증폭된다. 따라서, 새로이 합성된 DNA 가닥수는 $2^n$으로 증폭($n$:사이클수)되기 때문에, 30사이클 후에는 수억 개 이상의 동일한 DNA서열을 얻을 수 있다.

[PCR에 의해 표적 DNA 부분이 증폭되는 원리의 설명도]

그러나 제프리스와 동료들이 확인한 이러한 DNA 지문은 여러 유전자좌를 동시에 분석하는 다중탐침(multilocus probes)을 사용했기 때문에 DNA지문의 밴드들이 어떤 유전자좌에서 나타난 것인지 알 수 없다.

최근에는 DNA지문이란 용어 대신에 그 과정을 보다 적절하게 표현할 수 있는 용어로 DNA타이핑(DNA typing) 또는 DNA프로파일링(DNA profiling)이란 말을 더 선호하여 사용하고 있다. 더욱이 1986년 PCR이란 분자생물학적 기법이 멀리스(Mullis, K.B.)에 의해 발명(그는 나중에 노벨상을 받음)되면서 RFLP와 PCR 기법은 DNA 프로파일링 분야의 기초가 되었다.

## (2) DNA 마커와 DNA 프로필 분석법

DNA 프로파일링에 사용되는 유전자 마커는 대부분 기능이 없는 유전자들로서, 가장 많이 사용되고 있는 표준화된 마커는 마이크로새틀라이트(microsatellite), 또는 STR(short tandem repeat)라고도 부르는 짧은 직렬 반복부위이다. 그러나 일부는 미니새틀라이트 또는 VNTR(variable number of tandem repeat)라는 다수 직렬 반복부위가 활용되기도 한다. 사람의 유전체 내에서 1~6 bp의 직렬 반복부위를 나타내는 유전자 마커를 STR라 한다(그림 8-16).

이에 반하여 10~50 bp 단위로 직렬 반복된 부위, 즉 VNTR 마커는 일부 염색체 부위에만 제한적으로 분포되어 있으며, 다형의 정도가 비교적

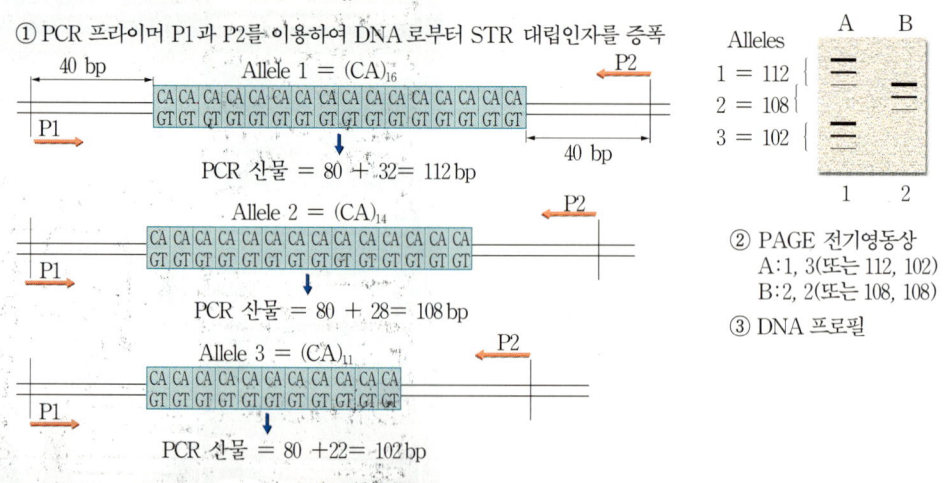

① PCR 프라이머 P1과 P2를 이용하여 DNA로부터 STR 대립인자를 증폭

그림 8-16 CA 염기가 다양하게 반복된 한 STR유전자좌를 PCR방법으로 분석하는 원리. 사람의 어떤 한 유전자좌에서 CA 염기가 각각 16, 14, 그리고 11번 반복된 다형을 나타낼 때, A와 B 두 사람의 STR 프로필을 분석하면 그림에서처럼 A와 B의 유전자형은 각각 1,3 그리고 2,2로 나타날 수 있다.

낮기 때문에 최근에는 활용성이 낮아지고 있다. 그러나 STR는 전체 염색체 유전체 내에 고르게 분포되어 있으며, 다형의 정도가 높고, 특히 PCR 방법으로 분석이 간편하며 대립인자의 결정 역시 쉽고 정확하기 때문에 유전자 지도작성, 개인식별, 진화 유전학 분야 등에 유용하게 사용된다.

## ① 상염색체 DNA 마커 분석에 의한 친자확인 및 개인식별

상염색체에 위치한 STR 마커를 이용한 DNA 프로파일링 과정을 살펴 보자. 사람의 7번 염색체에 위치하는 STR 마커인 D7S820은 AGAT 염기의 반복(5′-AGATAGATAGAT……AGAT-3′) 횟수에 차이를 나타내는 9종류의 대립인자(6~14)가 인류집단에서 발견되고 있다. 즉, AGAT가 사람에 따라 6~14회까지 반복된 차이를 나타낸다. 현재 국제적으로 공인된 STR 마커의 대립인자 표기방법은 반복횟수로 나타내게 되어 있다. 예를 들어, 어떤 한 사람을 대상으로 D7S820마커의 DNA프로필을 조사해 보면, 각각 부모로부터 물려받은 두 개의 7번 상동염색체가 AGAT 염기를 각기 11회와 13회 반복된 염색체일 수 있다. 이 때 DNA프로필은 11,13으로 나타낸다.

그러나 또 다른 사람은 10회와 11회 반복되는 DNA프로필 (10,11)로 표시될 수 있으며, 한편 어떤 사람은 7번 상동염색체가 각각 10회 반복된 동형 접합자의 프로필(10,10)로 나타날 수도 있다. 이는 마치 혈액형이 AB인 사람은 부모로부터 각각 $I^A$와 $I^B$ 유전자를 물려받고, O형인 사람은 각각 $I^O$ 유전자를 하나씩 물려받은 것과 같은 원리이다.

[ 11종류의 STR 마커에 관한 형광표지 및 자동 DNA 절편분석에 의한 DNA 프로필 분석]

그림 8-17에서와 같이 어떤 한 가계를 대상으로 친자확인 검사를 실시 하여 나타난 일부 DNA 프로필을 보면, 아들 II-3은 I-1의 친자가 아닐 가능성이 매우 높다고 판단할 수 있다. PCR에 의한 다중증폭(multiplex) 에 의해 조사된 3종류의 STR마커 중에서 D13S317과는 달리, D16S539 와 D7S820에서 II-3은 I-1로부터 받은 유전자가 없기 때문이다.

즉, 아들 II-3은 D16S539 마커의 DNA 프로필이 8,14로 분석되었는데, 이는 어머니 I-2(8,9)로부터 대립인자 8을 받았다고 볼 수 있으나 나머지 대립인자 14는 I-1(11,11)로부터 받을 수 없다. 또한, D7S820마커에서 아들 II-3은 DNA프로필이 10,10으로 분석되었기 때문에, 어머니 I-2 (10,13)로부터 대립인자 10을 받았다면 또 다른 대립인자 10은 I-1로부터 받아야 되는데, I-1의 DNA 프로필이 7,11이기 때문에 친부가 아닐 가능성이 매우 높다.

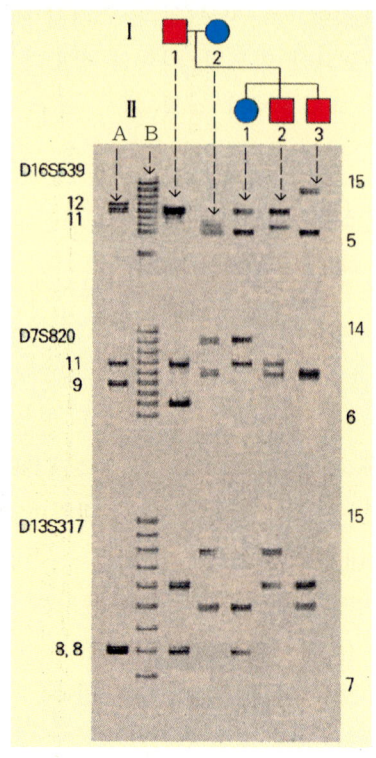

그림 8-17　사람의 상염색체에 위치하는 3 종류의 STR 마커를 대상으로 다중 PCR 분석을 하여 나타난 어떤 집안의 가계도 및 DNA 프로필 전기영동상. II-3은 I-1의 친자녀에서 배제될 확률이 매우 높다.

A : 대조군 DNA표본
B : allelic ladder
(size marker)

## ② Y염색체 DNA 마커 분석에 의한 친자확인 및 개인식별

Y염색체의 대부분을 차지하는 NRPY(non-recombining portion of Y)부위는 부계로만 유전되기 때문에 정상적인 핵형(46, XY)을 지닌 남자는 단일부계를 통하여 자신의 계통을 추적 확인할 수 있다(그림 8-17).

예를 들어 Y염색체의 NRPY특정부위에 한 돌연변이가 일어났을 때, 그 돌연변이 유전자는 세대를 통하여 교차없이 다른 유전자들과 연관상태를 그대로 유지하게 된다. 따라서, 같은 부계혈통이라면 모두 같은 DNA 프로필을 갖기 때문에 Y염색체 DNA는 부자간은 물론, 부모나 부계조상이 사망한 경우에도 형제지간, 삼촌-조카, 조부-손자간 등이 같은 부계친족인지(성씨 확인)를 확인할 수 있는 장점이 있다. 현재 남북 이산가족의 1세대들이 대부분 사망하고 있는 시기이기 때문에 앞으로 세대의 이산가족끼리 서로 확인하여야 할 경우가 생길 때는 이러한 Y염색체 DNA가 매우 유용하게 활용될 것이다.

이와 달리, 상염색체나 X염색체는 거의 세대마다 상동염색체끼리 교차에 의해 연관상태가 빈번히 바뀌게 되며, 또한 다음 세대에 전달될 때에도 부모가 가지고 있던 두 상동염색체 중 어느 한 염색체가 자식에게 1/2

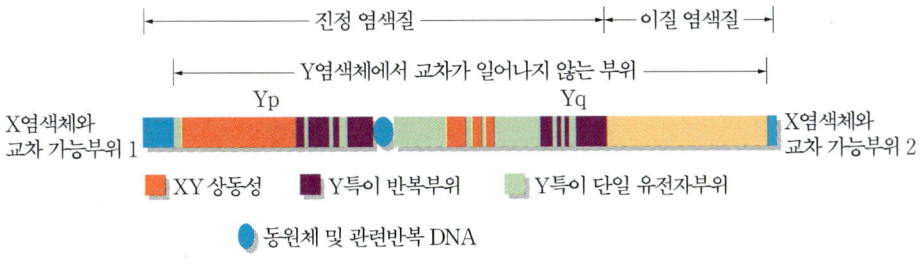

그림 8-18 Y염색체의 모식도

의 확률로 전달된다. 앞에서 설명한 바와 같이, 상염색체에 위치하는 유전자라면 형제자매 사이에도 서로 다른 DNA 프로필(유전자형)로 나타날 수 있기 때문에, 반드시 부모가 생존하거나 DNA시료가 있어야만 확인이 가능하다. 그러나 Y염색체 DNA를 분석하면 부모나 조상의 DNA 표본없이도 부계친족확인이 가능하며, 특히 성범죄와 관련하여 남녀조직의 혼합시료(예: 여성의 세포조직과 남성의 정액)로부터 가해자를 밝혀 낼수 있다. 상염색체 DNA는 남녀가 모두 가지고 있으므로, 상염색체 유전자 마커를 조사하면 남녀의 DNA 프로필이 혼합되어나타난다.

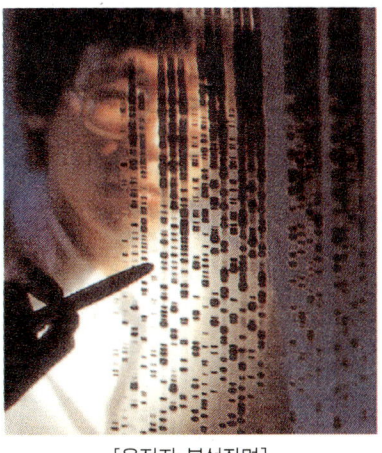

[유전자 분석장면]

그러나 Y염색체는 남자만 가지고 있기 때문에 남녀조직이 혼합된 시료라 할지라도 남자의 Y염색체 DNA만이 특이적으로 분석될 수있는 장점이 있다.

Y염색체에 위치하는 DYS19라고 하는 STR마커는 GATA염기(5′-GATAGATA……GATA-3′)가 남자에 따라 12~18회까지 다양하게 반복하여 모두 7종류의 대립인자(12~18)가 존재하는 것으로 알려져 있다. 어떤 한 가계를 대상으로 친자확인 검사를 했을 때, 조사된 아버지가 DYS19마커의 DNA프로필이 16으로 나타났다면 친아들도 반드시 DYS19마커에서 동일한 대립인자 16을 가지고 있어야 한다.

예를 들면, 그림 8-19에서처럼 아버지 I-1은 DYS392, DYS19, 그리고 DYS288 마커에서 각각 14, 16, 13의 대립인자를 갖는 것으로 나타났기 때문에 이와 동일한 DNA 프로필을 가지고 있는 II-2는 친아들일 확률이 높다. 그러나 II-3의 경우는 DYS19의 대립인자가 15로 나타났기 때문에 친아들이 아닐 확률이 높다고 판단된다. 이러한 경우 적어도 10여 종류 이상의 Y-STR 마커를 대상으로 조사해야 하며, II-3의 DNA프로필이 I-1과 적어도 3종류 이상의 마커에서 차이를 보이면 친아들이 아닐 확률은 거의 100%에 가깝다.

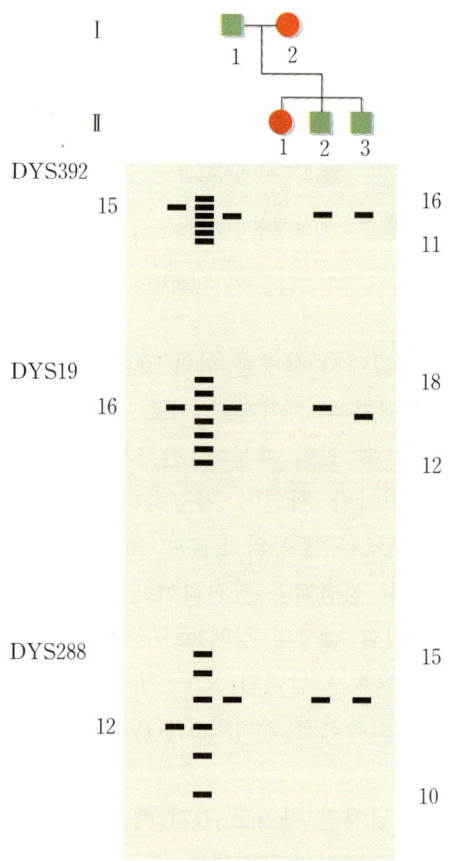

그림 8-19 사람의 Y염색체에 위치하는 3 종류의 STR 마커를 대상으로 다중 PCR 분석을 통하여 나타난 어떤 집안의 가계도 및 DNA 프로필 전기영동상. Ⅱ-3은 Ⅰ-1의 친자녀가 아닐 확률이 매우 높다.

### ③ 미토콘드리아 DNA 분석에 의한 친자확인 및 개인식별

미토콘드리아라는 세포 내 소기관은 세포질에 있으면서 세포 내 호흡작용에 의해 에너지를 생산하며, 자신의 DNA(mtDNA)로 자기복제가 가능하다. 미토콘드리아는 한 세포 내에 수백 내지 수천여 개 이상 존재하기 때문에 핵 DNA와는 달리 머리카락뿐만 아니라 오래된 뼈나 치아에서도 mtDNA분석이 가능하다.

mtDNA는 핵 내 염색체와 같이 선상으로 되어 있지 않고, 세균의 염색체처럼 고리모양의 환상구조를 하며, 전체적으로는 약 16.5kb(16,569 bp)의 DNA로 구성되어 있다(그림 8-20). 이러한 mtDNA는 핵 내의 DNA에 비하여 돌연변이율이 약 10 배 이상 높고, 특히 D-loop라고 부르는 부위는 유전정보로서 기능이 없는 곳이기 때문에 돌연변이가 일어나더라도 적응적으로 선택을 받지 않고 그 돌연변이 정보가 대대로 축적되므로 다양성이 매우 높다. 따라서, mtDNA의 D-loop 내에서 유전적으로 매

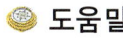

그림 8-20  사람의 미토콘드리아(mtDNA)에 위치한 D-loop 내의 과변이 1(HV1) 및 과변이 2 (HV2) 부위

우 다양한 부위를 각각 과변이 1(hypervariable 1: HV1)과 과변이 2 (hypervariable 2, HV2) 부위로 구분하여 이 곳의 DNA 염기서열을 분석함으로써 모계친족 확인은 물론 인류의 기원을 연구하는데 유용한 마커로 사용되고 있다.

현재 mtDNA의 HV1, 2 부위의 염기서열을 혈연관계가 없는 사람끼리 비교했을 때, 약 1~2.3% 정도(100 bp당 약 1~2 bp) 차이가 있는 것으로 보고된 바 있다. 예를 들면, 백인(유럽인)들의 경우 HV1과 HV2 부위 모두를 조사하였을 때, 개인 간에 평균 약 8곳에서 염기서열에 차이가 있는 것으로 알려져 있다. 따라서, mtDNA의 HV1과 2 부위를 염기서열 분석을 했을 때, 개인마다 고유한 염기서열을 나타내는 DNA프로필을 확인할 수 있다.

또한, mtDNA의 D-loop 내에 있는 HV1과 HV2 부위의 DNA 염기서열은 개인식별뿐만 아니라 인류의 진화과정 및 기원을 연구하는데 매우 유용한 정보를 지니고 있다. 최근 네안데르탈인(Neanderthal)의 유골로부터 mtDNA의 HV1과 HV2 부위의 DNA염기서열을 분석한 결과(그림 8-21) 현대인(*Homo sapiens*)과는 매우 다른 염기서열을 지니고 있었기 때문에 이들을 오늘날 유럽 백인의 조상으로 보았던 일부가설이 잘못된 것으로 밝혀졌다(그림 8-22).

즉, 조사된 현대인 10명은 모두 같은 그룹(cluster)에 묶인 반면, 세 계통의 네안데르탈인과 두 종류의 침팬지는 각각 다른 위치에서 묶이고 있다. 표시된 수치는 통계학적 분석결과로 이러한 형태로 묶일 수 있는 빈도(bootstrap %)를 뜻한다(그림 8-22).

🟡 **도움말**

• **네안데르탈인**

화석인류의 하나. 1856년에 독일 네안데르탈의 석회동굴에서 두개골이 발견되어 이와 같이 명명되었다. 현존인류와 유인원의 중간형질을 갖추고 있다.

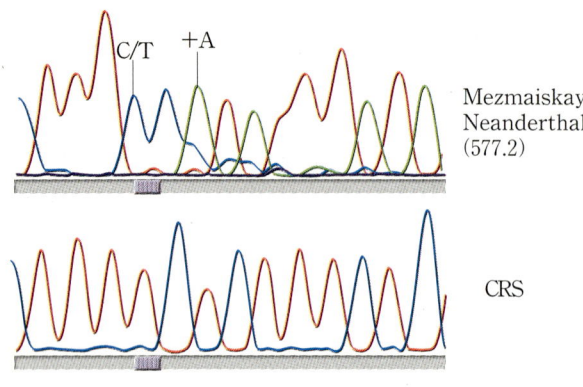

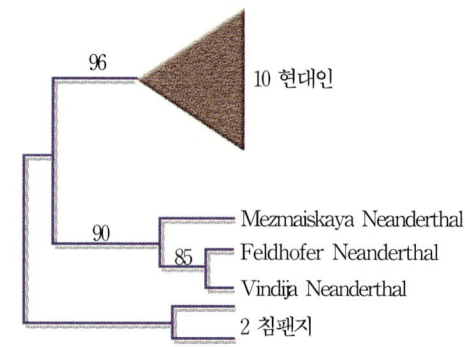

그림 8-21  Mezmaiskaya Neanderthal(577.2)인과 현대인(CRS)의 mtDNA HV1 부위의 일부 DNA 염기서열을 자동 염기서열 분석기에 의해 조사된 사진. 네안데르탈인의 경우, 현대인과는 달리 16,263 번째 위치에 A 염기가 하나 더 삽입되어 있으며, 16,262번째 염기가 C에서 T로 치환되어 있다.

그림 8-22  mtDNA의 염기서열을 이용하여 네안데르탈인과 현대인 그리고 침팬지의 진화적 유연관계를 비교분석한 계통수

## (3) 유전자감식의 일치확률과 결과판정

일반적으로 친자확인 검사결과, 조사된 10여 종류 이상의 STR 유전자 마커 중에서 3종류 이상의 마커에서 DNA 프로필이 일치하지 않으면 검사를 종료하고 100% 친부가 아니라고 판정된다. 매우 낮은 확률로 조사된 10여 종류의 유전자 마커 가운데 한 유전자에서 돌연변이가 일어나 친자 간에 불일치되는 경우는 간혹 있을 수 있으나, 3 종류 이상에서 동시에 돌연변이가 일어날 확률은 거의 0%에 가깝기 때문이다. 또한, 범죄수사와 같은 개인식별의 경우, 증거표본과 용의자의 DNA프로필이 일치하지 않는 경우는 친자확인과 마찬가지로 100% 아니라고 판정된다.

한편, 조사된 10여 종류 이상의 유전자 마커에서 모두 일치한 경우라도 100% 확신할 수는 없으며, 집단 유전학적 통계자료 및 일치확률 계산에 근거하여 판정해야 한다(하나 더 알기 참조). 따라서, DNA프로파일링에 의한 친자확인 및 개인식별 판정시에는 실험적 분석기법도 중요하지만, 조사된 집단 내에서 각각의 유전자 마커들에 대한 대립인자들의 빈도와 **법과학적 통계값**(forensic parameter)이 먼저 조사되어 있어야 한다.

개인식별 검사는 친자확인 검사와 달리 특정 사람들 또는 표본 간에 DNA 프로필이 일치하는지를 검증하는 것이다. 이 경우에는 혈액흔 또는 정액, 타액, 체모, 뼈조각 등 극히 소량의 증거물만으로도 두 사람 또는 시료 간에 DNA 프로필 일치여부를 정확히 분석해 낼 수 있다.

일반적으로 범죄수사에 필요한 개인식별의 경우, 다른 정황증거 없이

DNA 프로필만으로 혐의자를 유죄로 판정할 수 있으려면 적어도 $10^{-10}$ 이하의 확률로 우연의 일치(probability of match, PM)가 될 수 있는 경우라야 한다. 이것은 범죄자가 아님에도 불구하고 그 집단 내에서 우연에 의해 실제 범죄자의 DNA 프로필과 일치된 프로필이 나타날 수 있는 확률, 즉 PM값이 집단 유전학적 통계분석에 따라 $10^{-10}$ 이하까지 내려가야 한다는 것이다.

예를 들면, 사건현장에서 수거한 증거표본(혈흔)으로부터 혐의자의 혈액형이 O형으로 분석되었다면, O형이 아닌 사람의 경우는 혐의자가 아니라고 할 수 있으나, 그 집단 내에서 O형인 사람은 혐의자가 아니면서도 우연에 의해 혐의자의 혈액형과 일치될 수 있기 때문이다. 따라서, ABO식 혈액형에서처럼 한 종류의 유전자만을 조사하면 혐의자 또는 친자가 아니면서도 같은 유전자형으로 나타날 수 있는 확률(PM)이 높기 때문에 가능한 여러 종류(STR의 경우, 최소한 15종)의 STR 유전자 마커를 대상으로 조사하여야 한다.

## 하나 더 알기 — 법과학적 표본 빈도계산 및 결과해석

어떤 형사사건에서 증거표본과 용의자 세 사람의 DNA 프로필을 분석하였을 때, 이를 통하여 표본 빈도계산을 하는 원리를 살펴보자. 다음의 표에서 알 수 있는 바와 같이 사용된 DNA마커는 4 종류의 STR유전자좌를 대상으로 했다.

[표 1]    어떤 형사사건에서 분석된 일부 유전자감식(DNA profiling) 결과

| 유전자좌 | 증거표본 | 용의자 1 | 용의자 2 | 용의자 3 |
|---|---|---|---|---|
| TH01 | 7, 9 | 7, 9 | 6, 9 | 7, 9 |
| TPOX | 8, 9 | 8, 9 | 11, 12 | 8, 11 |
| CSF1PO | 10, 12 | 10, 12 | 12, 12 | 11, 12 |
| vWA | 16, 16 | 16, 16 | 14, 18 | 14, 14 |

[표 2]    형사사건이 일어난 집단에서 조사된 유전자 빈도(일부 대립인자 빈도는 생략)

| 대립인자 | TH01 | TPOX | CSF1PO | vWA |
|---|---|---|---|---|
| 7 | 0.250 | — | — | — |
| 8 | — | 0.516 | — | — |
| 9 | 0.489 | 0.118 | — | — |
| 10 | — | — | 0.243 | — |
| 12 | — | — | 0.392 | — |
| 16 | — | — | — | 0.195 |

이 결과를 근거로 볼 때, 용의자 2와 3의 경우는 증거표본과 DNA프로필이 일치하지 않기 때문에 100% 배제될 수 있다. 한편, 용의자 1은 증거표본과 DNA프로필이 일치하고 있다. 그러나 용의자 1의 경우, 그 집단 내에서 범인이 아니면서도 우연히 범인과 같은 DNA프로필로 나타날 수 있는 일치확률(PM)을 알아야 한다. 즉, 그 집단 내에서 무작위로 추출된 어떤 한 사람이 증거표본과 동일한 DNA프로필을 지니고 있을 확률은 다음과 같이 계산될 수 있다.

(1) 동형접합자로 나타난 유전자좌(vWA)의 인자형 빈도계산은 다음과 같다 :

$$p^2 + \text{correction factor}(p(1-p)\bar{\theta}) = (0.195)^2 + (0.195)(1-0.195)(0.01) = 0.0396$$

(2) 이형접합자로 나타난 유전자좌의 인자형 빈도계산 :

2×대립인자 1의 빈도×대립인자 2의 빈도 :

- TH01 = 2×(0.250)×(0.489) = 0.2445
- TPOX = 2×(0.516)×(0.118) = 0.1218
- CSF1PO = 2×(0.243)×(0.392) = 0.1905

따라서, 조사된 4개 유전자좌를 통합한 전체 프로필의 빈도계산은 그 집단 내에서 이들 유전자좌들이 서로 연관되어 있지 않고 독립적인 관계가 있다고 볼 때, 각각의 빈도끼리 곱하게 된다 :

$$0.0396 \times 0.2445 \times 0.1218 \times 0.1905 = 2.3 \times 10^{-4}$$

계산된 바와 같이 그 집단 내에서 약 1/5,000($2.3 \times 10^{-4}$)의 빈도로 우연의 일치확률(PM)이 있다. 이러한 확률은 그 집단 내에서 범죄자가 아니면서도 범죄자 증거표본의 DNA프로필과 일치될 수 있는 확률을 뜻하며, 범죄자의 DNA프로필과 일치되었으나 범죄자가 아닐 확률과는 다른 의미이다. 만약, 그 집단의 인구수가 수만 명이 넘는다면 증거표본과 동일한 DNA프로필을 지닌 사람이 여럿 있을 수 있으므로 다른 정황증거 없이 이 DNA프로필 결과만으로 범죄사실을 입증하기가 어렵다.

일반적으로 다른 정황 증거없이 DNA프로필만으로 혐의자를 유죄로 판정할 수 있으려면 적어도 $10^{-10}$ 이하의 일치확률이 나타날 수 있도록 더 많은 유전자 마커를 조사해야 할 것이다.

## ♣ 제퍼슨 대통령의 흑인후예?

미국의 제3대 대통령 토머스 제퍼슨이 흑인노예 샐리 헤밍스와의 사이에 톰 우드슨이라는 아들을 얻었다는 주장은 기존의 상염색체 DNA 검사로는 확인이 불가능하지만 Y염색체 DNA프로필을 조사하면 알 수 있다. 최근의 기사에 의하면 제퍼슨은 흑인 아들을 두지 않은 것으로 드러났다고 한다. 톰 우드슨의 셋째 아들의 후손으로 현재 오하이오주 데이턴에 살고 있는 토머스 우드슨 목사의 유전자를 감식한 결과 제퍼슨 가문에서 발견되는 특이한 Y염색체가 발견되지 않았다고 발표한 것이다. 그는 이전에 샐리 헤밍스의 막내 아들 이스턴 헤밍스의 후손에 대한 DNA조사에서도 혈연관계가 입증되지 않았다면서, 샐리 헤밍스의 자식 중 한 명 또는 전부가 제퍼슨의 후손이라던 토머스 제퍼슨 기념재단과 우드슨 후손들의 주장을 반박했다. 그 기념재단은 1998년 이스턴의 유전자가 제퍼슨의 후손인 필드 제퍼슨의 유전자와 일치한다는 조사위원회의 유전자 감식결과를 수용하여 제퍼슨의 흑인자손을 인정한 바 있었다.

이와 같이 현재 제퍼슨의 백인후손 남자와 흑인노예 샐리 헤밍스의 후손남자를 대상으로 Y염색체 DNA프로필을 비교하면 분명히 알 수 있다. 그러나 만약 같은 프로필로 나타났더라도, 제퍼슨가의 흑인후손으로는 인정될 수 있으나, 반드시 제퍼슨의 자손이라고 할 수 없다. 왜냐하면, 토머스 제퍼슨의 형제 또는 제퍼슨가의 부계혈통은 모두 똑같은 Y염색체의 DNA프로필을 가지고 있기 때문이다. Y염색체 DNA프로필은 같은 부계혈족이면 모두 동일한 타입으로 나타나기 때문에 친자확인이나 개인식별 검사시, 특히 범죄수사에서는 상염색체 DNA프로필 검사는 물론 다른 증거자료도 함께 제시되어야 한다.

# 요 약

　오늘날 유전학의 기초가 된 멘델의 원리는 분리의 원리와 독립의 원리로 설명될 수 있으며, 이를 계기로 유전의 융합설 개념이 입자설로 바뀌게 되었다.

　생물의 형질결정(예: 성결정 등)과 염색체의 행동양상이 일치한다는 사실을 통하여 "유전자는 염색체에 존재한다"는 염색체설이 제기되었으며, 이는 초파리의 염색체 지도작성에 의해 실험적으로 증명되었다. 유전질환은 흔히 유전자 돌연변이와 염색체 이상이 원인이 되어 나타나게 되는데, 유전자 돌연변이는 DNA의 염기치환이나 구조이동 돌연변이에 의해, 그리고 염색체 돌연변이는 수적 및 구조적 이상에 의해 나타난다.

　법과학 또는 법의학 분야에서는 신원확인이나 개인식별 또는 친자확인 등에 필요한 과학적 증거자료로 유전자 지문감식에 의한 DNA프로필을 비교 분석하게 된다. DNA프로필 분석방법은 미량의 조직세포로부터 DNA를 추출한 후, 국제적으로 공인된 STR 유전자 마커들에 대한 유전인자형(DNA프로필)을 PCR 증폭 및 전기영동방법에 의해 분석하게 된다.

　상염색체의 위치는 유전자 마커와는 달리, Y염색체 DNA와 미토콘드리아 DNA는 각각 부계와 모계를 통해서만 유전되는 특징이 있기 때문에, 부계 및 모계혈족 간의 혈연관계를 분석하는 데 사용된다.

## 탐구문제

*1.* 다운증후군 환자는 주로 어떤 핵형을 가진 사람들에서 볼 수 있으며, 이러한 염색체 돌연변이, 즉 이수성(aneuploidy)은 생식세포 분열시기에 어떤 원인에 의해 발생되는지 알아보자.

*2.* 사람의 유전체 내에 분포되어 있는 마이크로새틀라이트 또는 STR라고도 부르는 DNA가 개인식별에 유용한 유전적 마커로 활용되는 이유는 무엇인지 알아보자.

*3.* 오른쪽 두 그림은 어떤 여자(M)가 자신이 낳은 아기(C)의 친아버지가 A와 B 둘 중에서 누구인지를 알기 위하여 친자확인 검사를 하여 나타난 DNA프로필의 일부, 즉 두 유전자좌(locus 1,2)에 관한 실험결과이다. 검사한 아기의 친부는 A와 B 중에서 누구일 가능성이 큰지 알아보자. 왜 그렇다고 생각하는지 설명하여 보자.

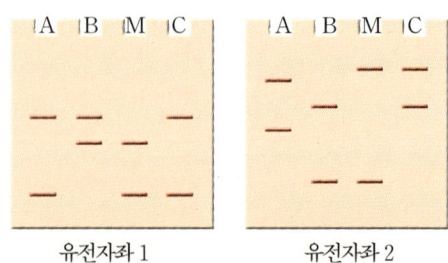

유전자좌 1 　　　　유전자좌 2

# 생명공학과 유전체 연구

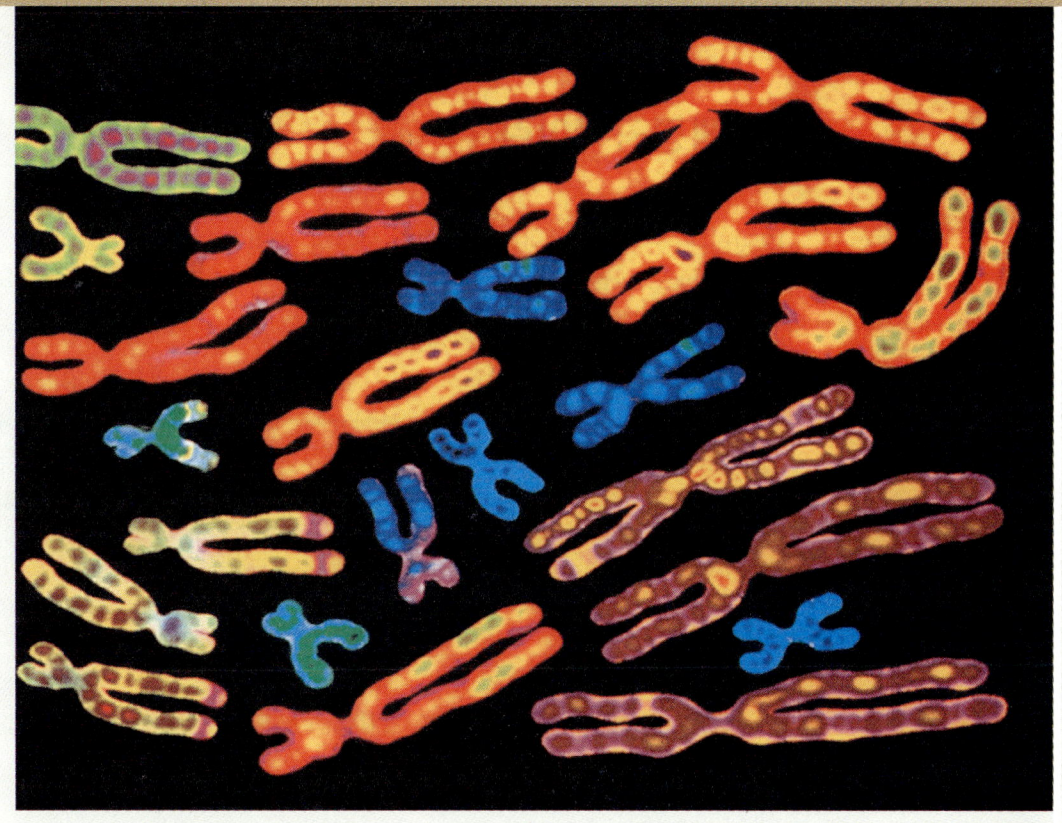

**9.** 생명공학의 이해

**10.** 생명복제

**11.** 유전체 연구와 인류의 미래

오늘날 새로운 유전공학 기법의 개발과 더불어 생명의 신비를 조명하고, 생명 자체를 복제할 수 있는 생명공학의 발전은 우리 인류에게 밝은 희망을 안겨주고 있다.

여기에서는 유전공학의 원리와 생명복제 과정을 포함한 생명공학의 활용방안, 유전체 연구와 인류의 미래에 대해 알아보자.

# 9. 생명공학의 이해

## 1. 생명공학이란?

📀 도움말

● 인간게놈 프로젝트
인체 유전자의 염기쌍 순서
와 기능을 규명하여 정밀한
유전자 지도를 만들고, 그
유전자 내의 정보를 캐내려
는 계획.

1950년대 분자생물학의 출현 이후 눈부신 발전을 거듭해 온 생물학 분야는 인간게놈 프로젝트(HGP, human genome project)의 완성과 더불어 21세기의 중심산업으로 자리매김하고 있다.

생명공학은 생물체를 수단으로 하여 인류생존에 직접적으로 영향을 미치는 물질을 연구하거나 생산하는 분야로서, 의약품, 식품, 바이오에너지 및 환경관련 분야, 발효산업, 농축산 및 해양수산 분야 등에 커다란 파급효과를 미치는 첨단과학이다.

표 9-1           생명공학 산업분야와 범위

| 분 야 | 범 위 |
|---|---|
| 생물의약 | 호르몬, 혈액관련 제제, 항암제, 항생제, 성장인자류, 면역제, 신경전달물질, 백신, 진단시약, 유전자 요법, 인공장기 등 |
| 생물화학 | 생분해성 고분자, 아미노산, 유기산, 기능성 다당류, 공업용 효소, 향료, 색소, 계면 활성제, 범용 화학물질, 생체재료 등 |
| 생물환경 | 환경정화용 미생물제 및 공정, 대기탈황, 탈취제, 응집제, 생물학적 환경오염처리(bioremediation) 등 |
| 바이오식품 | 저칼로리형 대체 감미료, 기능성 지질, 식품 첨가물, 천연 식품소재, 기능성 식품소재, 발효식품, 식품용 효소 등 |
| 바이오에너지 및 자원 | 연료용 에탄올, 메탄발효, 이산화탄소 고정화, 광합성, 바이오가스, 미생물 침출 등 |
| 생물농업 및 해양 | 인공종자 및 우량묘목, 동물백신 및 진단제, 미생물 농약, 해양 생물자원, 식물공장, 사료제, 형질전환 동식물, 식물공장 등 |
| 생물공정 및 엔지니어링 | 발효공정, 동물세포 배양, 식물세포 배양, 생물 반응기, 생물전환 기술, 분리정제 공정, 제제화 기술, 공정 및 공장설계 등 |
| 생물학적 검정 및 측정시스템 | 안전성 및 효능 평가기술, 바이오센서, 바이오칩, 진단기술, 생체기능 이용물질 전환기술, 측정기기 생산기술 등 |

자료 : 산업연구원, '2000년대 첨단기술산업의 비전과 발전과제(생물산업)', 1994.
산업연구원, '생물·의약산업의 발전전략', 1999. 4.

# 2. 유전공학의 원리

## (1) 유전자의 구조와 발현

하나의 효소를 이루는 특정한 단백질을 만드는데 필요한 정보는 DNA에 어떻게 간직되어 있는 것일까? 이 질문에 대답하려면 우선 DNA의 구조와 이 DNA로부터 단백질이 어떻게 발현되며, 그들 사이의 상호관계는 무엇인지 알아볼 필요가 있다.

### ① DNA 중심설

유전자로부터 단백질이 합성되는 데는 두 가지 단계를 거쳐야 하는데, 이것을 각각 전사(transcription) 및 해독(translation)이라 한다. 전사는 유전자인 DNA로부터 mRNA가 만들어지는 과정으로서, DNA가 가지고 있는 유전암호(genetic code)가 그대로 mRNA로 전달된다. DNA로부터 유전암호를 전달받은 mRNA는 tRNA(전령 RNA)라는 중간 매개체를 통하여 유전암호를 아미노산 암호로 전환하게 되고, 전환된 아미노산은 암호 해독기인 리보솜에 의해 단백질로 합성된다.

이와 같은 총체적인 과정을 DNA 중심설(central dogma)이라 하며, 1956년 크릭(Crick, F.)이 이와 같이 부르기 시작하였다. DNA중심설은 단순히 유전자 발현의 과정을 말하는 것이 아니라, 유전자 발현을 그에 관련되는 정보의 흐름으로 이해하여야 한다.

🌀 **도움말**

• 유전암호(遺傳暗號)
유전자 속의 DNA가 결정하는 단백질의 아미노산 배열 순서에 관한 유전정보.

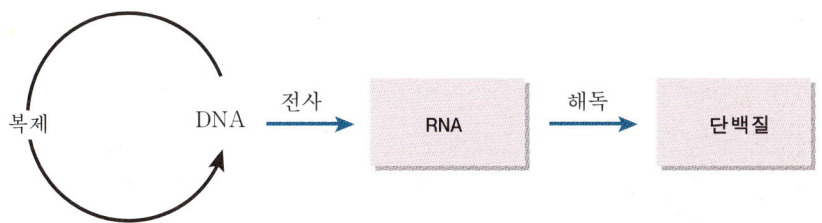

그림 9-1 DNA 중심설

### ② DNA의 2중나선 구조

1953년 왓슨(Watson)과 크릭(Crick)에 의하여 유전자인 DNA(deoxyribonucleic acid)가 마치 2개의 리본을 꼬아놓은 것같은 2중나선 구조로 되어 있는 것으로 밝혀졌다. 이러한 DNA를 구성하는 물질은 크게 염기(base), 당(sugar), 인산(phosphate)의 세 가지로 나눌 수 있는데, 이들이 서로 얽혀 길다란 나선구조를 이루게 된다.

염기에는 크게 5종류가 있으며, 각각 A(adenine), T(thymine), C(cytosine), G(guanine), U(uracil)이다. 이들 중 T는 DNA에만, U는 RNA에만 존재한다. 이들 염기는 DNA 2중나선 내에서 항상 쌍을 이루고 있는데, A는 T와 G는 C와 서로 결합하여 마주보고 있다. 당은 탄소가 5개 붙은 5탄당 구조로서, 리보오스(ribose)라 한다.

그림 9-2 DNA의 구조.
(a) DNA 2중나선 구조
(b) DNA의 입체구조

(a)                     (b)

## (2) 유전자의 전달

현재 지구상에 존재하는 생물체(바이러스 제외)는 모두가 다 DNA를 유전물질로 갖고 있다. 이것은 DNA가 RNA에 비해 세포 내에서 훨씬 안정하며, 따라서 세포에서 세포로, 세대에서 세대로 전달될 때 매우 유리하기 때문이다. 그러면 유전자는 어떻게 자손에게로 유전되는가? 하나의 세포가 분열하면 새로 생긴 딸세포(daughter cell)도 부모세포(parental cell)와 똑같은 유전자를 가져야 하는데, 이것이 어떤 방식으로 이루어지는가?

1958년 메셀슨(Meselson, M.)과 슈탈(Stahl, F.)은 부모세포의 DNA 2중나선구조의 한 가닥만이 새로운 딸세포로 전달되고, 나머지 한 가닥은 이 가닥을 주형(template)으로 삼아 합성된다는 사실을 밝혔다. 이것을 반보존적 복제(semiconservative replication)라 하며, 이러한 방식은 부모세포의 유전자를 완벽하게 보존할 수 있는 유일한 방법이다(그림 9-3).

DNA는 그림 9-4에서와 같이 DNA중합효소에 의하여 복제되고 유지되며, 여기에는 DNA 절편을 연결하는 리가아제 등 많은 효소가 관여한다.

### 🎖️ 도움말

• **리가아제(ligase)**

두 분자를 결합시키는 반응을 촉매하는 효소의 총칭. 연결효소라고도 한다.

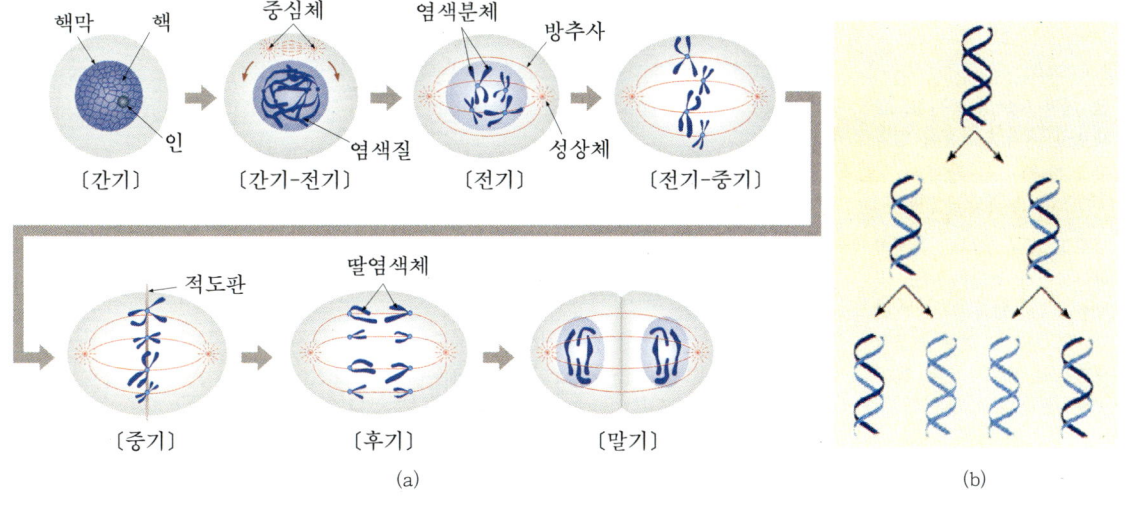

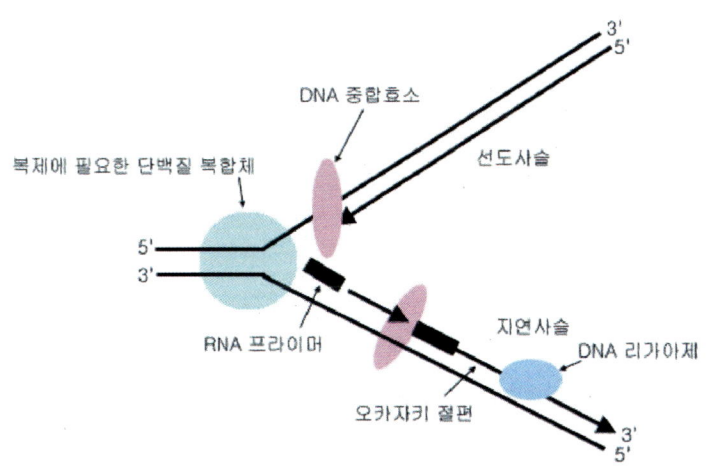

그림 9-3  세포분열(a)과 반보존적 복제(b)

그림 9-4  복제과정에 있는
DNA의 모식도

## (3) 전사와 암호해독

세포 내에서 일어나는 거의 모든 생화학 반응은 효소의 촉매작용을 받고 있으며, 모든 효소는 단백질로 이루어져 있다. 따라서, 유전자의 작용에 의한 형질의 발현은 주로 DNA에 의하여 특정한 단백질이 만들어지는 것을 의미한다. 유전자는 DNA에 간직되어 생물의 형질을 결정하고, 생식, 발생 및 생장과정에서 그 작용을 나타낸다. 이와 같이 유전자가 형질을 나타내는 과정을 유전자 발현(gene expression)이라고 한다. 그렇다면 형질 발현은 어떤 과정을 거쳐 일어나는 것일까?

진핵생물의 DNA는 핵 안의 염색체에 들어 있으며, 형질의 발현에 관여하는 단백질의 합성은 핵 밖의 세포질에서 이루어진다. 그러나 유전정보를

### 도움말

• **mRNA**

핵 내의 DNA의 유전정보를 세포질 내의 리보솜에 전달하는 RNA.

• **tRAN**

세포질 안에 있다가 특정의 아미노산과 결합한 다음 리보솜으로 옮겨가서 전령 RNA가 가지고 있는 뉴클레오티드의 배열순서에 따라 단백질을 만드는 리보핵산.

간직하고 있는 DNA는 핵 밖으로 빠져나오지 못하기 때문에 DNA에 간직된 유전정보를 핵으로부터 세포질로 전달해 주는 중개물질이 필요하게 되는데, 이것을 담당하는 것이 바로 RNA 분자들이다. RNA 분자는 단백질 합성이 이루어지는 세포와 조직에 많이 분포하고 있으며, 그 종류에는 mRNA(전령 RNA), rRNA(리보솜 RNA) 및 tRNA(운반 RNA)의 세 가지가 있다.

세포에서 단백질 합성이 이루어지는 세포 소기관인 리보솜은 rRNA와 단백질로 이루어져 있으며, 단백질 합성 때에는 크고 작은 두 개의 소단위(subunit)가 결합되면서 이루어진다. 단백질이 합성되기 위해서는 핵공을 빠져나온 mRNA가 먼저 리보솜과 결합하여 mRNA-리보솜 복합체를 이루어야 한다. 아미노산을 단백질의 합성부위인 리보솜까지 운반하여 폴리펩티드가 만들어지도록 해주는 역할은 tRNA가 담당한다.

그림 9-5에서와 같이 리보솜의 작은 단위가 DNA에서 전사되어 나온 mRNA에 붙게 되면, 이 mRNA에 상보적인 부분을 가진 tRNA가 결합하게 된다. 리보솜은 한 번에 2개의 tRNA를 수용할 수 있으며, 리보솜 내

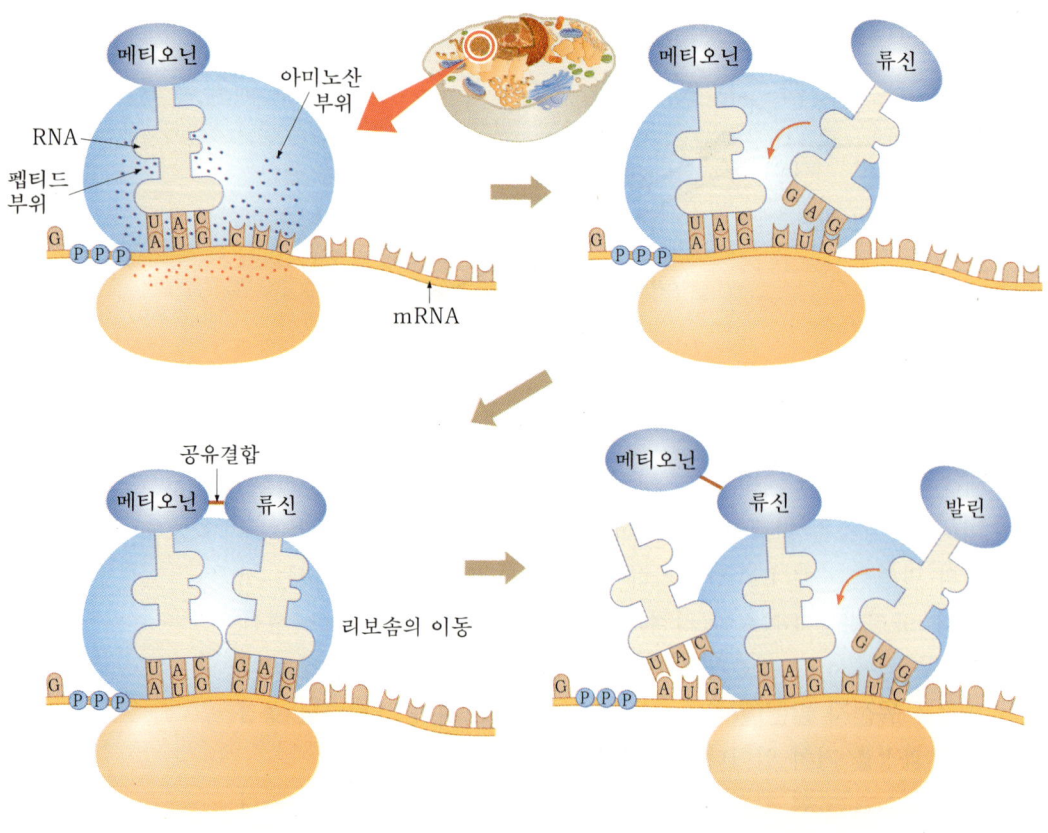

그림 9-5  단백질의 합성과정

에서 아미노산은 펩티드결합을 이루게 된다. 펩티드결합이 이루어지고 나면 리보솜은 mRNA의 염기를 따라 세 개의 염기를 한 조로 하여 옮겨가며, 이 때 아미노산을 넘겨준 tRNA는 분리되어 리보솜 밖으로 나가게 된다. 이와 같이 mRNA와 tRNA가 상보적으로 결합하는 특성에 의하여 mRNA의 유전암호는 정확하게 해독되어 단백질의 1차구조인 폴리펩티드(polypeptide)를 이루게 된다.

합성이 끝난 폴리펩티드는 리보솜으로부터 떨어져 나와 세포질로 방출되며, 방출된 폴리펩티드는 다시 일련의 변화과정을 거쳐 기능적인 단백질로 전환된다.

## (4) 유전공학의 원리

유전공학(genetic engineering)이란 특정한 산물을 대장균이나 동물세포 등을 숙주로 이용하여 생산하기 위해 이들 산물을 발현하는 유전자를 분리하여 인위적으로 절단 및 조작한 후 위의 숙주세포에 재도입하여 재조합 균주를 제조하고, 이 균주를 배양하여 목적하는 산물을 얻는 분자생물학적 기술을 말한다. 이 기술은 재조합 DNA기술이라고도 한다. 이를 위하여 생물로부터 DNA분리기술, 절단기술, 변형기술, 재도입기술 및 발현기술 등이 필수적이며, 이들 각 기술의 수행이 가능하게 하는 효소들을 이용하여야 한다.

유전공학적 방법으로 DNA를 재조합할 때 흔히 쓰이는 효소로서 제한효소(restriction endonuclease), 접합효소(ligase), 변형효소(modifying enzyme) 등이 있다. 또한, 유용한 유전자를 실어 목적하는 숙주세포로 운반하는 운반체가 있어야 한다. 여기에서는 이러한 대표적 효소와 유전자 운반체에 대해 알아보고, 이들을 이용한 대표적인 유전자 조작법에 대해 살펴본다.

### ① 제한효소

제한효소란 DNA의 중간부위를 절단하는 효소로서, DNA상의 특정 염기서열을 인식하여 특이적으로 절단하는 효소를 말한다.

제한효소에는 여러 종류가 있는데, 대개 DNA상의 6개의 대칭성 염기를 인식하여 절단하는 것이 가장 대표적이며, 4개의 대칭성 염기를 절단하는 효소도 있다. 그림 9-6에서 보는 바와 같이 절단한

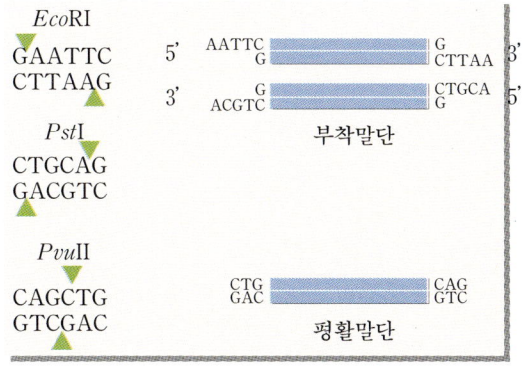

그림 9-6　제한효소의 인식배열과 절단의 예

후 5' 말단 또는 3' 말단이 돌출된 형태로 남는 경우가 있는데, 이것을 **부착말단**이라 하며, *Pvu*Ⅱ와 같이 대칭축이 절단된 경우를 **평활말단**이라고 한다.

### ② DNA 접합효소

**DNA리가아제**라고 하는 DNA 접합효소는 5' 말단과 3' 말단을 연결시켜 주는 효소로서, 목적하는 외부 유전자를 유전자 운반체에 접착시켜 주는 역할을 한다. 대표적인 것으로 박테리오파지 T4로부터 분리된 효소가 있는데, 이 효소는 부착말단 및 평활말단 어느 것이나 모두 연결할 수 있는 특징이 있다.

### ③ 운반체

원하는 DNA를 분리하여 특정 제한효소로 절단한 다음 이를 시험관에서 반응시켜 특정한 숙주에서 단백질을 발현하게 하려면, 이 유전자를 숙주세포까지 운반하여 발현시키는 특별한 장치가 필요하다. 이 운반장치를 **유전자 운반체**(cloning vehicle) 또는 **벡터**(vector)라고 하며, 일반적으로 생체 내, 특히 박테리아에 자연적으로 존재하는 작은 원형 DNA인 **플라스미드** DNA를 인위적으로 변형하여 사용하거나, 고등생물 세포를 숙주로 쓸 경우는 특정 바이러스 DNA를 운반체로 사용한다. 박테리아를 숙주로 사용하였을 때 사용되는 유전자 운반체에 대해서 알아보자.

미생물을 숙주로 사용하는 경우에 사용되는 유전자 운반체가 가져야 될 특징은 다음과 같다.

- 미생물 숙주 내에서 염색체와 별도로 독립적으로 복제되며, 다수(10~1000 분자/세포)의 복제 수를 가지고 있다.
- 항생제 내성을 나타낼 수 있는 항생제 내성 유전자를 지니고 있어야 한다(흔히 암피실린이나 테트라사이클린 저항성 유전자를 가장 많이 사용한다).
- 조작이 쉽도록 전체적인 크기가 작아야 한다.
- 숙주세포 속에서 안정적으로 복제, 유지될 수 있어야 한다.

최초로 실용화되어 사용되기 시작한 유전

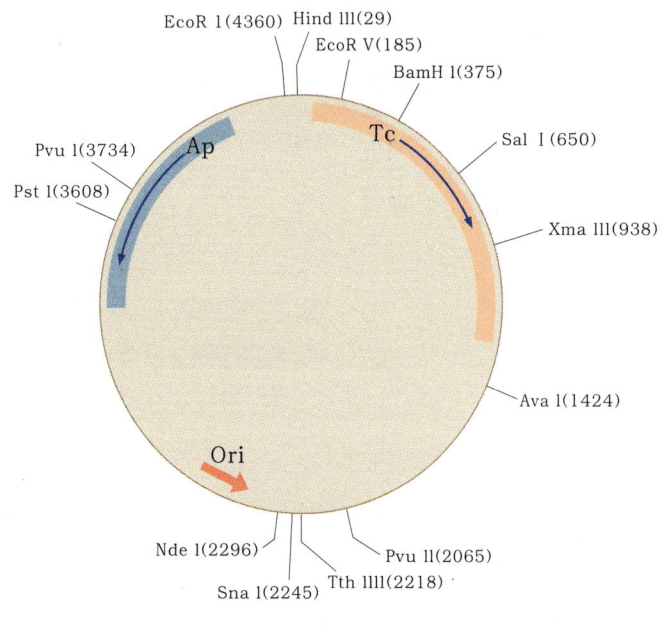

EcoR 1(4360)  Hind lll(29)
EcoR V(185)
BamH 1(375)
Pvu 1(3734)
Pst 1(3608)
Ap
Tc
Sal  I(650)
Xma lll(938)
Ava l(1424)
Ori
Nde l(2296)
Sna l(2245)  Tth 1lll(2218)
Pvu ll(2065)

그림 9-7  pBR322 구조

자 운반체로 pBR322를 들 수 있는데, 그림 9-7에서 보는 바와 같이 유전자 운반체로서 갖추어야 할 조건이 있다면, 외부 유전자를 삽입할 수 있는 단일절단 제한효소 자리가 많이 있을수록 좋다는 것이다.

### ④ 발현벡터

유전자를 클로닝하는 일반적인 목적은 유전자 산물을 대량으로 얻기 위한 경우가 많다. 그러나 유전자 운반체는 일반적으로 강력한 발현을 하도록 디자인되어 있지 않다. 강력한 발현을 위해서는 전사와 해독이 잘 일어나야 하는데, 그렇게 하기 위해서는 전사를 강하게 일으킬 수 있도록 RNA중합효소가 용이하게 결합할 수 있는 강력한 프로모터(promoter)가 필요하다.

또한, 빠르게 해독하기 위해서는 프로모터 뒤에 리보솜이 잘 결합할 수 있는 리보솜 결합부위(ribosome binding site : RBS)를 필요로 한다. 이와 같이 구성된 운반체를 발현벡터(expression vector)라고 한다(그림 9-8).

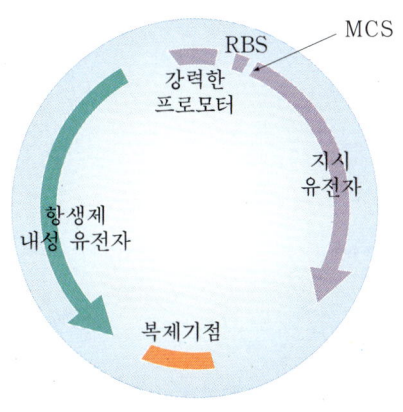

그림 9-8 발현벡터의 일반적인 구조

일반적으로 많이 사용되는 강력한 프로모터로는 락토오스를 분해시키는 데 필요한 단백질을 발현할 때 사용하는 *lac* 프로모터, 아미노산 트립토판을 합성할 때 사용하는 *trp* 프로모터, 그리고 이들의 -35 지역의 염기서열과 -10 지역을 인위적으로 결합한 인공 프로모터인 *tac* 프로모터 등이 있다.

그러나 현재까지 가장 많이 사용되는 것은 박테리오파아지 λ가 숙주를 감염시킬 때 사용하는 $P_L$프로모터로서, 가장 강력한 프로모터이다.

### ⑤ 유전자의 클로닝

우리가 원하는 유전자를 클로닝(cloning)하는 과정 중 원하는 유전자가 삽입된 재조합 플라스미드를 갖고 있는 형질전환 숙주세포를 선별하는 방법은 그림 9-9와 같다.

유전자 클로닝은 원하는 생물체의 세포로부터 DNA를 분리하여 적당한 제한효소로 절단하고, 같은 효소로 처리된 벡터에 연결시킨 후 숙주에 형질전환(도입)시킨다. 그런 다음 원하는 유전자를 가진 숙주세포를 선별하는 것이다.

항생제 내성을 지닌 클론들은 적당한 농도의 항생제를 포함하는 평판배지에서 성장할 수 있다.

**🏅 도움말**

• MCS(multicloning site)
여러 종류의 제한효소 절단 부위를 만들어 놓은 곳. 여러 종류의 DNA절편을 넣을 수 있다.

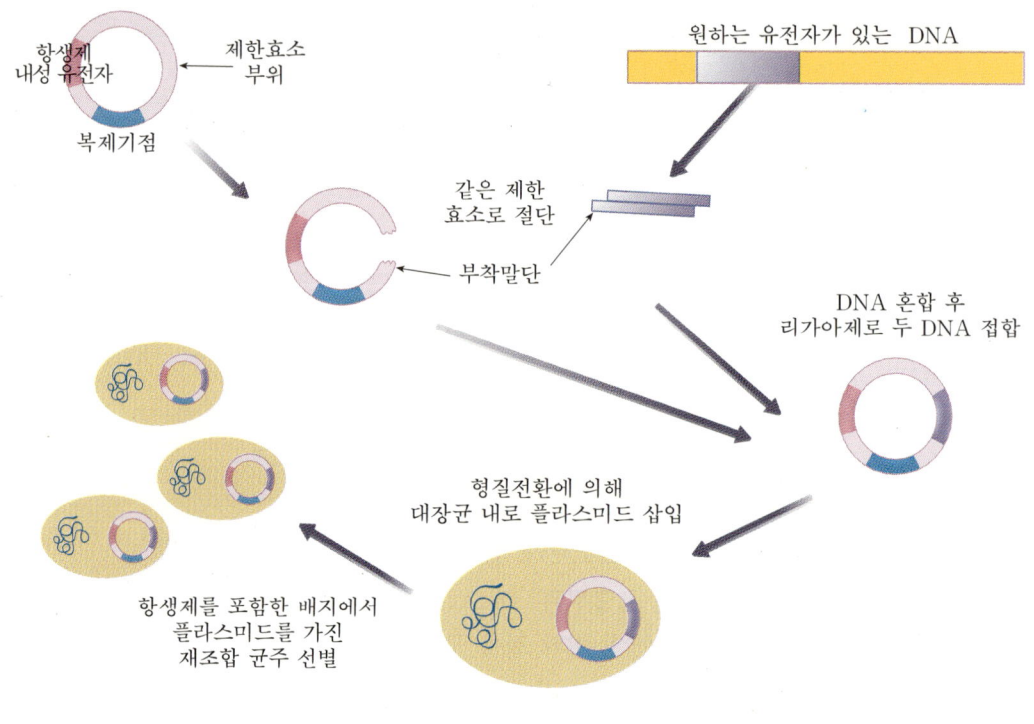

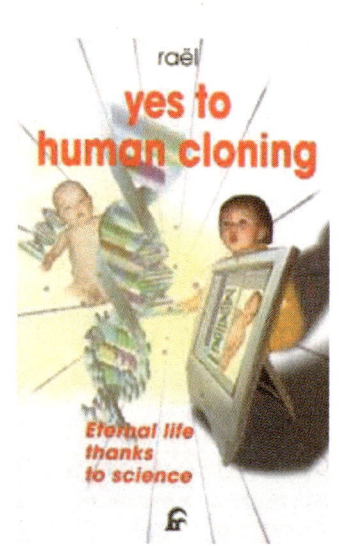

항생제
내성 유전자

제한효소
부위

복제기점

원하는 유전자가 있는 DNA

같은 제한
효소로 절단

부착말단

DNA 혼합 후
리가아제로 두 DNA 접합

형질전환에 의해
대장균 내로 플라스미드 삽입

항생제를 포함한 배지에서
플라스미드를 가진
재조합 균주 선별

그림 9-9  클로닝 과정

# 3. 생명공학의 활용과 바이오토피아

생명공학에 관한 일반인들의 관심이 집중되기 시작한 것은 1980년대 초반이다. 이 시기에 유전자인 DNA를 마음대로 자르고 다시 붙일 수 있는 효소가 발견되고, 서로 다른 생물종 사이에 유전자를 마음대로 옮길 수 있는 소위 유전자 운반체가 만들어지기 시작했다. 이러한 기술적 발전에도 불구하고 1990년대 초반에는 우주선을 만들어 달에 가는 것처럼 느껴졌고, 심지어 뜬구름 잡는 이야기라고도 하였다.

그러나 실제로 가지감자 등이 만들어지고(그림 9-10), 1996년 PPL 세라퓨틱스(Therapeutics)사가 복제양 돌리를 만들게 되면서 사람들은 생명공학이 더 이상 꿈이 아닌 현실로 다가옴을 느끼게 되었다. 최근에는 가장 인간과 가까운 포유동물인 원숭이 복제에도 성공하였다(그림 9-11).

그 후 유사한 연구가 성공적으로 발표되고 급기야 인간을 복제하겠다는 인간복제회사 클로네이드(Clonaid)사가 설립되었다.

이를 계기로 인간복제에 대한 논쟁이 시작되었다. 그러나 이로 인해

[클로네이드사에서 발행된 책]

그림 9-10 가지감자

그림 9-11 복제원숭이 한 쌍

🌐 **도움말**

• **클로네이드사**
1973년 라엘이 설립한 라엘리안 무브먼트(Raelian's Movement)의 자회사. 인간복제, 인슈라클론 서비스, 난자판매 및 난자이식 등을 사업목표로 삼고 있다.

• **바이오토피아**
바이오산업이 추구하는 이상향.

생명공학에 의한 불행한 측면도 부각됨으로써 사람들은 생명공학의 어두운 측면에 대한 막연한 불행을 예측하게 되었다. 이러한 관점에도 불구하고 생명공학이 인간수명의 연장, 질병으로부터의 탈출, 노화방지, 암의 치료, 신체장기의 생산 등 바이오토피아(Biotopia)를 열게 될 수 있다는 꿈도 가지게 되었다. 그러면 과연 바이오토피아는 도래할 수 있을 것인가? 인간은 생명공학 기술의 부정적 면을 극복할 수 있을 것인가?

보다 분명한 것은 미래에는 현재보다 더욱 더 복잡해질 것이며, 모든 면에서 생명공학의 영향을 직간접적으로 더 많이 받을 것이라는 점이다.

## (1) 생명공학의 활용

생명공학의 활용분야는 무궁무진하다. 앞에서 언급한 농업분야, 환경분야, 그리고 무엇보다도 인간의 질병과 관련된 제약분야 등에서 광범위하게 활용될 수 있다.

제약분야에서 초기활용은 사람의 성장 호르몬이나 인슐린 등과 같은 의료용 단백질을 대장균이나 기타 미생물 숙주를 이용하여 대량 생산한 후 제제화하여 주사제로 개발한 것이었다. 그러나 숙주로서 가장 널리 사용된 것은 대장균(*Escherichia coli*)이었으므로, 이로 인한 부작용이 부각되어 대장균이 아닌 다른 미생물 숙주를 이용하게 되었다. 그 대표적인 것으로 바실러스(*Bacillus*) 등과 같은 원핵생물과 효모, 곰팡이 등과 같은 단세포 진핵생물, 그리고 고등생물 세포 등이 있다. 특히, 고등생물 세포를 이용하여 단백질을 생산하면 사람 단백질과 비교적 가까운 것을 얻을 수 있으나 세포의 대량배양이 어려울 뿐만 아니라 배양한 후 제제된 제품이 매우 비싸다는 단점이 있다. 그러나 최근에는 동물세포를 이용한 유용 단백질의 생산한계를 극복하고자 하는 노력이 크게 진전되어 살아 있는 생체를 이용함으로써 활성이 있는 단백질을 생성할 수 있게 되었다. 이것을 생물 반응기(bioreactor)라고 하는데, 양, 소나 돼지 등 유용 단백질을 가진 재조합 플라스미드로 형질전환시킨 형질전환 생물체가 바로 그것이다.

우리 나라에서도 이와 같은 형질전환 생명체를 이용한 유용 단백질 생성시도가 있었는데, 그 대표적인 예로 사람 락토페린을 소의 젖에서 생산하고자 하는 것(그림 9-12)과 의약품 원료인 GM-CSF를 양의 젖에서 생산하고자 하는 것(그림 9-13)을 들 수 있다.

그림 9-12 락토페린 생산 젖소 보람이

그림 9-13 GM-CSF생산 양 메디

이와 같은 생물 반응기를 이용한 유용 단백질 생산의 장점은 활성 있는 고부가 가치의 단백질을 대량으로 값싸게 만들 수 있다는 데 있다. 최근 생명공학은 급속히 발전하여 가히 21세기를 주도할 첨단기술로 불리고 있다(표 9-2).

여기서 생물공학 기술을 응용한 대표적인 몇 가지 사례를 소개하면 다음과 같다.

### ① 재조합 DNA 기술에 의한 사람 단백질 대량생산

재조합 DNA기술의 발달은 사람이나 동물, 식물 등에서 극소량 생산되는 유용 단백질을 실험실에서 조작할 수 있게 하였으며, 이를 제3의 숙주,

표 9-2                              생명공학 응용분야

| 분 야 | | 범         위 |
|---|---|---|
| 미생물<br>동.식물 | 유전체 해석 | 맞춤신약, 생산량 증대, 내열성 등 |
| | 유전자 치료 | 선천성 유전질환 치료 |
| | 생물촉매 개발 | 새로운 생물전환 기술에 의한 신제품 |
| | 체세포 조작 | 인간복제, 유용가축 복제 |
| | 형질전환 | 장기 공급, 생물 반응기로부터 유용물질 생산 |
| | 환경 | 기름제거, 환경수복 |
| | 식품 | 유전자 재조합 식품 |
| | 에너지 | 당도 높은 과실, 청정 에너지 |
| | 유용 단백질 대량생산 | 의약품, 식품, 환경에 응용되는 의약품 대량생산 |

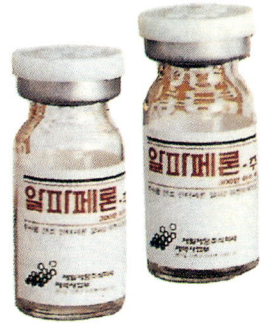

[인터페론]

즉 배양하기 쉽고 비교적 간편하게 다룰 수 있는 생물들, 예를 들어 대장
균이나 효모 등을 이용하여 대량으로 생산할 수 있게 하였다. 표 9-3에서
보는 바와 같이 성장 호르몬, 인슐린, 인터페론, 혈전 용해제 등을 들 수
있다. 이와 같은 성과는 각각의 숙주에서 복제되고 외부 유전자를 발현시
킬 수 있는 발현벡터의 개발이 이루어졌기 때문에 가능하게 된 것이다.

표 9-3              재조합 DNA 기술에 의해 생산된 사람 단백질

| 단백질 | 용         도 |
|---|---|
| 부신피질 호르몬 | 류마티스 치료 |
| 칼시토닌(calcitonin) | 골다공증 치료 |
| 고나도트로핀(gonadotrophin) | 배란장애 치료 |
| 엔돌핀과 엔케팔린 | 진통제 |
| 피부 성장인자 | 상처의 치료제 |
| 조혈인자 | 빈혈치료 |
| Factor Ⅷ | 혈우병 치료 |
| 성장 호르몬 | 성장저해 치료제 |
| 인슐린 | 당뇨병 치료 |
| 인터페론($\alpha, \beta, \gamma$) | 항바이러스제, 항암제, 항종양제 |
| 신경 성장인자 | 신경손상 치료 |
| 혈소판 성장인자 | 동맥경화 치료제 |
| Relaxin | 분만통 완화제 |
| Serum albumin | 혈장공급 |
| TPA | 혈전 용해제 |
| Urokinase | 혈전 용해제 |

가장 대표적인 것으로 사람의 성장 호르몬과 당뇨병 치료제인 인슐린, 항암제 및 AIDS 치료제로 사용되는 인터페론(Interferon)을 들 수 있다.

성장 호르몬(growth hormone)은 뇌하수체 전엽에서 분비되는 호르몬으로, 체내를 순환하면서 뼈, 연골 등의 성장을 돕고, 저장지방의 분해를 촉진하여 단백질 합성을 촉진시키는 등 여러 가지 체내대사에 관련되는 중요한 호르몬이다(그림 9-14).

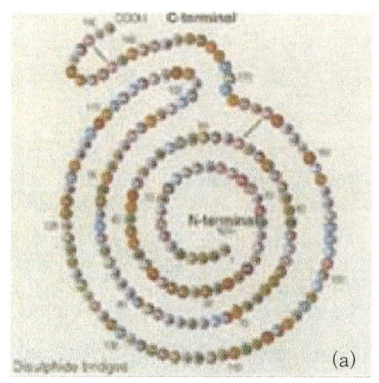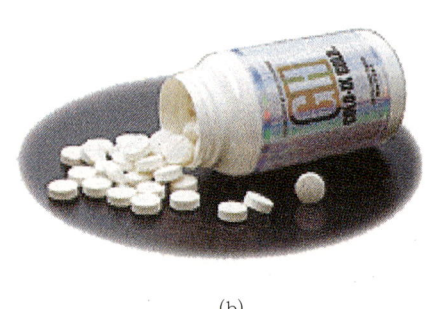

그림 9-14 성장 호르몬의 구조(a)와 성장 호르몬 제품(b)

(a)  (b)

이 성장 호르몬의 결핍은 왜소증을 일으키고 신체발육을 저해하게 되어 청소년의 발육에 심각한 영향을 주게 된다. 수년 전까지만 하여도 시신으로부터 얻은 소량의 성장 호르몬을 분리, 정제하여 치료에 사용하였으나 값이 너무 비싸고 치료대상이 많지 않아 일반적으로 사용하기가 쉽지 않았다. 그러나 최근에는 유전자 재조합 기술에 의한 인간 성장 호르몬이 개발되어 치료에 이용할 수 있게 되었다. 이 유전자 재조합 성장 호르몬은 자연 호르몬과 동일한 구조, 동일한 효과를 가진 것으로 판명되었다.

### ② 질병 진단시약의 개발

현대의학에서 생명공학의 가장 큰 응용은 신속한 질병진단용 키트(kit)의 개발에 있다. 기존의 방법들은 면역학적인 방법을 응용한 것으로, 항원, 항체반응을 이용한 것이 대부분이었으나, 생명공학적 방법은 미량의 병원체의 DNA를 찾아냄으로써 신속하게 진단할 수 있다. 이는 PCR(Polymerase Chain Reaction)이라는 방법을 이용한 것으로, 한 가닥의 DNA를 다량 증폭시킨 후 DNA가닥의 상보성을 이용하여 진단하는 것이다.

대표적인 예로는 말라리아(malaria)를 들 수 있다(그림 9-15). 말라리아는 *Plasmodium falciparum*이라는 원충에 의해 옮겨지는 병으로서, 신속한 진단이 요구되지만, 종래의 방법으로는 환자의 혈액에서 원충을 확인한 후 치료하였으나, 이 경우 치료가 지연되어 목숨을 잃는 경우가 많았다. 그러나 요즈음은 이 환자의 혈액에서 말라리아 원충의 DNA를 직접

그림 9-15 말라리아 모기(a)와 그 위벽에 부착한 말라리아 원충(b)

(a)

(b)

확인함으로써 매우 빠르고 신속하게 진단할 수 있게 되었다.

---

**휴게실**

## ♣ 유전자 변형 '슈퍼모기'로 말라리아 퇴치

말라리아 퇴치를 겨냥한 '슈퍼모기'가 실전 배치된다.

과학자들이 유전자 조작을 통해 말라리아를 옮기지 못하는 '안티말라리아 모기'를 개발, 동남 아시아와 아프리카 등지에 수백만 마리를 풀어 놓을 계획이다.

영국, 독일 및 미국 과학자들이 참여하고 있는 이 프로젝트는 이를테면 야생모기에 예방접종을 실시, 말라리아 감염을 원천봉쇄하는 것과 같은 효과를 낳을 것으로 기대된다.

슈퍼모기와 야생모기의 짝짓기로 태어날 모기들에는 말라리아 원충이 침투할 수 없게 된다. 슈퍼모기에 삽입된 '안티말라리아 유전자'를 2세가 고스란히 물려받기 때문이다. 이 유

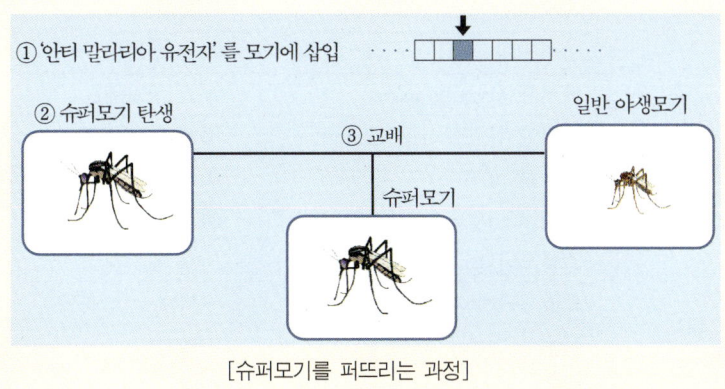

① '안티 말라리아 유전자'를 모기에 삽입

② 슈퍼모기 탄생

③ 교배

슈퍼모기

일반 야생모기

[슈퍼모기를 퍼뜨리는 과정]

전자는 디펜신(defensin)이라는 단백질을 생산, 모기의 면역체계를 강화시킨다. 디펜신은 다양한 병원균을 인식하고 파괴하는데, 이 과정에서 말라리아의 원충인 플라스모디아(plasmodia)도 살아남지 못한다.

세계보건기구(WHO) 통계에 따르면, 매년 270만 명이 말라리아로 사망한다. 지구상에 존재하는 380종의 모기들 중 말라리아를 퍼뜨리는 모기는 약 60종이다. 과학자들은 인간에게 가장 위협적인 아노펠레스(*Anopheles*)종을 1차표적으로 삼고 있다.

### ③ 기타 활용분야

💠 **도움말**

- **향신료(香辛料)**
음식물에 맵거나 향기로운 맛을 더하는 조미료.

생명공학은 식품산업, 환경분야, 에너지분야 등에 광범위하게 응용된다. 식품산업에 활용되는 경우를 보면, 각종 향신료, 항산화제나 영양보조제로 광범위하게 사용되며, 특히 20개의 필수 아미노산이 여러 박테리아로부터 대량생산되고 있다(표 9-4).

표 9-4                    아미노산의 용도

| 아미노산 | 용　　　　도 |
|---|---|
| 알라닌(alanine) | 정미제 |
| 아르기닌(arginine) | 간질환 치료 |
| 아스파르트산(aspartic acid) | 정미제, 감미료 원료 |
| 아스파라긴(asparagine) | 수액제 |
| 시스테인(cysteine) | 제빵원료, 기관지염, 항산화제 |
| 글루타민산(glutamic acid) | 정미제, 조미료 |
| 글루타민(glutamine) | 궤양 치료제 |
| 글리신(glycine) | 감미료 원료 |
| 히스티딘(histidine) | 궤양치료, 항산화제 |
| 이소류신(isoleucine) | 수액제 |
| 류신(leucine) | 수액제 |
| 라이신(lysine) | 사료 첨가제, 식품 첨가제 |
| 메티오닌(methionine) | 사료 첨가제 |
| 페닐알라닌(phenylalanine) | 수액제, 감미료 |
| 프롤린(proline) | 수액제 |
| 세린(serine) | 화장품 원료 |
| 스레오닌(threonine) | 사료 첨가제 |
| 트립토판(tryptophan) | 수액제, 항산화제 |
| 티로신(tyrosine) | 수액제 |
| 발린(valine) | 수액제 |

대부분의 아미노산은 수액제 등의 원료로 사용되고 있으나 이 중에서
라이신과 스레오닌은 사료 첨가제로 널리 사용되고 있으며, 특히 우리 나
라 전체시장의 10% 정도를 점유하고 있어 국내의 생명공학 기술도 높은
수준을 이루고 있음을 보여주고 있다(표 9-5).

🌐 **도움말**

• **라이신**
필수 아미노산의 하나. 동물
발육에 가장 필요한 요소로,
동식물성 단백질 중에 많이
함유되어 있다.

• **스레오닌**
필수 아미노산의 하나. 무색
의 결정질로, 영양상 중요한
요소이다. 단백질로부터의
조제는 어려우나 여러 가지
합성법이 있다.

표 9-5　　　　　　　　세계의 라이신 생산량

| 국　　　가 | 연간 생산량( ton ) |
|---|---|
| 유럽 | 74,000 |
| 미국 | 71,000 |
| 일본 | 31,900 |
| 한국 | 16,500 |
| 인도네시아 | 11,500 |
| 브라질 | 10,700 |
| 중국 | 7,800 |
| 기타 | 84,600 |
| 총계 | 308,000 |

생명공학은 환경분야에도 광범위하게 응용되고 있다. 그 대표적인 것이
토양이나 수질을 황폐화시키는 독성물질을 분해하는 미생물을 개발하여
오염된 토양 및 수질을 정화하는 것이다. 실제로 자원재생에 이용되는 미
생물들은 대부분 토양에서 얻을 수 있다.

## (2) 환경 생명공학

### ① 마법사 토양 미생물

자원재생은 지구상의 토양구성의 대부분을 차지하는 미생물에 의하여
진행된다. 표 9-6은 흙 1 g의 깊이에 따른 미생물의 수를 나타낸 것이다.

표 9-6　　　　　　흙의 깊이에 따른 미생물의 종류와 수

| 깊이(cm) | 박테리아류 | 방선균류 | 곰팡이류 | 조류 |
|---|---|---|---|---|
| 3～8 | 9,750,000 | 2,080,000 | 119,000 | 25,000 |
| 20～25 | 2,179,000 | 245,000 | 50,000 | 5,000 |
| 35～40 | 570,000 | 49,000 | 14,000 | 500 |
| 65～75 | 11,000 | 5,000 | 6,000 | 100 |
| 135～145 | 1,400 | ― | 3,000 | ― |

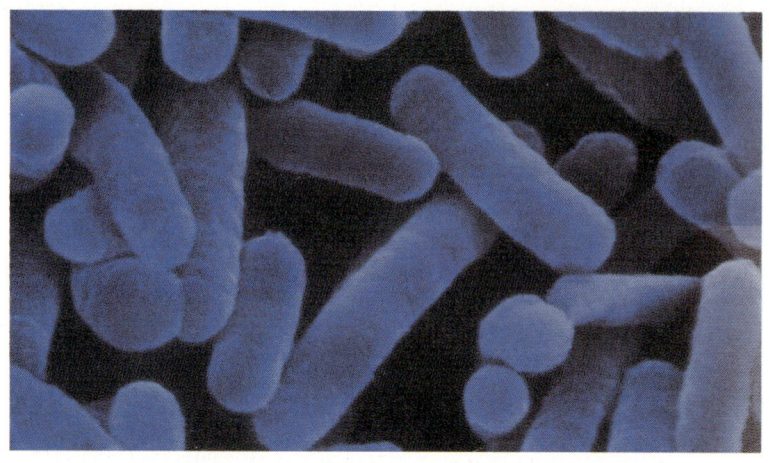

그림 9-16 토양으로부터 분리된 미생물의 전자 현미경 사진

### ② 난해분성 독성물질의 분해

1991년 낙동강에 페놀이 몰래 방류되어 엄청난 사회적 파장이 일어난 것을 기억할 것이다. 이와 같은 페놀 등 난분해성 독성물질은 토양이나 하수 등 환경을 짧은 시간에 황폐화시킨다. 이 사건은 식수원인 낙동강이 오염됨으로써 전국민에게 환경오염의 심각성을 보여준 큰 사건이었다.

이와 같이 공업 또는 농업에 사용할 목적으로 화학합성으로 만들어진 수많은 종류의 화합물은 대부분이 자연 중에서 쉽게 분해되지 않는 특징이 있다. 예를 들면, 살충제 DDT의 잔류기간은 10년 이상이다. 독성물질은 환경을 황폐화시킬 뿐만 아니라 체내에 흡수될 경우 환경호르몬이라는 물질이 되어 동물이나 인간에게 심대한 영향을 끼치게 된다(그림 9-17).

이러한 난분해성 물질은 자연계에서 쉽게 제거되지 않는다. 대부분 합성

### 도움말

**• 환경호르몬**

내분비 교란물질. 체내의 생체 대사조절 호르몬과 구조가 유사하여 호르몬의 분비 및 조절 기작을 교란시킨다.

그림 9-17 환경호르몬에 의해 기형이 된 개구리의 발가락

화합물이기 때문에 화학적 공법에 의해서도 쉽게 제거되지 않는다. 1960년대 이후로 이들 독성물질을 분해할 수 있는 여러 토양 미생물이 발견되었고, 이들 미생물을 이용하여 자연계에는 존재하지 않는 독성물질들을 분해시킬 수 있는 길이 열려 실용화되기 시작하였다. 이러한 능력은 앞의 표에서 보듯이 토양 내에 존재하는 여러 미생물 분해자에 의해 진행되는 것으로, 토양으로부터 능력이 뛰어난 균주를 분리하여 응용하는 것이 난분해성 물질을 분해하는 사업의 핵심이 된다.

### ③ 기름제거 미생물

육지뿐만 아니라 강이나 바다의 오염 역시 심각한 수준이다. 이는 식수와 직접적인 연관이 있기 때문이기도 하나, 물이 모든 생명의 근원이기 때문에 더욱 심각하다. 특히, 빈번한 기름 유출사고에 의한 환경오염은 생태계를 거의 파괴시켜 철새나 바다새는 물론 기름으로 뒤범벅된 지역에서 서식하는 미생물마저 전멸하게 된다. 수년 전에 미국의 Green Island의 Rocky Beach에 한 회사가 유출시킨 기름에 의해 바다가 뒤덮인 사건이 있었다. 이 때 기름을 제거하는 미생물을 이용하여 말끔하게 정화시킨 예(그림 9-18)는 기존의 방법에 비해 1/5에 해당하는 비용으로 자연환경을 복원하기 때문에 미생물의 응용 가능성이 매우 크다는 것을 알 수 있다.

(a)             (b)

그림 9-18 기름제거 미생물을 이용한 오염제거 전(a)과 후(b)의 모습

이 기름 제거균은 토양으로부터 분리된 균을 적절한 유전자조작을 거쳐 매우 유용한 균주로 만들어진 것인데, 이 균이 1980년 미국 제너럴 일렉트릭(General Electric)사의 차카라바티(Chakarabarty, A.) 박사에 의해 최초로 개발되고, 유전공학적 방법에 의해 탄생된 생물체 중 최초로 특

허등록된 균이었다. 이와 같이 미생물에 의해 자연을 복원할 수 있는 기술이 성공한 후 세계 각국에서 연구를 진행하고 있으며, 조만간 실용화될 것으로 기대하고 있다.

### ④ 차세대 청정 에너지

<br>

**◉ 도움말**

• 지구 온난화

이산화탄소와 같이 적외선을 흡수하는 온실가스가 증가하여 지구의 대기온도가 점점 높아지는 현상. 온실가스가 지구주위를 둘러싸고, 그 결과 가열된 복사열의 방출을 막아 지구가 더워지게 된다.

1996년 12월에 일본 교토(Kyoto)에서 열렸던 '기후변화에 관한 회의'에서는 자동차 매연에 의한 가스방출이 지구 온난화에 가장 큰 책임이 있는 것으로 제기되었다. RFA(Renewable Fuels Association)는 옥수수에서 추출한 에탄올이 온실가스의 방출을 감소시킬 수 있으며, 고갈되고 있는 화석연료의 사용을 억제시킬 수 있다고 발표하였다. 이 연료를 사용하면 자동차를 1마일 움직일 때를 기준으로 하였을 때 E85(85% 에탄올 + 15% 무연 가솔린)나 또는 E10(10% 에탄올 + 90% 가솔린)의 형태로 배합하였을 때 기존의 연료에 비하여 화석연료의 사용이나 온실가스의 배출을 감소시키는 일석이조의 효과를 거둔다고 발표하였다.

이 에탄올은 발암물질인 벤젠(benzene)을 함유하는 방향족 탄화수소를 대신할 수 있다. 그렇다면 왜 청정연료인 에탄올인가?

최근에는 녹말, 밀, 사탕수수 등을 원료로 하여 무공해 청정연료인 에탄올을 생산하는 기술이 개발되었다. 이 에탄올은 이산화탄소의 배출이 적고 오존 발생률이 낮은 것 등 환경 친화적인 요소 때문에 많은 국가에서 실용화하기 위한 연구가 진행되고 있었다.

이와 같은 산업적 응용 가능성에 힘입어 생명공학 기법에 의해 생산되는 무공해 청정연료인 에탄올은 이제 실용화가 많이 진행되어 있다(그림 9-19).

현재까지 에탄올을 산업적으로 대량으로 생산하는 데는 대부분 효모

그림 9-19 에탄올 자동차

(*Saccharomyces cerevisiae*)를 사용하였으나, 자이모모나스(*Zymomonas mobilis*)라는 균을 사용할 경우 에탄올 생산량을 획기적으로 늘일 수 있는 것으로 나타났다.

표 9-7 　　　　　자이모모나스와 효모의 에탄올 생성량 비교

| | 자이모모나스 | 효 모 |
|---|---|---|
| 당의 알코올 전환율(%) | 96 | 96 |
| 최대 생성 알코올 농도 | 12 | 12 |
| 에탄올 생산성(gg-h-) | 5.67 | 0.67 |

출처 : Buch holz *et al*., *Treuds Biotechnol*, 5:199-2404(1987).

과학자들은 몇 가지 어려움이 있음에도 불구하고, 이 자이모모나스균에 유전공학적 방법으로 외래 유전자를 도입한 결과 폐기물인 자일로스(xylose)를 에탄올로 바꾸는데 성공하였다. 이는 종이산업 폐기물의 일종인 자일로스를 사용하여 에탄올을 생산할 수 있게 함으로써 에탄올 생산량 증대와 더불어 환경정화까지 할 수 있는 효과를 얻게 된 것이다.

### ⑤ 바이오폴리머 생산

점점 늘어나는 플라스틱 폐기물(그림 9-20)은 지구의 환경을 오염시키고, 더구나 이의 분해에 오랜 시간이 걸린다는 점에서 매우 문제점이 많다. 이를 처리하기 위해 주로 소각법을 이용하지만, 소각이나 매립은 각종 환경호르몬 누출, 맹독성의 다이옥신 배출, 폐기물의 불완전 연소에 따른 대기오염 발생 등 심각한 환경오염의 원인이 되기도 한다. 이러한 문제를 해결하기 위해 생분해성 플라스틱의 개발이 활발히 진행되고 있으며, 실용화 또한 많은 진척을 보이고 있다. 이는 이 기술에 관한 지적 재산권 등록추세로 보아 더욱 더 증가하리라 예상된다.

환경오염 및 환경호르몬 문제 등에 의해 세계 각국은 비분해성 플라스틱의 사용을 금지하고 있으며, 생분해성 플라스틱의 사용이 의무화되고, 또한 그 규정이 강화되고 있는 실정이다.

그러면 생분해성 플라스틱이란 무엇인

그림 9-20 플라스틱 폐기물

가? 생분해성 플라스틱(biodegradative plastics)이란 매립 때 미생물에 의해 분해될 수 있는 원료를 사용하여 만든 플라스틱을 말한다. 현재 전분계 생분해성 플라스틱과 지방족 폴리에스테르계 생분해성 플라스틱으로 나눌 수 있으며, 그 제조방법 및 특성은 표 9-8과 같다.

표 9-8 생분해성 플라스틱의 제조방법 및 특성

| 구분 | 전분계 | 지방족 폴리에스테르계 |
|------|--------|---------------------|
| 제조방법 | 옥수수, 감자 등에 첨가제를 넣고 압출기로 가공 | 화학적 합성 또는 미생물 발효 |
| 특 성 | 저렴한 가격<br>분해성 우수<br>인장강도 및 투명도가 낮음 | 인장강도 우수<br>내습성 우수<br>가공성 우수<br>고가 |

바이오폴리머(biopolymer)는 살아 있는 생물체로부터 합성되는 거대한 분자를 총칭하는 용어로서, 이들 중 몇몇은 음식가공, 제약산업 등에 유용하게 사용될 수 있는 화학적, 물리적 특성을 지니고 있다. 이러한 바이오 폴리머들은 미생물, 식물, 동물로부터 생명공학 기법을 이용하여 새로운 특성을 가진 것을 생산할 수 있다. 특히, 기존의 플라스틱과 같은 합성 폴리머를 대신하여 자연계에서 분해가 가능한 생분해성 플라스틱을 제조하거나 기존산업에서 사용되는 바이오폴리머의 제조비용을 대폭 절감하는데 생명공학 기술이 응용되고 있다.

그 실례로 미생물의 발효로 생기는 신기능성 다당류로 베타 글루칸(β-glucan)이라는 물질을 들 수 있다(그림 9-21).

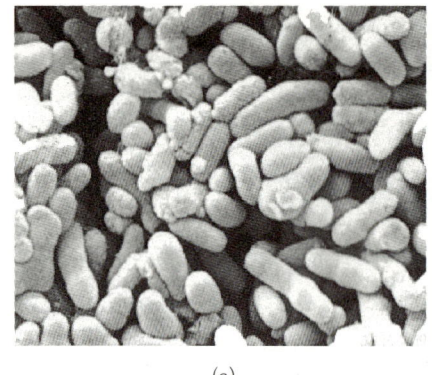
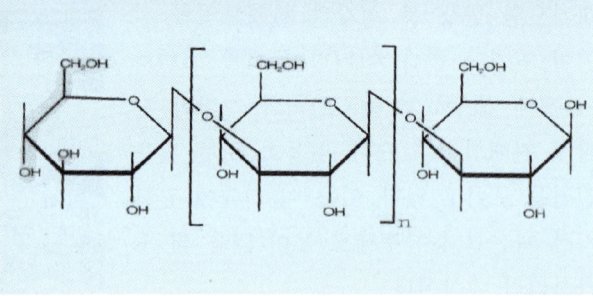

(a)                                    (b)

그림 9-21 글루칸 생성 미생물(a)과 글루칸의 구조(b)

이 물질은 미국 FDA의 허가를 얻은 식품 첨가물일 뿐만 아니라, 면역 조절기능 및 생체 활성기능을 보여주는 바이오폴리머이다. 특히, 이 용액에 열을 가하면 겔(gel)을 형성함으로써 콘크리트 혼합제로서 널리 사용되기도 한다.

# 4. GMO와 농업 생명공학

급속한 농업기술의 발전에도 불구하고 식량문제는 여전히 인류의 미래를 좌우할 가장 큰 명제 중의 하나이다. 인구증가, 토양 및 대기오염, 사막화, 기상이변 등은 식량자원의 증산을 위한 최대의 걸림돌이며, 이의 해결은 척박한 토양에서 사는 식물의 개량 및 수확량을 증대시킬 수 있는 획기적 품종개량 연구에 달려 있다. 농업 생명공학은 이러한 문제에 가장 슬기롭게 대처할 수 있는 기술이며, 농업, 축산, 수산 등에 광범위하게 응용될 수 있다. 더구나 최근의 생명공학 기술의 발전은 식량생산 수단으로만 여겨졌던 식물이나 동물을 공장으로 하여 유용한 의약품, 가령 식물에서 만들어진 인슐린, 음식처럼 먹으면서 암을 치료하는 치료제 등을 개발할 수 있다. 최근에는 동물을 이용하여 거부반응이 적은 인체 이식용 장기를 생산함은 물론이고, 특정 유용 단백질을 소나 염소의 젖으로부터 생산하는 형질전환 기술이 발전되고 있다.

이런 유전자조작 생물(GMO, genetically modified organism) 기술은 새로운 농업혁명을 이룰 수 있으며, 인류의 미래에 대한 확실한 대안이라 할 수 있다. 그럼에도 불구하고 생명공학이 인류가 직면한, 또는 직면하게 될 식량문제에 대한 완전한 대안이 될 수 있는가에 대한 회의적인 시각을 품은 사람들도 많다(그림 9-22).

농업이 분명 엄청난 시장임에는 틀림없으며, 특히 식품, 담배 등의 생산과 마케팅은 가장 큰 사업분야로 생명공학의 가장 큰 응용분야 중의 하나이다. 21세기 초반에 그 잠재적 수요가 670억 달러에 이를 것으로 예상되며, 그 중심에 몬산토사(Monsanto)가 있다. 이 회

그림 9-22  GMO 반대시위를 하는 시민들

사는 연간 100억 달러의 매출을 올리는 농업 생명공학 전문회사이다.

앞으로 기후변화와 토양변화, 사막화 등에 의해 농업 생명공학이 응용될 분야는 다양하다. 가뭄, 냉해 등의 기후변화에 적응하는 생물, 병해 내성작물, 척박한 토양, 즉 수분이 없는 곳에서 자라는 식물의 개량 등이다. 과연 생명공학은 이와 같은 목적을 달성할 수 있을까? 다만 한 가지 확실한 것은 인류의 역사가 질병과의 전쟁역사이듯이, 농업 생명공학은 기후와 토양과의 끊임없는 전쟁에 돌입하게 될 것이라는 사실이다.

여기에서는 농업에 대한 생명공학 기술의 활용을 알아보기 위하여 가축을 이용한 식품, 의약품 생산, 즉 동물 생체공장, 식물을 이용하여 식품, 의

약품 등을 생산하는 식물 생체공장, 가축 복제기술 및 이의 응용 등에 대하여 알아보기로 한다.

## (1) 복제기술과 형질전환 기술의 산업적 응용

동물 복제기술의 이용은 이제 시작단계이다. 복제기술이 실용화되고 경제성이 있기 위해서는 상당한 시간이 걸릴 것이다. 그러나 이러한 기술의 기본체계 및 기술의 편의성만 향상되면 대단히 많은 복제가 실현될 것은 자명한 일이다.

따라서, 현재의 낮은 경제적 가치를 훨씬 더 올릴 수 있을 것으로 기대된다. 이와 같은 형질전환 및 복제기술의 유용성은 다음과 같다.

표 9-9　　　　　　형질전환 가축이용 주요 의약품의 시장성

| 구분 | F-Ⅷ | F-Ⅸ | 단백질 C | AT Ⅲ | 피브리노겐 | 에리스로포이에틴 |
|---|---|---|---|---|---|---|
| 단가 (달러/kg) | 2,900,000 | 40,000 | 10,000 | 7,000 | 1,000 | 860,000 |
| 연간 시장성 (백만 달러) | 882 | 160 | 100 | 150 | 150 | 2,600 |

출처 : 농촌진흥청 축산기술연구소, www.cyberpig.co.kr/200005/96.html.

첫째, 우수한 품종의 가축을 보존하고 대량으로 증식시킬 수 있다. 최근 냉동정자 기술이 대두되면서 우수품종의 대량번식 가능성이 더욱 높아졌다. 이는 기상이변, 인구의 폭발적 증가에 따라 맞게 될 식량난에 대응할 기술이 될 것이며, 우수품종을 보존하고 대량 번식시킬 수 있는 기술은 대단히 중요하다. 복제기술이 육종 등 우수품종의 대량번식 등에 그 장점이 있다면, 형질전환 기술은 이러한 우수품종의 기능적 측면을 강화시킬 것이다. 즉, 의약품 원료의 생산공장으로서의 가축의 의미는 그 자체로도 획기적 일임에 틀림없다.

둘째, 장기이식을 위한 수단으로서의 가축의 개발이 가능하다는 것이다. 돼지 등 일부 가축의 이용기술이 시작단계에 있으나, 면역 거부반응이 없는 완전한 조직이나 장기를 제조하기에는 많은 시간이 필요할 것이다. 그러나 21세기 중반에는 이러한 일들이 가능해져 장기이식의 간편화가 본격적으로 시작되리라는 것이 전문가들의 일반적인 예측이다.

셋째, 앞에서 언급한 형질전환 기술의 폭발적 이용 가능성이다. 분화가

끝난 체세포의 형질전환은 어려우나, 초기 수정란을 이용해 인간의 유전자를 만들고, 이로부터 복제동물을 생산하면 좀더 손쉽게 유용한 의약품 등 고가 의약품을 제조하는 가축을 만들 수 있게 될 것이다.

표 9-10    의약품 등 생리활성 물질의 생산에 따른 경제성 비교

| 구 분 | 동물세포 | 대장균 | 형질전환 가축 |
|---|---|---|---|
| 생산농도(ml/l) | 33.5 | 460 | 100 |
| 투자비(백만 달러) | 61 | 389 | 3.3 |
| 연간 운영비(백만 달러) | 117 | 242.3 | 0.51 |
| 가격(달러/g) | 10.2 | 20.9 | 10.0 |

출처 : 농촌진흥청 축산기술연구소 홈페이지

## (2) 식물 생명공학 : 무한한 자원의 보고

인류가 먹는 식량의 93%는 30여 종의 작물로부터 얻고 있다. 식량뿐만 아니라 약리적 효능을 지닌 식물은 지구상에 무한히 흩어져 있다. 최근의 현대 생물학 및 의학에서는 천연의 자생식물로부터 유용한 식품, 의약품 기능을 지닌 물질을 분리하고, 그 특성을 파악하여 제품화하려는 연구가 진행되고 있다. 우리 나라에서도 이와 같은 천연 및 자생 식물의 중요성을 깨닫고 2000년부터 10년 간 100억 원의 연구비를 투입하는 '자생식물 이용기술개발 사업단'을 발족시켜 지속적인 식물자원의 개발, 약의 효능물질의 개발 등을 연구하고 있다.

이와 같이 식량 및 의약 원료로 사용되는 무한한 자원의 보고인 식물의 개량연구는 유전공학 기술이 개발되기 전에는 자연에서 우수한 형질을 지닌 개체를 선별하여 그들 사이의 교잡을 통해 우량형질을 나타내는 돌연변이체를 선별함으로써 이루어졌다. 그러나 급속한 생명공학 기술의 발전으로 식량자원으로서의 식물개량은 지금까지의 육종에 의한 개발보다 더욱 빠르고 효율적인 결과를 얻게 되었다. 즉, 작물의 광합성 효율증진, 비료를 덜 쓰는 작물의 개발, 종자, 곡식, 채소의 질적 향상, 해충, 염분, 건조 및 고온에 내성을 지닌

그림 9-23  무와 배추의 합성작물인 무추

작물의 개발, 형질전환 기술을 이용한 의약품 생산, 특수기능을 향상시킨 식물체 등 다양한 분야에서 괄목할 만한 기술의 진보를 이룬 것이다(그림 9-23).

식물 생명공학의 주된 목적은 유용한 기능 및 형질을 지닌 새로운 작물을 만들어 내고, 아울러 생산을 증대시켜 식량난을 해결할 수 있는 신작물의 개발에 있다. 이러한 관점에서 식물 생명공학은 식량자원 생산비용 감소, 척박한 기후에서의 작물재배 등 식량난 타개뿐만 아니라 제초제 내성, 염분, 비료 등에 대한 개량된 특성으로 인해 환경오염을 줄일 수 있는 일석이조의 효과가 있다.

그러나 이와 같은 긍정적 측면뿐만 아니라 유전자 변형식물 및 농산물에 대한 안전성 문제, 유전자 오염 등의 문제와 같은 부정적 견해가 대두되고 있는 것도 사실이다.

### ① 유전자 재조합 식물 및 식품의 현황

UN의 통계에 따르면 세계의 인구증가는 1997년 60억, 2000년에는 62억, 2090년에는 100억에 이를 것으로 추정되어, 지구는 인간으로 만원을 이룰 것이다. 이와 같은 인구증가에 따라 식량수요도 계속 증가하여 왔다. 전통적으로 식량증산을 위하여 경지면적을 확대하고 화학비료, 농약사용 등에 의해 식량의 생산을 향상시켜 왔다.

또한, 재래식 방법에 의해 품종을 개량하여 우수형질을 지닌 우량종을 만들어 왔으나, 이용할 수 있는 토지의 한계, 잔류 유해농약이나 제초제 성분 등 다수의 복합적인 문제로 인해 명백한 한계가 드러났다.

한편, 소득 및 문화의 발달에 따라 소비자의 입맛이나 식품에 대한 기호

그림 9-24  세계 GMO 식물 분포도

욕구가 증가하여 식량난 타개뿐만 아니라, 식량자원의 품종개량에 대한 중요성과 필요성이 증대됨으로써 20세기 말부터 식물 유전공학 기술이 발전되고, 많은 기술의 진보가 이루어졌다. 현재 유전자 조작에 의한 식물 및 식품은 매년 급증하고 있다(그림 9-24, 표 9-11).

표 9-11                 형질전환 식물 및 도입된 형질

| 형질전환 식물 | 도입된 형질 | 형질전환 식물 | 도입된 형질 |
|---|---|---|---|
| 알팔파 | 제초제 저항성, 바이러스 저항성 | 유채 | 제초제 저항성, 바이러스 저항성 |
| 사과 | 내충성 | 벼 | 내충성, 전분함량 증가 |
| 유채 | 제초제 저항성, 내충성, 지방산 조성변화 | 대두 | 내충성, 변이 저장단백질 |
| 칸탈루프 | 바이러스 저항성 | 양호박 | 제초제 내성, 변이 저장단백질 |
| 옥수수 | 제초제 저항성, 내충성, 내바이러스성 | 해바라기 | 바이러스 저항성 |
| 목화 | 제초제 저항성, 내충성 | 담배 | 변이 저장단백질 |
| 오이 | 바이러스 저항성 | 토마토 | 제초제 내성, 내충성, 바이러스 저항성 |
| 멜론 | 바이러스 저항성 | 호두 | 바이러스 저항성, 제초제 저항성, 내충성 |
| 파파야 | 바이러스 저항성 | | |

출처 : 한국과학기술진흥재단, "유전공학의 오늘과 내일", 1993. "농업전망 2000", 한국농촌경제연구원, 2000.

현재 미국에서 승인된 유전자조작 농산물(GMO)의 품목 및 그 도입형질의 특성을 보면 표 9-12와 같다.

표 9-12              미국에서 시판 중인 GMO 품목(1999년)

| 품 목 | 수 | 특 성 |
|---|---|---|
| 대두(콩) | 3 | 올레인산 증대, 제초제 저항성 |
| 옥수수 | 14 | 팝콘용 1종, 스위트콘 1종/제초제 저항성, 해충 저항성(Bt), 웅성불임 |
| 감자 | 3 | 해충 저항성(Bt) |
| 토마토 | 5 | 방울 토마토 1종/과숙억제, 과피 손상방지 |
| 치커리 | 1 | 웅성불임 |
| 호박 | 2 | 모자이크 바이러스병 저항성 |
| 파파야 | 1 | 바이러스 저항성 |
| 사탕무 | 1 | 제초제 저항성 |
| 카놀라 | 2 | 제초제 저항성, 로릭산 증대 |
| 목화 | 5 | 제초제 저항성, 해충 저항성(Bt) |
| 아마 | 1 | 제초제 저항성 |

[GMO 콩]

이와 같이 생산되어 유통되는 유전자조작 농산물은 1999년 11월 현재 11개 종에 이르고 있으며, 그 수는 앞으로 더욱 더 늘어날 전망이다.

미국에서 유통되는 농산물들은 사실상 모두가 원료나 가공형태로 수입되고 있다.

현재 미국에서 이용되고 있는 유전자 식품의 비율은 약 60~70%로 추정되며, 이는 우리 나라에도 예외가 아닌 것으로 생각된다. 그러나 아직까지 우리 나라에서는 유전자조작 콩이 공식적으로는 재배되고 있지 않으나, 어느덧 국산콩이라는 것으로부터 유전자조작 콩이 검출되는 것으로 보아 비공식적인 재배는 상당히 많을 것으로 추정된다.

국제적으로 미국을 비롯해 몇 개국에 지나지 않지만, 그 수가 점점 늘어나고 있다. 그렇다면 이러한 유전자조작 농산물은 무엇이고, 또 무엇 때문에 주목받고 있는지 알아보자.

### ② 유전자조작 생물이란 무엇인가?

특정 생물체(식물, 동물, 미생물)에 어떤 생물의 유전자 중 유용한 유전자(예: 제초제, 병충해, 살충제, 내염성)를 다른 생물체에 삽입하여 새로운 품종을 만드는 것을 유전자조작 생물(GMO)이라 한다. 특히, 농·축·수산 생물체가 이러한 기술에 의해 유전적으로 변형되어 식품으로 사용될 때 이를 유전자조작 식품이라 한다.

이러한 GMO는 기존의 동, 식물의 육종방식에 의한 신품종 개량과는 완전히 다른 것이며, 여전히 그 안전성 및 특성 등에 대해 논란의 여지가 있다. 왜냐하면, 현재 인류가 사용하는 식품들은 수만 년 동안 먹어온 것으로, 자연적으로 무해성이 검증된 것들이지만 유전자조작 농산물은 그 역사가 짧아 안전성이나 독성 등 여러 가지 가능한 문제점을 파악할 시간이 모자란다는 것이다. 그러나 과학적으로 그 무해성이 검증된 이상 인류의 식량난 해결에 대한 최선의 대안일 수밖에 없다.

### ③ GMO 제조방법

식물에 있어서 GMO의 제조방법은 동물이나 미생물에 비해서 훨씬 까다롭다. 그 이유는 이들 세포의 구조가 근본적으로 다르기 때문이다. 따라서, 각각의 특성에 맞는 방법을 사용하여야 한다.

식물에 사용되는 GMO 제조방법은 크게 3가지로 나눌 수 있다.

• Agrobacterium의 Ti 플라스미드 이용법

이 방법은 토양세균인 *Agrobacterium tumefaciens*가 가진 Ti 플라스미드를 이용하여 식물세포를 인위적으로 형질전환시키는 것

[플라스미드]

이다. *Agrobacterium*은 자연계에서 식물의 상처부위를 통하여 감염되고, 식물세포를 형질전환하여 'Crown gall'이라는 일종의 식물종양을 만들어서 Ti 플라스미드를 식물 염색체에 끼워 넣는 방법이다.

이와 같은 원리를 이용하여 실험실에서 식물세포를 형질전환시킬 수 있는데, 이 때 발현하고자 하는 유용 유전자를 T절편에 끼워 넣어 주면, 이것이 식물체 내의 염색체에 끼어들어가 필요한 물질을 대량으로 생산할 수 있게 된다(그림 9-25).

• 원형질체 이용법

식물세포는 동물이나 미생물 세포에는 없는 세포벽이 존재한다. 이 세포벽을 제거한 것을 원형질체라고 한다. 이는 유용한 유전자가 쉽게 세포 내로 들어가게 하기 위해 세포벽을 효소나 화학물질로 용해시킨 것이다. 여기에는 미세주입법(microinjection)이나 리포솜(liposome)을 이용하는 방법, 전기 충격법 등을 사용하여 유전자를 주입하는 방법이 있다(그림 9-26).

• 입자총(particle-gun) 이용법

금속의 미립자에 유용한 유전자를 결합시켜, 그 미립자를 고압가스의 힘

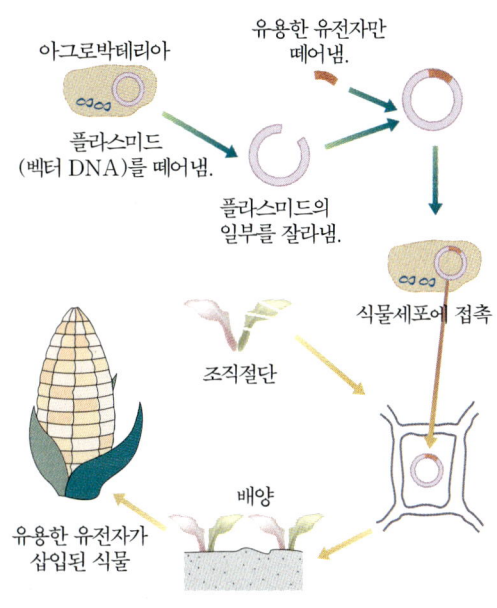

그림 9-25 Ti 플라스미드를 이용한 유전자조작

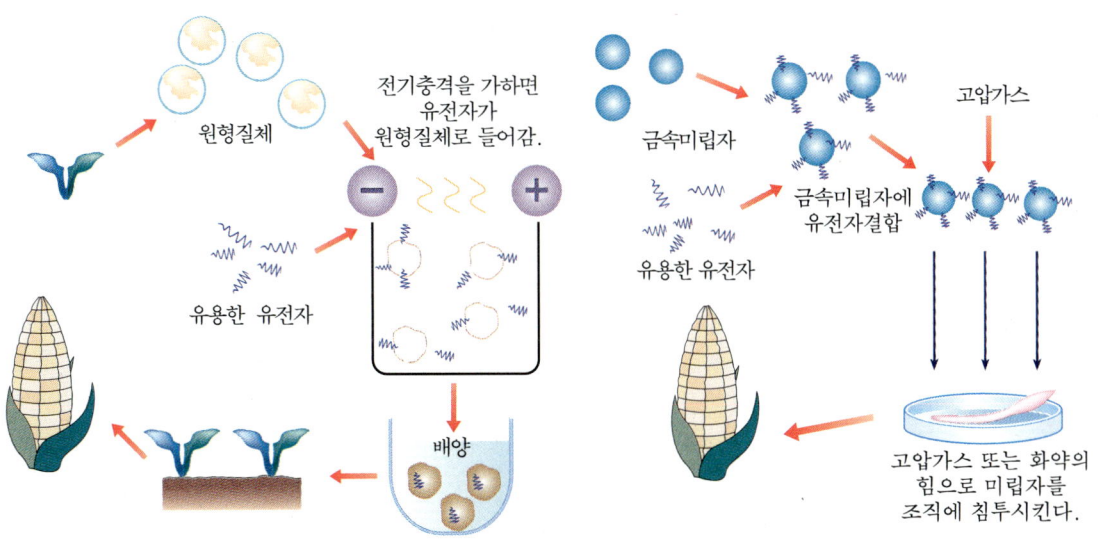

그림 9-26 원형질체 이용법

그림 9-27 입자총 이용법

으로 농작물의 잎 절편 등에 밀어 넣어 유전자가 들어가도록 하는 방법이
다(그림 9-27).

### ④ GMO 개발의 예

#### • 제초제 내성벼

세계적으로 형질전환에 성공하여 포장시험이 실시된 예는 3,600여 건에
달하며, 최근에는 약 40여 품종이 보급 사용되고 있다. 유전자 변형작물을
특성별로 보면 제초제 저항성 품종이 35%로 가장 많고, 품질개선이 20%,
내충성이 18%, 바이러스 저항성이 11% 등이다. 국내에서도 농촌진흥청
에서 형질전환에 의하여 제초제 내성벼, 살충성 배추, 항균성 고추, 바이러
스 저항성 담배, 토마토, 고추 등이 육성되어 현재 포장 시험단계에 있다
(그림 9-28).

그림 9-28 (a) 형질전환 벼
제초제에 대한 내성이 있음을
보여주고 있다. 비선택성 제초
제를 벼잎에 처리한 결과 유
전자조작된 벼는 저항성이 있
는데 비해 보통의 벼는 말라
죽는 것을 볼 수 있다.
(b) 벼에 카로틴을 과다 발현
시킨 형질전환 쌀
노란색을 띤 것이 카로틴 함
유 쌀이다.

(a)

(b)

#### • 해충 저항성 형질전환 식물

해충은 지구상에서 가장 많은 생물체로 인간에게 여러 가지 나쁜 영향
을 끼치지만, 그 중에서 특히 농작물의 피해가 매우 크다. 해충에 의한 농
작물의 피해는 전세계적으로 매우 심각하며, 이를 방제하기 위하여 많은
양의 살충제를 살포해 왔으나, 살충제는 인체, 환경 및 다른 동물에게도
심대한 영향을 주게 된다. 그 대표적인 것으로 DDT(dichlorodiphenyl
trichloroethane), 말라티온(malathion), 파라티온(parathion) 등이 있으
나, 이들 살충제에 대한 해충들의 내성이 점차 증가함에 따라, 제초제 및
해충 방제제의 과다사용으로 심각한 환경파괴 및 독성영향이 발생하였다.

이러한 문제점을 해결하기 위해 두 가지 전략이 사용되었는데, 첫째는 해충에 독성을 나타내는 물질을 만드는 유전자를 식물에 도입하는 방법으로, 박테리아가 만드는 독성물질 중 포유류에는 해가 전혀 없고 다른 동물에는 치명적인 독성물질을 만드는 유전자를 이용하는 것이다. BT라고 하는 해충에 독성을 나타내는 유전자를 박테리아(*Bacillus thuringensis*)로부터 얻어 이를 토마토, 목화, 옥수수 등에 도입하여 형질전환시킨 결과, 이들 식물체는 해충의 애벌레나 진딧물 등에 저항성을 나타내는 것이 밝혀졌다(그림 9-29).

(a)                    (b)

그림 9-29  BT 독소(a), BT 내성을 나타내는 식물(b)

또 다른 하나는 여러 가지 해충에 대해 효과적으로 작용하는 단백질 분해효소 억제물질을 이용하는 것으로, 해충이 이 물질을 먹으면 먹이를 소화할 수 없게 되어 결국 죽게 되는 방법이다.

• 제초제 내성콩

몬산토 회사는 제초제에 대한 내성이 있는 콩인 '라운드업레디 빈스(Roundup-Ready Soybeans)'를 개발하여 시판하고 있으며, 콩의 경우 세계적으로 유전자 변형작물의 50% 이상을 차지하고 있다. 특히, 1997년 미국 내의 콩 경작면적 중 14~18%를 차지하고 있다.

이 콩에는 제초제에 내성이 있는 유전자가 들어 있으므로 강력한 제초제를 뿌려도 시들거나 죽지 않는다. 따라서, 몬산토사는 이 콩을 재배하면 제초제

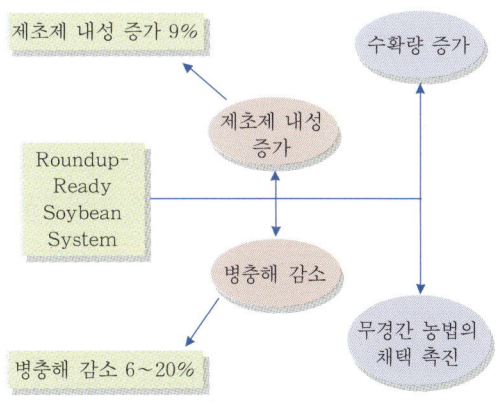

그림 9-30  제초제 내성콩 : 라운드 빈의 특징

의 사용량을 줄일 수 있다고 한다. 이는 제초제에 내성이 있는 콩의 경우, 제초제를 살포하는 횟수를 줄이고 대신 강력한 제초제를 사용한다는 것이다(그림 9-30).

### • 신선도가 오래 유지되는 토마토

몬산토 산하의 칼진사(Calgene Inc.)가 개발한 플레이브 세이브(Flavr-savr)는 종래의 토마토에 비해 신선도가 오래 유지되도록 유전자조작된 식품이다. 이 토마토는 농장에서 숙성시킨 후 출하해도 유통과정에서 쉽게 썩지 않는다. 그러나 이 토마토는 이 형질 외에 다른 특징은 변함이 없으며, 1994년에 FDA승인을 얻고 "MacGregors"라는 이름으로 시장에 출하하였으나 시장에서 참패하여 현재는 시판되지 않고 있다(그림 9-31).

그림 9-31 토마토(Flavr-savr)

### ⑤ 식물 의약품 공장

'먹는 백신(edible vaccine)'으로 개발이 추진되고 있는 유전자 변형식물은 저렴한 비용으로 실현될 수 있는 의약품 생산기술로서 주목받고 있다. 미국의 코넬대학에서 유전자 변형기술을 이용하여 소아백신을 생성하는 단백질을 바나나에 도입한 결과가 발표되었다. 일본에서도 테이고쿠(帝國)대학 이공학부의 오카다 요시미 교수에 의해 B형 간염백신 단백질을 토마토 속에 주입하여 발현시키는데 성공하였다고 발표하였다.

이와 같은 '먹는 백신'은 식물체를 먹거나 이를 가공하여 이용함으로써 특정질병에 대한 백신효과를 내도록 하는 것으로서, 이를 제2세대 식물 유전공학 기술이라고 한다. 즉, 식물을 의료용, 산업소재의 생산공장으로 사용하고자 하는 것이다(그림 9-32).

그림 9-32 식물 의약품 공장

미국의 위스콘신주 미들턴에 있는 아그라세투스(Agracetus)회사는 옥수수 유전자를 조작하여 인간의 항체를 분비하도록 만들었다. 이 회사는 옥수수로부터 항체를 정제하여 항암제로 사용하고자 하는 것이다. 이 회사에 따르면 식물체가 만드는 항체인 플랜티바디스(plantibodies)는 동물세포로부터 생산하는 것보다 훨씬 경제적이다. 형질전환 동물세포 1 k$l$를 배양하면 1~2 kg의 항체를 얻는 것에 비해 플랜티바디스는 1에이커당 1.5 kg의 항체를 생산할 수 있기 때문에 30에이커만 옥수수를 재배하면 미국 내 항암제 시장의 필요량 수요를 충족할 수 있다. 다만 식물에서의 생산과정이 1년 이상 걸리는 단점을 가지고 있으나, 착수비용이 훨씬 저렴하고 생산단가가 싸다는 장점이 있다.

또한, 식물 생산공장 시스템은 인간에게 치명적 영향을 주는 바이러스 등의 침투 가능성이 전무하다는 장점이 있다. 그러나 제초제나 살충제 등 독소들이 오염될 가능성은 있다.

이 밖에 현재 형질전환 담배로부터 의약품인 인슐린, 성장 호르몬, 가축의 예방백신 등을 생산하고자 하고 있다. 캘리포니아주 마운틴뷰에 위치한 플라넷 바이오테크놀로지사(Planet Biotechnology)는 형질전환 담배로부터 항체를 발현하여 기능성 치약을 만들려고 시도하고 있으며, 버지니아주 블랙스버그에 있는 크롭텍(Crop Tech.) 회사는 형질전환 담배로부터 고세병(Gaucher's disease) 치료제인 글루코세레브로사이다아제(gluco-cerebrosidase)를 만들었다.

그러나 식물체로부터 만들어진 '먹는 의약품'은 그 효과에 있어서 여전히 의문점이 남아 있다. 즉, 단백질을 먹었을 때 이 음식은 위장을 통해서 분해되고 소장으로 흡수되어 혈액을 통하여 온몸으로 전달된다. 왜냐하면,

### 도움말

• 고세병

유전병으로 생각되는 특이한 만성질환. 세레브로사이드(cerebroside)를 갖는 세포가 세망(細網) 내의 껍질조직에 국부적으로 존재함으로써 조직파괴, 비장비대, 피부의 청도색화, 빈혈증상을 나타내게 된다.

그림 9-33  먹는 백신 제조 개념도

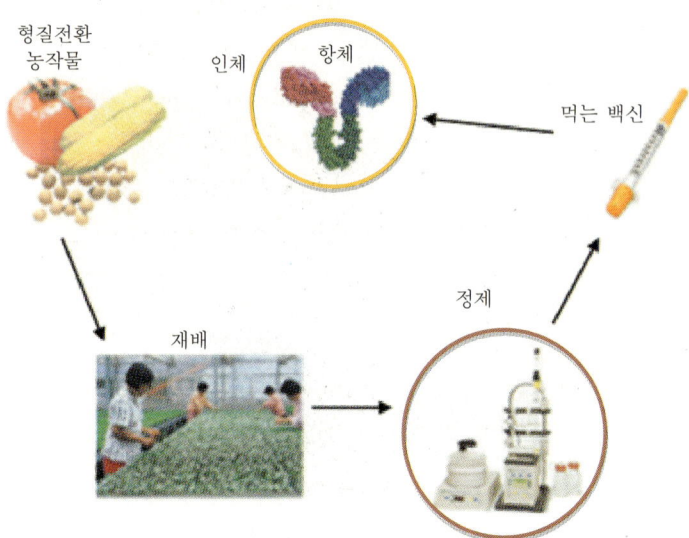

형질전환 농작물

인체  항체

먹는 백신

정제

재배

'먹는 의약품'은 위에서 분해되어 단백질로서의 효력을 발휘할 수 없기 때문이다. 그러나 이런 단점에도 불구하고 생산단가가 훨씬 저렴하기 때문에 식물체로부터 의약용 단백질을 생산하는 것은 그 경제적 가치가 충분히 있다고 할 수 있다.

## (3) 유전자조작 농산물 : 무엇이 문제인가?

현재 유전자조작 농산물의 소비는 증가추세에 있으며, 미국에서 재배되는 콩의 30%, 옥수수가 25%에 이를 정도로 매우 많다. 또한, 수출도 이러한 비율로 이루어지고 있다. 1998년 유전자조작 농산물의 국제 무역량은 300억 달러 규모에 달하며, 이는 세계의 재배면적이 3년 사이에 10배 이상 늘어난 상태이다. 현재 상품화를 위해 야외 시험재배 단계에 있거나 등록을 마친 유전자조작 농산물은 30여 종 이상이며, 앞으로 10년 안에 미국 농산물 수출의 95% 정도를 차지할 것으로 예상되고 있다.

이와 같은 시점에서 유전자조작 농산물의 문제점을 따져 보는 것은 타당한 이유가 있다. 유전자조작 농산물로부터 유래되는 식품의 안전성 평가는 크게 신규성, 알레르기성, 항생제 내성과 독성에 의해 결정된다. 신규성은 유전자 재조합체 그 자체를 먹는 경우는 식품군으로서가 아닌 개별식품으로 판단되며, 자체를 먹지 않는 경우 추출과 정제에 의해 불순물을 제거한 것이므로 순도, 불순물, 물질 자체의 안전성을 평가한다.

그러나 안전성이 평가되었다 하더라도 유전자조작 농산물이 가지는 위험성은 여전히 존재한다.

### 도움말

**● 알레르기성 (Allergie)**
인체·동물체가 어떤 물질에 대해 선천적 또는 후천적으로 이상반응을 나타내는 성질.

표 9-13은 지금까지 발표된 GMO의 인체 위험성을 입증하는 각종 결과들이나, 이러한 결과가 GMO의 위험성을 반드시 입증하는 것은 아니다.

표 9-13                          GMO의 인체 위해성 결과

| 보고일시 | 기 관 | 인체 위해성 내용 |
|---|---|---|
| 1998.8 | 영국 로웨이트 연구소 | 푸스타이 박사의 주도로 유전자 변형감자를 먹인 쥐 실험에서, 쥐의 면역체계와 질병 저항력이 크게 떨어짐. |
| 1999.1 | 독일 | 유전자조작 식품으로 인하여 항생제 내성을 갖는 슈퍼균이 발생하여 장내에 잔존할 가능성에 관한 컴퓨터 모의실험 |
| 1999.5 | 영국 의료연합 (BMA) | 유전자조작 식품의 항생제 내성 유전자가 인체 내 항생제 내성을 키움으로써 건강상의 위협이 되고 있음. |
| 2000.5 | 독일 예나대학 연구팀 | 유전자조작 유채의 꽃가루를 먹은 벌의 장 속에서 유전자조작된 DNA가 검출됨으로써, GMO 속의 유전자가 이를 섭취한 동물과 사람에게 전이될 가능성을 과학적으로 입증. |

지금까지 보고된 가장 잘 알려진 부작용 사례는 알레르기의 발생이다. 미국의 파이오니어 하이브리드사(Pioneer Hybrid)가 개발한 영양가가 증대된 콩은 브라질산 호두로부터 작물의 유전자 중 일부를 도입하여 메티오닌이라는 아미노산을 많이 함유하게 만든 유전자조작 식물이다. 브라질 호두에 알레르기 반응을 보이는 사람들의 경우 이 콩에 대해서도 역시 알레르기 반응을 보인 것으로 나타났다. 파이오니어사는 이 부작용 사례보고 이후 이 콩의 시장진출을 포기하였다.

또 다른 유해성의 가능성은 독소의 발생 가능성이다. 1989년 미국에서 유전자조작 박테리아로부터 생산된 아미노산 트립토판(tryptophan)을 복용한 사람들 가운데 37명이 사망하고, 1500여명이 회복불능의 신경장애에 빠진 예가 있다. 이 사건 이후 제조업체인 일본의 쇼와덴코사는 회복불능의 회사가 되었다.

인체에 미치는 유전자조작 농산물의 가장 큰 영향에 있어서 항생제 내성증가도 빼놓을 수 없다. 유전자조작 농산물의 경우 새로운 형질이 제대로 도입되었는지를 확인하기 위해 과학자들은 이들을 외견상 구분할 수 있는 '표지' 유전자를 쓰는데, 가장 일반적이고 흔하게 사용하는 것이 항생제 내성 유전자이다. 이 유전자는 대체로 박테리아로부터 유래된 것이어서 새로운 박테리아에 감염되어 옮겨질 가능성이 있다.

그러나 이에 맞서 GMO가 결국 인류를 식량난에서 구해낼 수 있는 유일한 대안일 수밖에 없는 사실 또한 명백하다. 이런 점에서 다음의 몇 가

🌐 **도움말**

• **트립토판**

아미노산의 하나. 생체 내 중간대사에는 비타민 $B_6$가 보조효소로 관여한다.

표 9-14

| 보고일시 | 기 관 | 환경 위해성 내용 |
|---|---|---|
| 1999.5.19 | 미국 코넬 대학교 | Bt 옥수수의 Bt독성이 Monarch 나비유충에 치명적임. |
| 1999.9.30 | 영국 정부 | 유전자 조작작물의 꽃가루가 4.5 km 밖까지 이동할 수 있음. |
| 1999.12.1 | 미국 뉴욕 대학교 | Bt 옥수수의 Bt독성이 뿌리를 통해 토양 속으로 스며들어감을 밝힘. |
| 1999.12.2 | 미국 퍼듀 대학교 | 유전자조작 물고기 한 마리가 40세대 내에 물고기 무리 전체를 전멸시킨다는 모의실험 결과. |

지를 살펴볼 필요가 있다.

첫째, GMO는 인류의 식량난을 해결하는 유일한 대안, 즉 인구증가에 미칠 수 있는 유일한 기술적 대안이라는 것이다. 현재 식량작물의 유전자 조작을 통한 지금까지의 증수효과는 10% 이하이다. 그러나 앞으로 유전자조작 식품을 더욱 개발하고, 저장성, 항바이러스성, 내충성, 제초제 내성 등을 증진시킬 때 유전자조작 식품을 통한 식량증산은 획기적으로 이루어질 것이다.

둘째, 유전자조작 식품이나 농작물에 의한 생태파괴는 심각하지 않으며, 오히려 기존의 농약사용을 줄인다는 견해이다. 목화의 경우 살충제 사용 절감효과는 1 ha당 140~280달러에 달한다. 또한, 제초제 내성작물의 경우 대체로 광범위성 제초제에 내성을 보이므로 기존의 선택성 제초제를 사용할 때보다 제초제 사용량을 줄일 수 있으므로 이에 따른 노동력 절감 및 환경오염 감소효과를 볼 수 있다. 만일, 우려하는 대로 유전자 전이에

그림 9-34 식량생산, GMO가 유일한 대안일 수 있다.

의해 유전자가 이동하여 '슈퍼잡초'가 탄생하여도 이는 다른 종류의 제초제에 의해 제거될 수 있다는 것이다.

셋째, 기능성 식품을 원하는 이들에게 필요한 만큼 공급을 할 수 있다는 것이다. 유전자조작 식품은 도입된 유전자의 기능에 따라 새로운 기능성을 나타내므로 해당 기능성 식품을 원하는 사람에게 필요하게 된다.

넷째, 유전자조작 식품은 실질적으로 인체에 유해하지 않다는 것이다. 이는 일부의 극히 제한된 사례를 제외하고는 이렇다 할 유해성을 입증하지 못했기 때문이기도 하다.

이와 같은 논리는 앞에서 말한 바와 같이 식량난을 해결하기 위한 최종 대안이 결국 유전자조작 농산물밖에 없다는 것으로서, 앞으로 기술개발이 더 본격적으로 이루어지리라 생각된다.

## (4) 농업 생명공학과 인류

인간게놈 프로젝트가 예상보다 빨리 완료된 후 생명공학은 인간의 생활 영역 깊숙이 침투해 있으며, 어느새 일상생활의 용어가 되어버렸다. 앞에서는 농업 생명공학의 원리, 현황, 그리고 장, 단점을 살펴보았다. 특히, 생체공장으로서의 식물과 동물의 유전자 재조합 기술에 대한 서로 상반된 시각을 살펴보았다. 그렇다면 진정 생명공학은 인간에게 무엇인가? 과연 인류의 미래에 꼭 필요한 것인가?

'Science'지 1996년 7월호에 "BT 형질전환 목화가 병충해에 잠식당했다"라는 기사가 특필되었다. 즉, 해충 저항제인 BT독소를 생산하는 목화가

(a)

(b)

그림 9-35  병충해 저항 유전자를 가진 목화(a)와 일반목화(b)

식생활 개선
식량증산
기능성 식량

유전자 조작 농산물

그림 9-36  농업 생명공학에 의한 생활향상

해충들에게 잠식당했다는 것으로서, 첨단기술이라는 생명공학, 특히 식물 생명공학의 한계와 실패를 보여 주려 한 것이다. 실패란 BT가 해충을 죽이기 위해 도입된 것임에도 불구하고 목화에 병충해를 입혔다는 것이다. 그러나 사실은 다르다. 전체 재배면적 200만 에이커 중 1%만이 피해를 본 것이다. 그리고 이 경우에는 목화를 괴롭히는 3가지 해충 중 오직 한 가지만을 방제하기 위한 형질전환 목화였다.

그러나 이것은 생명공학의 한계를 여실히 보여줄 수 있는 것이기도 하다. 세 가지 해충에 다 견디는 형질전환 목화를 만들기 전에는 그 첨단기술이 소용 없다는 것이다.

따라서, 이는 생명공학을 보는 날카로운 비판적 견지로 인해서 더욱 더 과장된 측면이 있는 것으로 보인다. 긍정적으로 보면 1%의 피해는 그 이전에 있었던 20~30% 이상의 피해에 비하면 획기적인 것이기 때문에 생명공학 기술을 간과할 수 없다.

생명공학, 특히 농업·환경 생명공학을 보는 견해는 항상 서로 모순된 점을 가지고 있다. 생명공학의 반대론자는 환경, 자연을 보호하고 있는 그대로의 삶만이 풍족을 줄 수 있다는 견해이며, 옹호론자는 생명공학이 인간에게 엄청난 효과를 준다는 것이다. 그러나 이러한 이분법적인 논란은 의의가 없다. 모든 과학적 업적에는 그 반대의 그림자가 있듯이, 농업 생명공학 역시 그럴 것이기 때문이다.

다만 우리가 할 수 있는 것은 궁극적으로 인간에게 해가 되지 않도록 노력해야 한다는 것이다. 그렇게 해야만 우리가 살고 있는 지구의 환경과 자연보호가 이루어진다는 것이다.

## 5. 바이오벤처와 제4의 산업물결

생명공학(biotechnology)은 1960년대 말부터 사용되기 시작하였다. 이는 좁게는 생물학 관련의 기술을 의미하였으나 현재에는 보다 포괄적이고 광범위한 의미를 지니고 있다. 오늘날에는 생물이 지니고 있는 세포의 기능을 이해하며, 이를 변형하고 조작한 후 의학 및 산업에 응용될 수 있는 기술 및 산업을 포괄하고 있다.

그러면 급진적으로 발전되고 있는 바이오 산업은 미래에 어떤 영향을 끼칠까? 지난 세기 말 우리는 정보화 시대의 엄청난 변화를 보았다. 이러

# ♣ 줄기세포를 이용한 혈액세포의 제조

미국 위스콘신 의대팀의 톰슨(Thomson, J.) 박사가 이끈 연구팀은 인간배아 줄기세포 (stem cell)를 이용하여 '조혈 전구세포'를 만들었다. 쥐를 대상으로 비슷한 보고서가 나온 적은 있지만 인간의 혈액세포를 얻어내기는 이번이 처음이다.

혈액세포의 발달을 촉진시키기 위해 인간배아 줄기세포를 쥐의 조직과 함께 배양했고, 그 결과 인간 골수세포가 만드는 것과 똑같은 세포를 얻어냈다. 톰슨 박사는 "더 정제된 혈액세포를 대량으로 뽑아내기 위해서는 더 많은 노력과 시간이 필요하지만, 장차 수혈 및 골수이식에 소요되는 혈액수급에 숨통이 트일 것"이라고 전망했다.

그러나 이를 실용화하기에는 비용이 지나치게 많이 든다는 것 등 풀어야 할 과제가 많다. 사람의 면역체계가 이 혈액에 거부반응을 일으킬 가능성도 배제할 수 없다. 혈액학자인 커프먼(Kaufman, D.) 박사는 "이 성과가 구체적인 의학적 효과로 이어지기까지는 많은 장애물이 남아 있다"며 신중한 태도를 취했다. 커프먼 박사는 "다만 이 연구가 혈액 및 골 수세포 성장의 밑그림을 보여줌으로써 새로운 치료법 개발의 기초공사 역할이 되길 바란 다"고 덧붙였다.

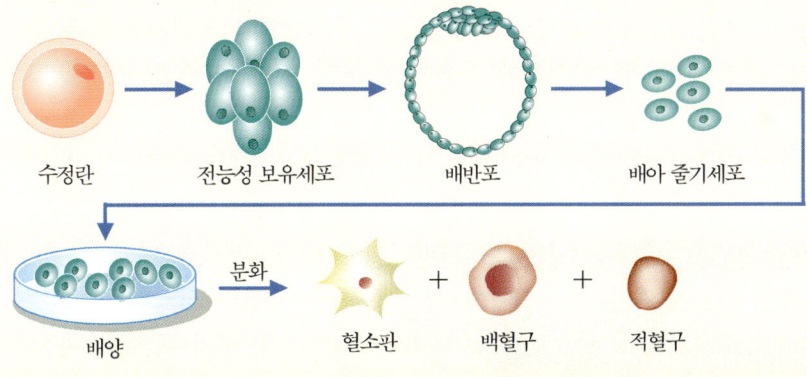

[혈액세포 생산과정]

줄기세포란 인체의 260여개 세포 및 조직으로 분화될 수 있는 '백지상태의 세포'를 가리 킨다. 모든 생물학적 경로가 밝혀지면 당뇨병, 파킨슨병, 심장병 등 난치병 치료에 요긴하게 쓰일 전망이다.

최근 들어 줄기세포로 심장세포와 신장세포를 배양하는 데 성공하는 등 연구성과가 잇따 르고 있다. 그러나 줄기세포 연구에 대한 부시 미국 대통령의 연방기금 지원결정이 내려 진 뒤 이에 대한 저항도 거세다. 단지 줄기세포만 뽑아내고 인간배아를 폐기하는 행위에 윤리적 거부반응을 일으키는 것이다.

현재 과학자들은 이러한 윤리적 비판을 극복하기 위해 성인의 몸에서 줄기세포를 얻는 방법을 찾는 데 주력하고 있다.

한 정보화 산업으로 가는 급격한 변화는 인터넷이라는 새로운 패러다임 (paradigm)을 탄생시켰고, 그에 수반하여 컴퓨터, 통신, 전자공학, 게임 소프트웨어 등 관련되는 여러 산업을 동반 발전시켜 왔다. 이 시대를 정보화시대라 하고, 이러한 산업을 하이테크 산업이라고 하였다.

정보화 시대의 하이테크 산업은 수많은 소규모 첨단 기술기업을 탄생시켰으며, 이것을 IT(information technology)산업이라 하여 기존의 대기업이나 중소기업처럼 생산과 판매를 목적으로 하는 소위 굴뚝산업과 대비시켰다. 이 가운데 'IT' 벤처(venture)가 자리잡고 있었다. IT벤처는 상황의 변화에 매우 민감하게 대응할 수 있고, 첨단기술로 무장된 기술중심의 소자본 단위회사이다.

한 동안 이러한 벤처가 우후죽순처럼 생겨났으나, 이제 일부가 그 명멸을 맞고 있다. 왜 그런 것일까? 사람들은 IT 하이테크가 세상을 바꿀 수 있으리라 생각하였다. 정보산업의 발달은 수많은 변화를 촉진시켰으나 여러 가지 측면에서 그 수명주기가 성숙단계에 접어들었다고 볼 수 있다.

이제 정보기술 분야에서의 연구개발은 기존제품의 성능을 향상시키거나 가격을 낮추는데 두고 있지, 새로운 기술 자체를 개발하는 것은 그다지 중요하지 않은 것이다. 물론, 정보산업과 관련기술은 앞으로도 편리하고 편하게 살기 위해 필요할 것이다. 그러나 가용성, 비용, 용도, 추가개발, 잠재력을 고려해 볼 때 이제 정보기술을 더 이상 하이테크로 보기는 힘들다는 것이 많은 미래학자 및 경제학자들의 의견이다.

그러면 이를 대체할 새로운 하이테크는 무엇인가? 이제 '바이오테크'가 그 자리를 차지하고 있으며, 미래의 경제대안으로서의 역할을 담당하게 될 것이다. 일반적으로 하이테크를 정의하는데 사용되는 두 가지 기준인 연구개발비와 특허출원 건수를 볼 때 이러한 견해는 더욱 설득력을 갖게 된다. 정보시대에 회사들은 일반적으로 매출액의 10~15%를 연구개발비에 투자한 반면 바이오테크 기업들은 최소 15% 이상의 많은 금액을 투자하고 있으며, 이는 더욱 더 증가되고 있는 추세이다.

이러한 대안으로서의 하이테크인 바이오테크 (biotech, BT)는 이제 고전적 의미의 '생물학'의 관점을 벗어나 있다. 첨단정보화 기술이었던 반도체 기술과 정보공학의 접목이 일어났고, 이는 사람의 유전자 정보가 밝혀진 지금 소위

그림 9-37 바이오산업이 추구하는 바이오토피아

DNA칩이나 유전자칩으로 구체적 형상을 보이고 있다. 의식주가 어느 정도 해결된 미래는 삶의 질에 보다 관심을 가지게 될 것이고, 이는 필연적으로 수명의 연장 등 개인의 질병이나 건강 등에 관련되는 산업의 증흥을 가져오게 될 것이다. 즉, '생명산업'이 발달될 것이고, 이는 사회, 경제적으로 엄청난 파급효과를 수반하게 된다는 것이다.

유전자 산업과 생명복제, 무병장수, 바이오식품 등 직접적인 분야뿐만 아니라 농업, 해양수산 및 에너지, 환경정화 등 모든 분야에서 바이오테크는 그 중심에 있게 될 것이다.

● **도움말**

• **유전자칩(gene chip)**
각종 유전정보 및 생체정보를 담고 있는 DNA나 단백질 등을 작은 칩 안에 넣고 분자 생물학적 방법으로 분석(진단)할 수 있는 장치.

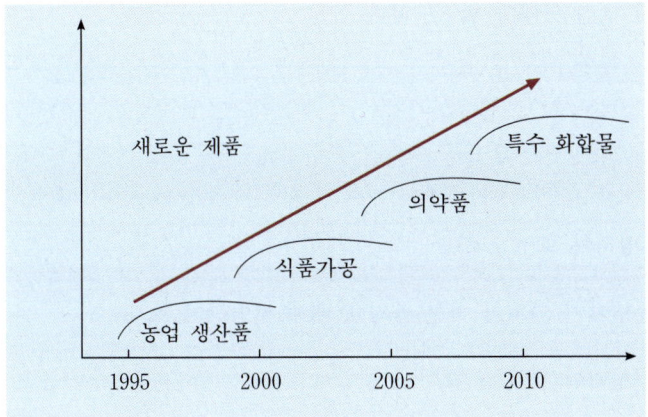

그림 9-38  생명공학 기술에 의한 산업의 변화

물론, 이러한 바이오테크 시대에도 정보화 시대의 거대한 회사들이 여전히 중심적 역할을 수행하리라 본다. 막대한 조직력과 자금력에 바탕을 둔 다국적 기업들이 연구개발에 많은 투자를 할 수 있기 때문이다. 그러나 미래의 첨단기술인 바이오테크를 이끌 중심은 IT 시대의 주역과 마찬가지로 바이오벤처 회사라고 본다. 즉, IT 벤처와 달리 바이오벤처의 창업이 바이오분야에 많은 경험을 가진, 최소한 10년 이상의 연구개발 경험이 있는 사람들이 주로 하고 있다는 사실은 그만큼의 경륜과 경험이 매우 중요하다는 것을 말해 주고 있다.

미래는 바이오산업 시대가 될 것이다. 비록 양지가 있으면 음지가 있겠지만 그러한 양면성은 어쩌면 과학기술이 지닌 태생적 특징일 것이며, 이를 조절하는 것 역시 우리들의 몫이 될 것이다.

## 요 약

　생명공학은 21세기의 중심산업으로 자리매김하는 분야이며, 생명공학의 연구를 위해서는 유전 공학의 원리와 체계에 대해 알고 있어야 한다.

　최근 생명공학 분야 중 특히 각광받는 분야는 농업 생명공학이며, 농업 생명공학은 GMO를 이용하여 인류에게 풍요와 혜택을 줄 수 있는 반면, 이 GMO로 인해 인류의 생존이 위태로워 질 수도 있는 양날의 칼과 같은 존재로 인식되고 있다.

　좋던 싫던 농업 생명공학은 바이오벤처를 통해 나날이 발전하고 있으며, 이를 어떻게 유용하 게 사용할지는 오직 인간의 손에 달려 있다고 할 수 있다.

## 탐구문제

*1.* DNA 중심설이란 무엇인지 설명하여 보자.

*2.* 미생물을 숙주로 하는 유전자 운반체가 가져야 하는 특징에 대해 설명하여 보자.

*3.* GMO의 장점과 단점에 대해 설명하여 보자.

*4.* GMO 제조방법 세 가지를 밝히고, 자세한 방법에 대해 설명하여 보자.

# 10. 생명복제

## 1. 생명복제의 기원

한 번 태어난 생명체가 다시 새로운 생명체로 돌아갈 수 없음은 불변의 진리로 여겨져 왔다. 하나의 세포로 된 수정란이 복잡한 변화를 거쳐 성숙한 개체를 만들어 가는 과정을 보면 도저히 우리 인간이 생명체를 만들기 어려울 것 같아 보인다. 그러나 인간은 끊임없는 도전 끝에 핵이식이라는 기술을 개발하여 동일한 생명체를 무한정으로 복제할 수 있는 길을 열었다. 원자폭탄 발명 이후 과학사상 최대의 사건으로 불리는 생명복제 과정과 이에 수반되는 문제점 등을 살펴보자.

## (1) 체세포 복제양 돌리의 탄생

1997년 복제양 돌리의 탄생은 과학자들뿐만 아니라 일반 대중들을 경악케 하면서 그 해의 가장 주목할 만한 과학적 업적으로 기록되었다. 그 동안 성체의 세포핵을 이용해서는 동물을 복제할 수 없는 것으로 알려져 왔었다. 그러나 이러한 불가능은 영국 로슬린 연구소(Roslin Institute: http://www.roslin.ac.uk)의 윌머트(Wilmut) 박사팀이 핵을 제거한 난자에 6년생의 성숙한 양의 젖샘세포를 넣어 새로운 양을 탄생시킴으로써 사라졌다. 이들은 핵이식을 시도한 277개의 난세포 중에서 유일하게 태어난 양을 돌리 (Dolly)라고 이름지었는데, 이것은 가슴이 큰 미국 가수인 돌리 패튼의 이름에서 유래되었다.

복제양의 생산은 인간이 마침내 신에게 도전하고 있다는 것을 극명하게 보여준 한 예이다. 또한, 돌리가 새끼를 낳음으로써 복제양 돌리는 완전한 생식능력을 갖는 생명체임을 입증하여 복제동물이 완전한 하나의 생명체가 될 수 있음을 잘 보여 주었다.

돌리라는 한 마리의 양이 왜 그토록 매스컴을 들끓게 하였는가? 이는 돌리가 정자와 난자가 결합하는 정상적인 수

그림 10-1 최초의 복제양 돌리와 그의 자손인 보니. 성체의 젖샘세포의 핵을 이용하여 복제양을 만들었다.

정과정을 통해서 태어난 것이 아니라 성숙한 동물세포의 핵으로부터 한 마리의 새로운 개체가 태어났기 때문이다. 그 동안 많은 사람들이 같은 실험을 반복해 왔지만 성공하지 못하였다. 복제양의 성공이 시사하는 것은 우리 인간도 두 배우자, 즉 정자와 난자의 결합이 없이도 원하는 대로 새로운 생명을 실험실에서 만들 수 있게 되고, 나아가 공장에서 물건을 생산하듯이 만들 수 있다는 엄청난 사실을 내포하고 있다. 정말 놀랄만한 일이며, 그 동안 신비하게만 생각되었고 단지 영화나 소설 속에서만 다루어오던 인간의 복제가 현실로 다가오고 있는 것이다.

윌머트 박사팀의 연구는 인간을 포함한 모든 동물의 복제 가능성을 열어 줌으로써 전세계적으로 파장을 불러 일으켰고, 생명과학의 연구 전반에 커다란 반향을 불러 일으켰다. 나와 똑같은 인간이 있다고 하면 어떤 일들이 벌어질까? 똑같은 사람으로 우글거리는 세상이 된다면 어떻게 될까? 서방 선진국에서는 복제인간에 대한 청문회를 개최하여 복제인간에 대한 윤리성 문제 등을 거론하며 법적 규제를 마련하기 시작하였다.

그림 10-2 돌리의 창조자 윌머트(Wilmut, I.) 박사

## (2) 생명복제의 핵심물질 : 핵과 염색체

동물복제는 한 동물의 세포에서 핵을 꺼낸 후, 이것을 핵이 제거된 수정란에 넣어 발생시키는 것으로, 원리는 매우 간단하다고 할 수 있다. 여기서 중요한 사실은 동물의 몸에서 떼어낸 핵이 하나의 성숙한 개체가 될 수 있다는 점이다.

핵이란 도대체 무엇이기에 그렇게 위대한 능력을 갖는가? 핵은 세포 내의 소포체, 미토콘드리아, 골지체, 리소솜 등과 함께 세포소기관 중의 하나에 불과하다. 그러나 우리 몸에서 중추적인 기능을 갖는 뇌처럼 핵은 세포 내에서 가장 핵심적인 부분이다. 핵 속에는 DNA와 단백질이 복합체를 형성하여 염색체라고 불리는 구조로 되어 있다. DNA에는 한 생명체의 형성과 특징을 결정하는 모든 정보가 들어 있다. 인간은 23쌍, 즉 46개의 염색체를 가지고 있다. 이 중에서 하나라도 없거나 부분적으로 잘못이 일어나면 발생이 비정상적이 되거나 유산되어 태어나지 못한다.

예를 들면, 21번 염색체가 2개가 아니라 3개가 되면, 이 사람은 다운증후군(Down's syndrome)이라는 무서운 질병을 앓게 된다. 신체의 균형을 잃어버리고 지능이 발달하지 못해 IQ가 매우 낮으며, 30~40대에 노화 및 치매 현상이 온다. 따라서, 핵 속의 염색체가 정상인 상태로 존재해야 하나의 완전한 개체가 만들어진다는 것을 알 수 있다. 물론, 하나의 염색체 속에는 많은 수의 유전자가 있는데, 이들에게서 돌연변이가 생기면 비정상적인 사람이 된다. 혈우병, 겸상적혈구 빈혈증 등은 단 한 개의 유전자의 이상에 의해 생기는 유전병이다. 위의 몇 가지 예만 보더라도 핵이 얼마나 중요한지를 알 수 있다.

## (3) 완전한 발생능력을 지닌 핵

수많은 세포로 구성된 우리 몸은 원래 하나의 세포인 난자가 정자를 만나 수정한 후 분열하여 만들어낸 것이다. 그렇다면 성체세포의 핵들은 처음 발생을 시작한 수정란의 핵이 갖고 있는 46개의 염색체를 그대로 가지고 있을까? 모든 세포의 핵들은 하나의 개체를 만들 수 있도록 완전한 상태로 존재하는가?

이러한 의문은 1930년대에 발생학 영역에서 처음으로 노벨상을 수상한 독일의 슈페만(Spemann) 박사가 핵 속에는 하나의 생명체를 형성할 모든 정보가 들어 있다고 주장한 이래 이를 증명하기 위한 많은 노력들이 있었다.

1950년대에 DNA의 2중나선 구조가 밝혀질 때쯤 한쪽에서는 모든 핵이 같은 운명을 띠고 있는지에 대한 연구가 미국의 브릭스와 킹(Briggs & King) 박사의 실험실에서 이루어졌다. 양서류의 알은 수정된 후 7번 정도 분열하여 128개의 세포로 된 포배기가 되며, 각 세포 안에는 하나의 핵이 있으므로 128개의 핵이 있는 셈이다. 이들 핵들이 모두 정상의 염색체를 가지고 있다면 하나의 새로운 생명체를 형성할 가능성은 높아진다.

브릭스와 킹 박사는 먼저 포배기의 세포에서 핵을 분리하였다. 그리고 새로운 수정란 안에 있는 핵을 제거하여 핵이 없는 무핵란을 만든 다음에 포배기의 세포에서 빼낸 핵을 무핵란 안으로 집어넣고 발생을 시켰다. 놀랍게도 이렇게 짜깁기한 알이 완전한 올챙이가 되었고, 후에 하나의 완전한 개구리가 되었다. 최초의 복제동물이 탄생하는 순간이었다. 이것은 포배의 128개 세포에서 핵을 모두 꺼내어 128개의 핵이 없는 무핵란에 집어넣으면 128마리의 동일한 개구리가 태어날 수도 있다는 것을 보여주는 것이었다.

여기서 우리가 주목할 만한 사실은, 하나의 핵이 나누어져서 128개의 핵이 되었는데도 불구하고, 유전정보가 분열하면서 나누어지지 않고 보존되어 모두 완전한 하나의 개체가 될 능력을 가지고 있다는 것이다. 따라서, 포배의 핵은 완전한 성체를 형성할 수 있는 전능(totipotency)을 가지고 있다고 생각된다. 이러한 연구결과는 앞으로 생명복제의 가능성을 제시해 주는 일대사건 중의 하나였다. 그러나 발생이 진행되어 올챙이 단계에서

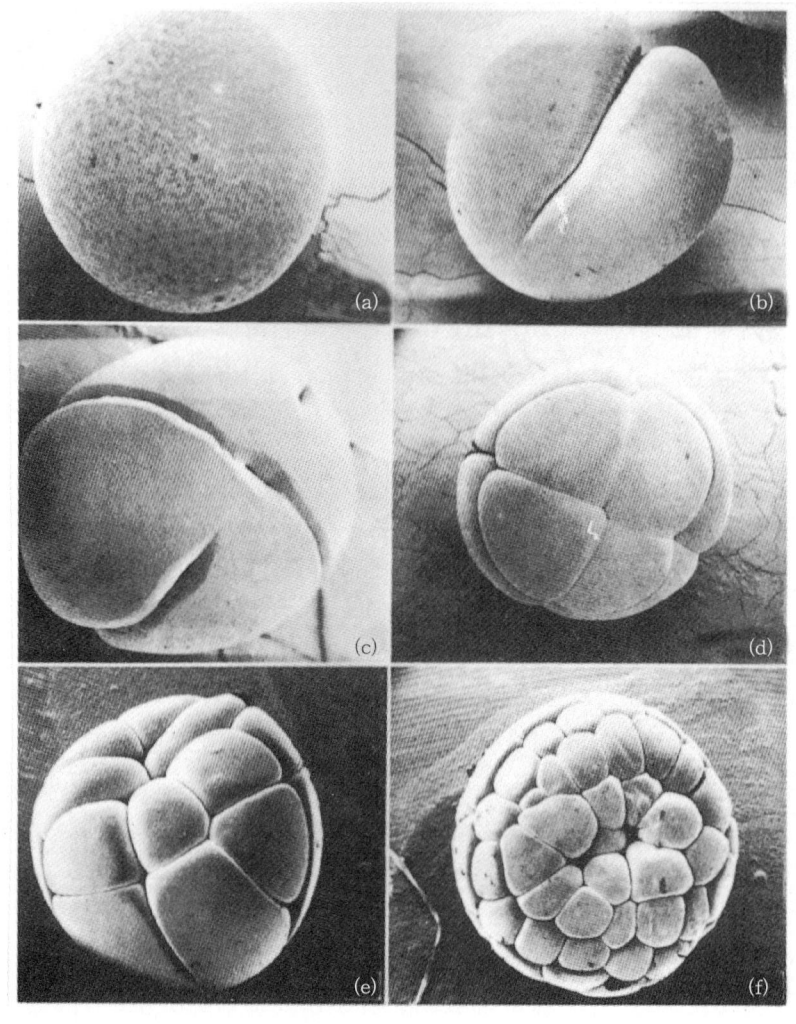

그림 10-3 개구리의 초기발
생 과정
정자와 난자가 만나
형성된 수정란은 하나
의 세포이며, 여기에는
하나의 핵이 들어 있
다. (a) 수정란, (b) 2
세포기, (c) 4세포기,
(d) 8세포기, (e) 16세
포기, (f) 초기 포배기

핵을 뽑거나 개구리의 세포에서 핵을 뽑아 이식하면 발생중간에 죽어 버
렸다.

위에서 살펴본 것처럼 이미 1950년대에 핵치환에 대한 생명복제의 기본
기술이 개발되었다고 보여지는데, 왜 돌리라는 복제양이 탄생하였을 때 세
계는 충격으로 떠들썩했을까? 여기에는 두 가지 이유가 있다고 생각된다.

첫째, 양서류에서 포배의 핵을 얻어 핵이 없는 수정란에 이식하였을 때
성공하였지만, 개구리의 세포에서 핵을 꺼내어 무핵란에 집어넣으면 올챙
이까지는 발달하지만 완전한 성체가 되지는 못했다. 이는 성체의 핵은 어
느 정도 변질되어 초기상태로 되돌아가기가 불가능한 것으로 여겨진다.

분화된 세포핵의 염색체나 DNA는 화학적으로, 그리고 구조적인 변화를
겪는 것으로 생각된다. 그러나 복제된 양이 처음에 받은 핵은 완전히 자란

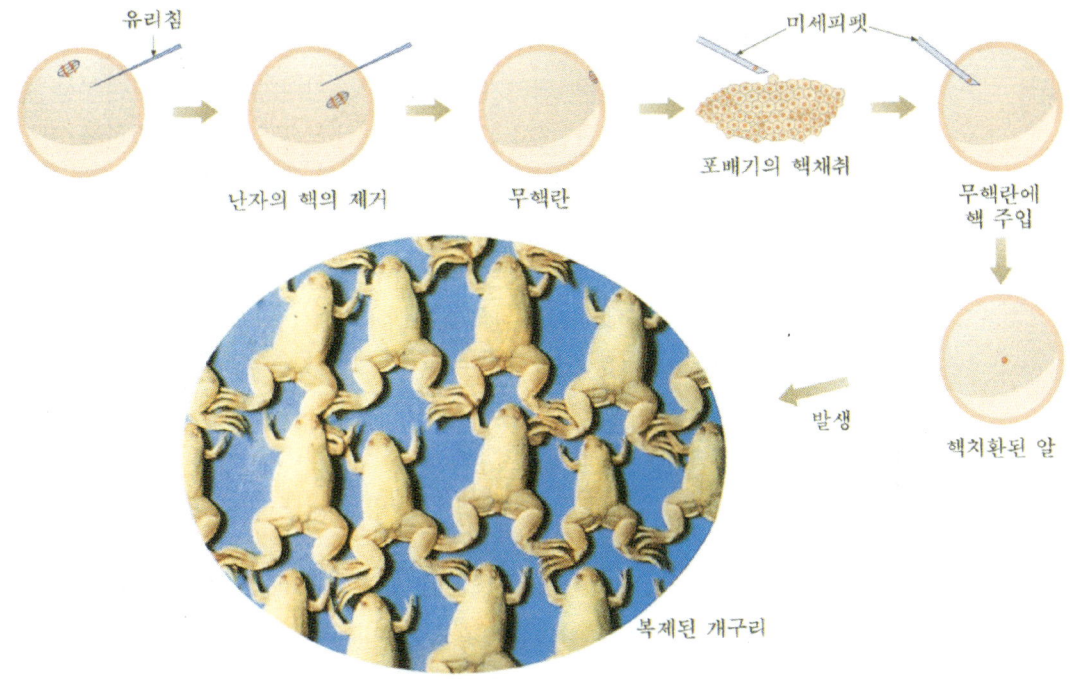

유리침

미세피펫

난자의 핵의 제거

무핵란

포배기의 핵채취

무핵란에
핵 주입

발생

핵치환된 알

복제된 개구리

그림 10-4 양서류에서의 핵이식 과정 및 복제된 개구리들

성체의 젖샘세포의 핵이었다. 즉, 성체의 핵을 적절하게 처리하면 수정란 시기의 핵과 같이 되고 핵이식을 하였을 때 정상적인 발생을 하여 하나의 완전한 개체를 형성할 수 있다는 것이다. 하등한 양서류에서도 하지 못한 것을 고등한 동물인 포유류에서 성공한 것이다. 진정한 의미에서 동물을 복제하였다고 볼 수 있다.

둘째, 인간이 속해 있는 포유류에서 성공한 점이다. 이는 인간도 얼마든 지 비슷한 방법을 적용하여 복제인간을 만들 수 있다는 것을 의미한다.

## 2. 포유류의 생명복제

우리는 종종 매우 닮은 쌍둥이를 본다. 이들 일란성 쌍생아는 생물학적 인 관점에서 볼 때 일종의 복제인간이다. 하나의 난자가 정자와 만나 수정 한 후 분열하여 하나의 생명체가 되는 대신, 세포가 두 개로 나뉘어 2개의 독립적인 개체가 형성된 것이다. 이미 자연은 복제의 과정을 생명체의 탄 생과 함께 허용한 셈이다.

## (1) 포유류의 초기발생

포유류의 복제를 이해하기 위해서는 초기의 발생과정을 이해할 필요가 있다. 난자가 정자와 만나 수정이 일어나면 분열하며, 수정란이 형성되면서부터 이를 배아(embryo)라고 한다.

배아는 난할(cleavage)이라는 과정을 통해 크기가 작은 세포로 나누어지며 세포의 수를 늘려 간다. 포유류는 다른 동물과는 달리 8개의 세포가 되면 처음에는 세포들이 약하게 붙어 있다가 마치 서로를 껴안는 것처럼 잡아당겨 밀접하게 접촉하게 되는데, 이를 밀착화 작용(compaction)이라고 한다. 이 때 한 번 더 분열하여 16개의 세포가 되는 과정에서 몇 개의 세포는 안쪽에 위치하고 나머지는 외부에 있게 된다. 이들은 분열을 계속하여 포배가 되면 안쪽에 내세포괴(inner cell mass)라는 세포 덩어리가 있고, 밖에는 영양세포층(trophoblast)이 자리를 잡게 된다. 이 두 세포층 중에서 내세포괴는 나중에 태아가 되고 하나의 개체가 되는 부분이며, 영양세포층은 태반을 형성하여 물질의 이동에 관여한다.

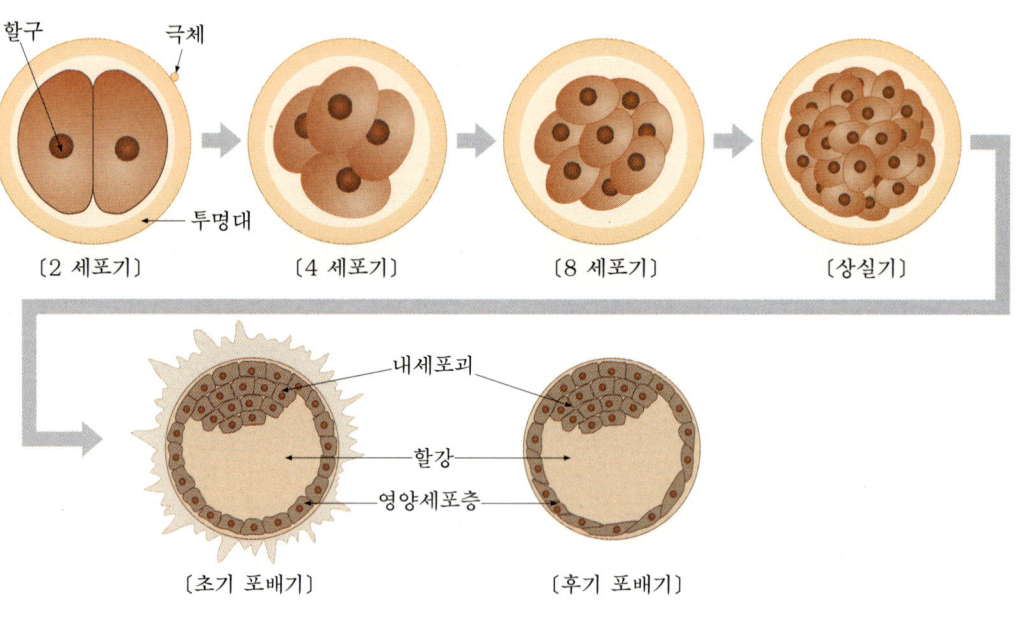

그림 10-5  포유류의 초기 발생과정의 모식도

## (2) 8세포기 배아의 발생 유연성

8세포기 배아의 세포 하나를 제거하면 발생이 정상적으로 될 수 있을까? 아니면 한 부분이 없는 비정상적인 개체가 태어날 것인가? 세포분리 실험을 하여 본 결과, 세포 하나의 손실에도 전혀 이상이 없이 발생을 지속하는 것을 볼 수 있다(그림 10-6). 이는 나머지 세포들 사이에서 서로 신호를 주고받으면서 정상적인 발생이 이루어지도록 하기 때문이다.

그림 10-6  4개의 할구로 된 초기배아에서 할구를 분리하는 장면

이러한 성질은 불임인 부부가 체외수정을 시도할 때 이용된다. 즉, 부부에게서 정자와 난자를 얻어 체외에서 수정시키고 어느 정도 발생시킨 후 자궁에 넣어 착상을 유도한다. 이 때 초기배아를 이식하기 전에 현재 많이 알려진 유전병을 가지고 있는지 확인할 수 있다면 매우 바람직할 것이다. 이를 위해 8세포기의 세포를 하나 떼어내어 PCR기술을 이용하여 대량으로 유전자를 복제시킨 후 유전병을 검사할 수 있다. 유전병이 없다는 것이 확인된 후 자궁에 이식하면 그만큼 건강한 자식이 태어날 것이다.

## (3) 포유류 동물복제의 역사

### ① 외국의 경우

자연적인 쌍둥이의 형성원리를 이용하여 1993년에 로버트 스틸만과 제리 할 박사는 2세포기의 배아를 분리하여 쌍둥이를 만드는데 성공하였다.

(a)                              (b)

그림 10-7  복제 원숭이 테트라(a)와 복제생쥐(b)

테트라는 수정란 분할방법으로 생산된 최초의 원숭이이다. 복제생쥐는 돌리의 생산방법과 동일한 핵치환 방식으로 태어났다.

또한, 1997년에 미국의 울프 박사팀은 수정란이 8세포기가 되었을 때 이들 세포들로부터 핵을 빼내어 핵이 제거된 난자에 넣고, 이 난자를 자궁에 넣어 복제 원숭이를 만들었다. 한 단계 더 나아가 영국의 윌머트 박사는 성체의 젖샘세포핵을 이용하여 복제양을 만들었고, 일본에서는 최근에 소의 난관세포의 핵을 이식하여 복제 송아지를 만들었다. 미국 오리건 주의 영장류 연구센터의 새튼 박사팀은 4세포기의 수정란에서 할구를 분리하여 복제 원숭이를 생산하는데 성공하였다(그림 10-7).

### ② 국내의 경우

우리 나라에서도 1995년에 서울대학교 황우석 박사가 수정란 분할방식으로 복제 송아지를 출산시켜 지금은 양산단계에 있다. 황 박사는 1999년에 돌리의 생산기법과 동일한 체세포 복제방식으로 복제 송아지를 생산하여 국내 동물복제 기술의 우수성을 입증하였다(그림 10-8).

그림 10-8 서울대학교 황우석 박사팀이 개발한 국내 최초의 복제 송아지 "영롱이"

## (4) 생명복제의 과정

### ① 전통적인 과정에 의한 동물의 복제

전통적인 수정란의 복제방법을 이용한 일반적인 핵이식 과정의 원리를 알아보자. 먼저, 복제대상 동물과 미수정란을 제공해 줄 동물을 선정한다. 가능하면 둘은 다른 색깔의 털을 갖는 동물을 선택하는 것이 바람직하다. 복제양의 경우 무핵란을 만들었던 세포는 머리가 검은 양에서 왔고, 핵을 제공하는 세포는 흰머리 양이 선택되었다. 흰머리 양의 핵이 검은 머리 양의 무핵란 세포에 이식되면 어떠한 양이 태어날까? 물론, 핵의 지배를 받아 흰머리 색깔을 갖는 양이 태어날 것이다. 핵의 중요성을 다시 한 번 알 수 있다. 4～16 세포기의 배아세포를 분리하거나 <u>포배</u>의 내세포괴의 세포를 분리하고 끝이 매우 가느다란 유리관으로 핵을 빼내어 무핵란에 이식한다.

무핵란은 다른 암컷의 난소에 호르몬을 주입하여 난자의 발달을 촉진한 후에 난자를 채취하고 모세 유리관을 이용하여 핵을 제거한 것이다. 무핵란에 다른 세포에서 뽑은 핵을 집어넣어 몇 번 분열이 일어나면 배아를 대리모의 자궁에 이식한다.

### 🌀 도움말

• 포배(胞胚)

동물발생의 한 시기에 난할이 진행되어 세포가 구상으로 표면에 늘어서 가운데에 빈 곳이 생긴 것. 난할이 진행됨에 따라 상실·포배·낭배 등의 시기를 거친다.

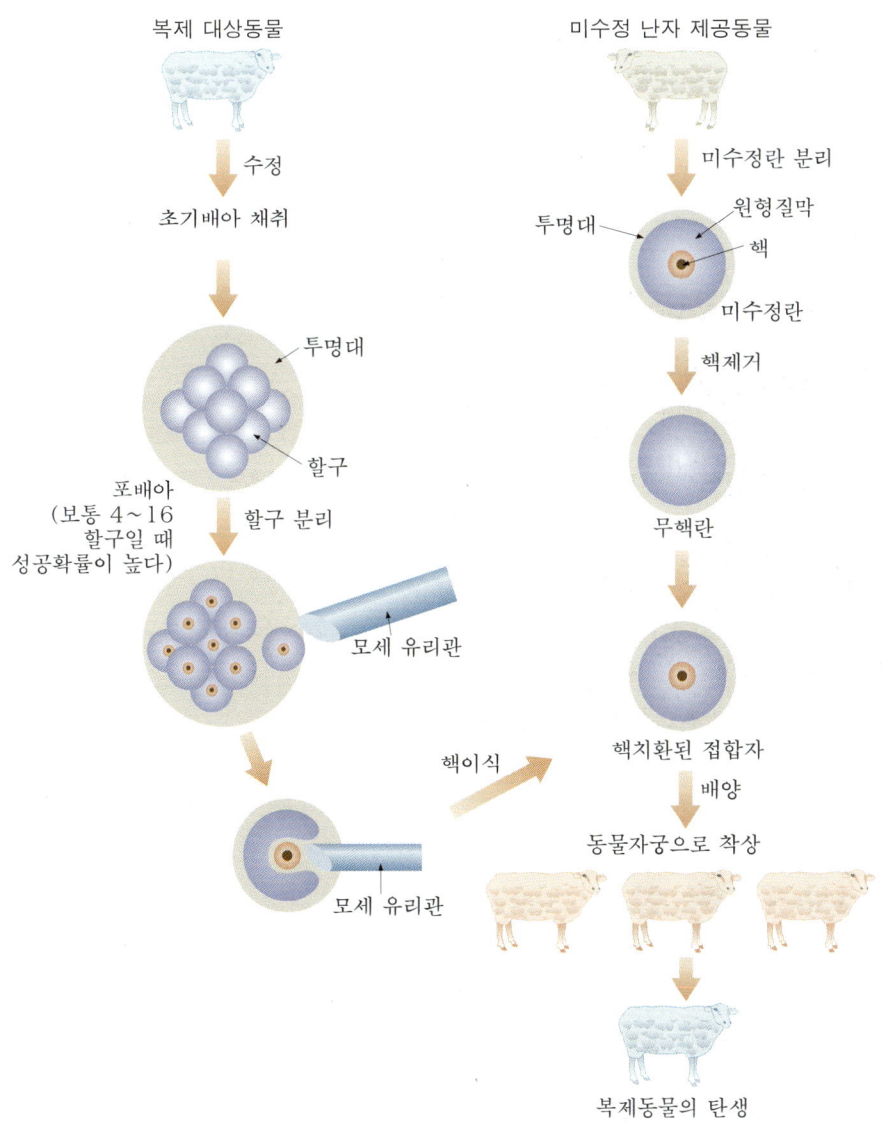

그림 10-9  초기배아의 핵을 이용한 동물의 복제방법

동물의 복제를 위해서는 성체의 체세포의 핵을 초기발생 상태로 되돌려 놓는 작업이 필요하다. 핵을 초기의 상태로 되돌려 놓아야 발생에 필요한 모든 유전정보를 발현하고 정상적으로 구조를 형성하여 하나의 완전한 개체가 될 수 있다.

### ② 체세포 복제동물의 생산과정

월머트 박사의 성공비결은 바로 핵을 발생초기 상태로 돌려 놓는데 성공했다는 것이다.

복제양을 만들 때 세포의 주기를 $G_0$상태로 만든 후 핵이식을 실시하였다. 둘의 세포주기가 일치하는 상태가 되었을 때 비로소 초기배아에서와 같은 유전정보의 발현이 이루어질 수 있기 때문이다.

그림 10-10은 월머트 박사가 수행한 핵이식 과정을 요약한 것이다.

🟤 **도움말**

• $G_0$상태
세포의 주기 중 $G_1$상태에서 영양분을 고갈시켜 세포의 성장을 중단시킨 상태.

그림 10-10 양의 젖샘세포를 이용한 양의 복제

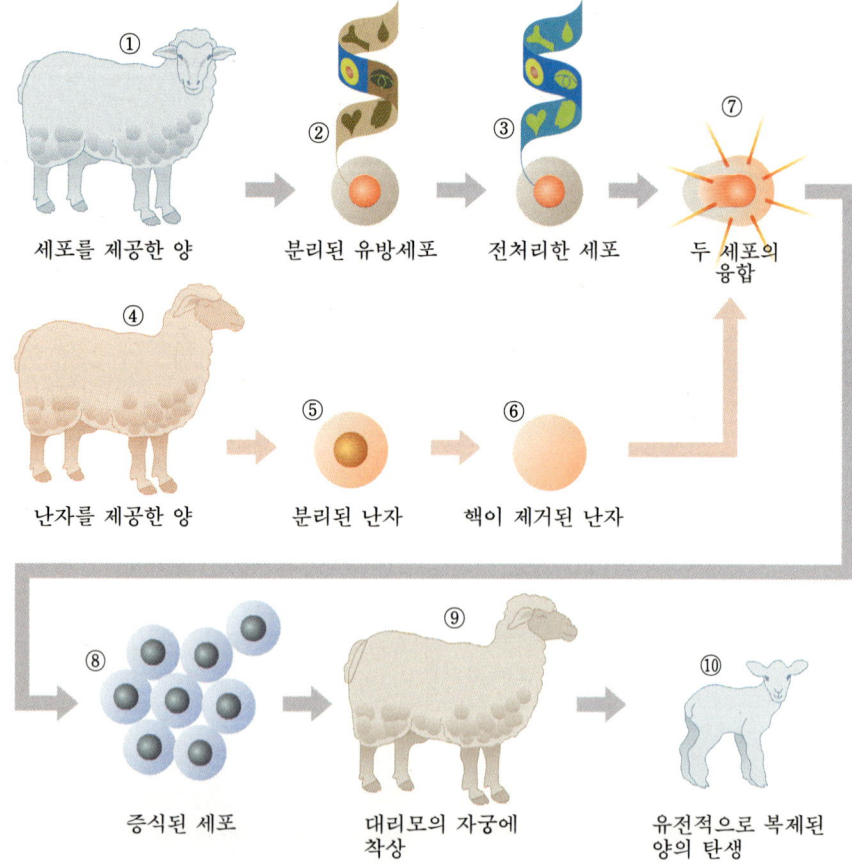

① 세포를 제공한 양
② 분리된 유방세포
③ 전처리한 세포
⑦ 두 세포의 융합
④ 난자를 제공한 양
⑤ 분리된 난자
⑥ 핵이 제거된 난자
⑧ 증식된 세포
⑨ 대리모의 자궁에 착상
⑩ 유전적으로 복제된 양의 탄생

- 6년생 암양의 젖샘상피세포를 분리하여 시험관 내에서 배양한다.
- 분리된 젖샘세포에는 모든 유전자가 존재하지만 젖샘세포에 필요한 단백질만 만드는 유전자만 활성화된 상태이다.
- 세포가 3~6번 분열하면 영양분을 제거한다. 영양분을 제거하면 세포는 휴면상태인 $G_0$시기로 유도되며, 핵이 초기 수정란의 상태로 돌아간다. 이 실험과정이 윌머트 박사로 하여금 복제양을 만드는데 결정적인 기여를 하였다(그림의 ③ 과정).
- 검은 얼굴의 양에서 성숙한 난자를 꺼내어 핵을 제거하고 무핵란을 만든다(그림의 ④,⑤,⑥ 과정). 이로써 무핵란의 유전정보는 완전히 제거되는데, 이 자체로는 발생을 완성하지 못하고 초기에 죽는다.
- 전기충격을 가하여 핵이 있는 젖샘세포와 무핵란을 세포융합시킨다. 이 과정은 핵을 뽑아서 옮기는 전통적인 방법과 다르지만 결국 핵을 이식하는 것과 마찬가지가 된다(그림의 ⑦ 과정).
- 상실기나 포배기에 이르면 가임신 상태의 대리모의 자궁에 이식한다. 이 때 세포는 배양액에서 분열할 수도 있고, 세포융합한 후 암컷의 수란관에 이식하면 관을 따라가면서 분열하여 포배기에는 자궁에 착상하게 된다(그림의 ⑧,⑨ 과정).
- 약 150일 간의 임신기간을 거쳐 새끼양이 태어난다. 이 새끼양은 젖샘세포가 갖는 유전자와 동일한 유전자를 갖는 클론이 된다.

🌑 **도움말**

● 세포융합(細胞融合)
서로 다른 두 가지 세포를 합쳐서 하나의 새로운 잡종 세포를 만드는 것. 토감과 무추가 그 대표적 예이다.

### ③ 복제양 돌리 탄생의 생물학적 의미

돌리가 만들어졌을 때 복제양이 과연 출산능력이 있을지에 대하여 논란을 빚어 왔다. 자손을 만들 수 없다면 277번의 시도 끝에 하나가 탄생한 것이 무슨 의미가 있겠는가? 복제양 돌리로부터 새끼양(보니)이 태어남으로써 복제동물도 정상적으로 번식할 수 있고, 우량가축을 대량 생산할 수 있다는 확신을 주었으며, 복제인간의 출현에 대한 가능성을 한층 상기시키고 있다.

## (5) 생체공장

생체공장(bioreactor system)이란 살아 있는 동물이나 식물을 이용하여 인간에게 유용한 단백질을 만들어 내는 것을 말한다. 즉, 의약품을 소, 돼지, 양, 염소 등을 통하여 만들 수 있는데, 이는 이들 동물의 핵 속에 인간의 유전자를 주입하여 형질전환 동물(transgenic animal)을 만들면 가능하다.

한편, 유용한 의약품뿐만 아니라, 인간에게 필요한 장기를 제공하기 위한 공여체로서 인간의 유전자를 지닌 돼지심장 등을 만들 수 있어서 이러한 형질전환 기술에 의한 생체공장은 그 활용면에서 무궁무진하다. 그 예를 몇 가지만 들어 보자. 동물공장의 경우, 소를 공장으로 하여 사람 락토페린을 생산하고자 하는 시도가 성공하였다. 이 소는 우유에 사람의 단백질인 락토페린을 생산하게 된 것이다. 네덜란드의 Pharming회사와 우리나라의 생명공학연구원에서는 인체의 초유에 많이 있는 면역성분인 락토페린 유전자를 소의 수정란에 주입한 후 형질전환된 소를 얻고, 이로부터 사람의 락토페린이 들어 있는 우유를 생산하게 되었다(그림 10-11).

도움말

● 락토페린(lactoferrin)
모유에 풍부하게 존재하는 단백질. 신생아에게 철분을 공급하여 항균작용을 돕는다.

그림 10-11 락토페린 생산 모식도

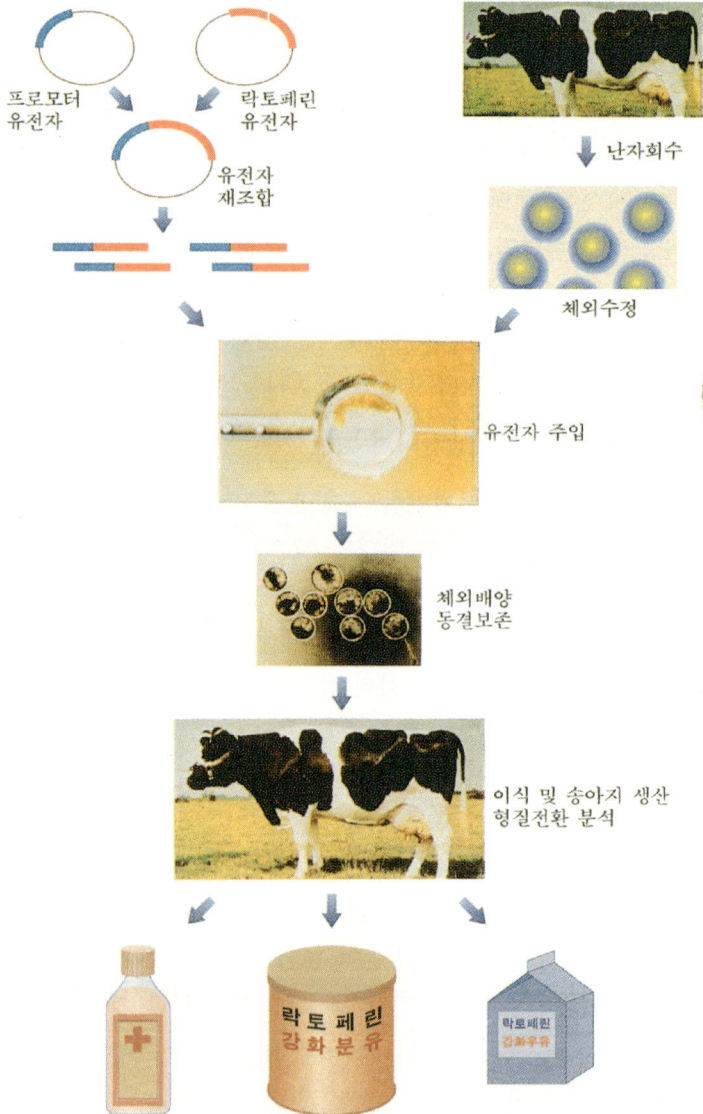

프로모터
유전자

락토페린
유전자

유전자
재조합

난자회수

체외수정

유전자 주입

체외배양
동결보존

이식 및 송아지 생산
형질전환 분석

락토페린
강화분유

락토페린
강화우유

이와 같은 동물공장에서 만들어진 유용 단백질 중 의학적으로 사용될 수 있는 단백질의 임상실험은 이미 시작되었다. PPL 세라퓨틱사가 양의 젖에서 추출해 낸 단백질인 종양성 섬유증의 치료약인 'α안티트립신(α-antitrypsin)' 외에, 미국의 젠자임사(Genzyme)가 염소로부터 생산한 혈액 응고인자 'AT3', 앞에서 말한 소로부터 만들어진 락토페린을 심장수술에 사용하는 헤파린의 중화에 대한 초기단계 임상실험 등이 그 예이다. 동물공장뿐만 아니라 동물의 형질전환 기술은 식품에 쓰이는 돼지나 소의 육질을 개선하는데 사용되기도 한다(그림 10-12).

일반돼지  유전자조작 돼지

그림 10-12 소의 성장 호르몬 유전자를 삽입한 돼지와 일반돼지의 육질과 지방질 비교

이와 같은 형질전환 기술은 경제성을 떠나서라도 그 기술의 유용성 때문에 많은 응용 가능성이 있을 것으로 생각된다. 그러나 이와 같은 형질전환에 의한 동물공장의 확립은 매우 어려워 그 성공률이 5~15%에 불과하다. 그 이유는 형질전환 동물을 만들기 위해서는 수정란에 미세한 모세관으로 유전자를 주입해야 하는데(그림 10-13), 이 작업이 매우 어렵고, 또 주입된 유전자가 성공적으로 핵 속 염색체에 끼어들어가 유전되기가 쉽지 않기 때문이다. 따라서, 성공률을 향상시키기 위해 이러한 형질전환 기술과 복제기술을 혼합하여 사용하는 새로운 기술이 탄생하였다. 대표적인 예가 인간의 유전자를 갖는 복제양 폴리(Polly)의 탄생이다(그림 10-14). 돌리가 단순복제인데 반해 폴리는 인간 유전자가 함유된 것이어서 이 삽입된 인간 유전자의 발현에 의해 특정 단백질을 얻을 수 있고, 폴리는 복제기술을 통하여 안정적으로 유지될 수 있다.

폴리의 경우 인간의 항혈액응고 단백질을 만들어 내는 유전자를 끼워넣었으며, 60개 이상의 배아를 대리모에 이식하였는데, 이 중에서 6마리가 태어났으나 세 마리만 사람의 유전자를 가졌고, 그 중에서 1마리는 죽었으며, 살아남은 두 마리가 바로 폴리와 몰리이다.

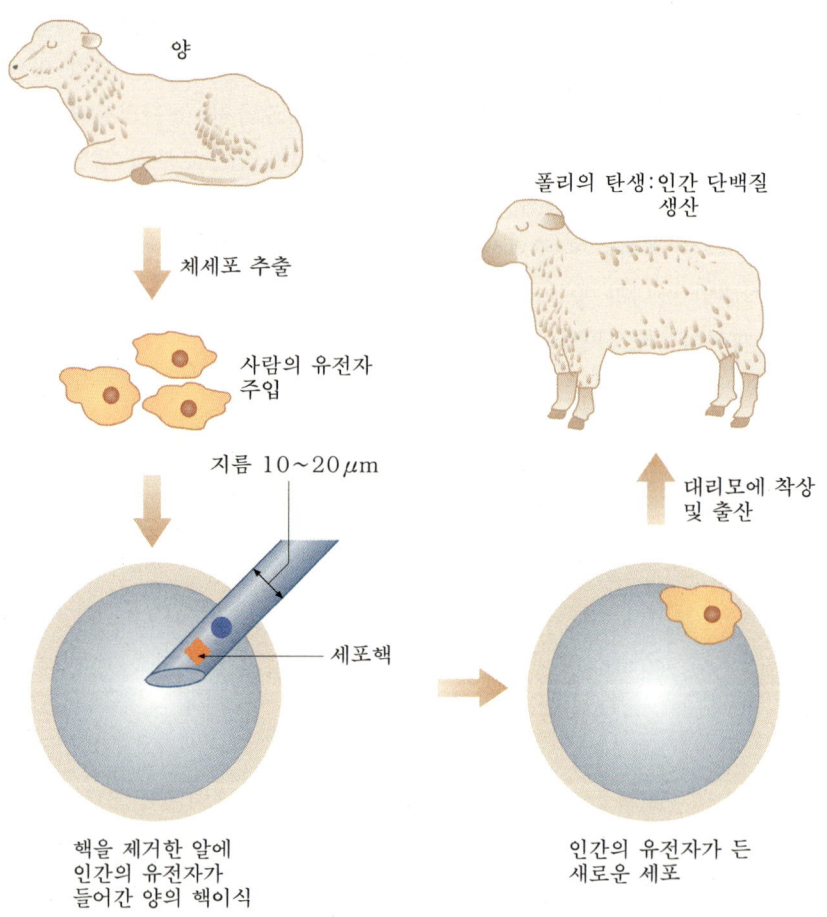

그림 10-13 폴리의 제조과정

양

체세포 추출

사람의 유전자 주입

지름 $10 \sim 20 \mu m$

세포핵

핵을 제거한 알에 인간의 유전자가 들어간 양의 핵이식

인간의 유전자가 든 새로운 세포

폴리의 탄생 : 인간 단백질 생산

대리모에 착상 및 출산

그림 10-14 폴리와 그 대리모

형질전환 동물은 이와 같은 유용 단백질의 대량생산 공장일 뿐만 아니라, 이들을 이용하여 장기이식에 이용할 수 있는 분야로, 많은 연구가 이루어지고 있다. 즉, 인간의 유전자를 동물에 주입하여 특정한 장기에서 발현되게 함으로써 장기이식 때 거부반응을 줄이도록 하자는 것이다.

이와 같은 목적으로 돼지가 많이 사용되는데, 이것은 돼지가 생리학적으로 인간과 조화될 수 있으며, 장기의 크기나 구조가 인간과 가장 가깝기 때문이다. 1992년 이후 미국에서 돼지의 간을 인간에 이식하고자 하는 시도는 한 번도 성공한 적이 없었

다. 심지어 이식할 장기를 구할 때까지 임시로 돼지의 간을 이식한 경우마
저도 실패하였다. 1993년 인간의 유전자를 가진 암돼지 '아스트리드'가 태
어났고, 이것을 이용한 장기이식 시도가 연구중이다(그림 10-15a).

한편, 인간의 유전자를 가진 돼지의 간을 이용하여 혈액을 걸러내는 시
도가 현재 연구되고 있다. 이는 인간의 유전자를 가진 동물의 장기를 이용
하는 새로운 시도이다(그림 10-15b). 비록 이종 간의 장기이식이 아직까
지 성공하지 못하였으나, 이와 같은 형질전환 동물을 이용함으로써 인간의
면역체계를 속여 거부반응을 줄일 수 있을지도 모른다.

그림 10-16은 동물 생명공학의 응용분야를 나타낸 것이다.

(a)

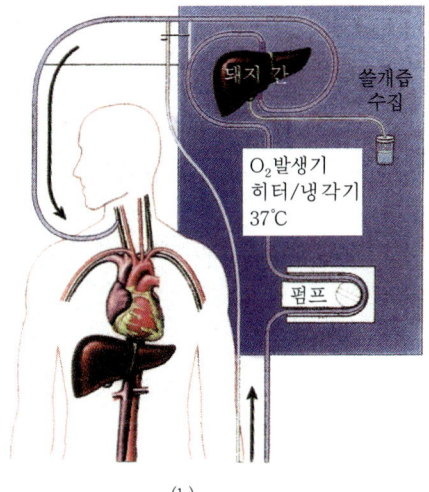
(b)

그림 10-15  인간의 유전자를 가진 돼지 아스트리드(a)와 돼지장기를 이용한 혈액정화 과정(b)

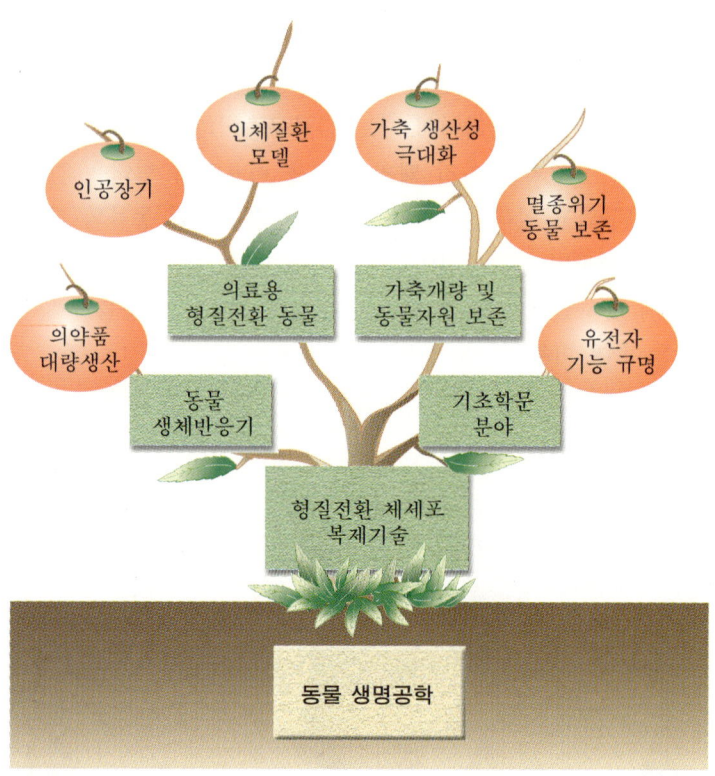

그림 10-16　체세포 복제기술을 이용한 동물 생명공학의 응용분야

인체질환 모델
가축 생산성 극대화
인공장기
멸종위기 동물 보존
의료용 형질전환 동물
가축개량 및 동물자원 보존
의약품 대량생산
유전자 기능 규명
동물 생체반응기
기초학문 분야
형질전환 체세포 복제기술
동물 생명공학

## (6) 태아 줄기세포의 복제

이제 생명의 탄생에 대하여 개념의 대전환이 필요한 시점에 와 있다.

생명이란 정자와 난자라는 생식세포가 만나 수정을 거쳐 탄생하는 전통적인 방법으로서뿐만 아니라 우리 몸을 이루고 있는 하나하나의 세포가 모두 생명체가 될 수 있다는 '한 세포-한 생명체(one somatic cell-one embryo)'라는 새로운 개념의 도입이 필요하게 되었다. 이미 세계 어떤 실험실에서는 인간의 성체세포를 이용하여 인간복제에 대한 실험을 수행하고 있는지도 모른다.

### ① 태아 줄기세포의 중요성

줄기세포는 배반포기의 전능세포(pluripotent cell)를 가리키며, 이것은 어떤 조직으로든 발달할 수 있는 능력을 지니고 있다. 줄기세포는 주로 초기분열 단계의 배아로부터 채취된다. 이 단계의 세포는 아직 장기형성이 시작되지 않은 시기이므로, 배양조건에 따라 특정하게 선택한 세포주(cell

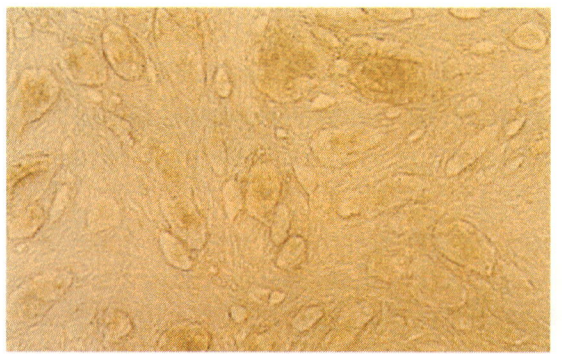

그림 10-17　배아 줄기세포의 현미경 사진. 테두리가 보이는 부분들이 줄기세포 덩어리를 이루고 있는 상태이다.

line)로 분화할 수 있다. 이 세포는 배아에서 채취한 세포만이 가장 유용하므로 얻기가 다소 까다롭다.

### ② 인공장기의 생산

과학자들은 사상 처음으로 연구만을 목적으로 배아를 창조하게 되었다. 배아 줄기세포 연구는 분열되지 않은 세포를 배아로부터 수집하는 과정을 수반한다. 이러한 세포는 심근이나 신경세포 또는 골격근에 이르기까지 다양한 세포형태로 배양시킬 수 있다. 세포 자체가 특정한 세포계로 분화될 수 있도록 사전에 입력되며, 이 때 세포배양 기술이 사용된다.

과학자들은 줄기세포 연구가 심장질환을 비롯해 알츠하이머병, 파킨슨병, 당뇨병, 심지어 척수재생에 이르기까지 각종 질병을 고칠 수 있게 될 것으로 기대한다.

또, 과학자들은 세포계의 배양을 통해 손상된 세포를 실험실 안에서 배양한 세포로 교체함으로써 현존하는 여러 질병을 치료할 수 있을 것으로

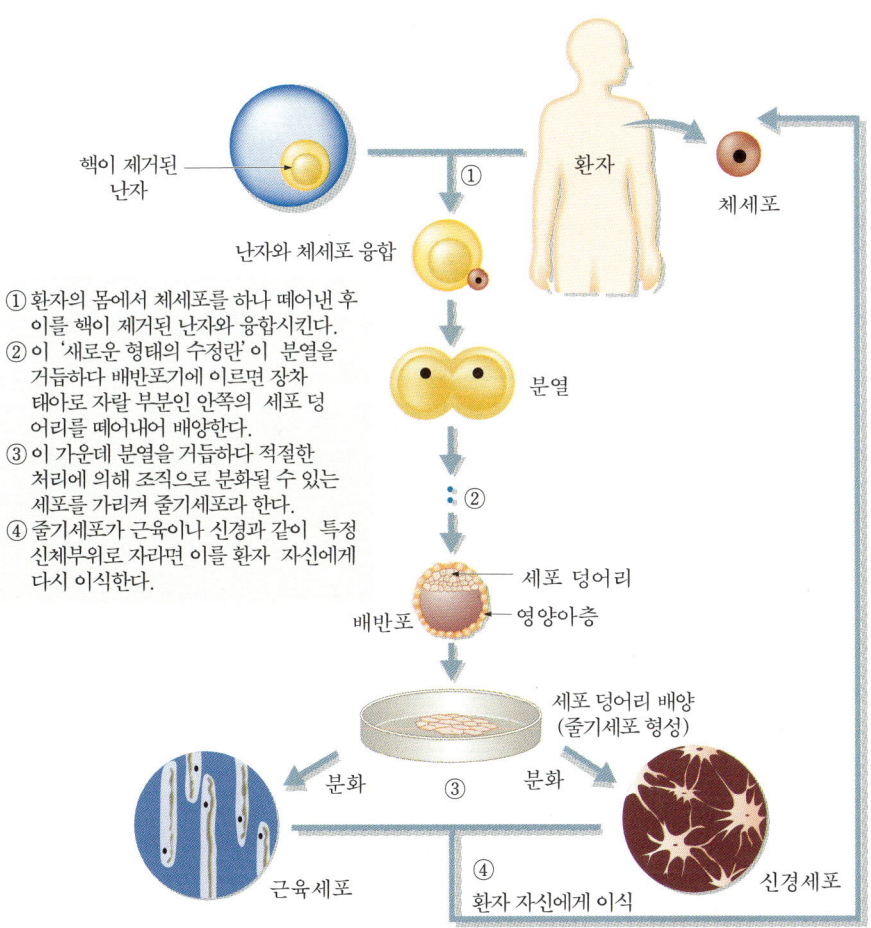

그림 10-18  인공장기의 생산 모식도. 배반포기 단계의 태아 줄기세포를 배양하여 각종 분화된 세포들을 생산한다.

핵이 제거된 난자

환자

체세포

난자와 체세포 융합

① 환자의 몸에서 체세포를 하나 떼어낸 후 이를 핵이 제거된 난자와 융합시킨다.
② 이 '새로운 형태의 수정란'이 분열을 거듭하다 배반포기에 이르면 장차 태아로 자랄 부분인 안쪽의 세포 덩어리를 떼어내어 배양한다.
③ 이 가운데 분열을 거듭하다 적절한 처리에 의해 조직으로 분화될 수 있는 세포를 가리켜 줄기세포라 한다.
④ 줄기세포가 근육이나 신경과 같이 특정 신체부위로 자라면 이를 환자 자신에게 다시 이식한다.

분열

세포 덩어리

배반포        영양아층

세포 덩어리 배양 (줄기세포 형성)

분화        ③        분화

근육세포        ④        신경세포
        환자 자신에게 이식

기대한다. 예를 들어, 세포로부터 심장조직을 생성해 손상입은 심장에 그 세포를 이식함으로써 심장의 기능을 회복시킬 수 있다는 착상은 정말 마음을 설레게 만든다.

# 3. 인간복제에 대한 윤리적 고찰

## (1) 인간복제의 문제점

[안티노리 박사]

이탈리아 인공수정 전문의 안티노리(Antinori) 박사는 2002년, "인간복제 프로젝트에 참여 중인 수천 명의 불임부부 중 한 여성이 임신 8주째를 맞았다"고 밝혔다. 인간복제가 현실화할 가능성이 점차 커지고 있는 것이다. 특히, 인간게놈 프로젝트 연구와 인간복제 기술이 접목될 때는 모든 분야에서 이용할 수 있는 엄청난 잠재성 때문에 우리의 윤리, 도덕, 종교, 문화에 커다란 영향을 줄 것이며, 나아가 정치, 경제, 사회에 일대 충격을 줄 것으로 생각된다.

복제인간이 태어남으로써 우려되는 것은 무엇일까? 첫째, 노후된 장기를 대체하거나 불치병을 고치기 위하여 복제된 인간을 마치 공장의 부품처럼 취급할 가능성이 있다. 둘째, 우수한 유전자를 가진 복제인간을 대량으로 만들어 인간을 개조하려는 욕망에 이용될 수 있다. 셋째, 복제기술을 통해 만들어진 인간은 기형이 될 가능성이 높다. 넷째, 복제인간과 기존 사람과의 혼돈된 촌수관계로 사회의 질서가 파괴될 것이다. 만약, 40세의 한 인간으로부터 복제인간이 탄생하였을 때 이 사람의 배우자와 복제인간과의 관계, 이 사람의 자식과 복제인간과의 관계를 설정할 수 있겠는가? 다섯째, 생물학적으로 아버지 또는 어머니가 없는 복제인간의 인간성은 존재할 것인가?

생명이란 존귀한 것이라기보다 쉽게 얻을 수 있는 하나의 물건이라고 생각될 수도 있을 것이다. 문제점들은 위에서 나열한 것 이외에도 많은 분야에서 나타난다. 가령, 복제연구 반대자들은 생명체로 성장하기 위해서가 아니라 연구만을 목적으로 난세포를 수정시킬 경우에 이를 인간의 생명을 빼앗는 행위라고 주장한다

## (2) 인간복제에 대한 각국의 대응

UN의 교육과학 문화기구인 유네스코(UNESCO)는 1998년 전체회의를

갖고 인간게놈 연구와 응용에 대한 인류 최초의 윤리기준을 담은 "인간게놈과 인권보호에 관한 국제선언"을 만장일치로 통과시켰다. 총 25조로 된 이 선언은 복제양 돌리가 태어남으로써 곧 다가올지도 모를 인간복제 및 유전자조작에 대한 비윤리적 목적의 생명창조를 막고, 인간의 존엄성을 지키고자 하는 노력에서 나왔다. 이 선언의 주요내용을 살펴보면 다음과 같다.

- 인간의 유전자는 인류의 유산이다.
- 유전적인 특성을 근거로 그 누구도 인권, 기본적 자유, 인간의 존엄성을 차별받지 않는다.
- 연구목적으로 이용되는 개인의 유전정보는 비밀이 지켜져야 한다.
- 인간의 존엄성을 파괴하는 인간복제는 허용될 수 없으며, 어떤 연구나 응용도 인간의 존엄성에 우선할 수 없다.
- 인간 유전자의 연구는 개인이나 인류 전체의 건강증진이나 유익한 목적으로 이용되어야 한다.

이러한 선언은 법적인 구속력은 없지만 각 나라들은 이것을 기초로 하여 국내법률을 보완할 수 있을 것이다. 또한, 인간복제 및 인간게놈 프로젝트가 줄지도 모를 악영향에 대하여 미리 경고하고, 사전에 방지하고자 하는데 더 큰 뜻이 있다고 하겠다.

돌리가 만들어진 후 영국정부는 윌머트 박사가 연구하던 로슬린 연구소에 대해 동물복제에 대한 지속적인 연구를 위한 연구비를 중단하였다. 미국의 클린턴 행정부도 인간복제에 대한 연구지원을 중단하며, 앞으로 5년간 인간복제를 전면 금지하는 법안을 채택하였다. 독일과 프랑스에서는 인간복제에 대한 연구를 영구히 금지하는 법안을 추진하고 있다. 우리 나라도 보건복지부에서 생명과학연구에 대한 규제법률을 제정하여 곧 입법예고할 시점에 와 있다. 우리는 과학의 발전과 인간의 존엄성 문제 사이에서 심각하게 고민해야 하는 상황에 처해 있다.

동물의 복제로 인해 인간의 복제가 앞당겨지고 복제기술이 상업적으로 이용될 수 있을 날이 멀지 않았으므로 우리도 허락해야 할 것 또는 허락하지 말아야 할 것 등을 결정해야 할 것이다. 어떤 기술이든지 적절하게 사용하면 우리 인간에게 무한한 이익을 주지만 악용하면 엄청난 재앙으로 작용했던 과거의 증거들이 있다.

원자폭탄을 만들어 수많은 사람을 살상함으로써 이를 제거하자고 외쳤지만, 원자력으로 전력을 만들고 의료 및 연구에 이용함으로써 우리는 엄청난 이익을 보고 있다. 동물복제 기술도 이용하기에 따라서는 우리 인간에게 많은 이득을 줄 수 있는 기술이라고 생각되므로, 우리는 복제기술에

● **도움말**

● **유네스코**
United Nations Educational, Scientific and Cultural Organization의 약칭. 국제연합 교육, 과학, 문화 기구. 국제연합 전문기관의 하나.

대한 올바른 인식과 미래에 발생할지도 모를 문제점 등을 면밀히 검토하여 적절하게 대처할 수 있도록 준비하는 것이 필요하다.

## 요 약

복제양 돌리는 기존의 생식세포를 이용한 것이 아니라 성체의 체세포를 이용하여 복제되었다는 점에서 획기적이다. 복제양 생산의 성공은 성숙한 체세포의 세포주기를 바꾸어 줌으로써 가능하였다.

복제에 기본적으로 필요한 것은 무핵란, 복제를 원하는 세포, 대리모 등이다. 복제양의 출생 이후, 원숭이, 소, 쥐, 돼지 등에서 복제가 이루어졌다.

동물의 복제는 멸종 위기종의 보존, 우수한 품종의 대량증식, 면역 거부반응이 없는 인간장기의 생산, 치료제로 작용하는 인간 단백질의 대량생산 등에 이용할 수 있다.

인간복제에 대하여 올바른 인식을 갖는 것이 필요하며, 엄격한 규율을 적용하여 차후에 생길 수 있는 문제를 미연에 방지해야 한다.

## 탐구문제

*1.* 전통적인 포유류의 핵이식 방법과 복제양 돌리를 만들었던 핵이식 방법의 차이점은 무엇인지 알아보자.

*2.* 배아 줄기세포를 이용한 인공장기의 생산에 대하여 찬반 논쟁이 한창이다. 이에 대한 자기 견해를 밝혀 보자.

*3.* 복제인간이 출현한다면, 이들은 생김새뿐만 아니라, 지능, 감정 등도 모두 동일할까 ? 이에 대한 견해를 말해 보자.

# 11. 유전체 연구와 인류의 미래

## 1. 유전체란？

사람은 약 100조 개의 세포로 구성되어 있으며, 이들 각각의 세포는 46개의 염색체(그림 11-1a)를 가지고 있다. 이 중에서 23개는 아버지의 정자로부터, 나머지 반은 어머니의 난자로부터 받은 것이며, 따라서 사람의 염색체 조성은 2n＝44+XX 또는 XY로 구성된다.

이들 염색체는 편의상 1~22번까지 번호가 매겨져 있으며, 성염색체는 X 또는 Y로 표기된다.

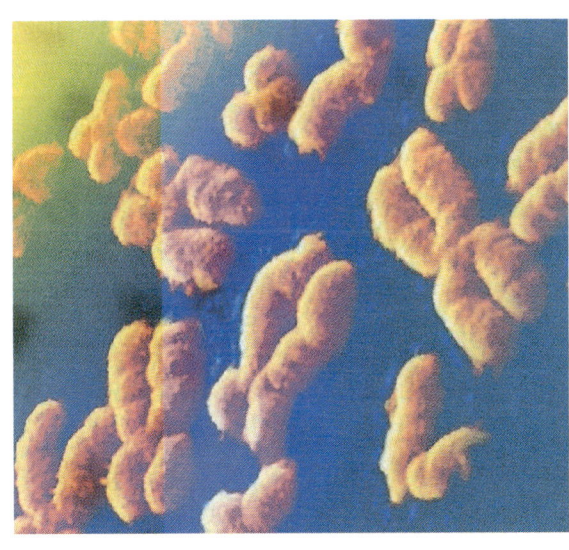

(a)

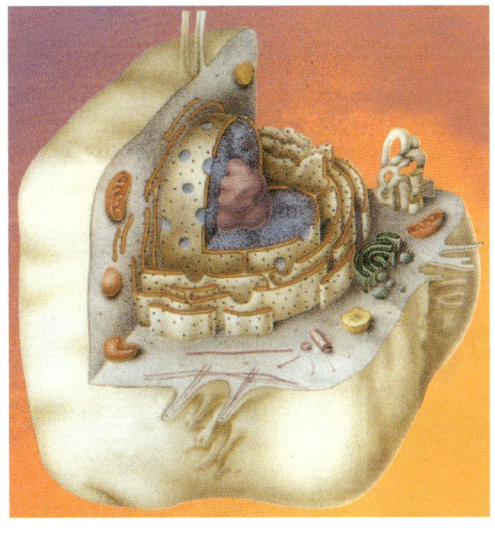

(b)

그림 11-1 염색체(a)와 세포의 구조(b)

이러한 23개의 염색체 한 조를 유전체(genome)라고 한다. 유전체를 나타내는 'genome'이란 용어는 유전자(gene)와 염색체(chromosome)의 합성어로 인간의 모든 표현형에 대한 유전정보를 지니고 있는 책이라 할 수 있다(그림 11-2).

이러한 유전체를 구성하는 23개의 염색체에는 30억 개의 염기쌍으로 구성되어 있으며, 총 50,000~100,000개의 유전자가 있을 것이라고 예측하

고 있다. 이 유전체의 전체길이는 약 1.5 m이며 무게는 몇 천억분의 1 g에
도 미치지 못한다. 이러한 미세한 유전체 속에 사람이나 생물체의 형질이
나 고유한 종의 특성을 나타내게 하는 유전자가 들어 있다.

뉴클레오솜    히스톤    염기

염색체

DNA

그림 11-2  염색체에서 DNA까지의 구조를 보여주는 그림

   사람에서 유전자를 구성하는 염기서열을 밝히고, 그 유전자 각각의 기능
을 밝히려는 연구가 진행되어 왔는데, 이것을 인간게놈 프로젝트(HGP,
Human Genome Project)라 한다. 2001년에 인간 유전자 서열이 99%
이상 밝혀짐으로써 인체 유전자의 설계도가 대략적으로 밝혀졌는데, A, T,
G 및 C의 4가지 알파벳으로 이루어진 이 내용을 책으로 펴내면 1천쪽짜리
약 2백 권에 해당한다.
   인간게놈 프로젝트는 인체의 모든 유전정보를 담고 있는 "생명의 책"을
해독하는 작업에 비유할 수 있다. 1988년 미국에 Human Genome
Organization(HUGO)이 설립되어 2년 후에 HGP가 시작되었는데, 초기
에는 30억 쌍의 염기서열을 결정하는데 드는 방대한 연구 투자비용과 시
간에 대해 연구의 성공을 비관적으로 보는 견해가 있었다.
   그러나 18개국 연구진이 참여하고 염기서열 분석법의 신속 자동화, 생물
정보학의 발달, 'Celera Genomics'란 민간기업과의 경쟁적 관계 등에 힘
입어 인간 유전체의 전체 염기서열 결정은 2005년으로부터 2001년으로
앞당겨지게 되었다.
   2001년 6월 인간 유전자의 지도초안이 완성되어 발표되었으나 인간 유
전체의 유전자 지도완성은 23쌍의 염색체에 위치하는 3~15만 개의 유전
자(30억 염기서열 중 3~5%만이 유전정보를 지니고 있는 유전자이고, 아
직 인간의 정확한 유전자의 개수는 모름)를 찾아내는 어려운 연구의 기초
를 마련한 것에 불과하다.
   이제는 유전자 기능연구(기능 유전체학)와 개인 간의 차이를 나타내는
SNP(single nucleotide polymorphism, 단일염기 다형현상)에 대한 연구

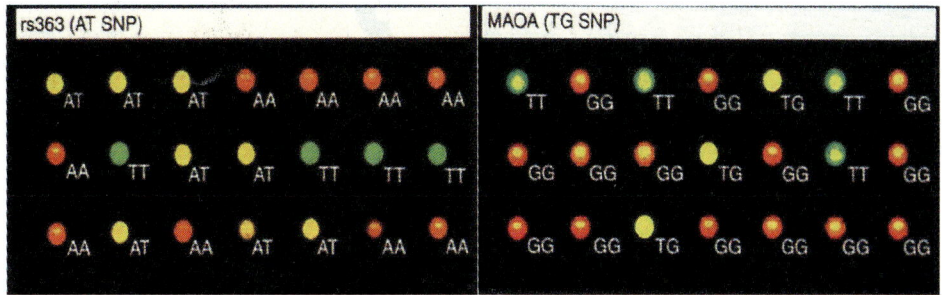

rs363 (AT SNP) | MAOA (TG SNP)

그림 11-3  SNP

(비교 유전체학)가 본격화되는 포스트게놈(postgenome) 시대에 돌입하게 된다(그림 11-3).

따라서, 21세기는 이러한 유전체의 기능에 근거하여 인체질환(단일유전자 이상에 의한 유전병, 또는 다인자성 질환)의 진단, 치료가 획기적인 변화를 맞게 되고, 이미 의료의 질과 형태에도 많은 변화가 있게 될 것으로 예상된다. 미국에서는 1990년대 초반부터 유전체 연구가 의료, 식량, 환경, 정보 등의 산업에 연결될 것을 예측하여 유전체 벤처기업의 설립이 지속되고 있다.

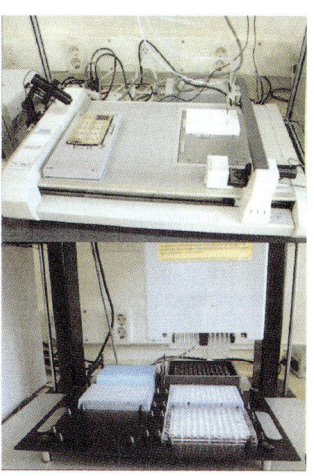

[SNP를 분석하는 첨단기기]

## 2. 유전체 연구

유전자에 대한 정보 자체로는 마치 해독할 수 없는 문자로 이루어진 거대한 고대 도서관의 유적을 발굴한 것과 같이 아무런 의미가 없다. 유전자 염기들이 어떤 기능을 수행하는지 해석하지 않고서는 아무런 가치를 찾을 수 없는 것이다.

인간게놈 프로젝트가 완료된 후 연구의 나아갈 길은 크게 두 가지이다. 하나는 유전자가 어떤 기능을 가지는지 밝히는 기능 유전체학(functional genomics)이고, 다른 하나는 개인들의 염기서열이 어떻게 차이가 나는지 규명하는 비교 유전체학(comparative genomics)이다. 이에 따라 유전체 연구가 어떤 분야에 영향을 끼치게 되는지에 대해 알아본다.

### (1) 인체질환의 분자유전학적 이해

위에서 언급한 SNP에 의한 유전질환뿐만 아니라, 여러 유전자와 환경적 요인이 어울려 발생되는 다인자성 질환들의 병인에 관한 이해가 DNA 수준에서 이루어지게 되어 종래에 예측하지 못한 질병에 관한 보다 근본

그림 11-4 더 많은 자손번식
을 위한 돼지의 유전
체 연구

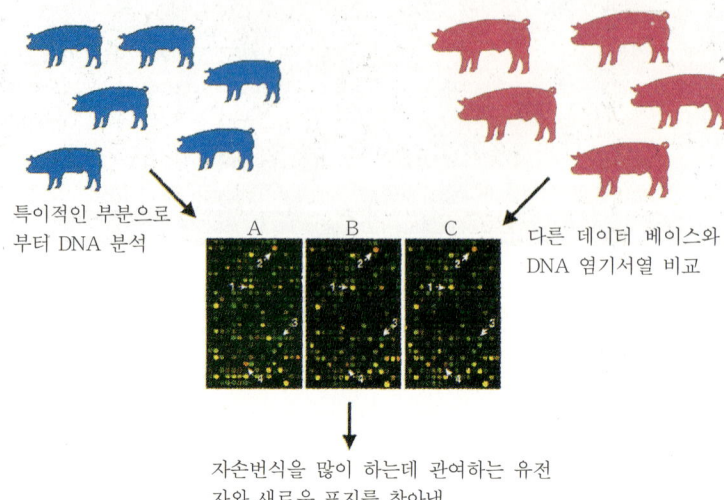

특이적인 부분으로
부터 DNA 분석

A    B    C

다른 데이터 베이스와
DNA 염기서열 비교

자손번식을 많이 하는데 관여하는 유전
자와 새로운 표지를 찾아냄.

적인 이해를 할 수 있으리라 생각된다(그림 11-5).

그림 11-5 단일 유전자 변이
에 의한 겸상적혈구
빈혈증

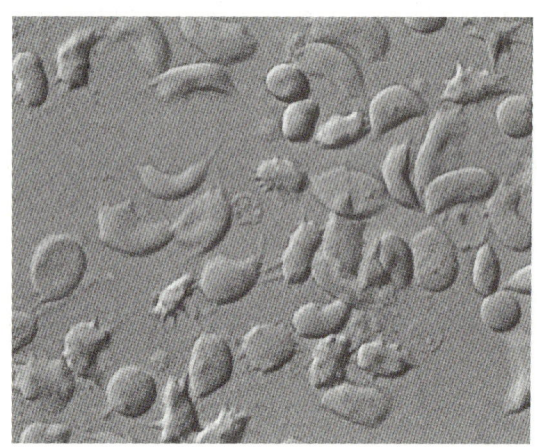

## (2) 맞춤의약

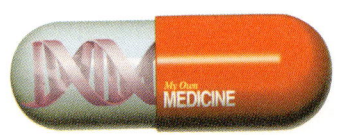

[맞춤의약의 개념도]

지금까지의 의료체계는 일반화된 발병원인의 규명에 의해 개인의 차이
를 무시하고 처방되고 치료되었다. 그러나 같은 결과를 보이는 질환
일지라도 진행단계의 원인이 매우 다를 수 있다. 그러므로 각 개인
의 질환원인에 따라 각 개인에게 맞는 맞춤의약이 출현할 것이다(그
림 11-6). 따라서, 각 개인의 유전자형에 근거한 약제의 선택, 용량의
결정 등이 달라지게 될 것이다. 이러한 예들은 이미 가시화되고 있
으며, 앞으로 포스트게놈 시대의 의학은 더욱 개인화, 개별화되고, 유전자

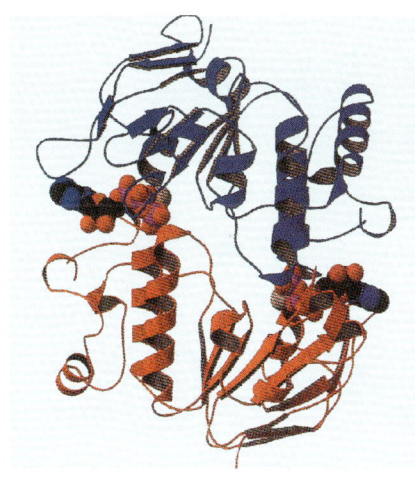
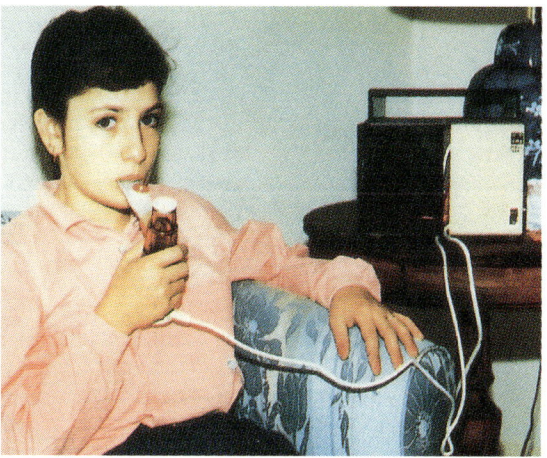

(a) 낭포성 섬유증 단백질의 3차구조　　　　　　(b) 낭포성 섬유증 환자

그림 11-6 맞춤의약: 동일한 질병이라도 개인의 유전자 변이에 따라 적합한 처방을 내릴 수 있다.

형에 근거한 진료가 보편화될 것이다. 특히, SNP DNA칩을 이용하여 개개인의 유전적 다양성을 신속하고 정확하게 결정할 수 있게 된다면 유전자형에 근거한 진료는 가속화될 것이다.

## (3) 예방의학과 예측의학의 발달

개인의 유전자 서열이 밝혀짐에 따라 유전자 변이정도에 따른 특정질환에 걸릴 확률이 높은 고위험도군을 구분할 수 있다. 이러한 예비환자에서 고위험도를 초래하는 위험인자를 추출, 제거함으로써 위험도를 줄일 수 있어 예방의학이 성행할 것으로 생각된다. 예를 들어, 고도비만이 있을 수 있는 예비환자에게 미리 식이요법이나 적절한 치료행위를 할 수 있고, 인슐린 부족에 의한 당뇨병이나 암 등의 발병을 미리 예측할 수 있어서 발병을 지연시키거나 예방할 수 있을 것이다.

그러나 이러한 예측의학은 현재 발병하지 않은 사람을 앞으로 발병할 것이라는 낙인을 찍어 보험, 취업 등 여러 방면에서 불이익을 받을 수 있는 윤리적 문제점을 내포하고 있다.

## (4) 유전자치료

아직 많은 난관은 있지만 1990년 아데노신 디아미나아제 (adenosine deaminase, ADA) 결핍증에 의한 선천적 면역 결핍증 환자에서 유전자

 도움말

• 디아미나아제

아미노기 이탈효소.

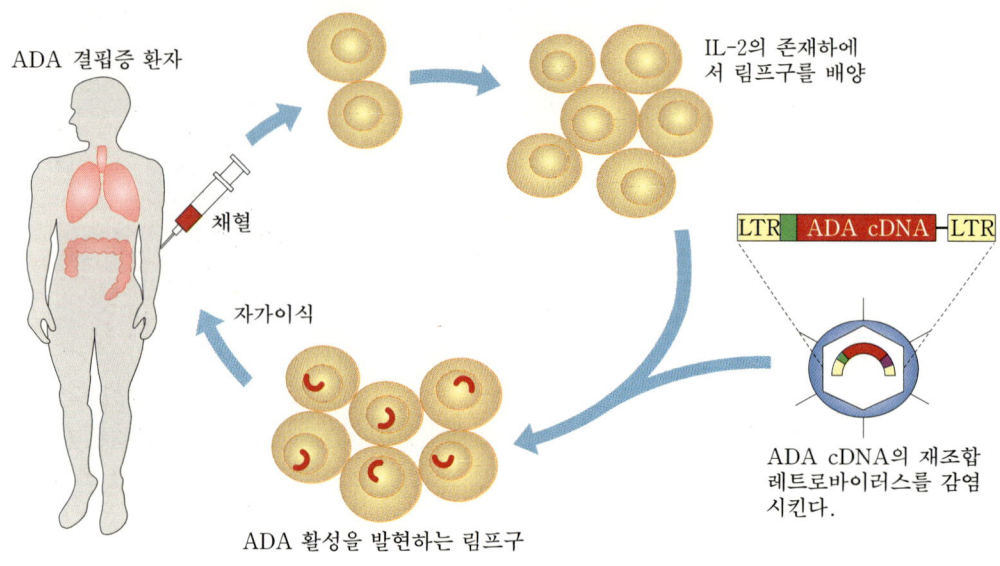

ADA 결핍증 환자

IL-2의 존재하에서 림프구를 배양

채혈

LTR ADA cDNA LTR

자가이식

ADA cDNA의 재조합
레트로바이러스를 감염
시킨다.

ADA 활성을 발현하는 림프구

그림 11-7  ADA결핍증의 유전자치료법

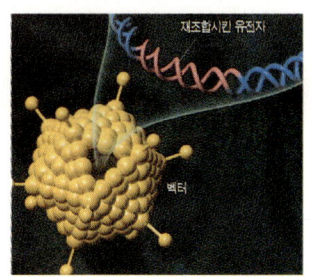

[유전자치료에 사용
되는 벡터]

치료가 처음 시도된(그림 11-7) 이래 단일 유전자 질환뿐만 아니라 종양질환, 신경계 질환에서 유전자치료가 임상시험 단계 및 임상이용 단계에 도달해 있다. 미국 국립보건원에서 400여 개의 유전자치료 임상시험 제안이 인정되고 있다. 물론, 유전자치료에 필요한 매개체의 개발, 유전자 정보, 유전자 주입방법 등 모든 것들이 환자의 치료와 연관되면 특허권의 보호를 받게 된다.

유전자 치료제 개발을 전문으로 하는 벤처기업의 창업도 활발하다. 유전자 향상은 질병이 아닌 인간의 형질개선으로서, 여러 윤리적 문제를 내포하고 있다. 예를 들면, 지능을 좋게 한다든지 신장을 크게 한다든지 피부 또는 머리카락 색깔 등을 선택한다든지, 이론적으로는 머지않아 가능하게 될 이런 문제들은 윤리적, 법적, 사회적인 문제점들과 연관되어 있지만, 곧 현실화될 가능성은 적다고 여겨진다.

## (5) 신약개발

지금까지의 신약은 하나의 질병에 대해 정확한 유전적 결함을 모르는 상태에서 자연계나 화학 합성물질을 선별함으로써 개발되었으나, 유전체 연구가 보다 진행되면 지금까지의 신약 개발방법보다는 더 효율적이고 경제적이며 신속한 방법으로 약제를 개발할 수 있으리라 예상된다(그림 11-8). 현재까지 기능이 밝혀진 약 5,000개의 유전자를 대상으로 약 10,000개

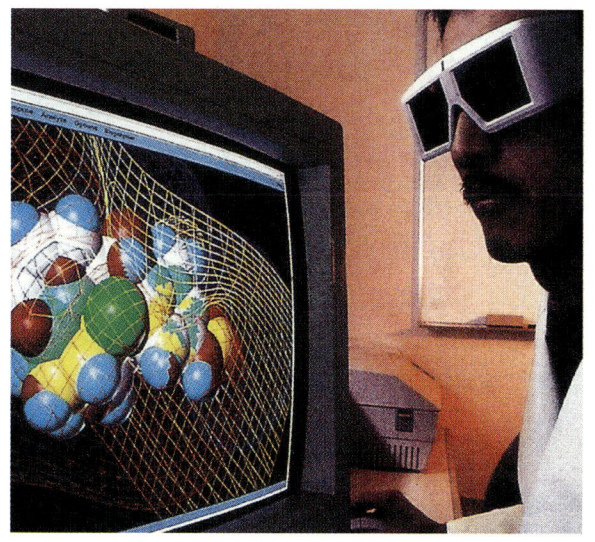

그림 11-8   신약개발에서 필수과정인 3차원 구조 시뮬레이션

**◉ 도움말**

● **팩티브(Factive)**

LG 생명과학이 개발한 제3세대 퀴놀론계 항균제 신약. 2003년 4월 미국 FDA로부터 신약승인을 받았으며, 현재 폐렴 치료제로 한국식품의약품 안전청의 승인을 받아 시판되고 있다.

의 신약개발이 추진되고 있는 것으로 추정된다.

이와 같은 추세라면 2010년까지 약 100,000개의 신약이 창출될 것으로 보여지며, 시장규모로 약 1조 달러 이상이 되리라 예측된다.

# 3. 유전체 연구의 문제점과 DNA칩

## (1) 학문적 문제점

유전체학(genomics)은 세포의 DNA, RNA와 관련된 유사한 많은 기술을 내포하는 용어로서, 최근에는 유전정보의 수집, 체계적 분석, 발굴을 수행하는 연구분야를 포괄적으로 의미하기도 한다. 또, 구조 유전체학(structural genomics) 분야는 유전자 정보로부터 기능을 예측하고, 구조와 기능상의 관계를 유추하여 이들의 3차원적 구조를 규명한다. 이러한 결과를 사용하여 신약설계에 응용할 수 있다.

이들 분야의 주된 연구체계는 염색체 지도와 유전자의 비교지도 작성, DNA구조결정, 그리고 생물정보학 (bioinformatics)으로 구성되어 있다.

그러나 문제는 유전체학의 핵심연구대상인 인간 유전체 염기서열이 모두 밝혀졌다고 해도 염기서열만 가지고는 이 유전자 산물의 기능을 알 도리가 없다는 데 있다. 유전자가 전사되어 단백질 생성수준에서 조절된다 하더라도 최종적으로 세포 내에서의 기능여부는 얼마나 정교하고, 적절하게 단백질을 합성한 후 변형되는가에 달려 있어서, 최종적으로 완벽한 모양이 갖추어진 단백질을 분석하지 않고는 그 유전자의 세포 내 기능을 알아낼 방법이 없다.

특히, 한 유전자의 mRNA가 만드는 단백질의 실제 기능적인 모습은 세포, 조직, 시간, 조절자에 따라 천태만상으로 변하기 때문에 이것을 생리적 변화에 따라 분석하는 도구와 체계가 필요하다. 이것이 바로 프로테오믹스 (proteomics)이다.

이와 유사한 방식으로 유전자와 단백질 간에 유전자 기능연구의 일환인 전사 조절체를 연구하는 체계를 'transcriptomics', 단백질의 기능 등으로 대사과정을 연구하는 것을 'metabolomics' 등으로 분류하나 아직 보편적으로 사용되지 않고 있다.

## (2) 윤리적, 사회적, 법률적 문제점

유전자 정보를 의료에 응용하는 것은 여러 가지 법적, 윤리적, 사회적 문제를 내포하고 있다. 만약, 개인의 유전정보가 아무런 안전장치 없이 공개된다면 심각한 인권침해의 여지가 있게 된다. 즉, 취업, 고용, 보험 등에서 잠재적 질환을 가진 고위험군으로 분류되어 심한 차별을 받을 수 있게 된다. 이 경우도 가령 신생아에게서 유전자 검사로서 예측되는 질환의 경우, 신생아의 생명을 포기하는 생명경시 현상이 일어날 수 있고, 성인연령에서만 발병하는 치매, 무도병 등의 예측은 역시 심각한 사회적, 윤리적 문제를 야기할 수 있으며, 이러한 결과는 사회전반에 걸쳐 많은 문제점을 내포하고 있다고 할 수 있다(그림 11-9).

그림 11-9 치매환자의 뇌(a)와 정상인의 뇌(b)

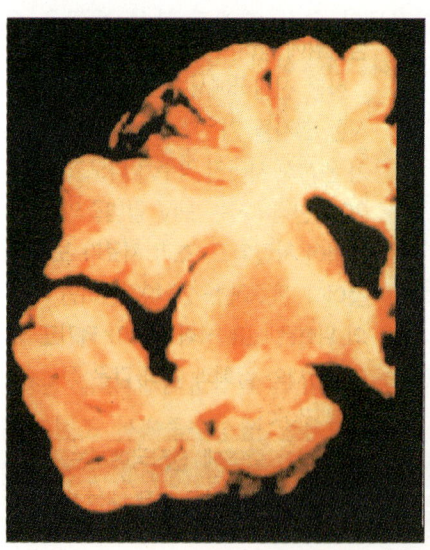
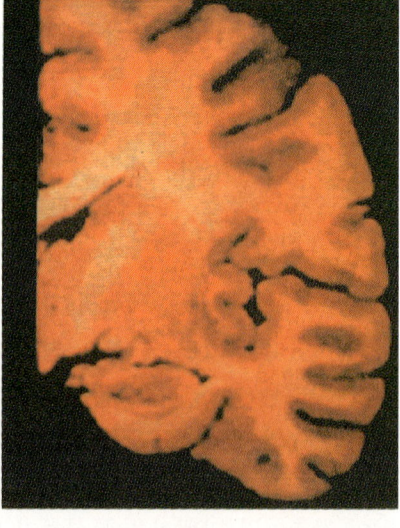

(a)　　　　　　　　　　(b)

## (3) DNA칩이란 무엇인가?

DNA칩(chip)은 현대의 분자생물학과 전자공학의 기술이 접합되어 만들어진 일종의 교배기술이다. 그러나 DNA칩은 수천 개 이상의 유전자 조각을 컴퓨터에 사용하는 반도체 칩을 만드는 것과 같은 개념으로 칩에 집적했다는 점에서 칩이란 용어를 사용하였으나, 반도체 칩과는 사실상 아무런 관련이 없다.

DNA칩은 실리콘이나 게르마늄과 같은 반도체 대신 생체에서 추출한 DNA를 기판에 집적하는 것이고, 기판 역시 금속기판 대신 유리가 사용된다. 반도체처럼 회로에 연결하기 위한 거미다리 모양의 핀도 없다.

보다 쉽게 설명하면 가로 세로 1cm 내외의 유리판에 수천 개의 유전자 조각을 일정한 기준에 따라 점으로 찍어 놓은 것이다. DNA칩 위에 혈액 등 샘플을 떨어뜨리면 특정 유전자가 있을 경우 칩 위에 심어 놓은 형광물질을 입힌 유전자와 반응하며, 이를 감지해 컴퓨터로 분석해 낸다(그림 11-10).

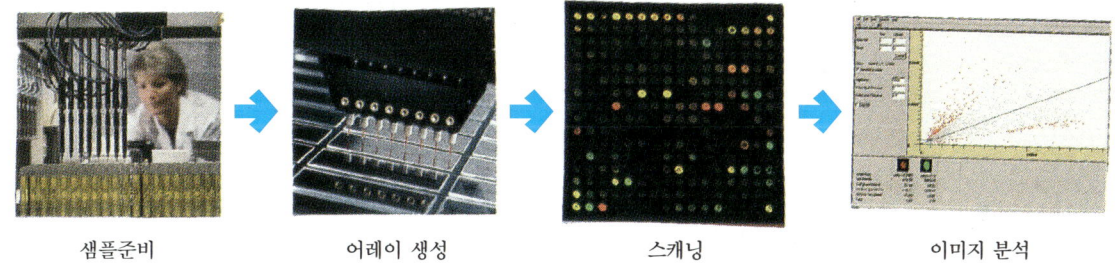

| 샘플준비 | 어레이 생성 | 스캐닝 | 이미지 분석 |

그림 11-10  마이크로어레이 과정

이 때 사용되는 원리는 DNA가 지닌 '상보성의 원리'이다. DNA를 구성하는 4종류의 염기는 서로 자기에게 맞는 짝끼리만 결합을 이룬다는 것으로 아데닌(A)은 티민(T)과, 시토신(C)은 구아닌(G)과만 짝을 이룬다. DNA는 두 가닥의 2중나선으로 구성되며, 이 중에서 한 가닥만 DNA칩에 심는다. 혈액 등 샘플 속에 상보적으로 어울리는 나머지 가닥이 들어 있다면 서로 결합해 형광물질이 감광된다는 식이다. DNA칩 기술은 방대한 유전체(유전정보)를 하나의 칩에 담은 반도체 칩의 DNA버전(version)으로, 분자학적 지식에 기계 및 전자공학의 기술을 접목시킨 것이다.

이와 같은 기술의 가장 큰 장점은 동시에 수백 개 또는 수천 개 이상의 유전자를 빠른 시간 안에 검색할 수 있다는 것이다. DNA칩은 붙이는 유전물질의 크기에 따라 cDNA칩과 올리고뉴클레오티드(oligonucleotide)

칩으로 나누어질 수 있다. cDNA칩에는 최소한 500염기쌍(bp) 이상의 유
전자가 붙여져 있고, 올리고뉴클레오티드칩에는 약 15~25개의 염기들로
이루어진 올리고뉴클레오티드가 붙여져 있다. 이와 같은 DNA칩은 제작
하는 방법에 따라 크게 4가지로 나눌 수 있다(표 11-1).

표 11-1                           DNA 칩 제작기술

| 제작기술 | 특 징 | 칩 종류 |
|---|---|---|
| Pin microarray | 핀을 이용한 microdotting | cDNA & oligonucleotide |
| Inkjet microarray | 잉크젯 원리를 이용한 micro-dropping | cDNA & oligonucleotide |
| Photolithography | 전기를 이용한 oligonucleotide addressing | oligonucleotide |
| Electronic array | photolithography를 이용한 oligonucleotide 직접합성 | oligonucleotide |

### ① 핀 마이크로어레이칩

핀 마이크로어레이(Pin microarray)칩은 가장 대표적인 연구용 DNA
칩으로, 1995년 미국의 스탠포드(Standford)대학에서 처음으로 개발되었
으며, 약 3~4천 개의 유전자를 $1 cm^2$의 면적 안에 붙일 수 있다. 처음에
는 유전자 발현측정을 목적으로 cDNA마이크로어레이칩이라고 불렸지만,
지금은 돌연변이를 검색할 수 있도록 한 올리고뉴클레오티드를 붙인 칩도
개발되었다.

### ② 잉크젯 마이크로어레이칩

이 방법은 핀 마이크로어레이와 원리가 비슷하다. 다만 DNA를 심는 방
법에 있어서 핀 대신에 컴퓨터의 잉크젯 프린터(inkjet printer)에 쓰이
는 것과 같은 원리의 카트리지(cartridge)를 사용하는 것이다.

### ③ 포토리소그래피칩

**❀ 도움말**

• 포토리소그래피
반도체 제조에서 웨이퍼상
에 마스크를 인쇄하는 처리
또는 기술.

포트리소그래피칩은 미국의 아피메트릭스(Affimetrix)사가 컴퓨터칩을
만들기 위해 사용하는 포토리소그래피(photolithography)를 응용하여 수
천, 수만 개의 염기들을 유리기판 위에 직접 합성하여 만든 칩이다.

이 밖에도 DNA가 (−)전하를 띠는 성질을 이용하여 칩의 표면에 있는
특정위치에 (+)전하를 넣어서 그 위치에 원하는 유전자를 붙게 만든 일
렉트릭 어레이(Electric array) DNA칩도 있다.

랩온어칩(lab-on-a-chip)은 유리, 실리콘 또는 플라스틱으로 이루어진 수 cm²의 칩 위에 분석에 필요한 여러 가지 소형 전자장치를 이용하여 집적시킨 화학 마이크로프로세서로서, 고속·고효율·저비용의 자동화된 차세대 유전자칩이다. 즉, 랩온어칩이란 '1개의 칩 위의 실험실'이란 뜻으로, 지금까지 질병의 진단 및 연구분야에서 각각 독립적으로 수행되고 있던 일련의 과정들, 다시 말하면 시료의 전처리, 반응, 분석 및 데이터 처리를 연속된 하나의 작은 칩에서 수행할 수 있게 구성해 놓은 것이다.

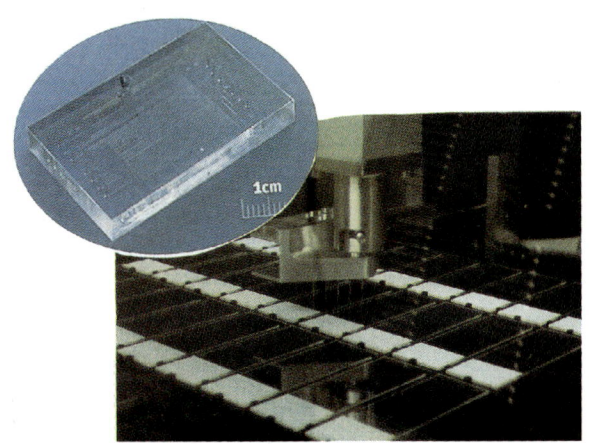
[랩온어칩]

랩온어칩을 이용하면 기존의 DNA칩, 단백질칩 등의 유전자칩이 랩온어칩의 한 부분이 될 수 있으며, 기존의 많은 고가장비와 고급인력이 필요없게 된다. 또, 의료진단 장비, 가정이나 병상에서의 건강검진 기기, 화학이나 생물공정 모니터링, 화생방용 생물 작용제 탐지·식별 등 다양한 분야에 이용될 수 있다. 따라서, 랩온어칩은 휴대용·개인 자가진단용 유전자칩으로 발전하여 현재의 유전자칩을 능가하는 차세대 유전자칩이라 할 수 있다.

표 11-2　　　　　시판 중인 유전자칩들

| 응　용 | 유전자칩 | 정　보 |
|---|---|---|
| 유전자 발현 | human | ~42,000 genes/ESTs |
| | mouse | ~30,000 genes/ESTs |
| | rat | >11,000 genes/ESTs |
| | yeast (*S. cerevisiae*) | whole genome (all ORFs) |
| | *Drosophila melanogaster* | >12,000 genes/ESTs |
| | *Arabidopsis thaliana* | >12,000 genes/ESTs |
| | *C. elegans* | whole genome (all ORFs) |
| | *E. coli* | whole genome (all ORFs) |
| | other bacteria | whole genome (all ORFs) |
| | targeted | functionally selected gene sets |
| | custom | any eukaryotic organism |
| 유전자감식 | human | ~2,000 SNPs |
| 다형현상 선별 | human | screening service |
| 변이분석 | human | CYP450(2D6, 2C19) |
| | human | p53(exons 2-11) |
| | HIV-1, Clade B | HIV(protease, rev. transcriptase) |

[랩온어칩이 장착된 캡슐닥터 : 인체 내를 돌아다니며 진단·치료를 할 수 있다.]

| cDNA칩 활용가능 분야 | 올리고뉴클레오티드칩 활용가능 분야 |
| --- | --- |
| 인체 유전자 기능분석 연구 | 암 관련 유전자 돌연변이 검색진단 |
| 산업용 유전자 재조합 동식물 및 미생물 연구 | 유전병 관련 유전자 돌연변이 검색진단 |
| 실험용 동식물 모델연구 | 약제 내성 검색진단 |
| 암 및 질병관련 유전자 진단 | DNA 염기서열 분석 |
| 유전자치료 | 유전자 변이 가계도 작성 |
| 임상병리학 | 장기 이식가능 조직검사 |
| 동식물 검역 | 병원성 미생물 동정 |
| 환경변화에 따른 생태학 연구 | 법의학(용의자 확인, 친자확인 등) |
| 식품 안전성 검사 | DNA 고고학 |
| 신약개발 | |

🔵 **도움말**

● **임상병리학**
**(臨床病理學)**

기초의학에 대해 병자를 실제로 진찰·치료하는 것을 주목적으로 하는 의학문제를 병리학적으로 연구하는 의학분야.

# 4. 유전체 연구와 프로테오믹스

프로테오믹스(proteomics)는 프로테옴(proteome)에 '~학', '~론'을 의미하는 접미사 '~ics'가 붙어 프로테옴을 연구하는 기법과 방법을 포괄적으로 의미하는 말로, '프로테옴 분석학'이라고 할 수 있다. 즉, 단백질 성질을 연구함으로써 질병의 진행과정과 연계시켜 총체적으로 이해할 수 있는 연구분야를 뜻한다.

프로테옴은 "the set of PROTEins coded by a genOME"에서 유래되었으며, 생명체의 유전체가 모든 세포에 동일하게 존재하여 생명체가 수행하는 기능의 이론적인 것만을 제시하는데 반해 프로테옴은 세포가 처해 있는 환경에 따라, 그리고 각 조직별로 유동적으로 존재하는 개개의 단백질의 실제적인 기능을 연구하게 한다.

이와 같은 관점에서 DNA가 생명체에서 일어나는 모든 활동을 근본적으로 조절하고 있지만 질병의 발현은 실질적으로 단백질 수준에서 나타나며, 따라서 유전자 수준보다는 단백질 수준에서 원인을 규명해야 한다는 것이 프로테오믹스의 궁극적 목표가 된다.

실제로 프로테오믹스가 질병치료에 사용될 약물표적 발굴에서 가장 효과적인 기술인데, 그것은 첫째 기능 유전체학이 약물표적을 식별하는데 충분한 정보가 되지 못하고, 둘째 유전자 발현에서 보이는 효과들은 단순히 단백질 수준에서 내는 약물효과에 대한 반응에 지나지 않으며, 셋째 유전자 발현과 단백질 간에는 직접적인 관련성이 항상 있는 것이 아니기 때문이다.

따라서, 이들 상호간의 교량역할을 하는 단백질을 분석하는 것이 중요하며, 넷째 단백질-단백질 결합이야말로 세포 내 생물학적 작용의 최후작용이기 때문이다.

이와 같은 관점에서 프로테오믹스에 가장 핵심적으로 쓰이는 기술은 단백질 질량분석 기술, 2차원 전기 영동기술(그림 11-11) 등이다. 이 기술을 조건에 따라 제조하여 특정점(spot)에 대한 분리양상을 지도로 구성할 수 있다.

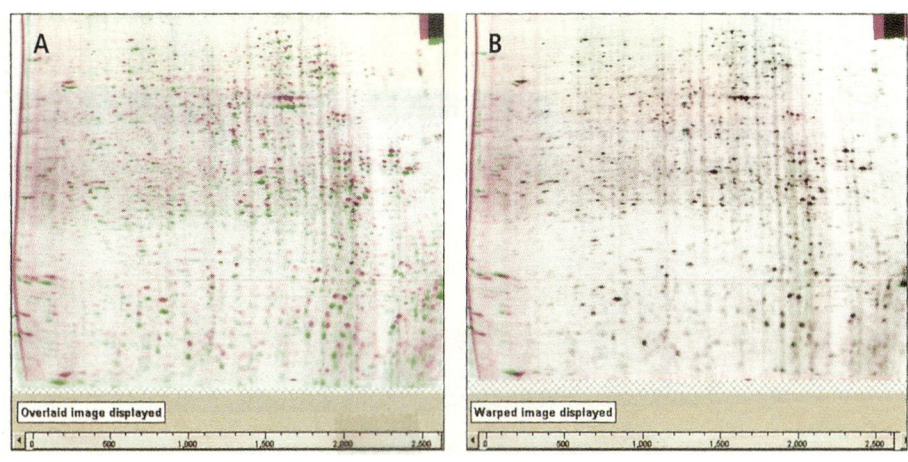

그림 11-11  2차원 전기영동 기술

이러한 프로테오믹스 연구에 필수적인 것이 단백질칩이다(그림 11-12). 단백질칩은 핵심기술의 연구개발이 진행되고 있는 기능연구 및 단백질-단백질 상호작용 연구 미래형 칩으로서, 질병의 진단 및 생체마커 발굴, 단백질 발현, 신약개발 등 다양한 응용분야를 가지고 있어서 의학, 약학, 생명과학 분야에서 광범위하게 이용될 수 있을 것으로 생각된다.

그림 11-12  단백질칩의 구성

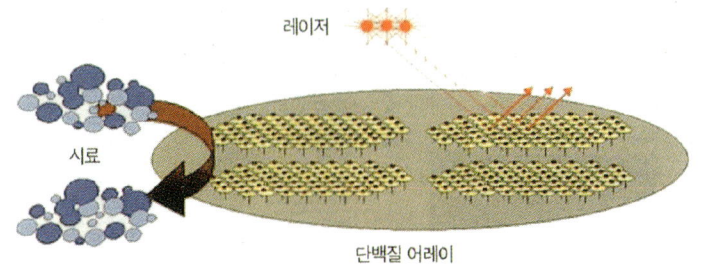

이와 같은 단백질칩은 수십~수백 개의 단백질을 작은 칩 위에 고정하여 한 번에 단백질을 분석하는 자동화 기기 시스템이다(그림 11-13).

그림 11-13  단백질칩의 이용

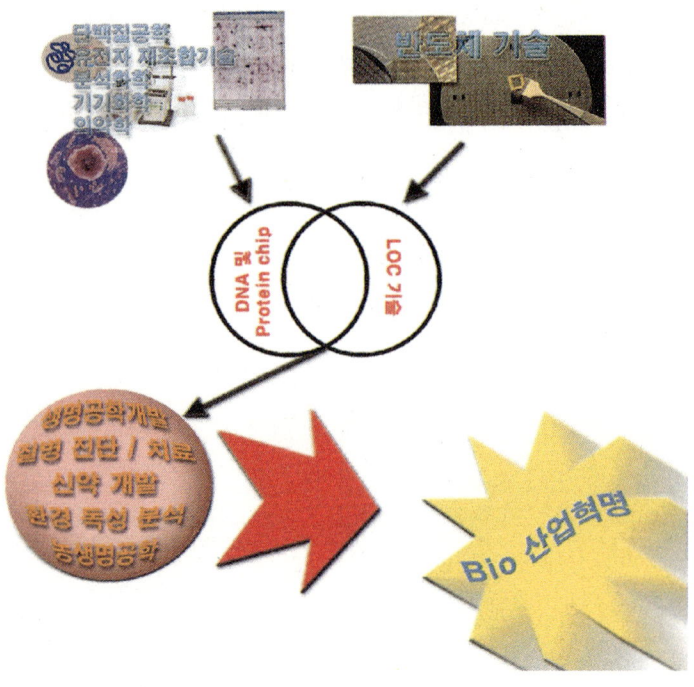

---

**휴게실**

### ♣ 새로운 '600만 불의 사나이'

'600만 불의 사나이' 비슷한 인간이 탄생할 가능성이 높아졌다. 미국 버클리 대학의 보리스 루빈스키 연구팀은 인간세포와 실리콘 조직을 결합시킨 '생체칩(bionic chip)' 개발에 성공했다고 밝혔다. 이 칩의 개발로 각종 질병을 연구하고 치료하는데 새로운 장이 열렸다고 전했다.

연구팀이 개발한 장치는 머리카락보다 가늘고 작은 조직으로, 건강한 사람의 세포를 전자회로 칩과 결합해 컴퓨터로 세포활동을 제어하도록 한 것이다. 컴퓨터가 세포-칩 결합체에 전자충격을 가하면 세포막이 열리고, 세포는 계획에 따라 활동하게 된다. 인체에 투입되는 칩은 3개층으로 구성, 그 안에 특정세포를 가두게 된다. 갇힌 세포는 전자회로 작용을 완결시키는 역할을 하며, 스스로 변형될 수 있다.

루빈스키 교수는 세포-칩 결합장치가 보다 정확히 세포막 구멍을 열 수 있기 때문에 복잡한 유전자 요법에서 통제기능을 강화할 수 있다고 말했다. "우리는 주위의 다른 세포에 영향을 주지 않고 해당세포에 DNA를 주입하거나 단백질을 추출하거나 약물을 투여할 수 있게 되었다"고 그는 말했다. (2000년 2월 27일자 조선일보에서)

[생체칩을 이용한 슈퍼맨]

# 5. 유전체 연구와 인류의 미래

인간의 유전자 서열이 완전히 밝혀짐으로써, 공상과학이던 꿈이 현실로 다가오고 있다. 생각했던 것보다 훨씬 빠르게 생명체의 비밀을 간직한 판도라의 상자가 열린 것이다. 이와 같은 눈부신 기술의 발전은 인간의 미래에 직간접으로 영향을 끼치게 될 것이다. 즉, 가까운 미래에 인간의 생로병사, 의식주와 희로애락 등뿐만 아니라 산업과 경제구조에 대해서도 큰 영향력을 끼칠 것이다. 개인에게 맞는 맞춤의학의 발달은 개개인의 생명을 획기적으로 연장시키게 될 것이고, 전통적 개념에서 인간의 탄생은 그 의미를 상실하게 될 것이다.

유전체 연구의 진보는 동시에 나노(nano)기술의 발전과정에 힘입어 나노로봇을 구체화할 수 있는 인체공학, 전자공학, 로보틱스, 광학, 전산학 등의 복합기술을 발전시킬 것이다(그림 11-14).

### 도움말

- 나노기술(nano technology, NT)

극미세 기술. 1 nano=$10^{-9}$. 나노물질들이 갖는 독특한 성질과 현상을 이용하여 유용한 성질의 소재나 시스템을 생산한다.

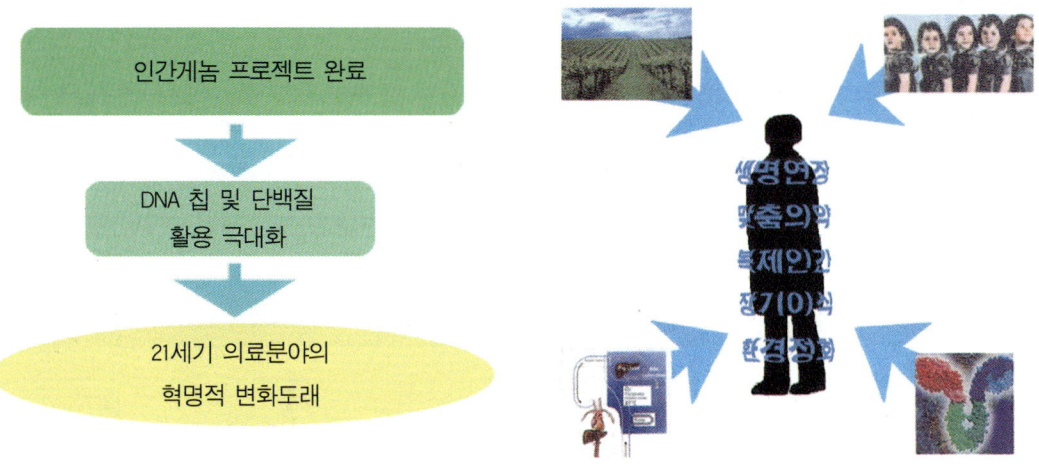

그림 11-14  유전체 연구의 미래

이러한 발전에 힘입어 생명공학은 궁극적으로 생명체와 연관이 있는 모든 산업의 영역을 통합시키게 될 것이다. 제약산업과 서비스업의 경계가 허물어지고 농업과 화학, 에너지, 환경 등 거의 모든 산업이 생명공학을 중심으로 발전하게 될 것이다.

이제 새로운 하이테크는 바이오 소재 기술인 것이다. 그러나 이와 같은 긍정적 측면에 비해 인간의 존엄성이 심각하게 위협받는 시대가 될 것이다. 개인의 유전정보가 밝혀지고 공개되어 예측의학이 성행하면 개인의 인격은 대부분 무시될 수밖에 없을 것이다. 종족이나 인종 간의 유전적 차이를 연구하는 비교 유전체학(comparative genomics)은 새로운 인종갈등을 유발할 수 있을 것이다.

전통적인 정자, 난자의 결합에 의한 생명탄생의 개념이 붕괴됨으로써 심각한 생명경시 현상이 올 수 있고, 똑똑한 인간과 일만 하는 인간 등 목적에 따른 인간의 대량생산이 가능해져 새로운 인간계급이 생겨날 수도 있다. 인간이 인간답게 살 수 있는 것은 인간답게 행동할 때만 가능하다. 이제 유전자라는 마법의 상자는 열렸다. 이를 어떻게 이용하느냐는 오직 그것을 이용하는 인간만이 할 일이다.

## 요 약

유전체는 모든 생물이 조상으로부터 물려받는 유일하고 소중한 것이다. 현대사회에서는 이러한 유전체의 연구를 통해 인간이 지니고 있는 여러 질병에 대해 대처하는 방법을 다양한 방법을 통해 모색하고 있다. 그러나 아직까지 유전체 연구에는 여러 가지 문제점을 안고 있다.

최근에는 인간게놈 프로젝트의 완성으로 유전체를 연구하는 새로운 방법들이 속출하고 있다. DNA칩이나 프로테오믹스는 이러한 방법들 중의 하나로 인류는 이러한 여러 방법을 통해 유전체가 가지고 있는 비밀에 대해 하나둘씩 밝혀 가며 인류의 미래를 밝게 하고자 하는 것이다.

## 탐구문제

*1.* 유전체는 무엇으로 구성되어 있는지 설명하여 보자.

*2.* SNP란 무엇이며, 이것을 알아낼 수 있는 방법은 무엇인지 설명하여 보자.

*3.* DNA칩이란 무엇이며, 그 종류에는 어떤 것이 있는지 설명하여 보자.

*4.* 프로테오믹스란 무엇을 뜻하며, 프로테오믹스를 연구하는데 있어 핵심적인 기술들은 무엇인지 알아보자.

# 21세기 생명과학의 과제

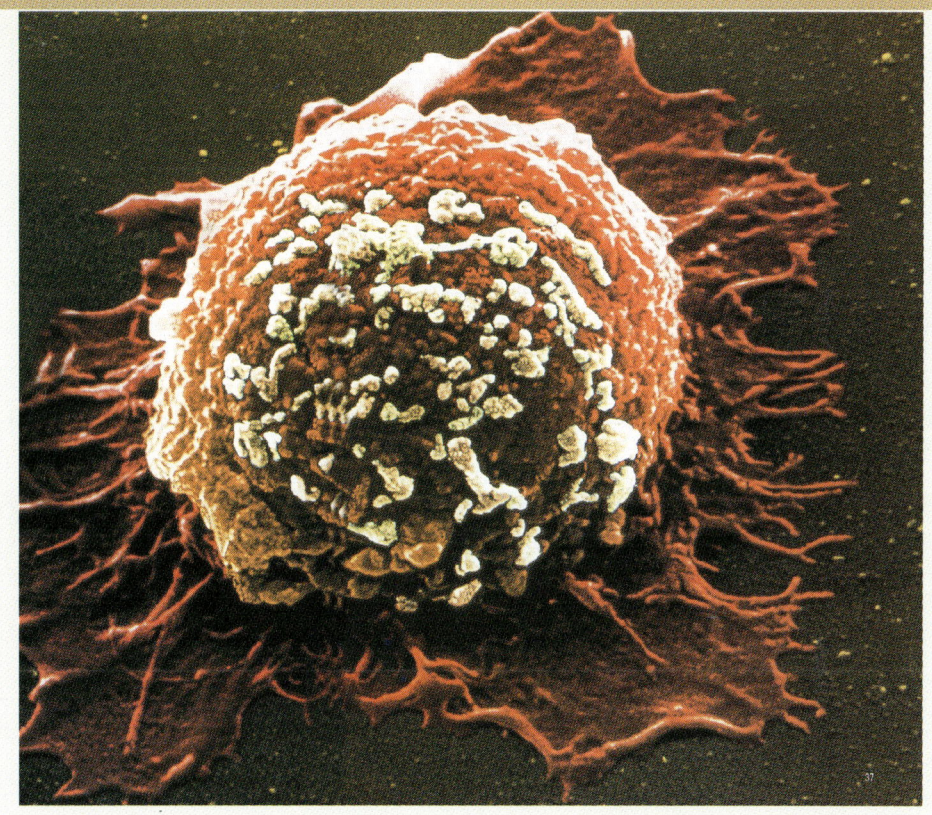

**12.** 암 생물학

**13.** 노화와 100세 청춘시대

　　21세기에 들어와 보다 구체적이고 실증적인 생명문제가 논의되면서 생명공학 기술이 발달하여 이제는 복제생물, 유전자 변형생물, 이종 간의 장기이식 등으로 인간수명에 많은 변화를 주고 있다.

　　여기에서는 현대과학의 발전에도 불구하고 날로 증가되고 있는 암과 노화의 비밀에 대하여 알아보자.

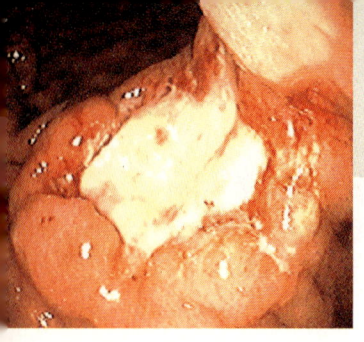

# 12. 암 생물학

## 1. 암의 발생현황

🌐 **도움말**

● 세계보건기구(World Health Organization)

1946년에 설립되어 국제 보건활동을 담당하고 있는 UN 전문기구의 하나. 우리 나라는 1949년에 가입하였다.

세계보건기구(WHO)에서는 매년 1,500만 명의 새로운 암환자가 발생할 것으로 예측하고 있으며, 우리 나라에서도 매년 10만여 명의 새로운 암환자가 발생하고 있다.

이와 같이 암환자가 증가하는 이유는 의학기술의 발달과 영양상태의 풍요로움으로 평균수명이 연장되면서 노년기에 암발생이 급격히 증가하고, 환경오염의 주범인 화학물질과 산업폐기물 등의 발암물질이 증가하였기 때문인 것으로 추정된다. 또한, 급격한 생활양식의 변화로 운동부족과 비만 및 스트레스 등의 요인도 들 수 있다.

### (1) 암으로 인한 사망률

우리 나라는 1997년부터 전염성 질병은 줄어들고 성인병과 퇴행성 만성 질환들이 증가하고 있으며, 특히 암이 가장 높은 사망원인이 되고 있다. 인구의 노령화, 식생활의 서구화, 흡연인구의 증가, 육체활동의 저하 등이 이러한 질병구조의 변화를 일으키고 있다(그림 12-1). 2001년도 통계청 보고에 따르면 우리 나라 각종 질병으로 인한 주요 사인별 사망률은 각종 암으로 사망하는 인구가 인구 10만 명당 122.1 명으로 가장 높았고, 뇌혈관 질환이 73.2명, 심장질환이 38.5명으로 그 다음이었다(그림 12-2a).

암으로 인한 연간 사망자 수는 1998년에 비해 다소 감소한 247,346명으로 1일 평균 678명이 사망한 것으로 나타났다. 성별 사망률에서 여자보다는 남자가 사망률이 높아서 남자 10만 명 중 155.8명이 암으로 사망한 반면, 여자는 88.2명이 사망했다.

그 이유는 흡연, 음주, 스트레스 등에 남자가 더 많이 접

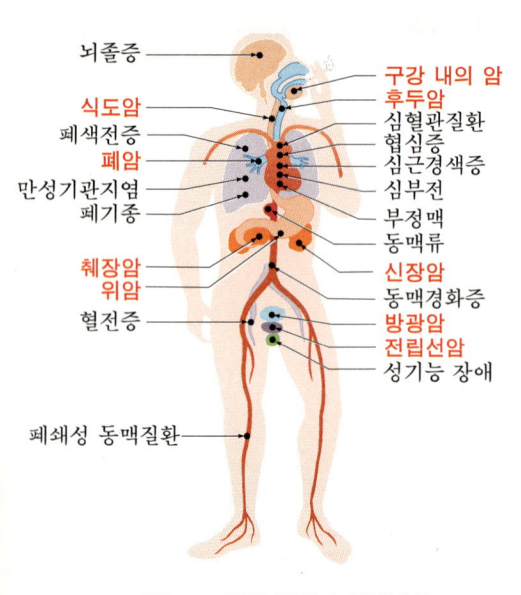

뇌졸중
식도암
폐색전증
폐암
만성기관지염
폐기종
췌장암
위암
혈전증

구강 내의 암
후두암
심혈관질환
협심증
심근경색증
심부전
부정맥
동맥류
신장암
동맥경화증
방광암
전립선암
성기능 장애

폐쇄성 동맥질환

그림 12-1 각종 질병의 발생부위

하기 때문인 것으로 추정되고 있다(그림 12-2b).

전체 연령을 통합한 사망률 성비는 123.7로, 남자 사망률이 여자보다 약 1.2배나 높았고, 연령별 사망률 성비에서 40~50대 연령층은 남자 사망률이 여자보다 약 3배로 최고수준을 나타냈다. 암 종류별 사망인구를 보면 1990년 위암, 간암, 폐암 순이었던 것이 2000년에는 폐암(인구 10만 명당 24.4명), 위암(24.3명), 간암(21.3명), 대장암(8.9명), 췌장암(5.7명), 자궁암 (5.6명), 유방암(4.9명) 순으로 바뀌었다(그림 12-2c).

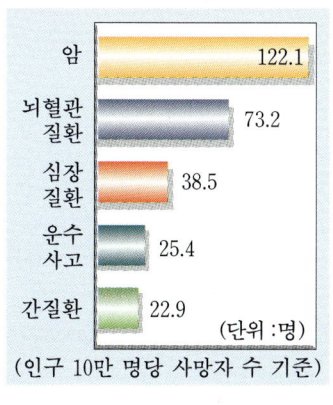

(a) 사망원인(2001년)

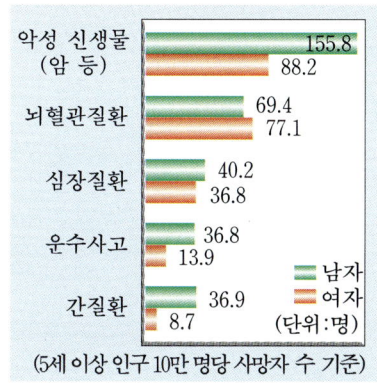

(b) 주요 사망 원인별 성별사망(1998년)

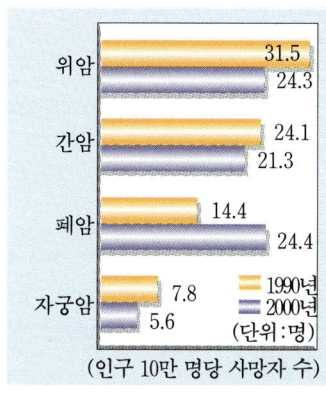

(c) 각종 암 사망률

그림 12-2 한국인의 사망원인(매일경제신문, 2001. 9.27)

## (2) 우리 나라의 암 발생률

암발생은 사회환경과 식생활습관과도 밀접한 관계가 있으므로 나라마다 암의 역학적 특성이 다르게 나타난다. 우리 나라에서는 전통적 식생활습관 때문에 위암과 간암이 남녀 모두에게 많으며, 폐암, 대장암, 유방암 등도 선진국형으로 증가하는 추세에 있다.

국립암센터 통계에 따르면, 1999년 한국인 암의 장기별 발생빈도는 위암이 20.7%로 1위를 차지하였으며, 그 다음으로 폐암(12.1%), 간암 (12.0%), 대장암(9.9%), 유방암(6.4%), 자궁경부암(5.0%) 순이었다(그림 12-3a).

성별 암발생 빈도를 보면 남자의 암 발생순위는 위암(24.2%), 간암 (16.3%), 폐암(16.1%), 대장암(9.7%), 방광암(3.3%), 식도암(3.2%)의 순이고, 여자의 경우 위암(16.2%), 유방암(14.7%), 자궁경부암(11.6%), 대장암(10.2%), 갑상선암(6.8%), 폐암(6.7%)의 순이었다(그림 12-3b,c).

한국인의 연령별 암 발생분포를 보면 그림 12-4에서와 같이 연령이 많아

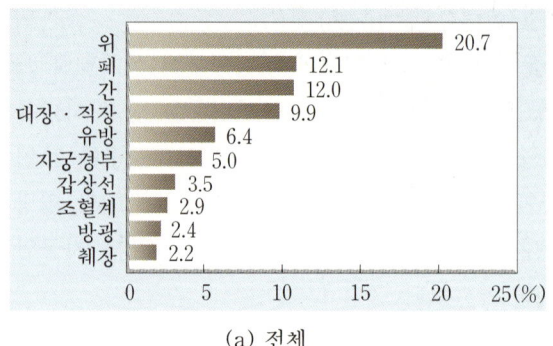

(a) 전체

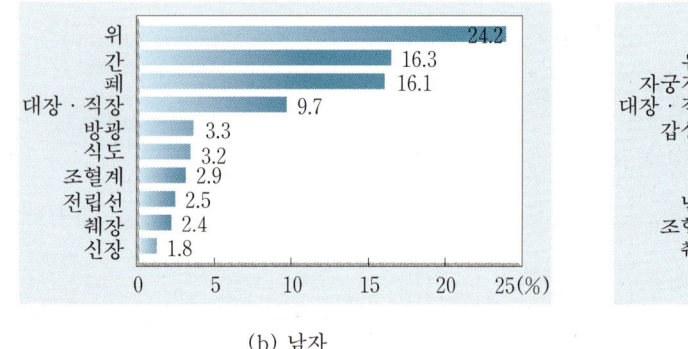

(b) 남자

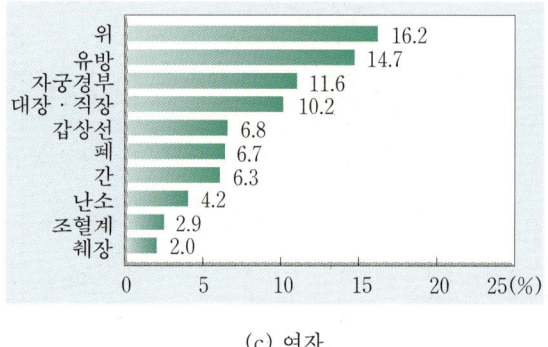

(c) 여자

그림 12-3  한국인 10대 암 발생빈도(1999년)

짐에 따라 암의 발생환자 수가 늘어나며, 60~64세일 때 가장 많이 발생
한다. 65세 이후부터 암발생 환자 수는 감소하는데, 그것은 이 연령층의

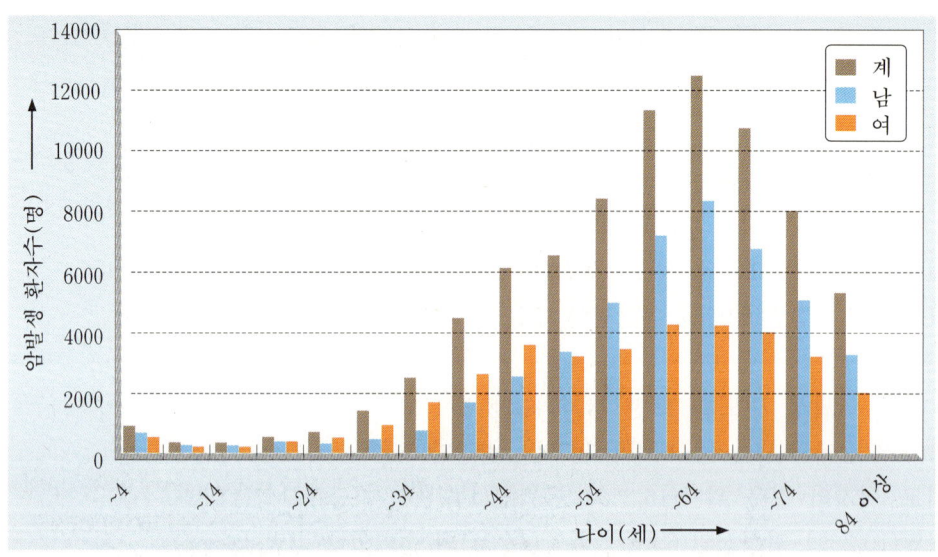

그림 12-4  한국인의 연령별 암 발생분포

인구수가 감소하기 때문이다. 이 통계자료로부터 암은 연령이 증가하면서 단위인구당 발생빈도가 급격히 증가함을 알 수 있다.

또한, 성별 암 발생빈도를 보면 남자가 여자보다 높았다. 다른 나라의 예를 들면, 영국의 경우 매년 남자는 250명당 1명의 암환자가 발생하였으며, 여자는 300명당 1명이 발생하였고, 60세 이상의 인구에서는 100명당 1명이 발생하였다.

암의 발생은 지역과 국가에 따라 발생빈도가 현저히 다르다. 표 12-1에서 보는 바와 같이 식도암의 경우 카자흐스탄 지역의 주민들은 네덜란드 주민보다 식도암 발생빈도가 200배나 높은 것을 알 수 있다.

표 12-1        지역별 암 발생빈도의 비교

| 암 종류 | 고발생빈도 지역 | 저발생빈도 지역 | 비 율 |
|---|---|---|---|
| 위암 | 일본 | 쿠웨이트 | 22:1 |
| 폐암 | 영국 버밍햄 | 나이지리아 | 40:1 |
| 식도암 | 카자흐스탄 | 네덜란드 | 200:1 |
| 피부암 | 호주 퀸즐랜드 | 인도 | 200:1 |
| 자궁암 | 하와이 | 이스라엘 | 20:1 |

## 2. 암의 발생원인

우리 몸에 생기는 암은 한 개의 정상세포가 암세포로 변화되면 무한정적으로 증식하게 된다. 정상조직에서의 세포는 줄기세포(stem cell)의 증식에 의하여 그 수가 증가하는데, 줄기세포로부터 증식된 세포는 분화가 일어나면 일정한 수가 되어 성숙된 조직을 형성하며, 이 때 증식과 세포사가 균형을 이루어 세포의 전체 수는 증가하지 않는다. 그런데 세포 내의 유전자가 변화되면 정상세포를 변화시켜 무절제하게 증식하는 암세포로 형질전환(transformation)시키게 되며, 인체의 여러 기관으로 전이되어 신체기능은 점점 병적으로 되어 간다.

이와 같이 암세포는 외부로부터 감염되는 것이 아니라 정상세포 내의 유전자가 외부 또는 내부 환경의 자극에 의해 염기서열이 변하여 정상세포가 형질전환된 질병으로 변화하게 되므로 암을 유전자 질병(disease of the genes)이라고도 한다. 이와 같은 유전자의 변이는 세포증식과 자발적 세포사(programmed cell death)에 관여하는 유전자에서 주로 발생하고 있다.

**도움말**

- **자발적 세포사**
형태형성 과정이나 성장한 개체의 조직에서 항상성의 유지를 위하여 일어나는 세포의 죽음. 세포사는 세포 내에서 새로운 단백질 합성에 의하여 일어난다.

# (1) 암의 특성

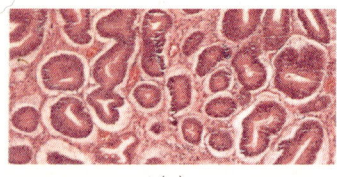

(a)

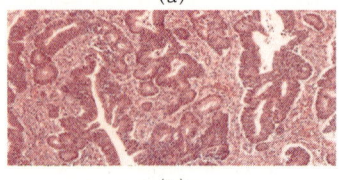

(b)

그림 12-5 양성종양(a)과 악성
종양(b)의 현미경 사진

우리 몸은 100조 개의 세포로 구성되어 있는데, 이들 중에서 늙거나 죽은 세포는 세포증식을 통하여 보충되어 간다. 그러나 어떤 세포는 유전자에 이상이 생겨 비정상적인 조직을 형성해 가는데, 이것을 종양(tumor)이라고 한다. 종양에는 양성종양(benign tumor)과 악성종양(malignant tumor)이 있는데, 전자는 성장속도가 늦고 전이도 되지 않을 뿐만 아니라 신체에 어떠한 장애도 일으키지 않으며 재발없이 수술로 제거할 수 있다(그림 12-5a). 반면, 후자는 성장속도가 빠르며 다른 조직 속으로 파고드는 침윤(invasion)현상이 있고, 다른 기관을 파괴시키며 전이현상을 보인다(그림 12-5b). 이러한 종양의 특성을 요약하면 표 12-2와 같다.

표 12-2 종양의 특성

| 양성종양 | 악성종양 |
| --- | --- |
| 증식이 느리고 치명적이지 않음. | 급속히 증식하며 생명을 위협 |
| 성장하지만 피막으로 둘러싸여 있어서 주위조직으로 침윤하지 않음. | 인접한 조직으로의 침윤성 특징을 가짐. |
| 세포분화가 되어 있고, 정상조직과 유사 | 미분화, 미성숙된 세포 |
| 전이가 없음. | 전이가 흔함. |
| 수술에 의하여 제거가능 | 수술 후 재발이 빈번함. |

악성종양이 바로 암(cancer) 또는 신생물질(neoplasm)이다(그림 12-6). 이들은 암이 생긴 기관에 따라 100가지 이상의 암종류가 있는데, 이들을 요약하면 표 12-3과 같다.

암세포의 특성을 살펴보면 다음과 같다.

• 정상세포는 몇 차례 세포분열을 한 후 멈추지만 암세포는 이와 달리 세포분열을 계속하여 다층의 세포 덩어리를 형성하는 자기 증식성이 있다(그림 12-7).

• 하나의 암세포가 분열하여 유전자가 동일한 여러 개의 암세포로 증식하는 클론성(clonality)을 보이기도 한다.

• 암세포는 세포의 분화가 완전히 이루어지지 않은 미분화의 성질도 나타낸다.

• 암세포들은 세포막이 변질되어 세포들 간의 결합이 떨어지는 특징을 보인다.

• 암세포는 주변조직과 기관으로 파고 들어가는 침윤현상을 일으킨다.

## 🏅 도움말

• **클론성**

클론(하나의 세포가 분열하여 동일한 유전자와 성상을 그대로 지닌, 똑같이 복제된 세포)이 잘 이루어지는 성질. 암은 하나의 클론으로 형성된다.

• **분화(differentiation)**

하나의 세포가 조직을 형성하는 과정으로 형태적, 기능적인 특수화가 진행되어 조직 특이성이 확립되는 과정.

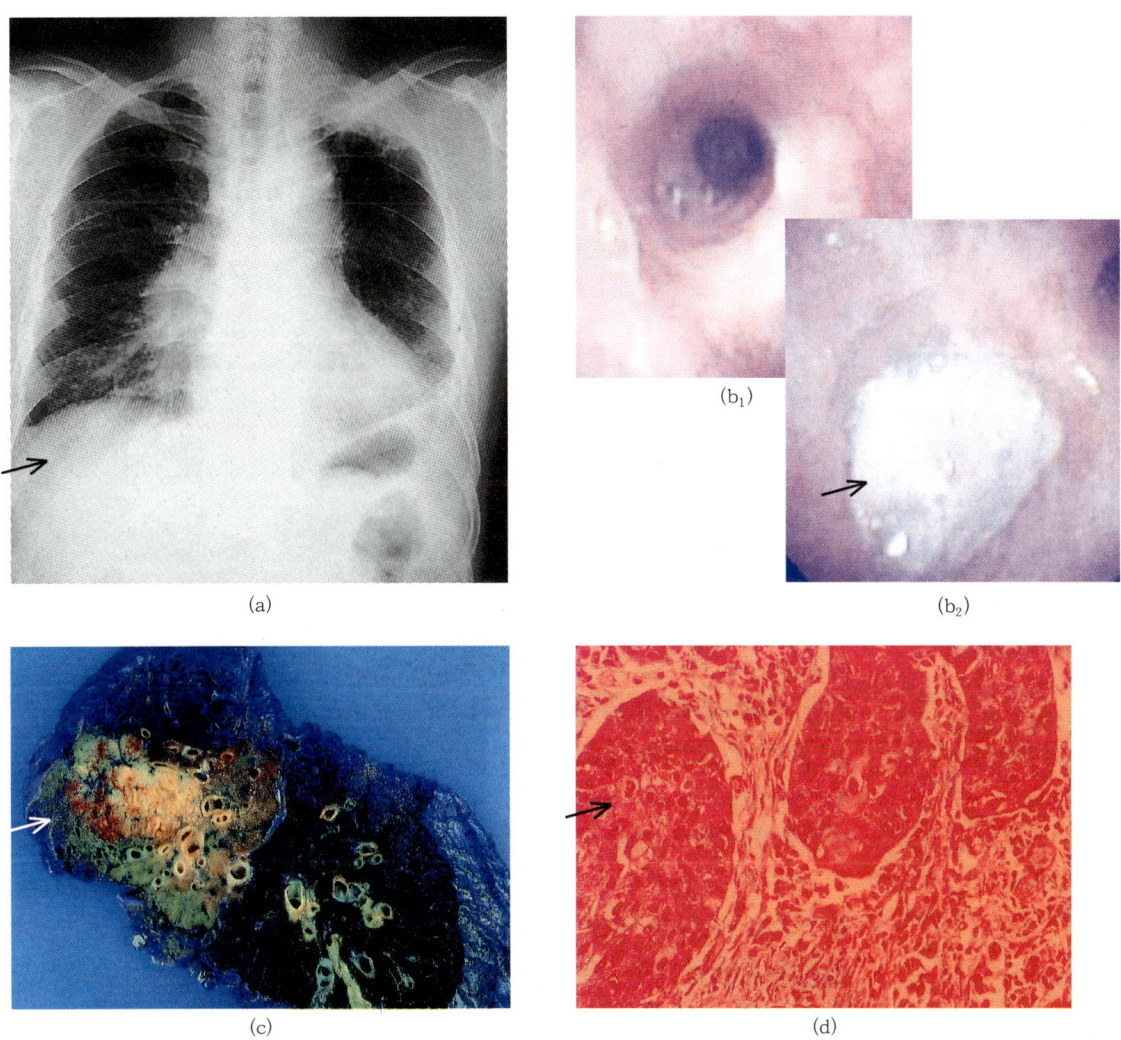

그림 12-6 폐암조직(화살표 부분이 암조직)
(a) 흉부방사선 사진, (b) 내시경 사진(b₁: 정상폐, b₂: 폐암조직), (c) 폐암조직 일부, (d) 광학현미경 사진

침윤된 세포들은 림프관이나 혈관을 타고 여러 기관으로 퍼져 정착하게 되는데, 이러한 현상을 전이(metastasis)라고 한다. 전이는 림프관과 혈관을 통하여 이루어지므로 대장암은 간으로, 간암과 직장암은 폐로, 위암과 간, 폐암은 뼈와 뇌로 전이되기 때문에 암의 전이상태를 조사할 때는 이들 조직을 함께 조사해야 한다. 암세포의 침윤과 전이는 신체의 형태와 기능을 저하시키는데, 주로 조직의 파괴와 압박으로 통증과 출혈이 일어난다.

　이러한 암세포의 특징을 종합하여 암을 정의하면, 암이란 돌연변이된 유전자를 갖는 하나의 세포(암세포)가 미분화상태로 분열을 계속하여 다른 조직 속으로 전이도 하고, 신체기능 장애를 초래하여 결국 환자를 사망하게 하는 질병이라고 볼 수 있다.

표 12-3 기관에 따라 생기는 암의 종류

| 신경계 | 구강, 코, 인후두 | 흉부 |
|---|---|---|
| 뇌하수체선종<br>신경교종<br>청신경초종<br>뇌종양<br>뇌종양(소아)/뇌종양(성인) | 인두암<br>상인두암/중인두암/하인두암<br>후두암<br>타액성암<br>치과계암 | 흉선종<br>중피종<br>유방암<br>폐암 |

| 소화기 | 간, 담, 췌장 | 비뇨기 |
|---|---|---|
| 위암<br>식도암<br>대장암 | 간세포암<br>췌장암<br>췌내분비 종양<br>담관암<br>담낭암 | 음경암<br>신우, 요관암<br>신세포암<br>고환종양<br>전립선암<br>방광암 |

| 부인과 | 혈액, 림프 | 피부 |
|---|---|---|
| 외음부암<br>자궁암<br>자궁경부암/자궁체부암<br>(자궁내막암)<br>자궁육종<br>융모성 질환<br>질암<br>난소암<br>난소배 세포종양 | 악성림프종<br>비호지킨성 림프종(성인)<br>호지킨병(성인)<br>골수이형성 증후군<br>다발성 골수종, 형질세포성 종양<br>백혈병<br>급성 골수성 백혈병(성인)<br>급성 림프성 백혈병(성인)<br>성인 T세포 백혈병 림프종<br>만성 골수성 백혈병(성인)<br>만성 림프성 백혈병(성인) | 악성 흑색종<br>근상식육종<br>피부암 |

| 골, 근육 | 내분비암 | 소아암 |
|---|---|---|
| 골(뼈)종양<br>연부육종(소아)<br>연부육종(성인) | 갈색세포종<br>췌내분비종양<br>갑상선암 | 연부육종(소아)<br>뇌종양(소아)<br>백혈병(소아) |

## 도움말

**● 호지킨병(Hodgkin's disease)**

림프육아종증. 1832년 영국의 호지킨(Hodgkin, T.:1798~1866)이 림프선 계통의 종양을 수반하는 질환을 보고한 후에 독립질환으로 인정되었다. 림프절의 종창이 온 몸에 퍼져, 지라·간·신장이 커지고 혈관에서 림프구가 삼출된다.

## (2) 발암의 원인

암에 대한 규명이 있기 전에 일반인들은 암의 원인을 '외부로부터 미생물이나 바이러스의 감염'에 의하여 일어나는 병으로 생각하였지만, 암에 관한 연구가 진전되면서 대부분의 암세포는 정상세포의 유전자 돌연변이에 의한 세포의 형질변환에 의하여 발생한다는 것을 알게 되었다. 유전자 변이는 DNA염기서열의 변이를 의미하는데, DNA염기서열을 변화시켜서 암을 유발시키는 물질로는 화학적 발암물질, 방사선, 바이러스 등이 있음이 규명되었다.

암을 일으키는 요인은 크게 환경적 요인과 유전적 요인으로 구분할 수

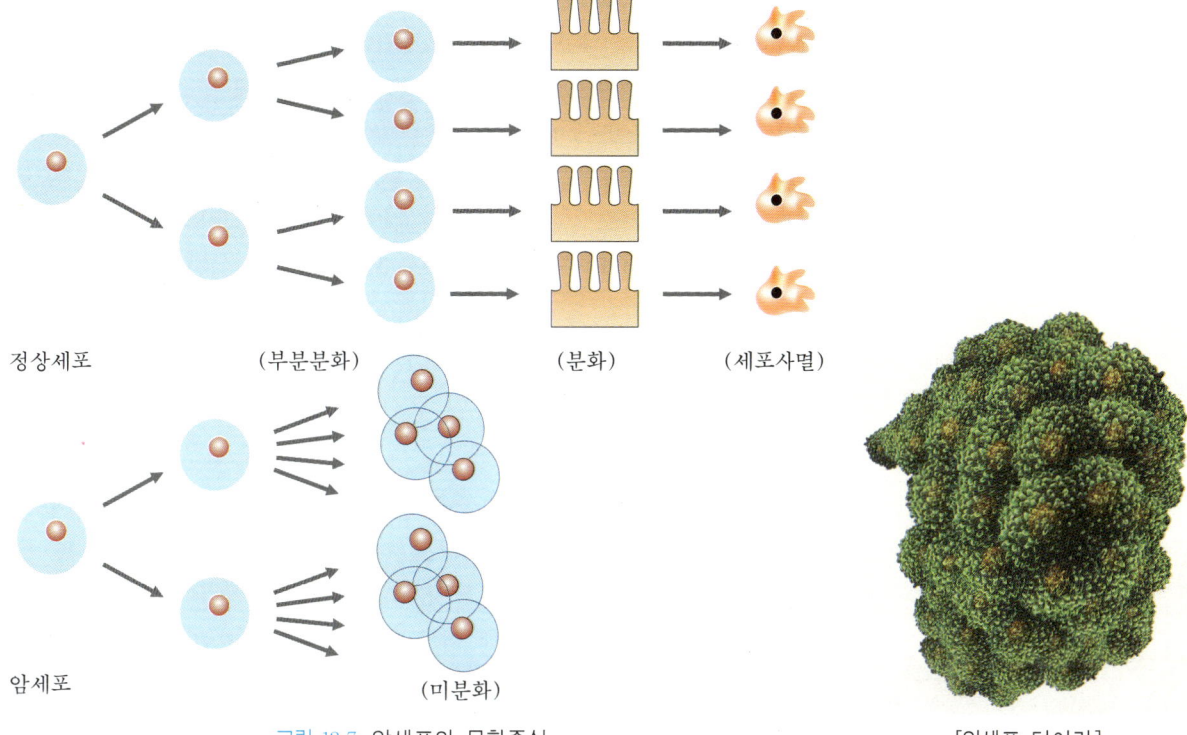

정상세포　　　　　(부분분화)　　　　　(분화)　　　　(세포사멸)

암세포　　　　　　　　　　　　(미분화)

그림 12-7 암세포의 무한증식

[암세포 덩어리]

있다. 이러한 요인은 각 개인의 면역상태, 유전적 소인 및 발암물질의 대사에 따라 차이가 난다. 그러나 여러 가지 연구결과 다음과 같은 공통점이 있음이 밝혀졌다.

① 환경적 요인

많은 경우 환경적 요인의 영향으로 암이 발생한다. 그 한 예로서 간암은 모잠비크에서 암 발생빈도가 매우 높았는데, 그 이유는 이 지역에서 수확·보관되는 땅콩에서 자라는 곰팡이가 생산하는 아플라톡신(aflatoxin)에 의하여 발생한다는 것이 밝혀졌기 때문이다. 간암의 원인이 밝혀진 후 땅콩을 아플라톡신이 생성되지 않는 조건으로 보관한 결과 간암 발생빈도가 크게 낮아졌다. 또 다른 예로는 미국으로 이민간 일본인 3세의 암 발생 빈도이다. 표 12-4에서와 같이, 일본에 거주하는 일본인은 위암 발생빈도가 높고 유방암과 대장암의 발생빈도가 미국 내에 거주하는 백인보다는 상대적으로 낮다. 그러나 미국에 거주하는 일본인 3세들의 암 발생빈도는 미국 내에 거주하는 미국인과 유사한 암 발생빈도를 보여 준다. 이러한 예로 보아 위암과 간암 발생은 음식과 같은 요인이 크게 작용함을 알 수 있다.

이와 같이 암의 발생은 환경적 요인이 크게 작용하는데, 이러한 요인을

표 12-4

| 암 | 일본 거주 일본인 | 미국 거주 일본인 3세 | 미국 거주 백인 |
|---|---|---|---|
| 위암 | 130 | 40 | 21 |
| 유방암 | 31 | 122 | 187 |
| 대장암 | 8.4 | 37 | 37 |
| 난소암 | 5.2 | 16 | 27 |
| 전립선암 | 1.5 | 15 | 35 |

일본인 3세의 암 발생빈도(인구 10만 명당)

열거하면 다음과 같다.

### • 화학적 발암물질

[화공약품에 의한 발암물질]

일부 환경요인들은 DNA에 손상을 주어 암을 유발시킨다. 이러한 환경요인들을 발암물질(carcinogen)이라고 한다. 예를 들면, 1775년 굴뚝 청소부에서 고환암 발생률이 높았고, 1895년 염색공장 노동자는 방광암 발생률이 높았다. 그 후 역학조사에 의하여 많은 발암물질이 밝혀졌다. 대표적인 발암물질은 흡연할 때 인체에 흡수되는 화학물질이다(그림 12-8).

흡연이 암발생에 가장 큰 영향을 주는 암은 폐암인데, 흡연자의 흡연량은 폐암 발생빈도에 정비례하며, 흡연자라도 일단 금연하면 폐암 발생빈도가 낮아진다.

흡연 이외에도 자동차 배기가스 등과 같은 탄화수소를 비롯하여 화공약품, 살충제, 염료 등과 같은 약물에서도 화학적 발암물질이 존재한다(표 12-5).

자동차 배기가스 등에 의하여 생기는 대기오염의 경우 폐암의 발생에 영향을 준다. 이에 대한 예로서, 대도시 남자인 경우에는 시골에 거주하는 남자보다 폐암 발생빈도가 2~3 배나 높은 것을 들 수 있다.

### • 방사선

방사선에 노출되면 인체세포 내의 DNA는 손상을 받아 암이 발생될 수 있다. 대표적인 예로, 히로시마와 나가사키의 원폭에서 살아남은 사람들 중에 백혈병과 유방암 등 암 발생빈도가 높다는 것이다. 태양에 의한 자외선은 피부암의 원인이 되는데, 멜라닌 색소가 적은 백인이 피부암 발생률이 높다. X선의 과다노출도 백혈병을 유발할 수 있는데, X선에 노출되어 있는 방사선과 전문의들이 걸리기 쉽다.

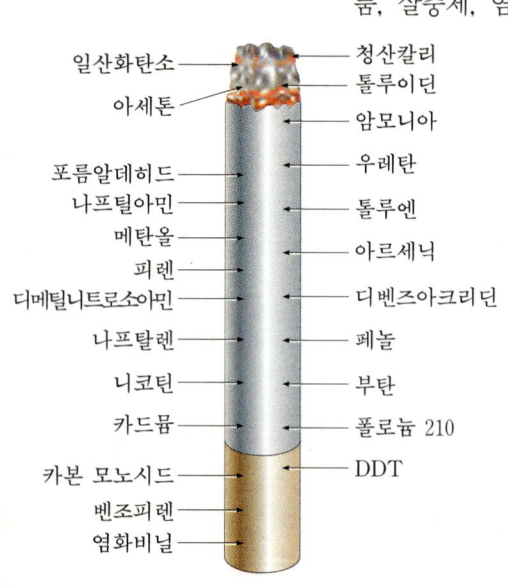

일산화탄소
아세톤
포름알데히드
나프틸아민
메탄올
피렌
디메틸니트로소아민
나프탈렌
니코틴
카드뮴
카본 모노시드
벤조피렌
염화비닐

청산칼리
톨루이딘
암모니아
우레탄
톨루엔
아르세닉
디벤즈아크리딘
페놀
부탄
폴로늄 210
DDT

그림 12-8 담배의 성분 및 발암물질

표 12-5                                        발암성 물질

| 발암물질 | 발암종류 | 관련된 사람 |
|---|---|---|
| 방사선<br>　원자폭탄 피폭<br>　X선<br>　자외선 | 백혈병<br>백혈병<br>피부암 | 원폭 피폭자<br>방사선과 전문의<br>태양광선 과다 노출자 |
| 화학적 발암물질<br>　비소<br>　담배<br>　탄화수소<br>　크롬<br>　벤젠<br>　석면<br>　염화비닐<br>　니켈 | 폐암, 피부암<br>폐암, 후두암<br>폐암<br>폐암<br>백혈병<br>폐암<br>간암<br>폐암 | 비소 살충제 관련 직업 종사자<br>흡연자<br>자동차 배기가스 흡입<br>크롬 금속도금 종사자<br>벤젠 관련직업 종사자<br>단열제 관련직업 종사자<br>염료 관련직업 종사자<br>니켈 관련직업 종사자 |

### • 직업병

산업화가 진전되어 많은 공장이 들어서게 되면서 이들 공장 노동자들은 인체에 유해한 중금속에 장기간 노출되어 암이 발생하게 된다. 니켈, 크롬, 비소, 석면 등에 노출되면 폐암에 걸릴 확률이 높아지며, 벤젠에 노출되면 혈액암에 걸릴 확률이 높아진다(표 12-5).

### • 식생활

섭취하는 음식물에 따라 암 발생빈도가 영향을 받는다는 것은 여러 역학조사에서 규명되었다. 육류를 많이 섭취할 경우 유방암, 대장암에 걸릴 확률이 높아지는데, 한국인의 경우 과거에는 이 두 암 발생빈도가 선진국에 비하여 낮았으나 경제발전으로 육류 섭취량이 늘어나면서 이들 암의 발생 환자수도 증가하고 있다. 위암의 경우 짠 저장음식과 변질된 음식이 위암발생의 원인이 된다. 미국의 경우 냉장고의 보급으로 음식을 신선한 상태로 보관할 수 있게 되어 위암 발생률이 1970년대에 와서 크게 줄었다. 한국의 경우 냉장고의 보급에도 불구하고 짠 음식과 불에 태운 음식을 많이 먹는 식생활 때문에 위암 발생률은 크게 줄어들지 않고 있다.

### • 바이러스

바이러스는 각종 동물의 암을 발생시킨다는 것이 밝혀졌는데, 바이러스 유전자에 포함되어 있는 일부 유전자가 정상세포를 악성 암세포로 변화시킨다. 이 유전자를 발암유전자(oncogene)라 한다. 이 바이러스의 발암 유전자는 원래 숙주의 정상세포에서 유래된 것이며, 세포증식과 자발적 세포사에서 중요한 역할을 하는 유전자이다. 바이러스가 암발생에 직접적으로

[불에 태운 음식물]

연관되어 있다는 예로서 인체 T세포 백혈병 바이러스(human T cell leukemia virus, HTLV)를 들 수 있다. 이 바이러스는 성인에게 백혈병을 일으키는 원인이 되고, 에이즈(AIDS)의 원인인 인체 면역결핍 바이러스(HIV)는 림프종을 유발한다. 그 밖에 자궁 경부암의 원인인 인체 유두종 바이러스(human papilloma virus, HPV)와 버키트 림프종(Burkitt's lymphoma)을 일으키는 엡슈타인 바 바이러스(Epstein-Barr virus)가 있다.

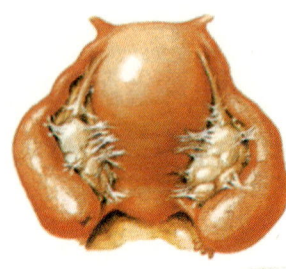

[유전성 난소암]

### ② 유전적 요인

암의 원인은 환경뿐만 아니라 인체세포 내의 유전자의 선천적 결함으로 일어나기도 한다. 즉, 암에 대한 감수성이 부모로부터 자녀에게 전달되어 암이 발생하는 것이다. 전체 암환자의 약 20%에서 직계가족의 암환자가 존재한다. 이와 같이 특정암(유전성 난소암)이 한 가족 내에 많이 나타나는 현상을 유전성 암 증후군이라 하며, 이러한 유전성 암은 전체 암의 약 5~20%를 차지한다. 유전성 암의 종류를 열거하면 표 12-6과 같다.

표 12-6                                   유전성 암과 유전

| 암 명칭 | 유전자 명칭 |
|---|---|
| 대장암(용종증) | APC |
| 유전성 위암 | E-cadherin |
| 유전성 유방암 | BRCA1, BRCA2 |
| 눈암(망막 세포종) | Rb |
| 신경섬유 종증 1형 | NF1 |
| 가족성 흑색종 | p16, CDK4 |

## 3. 암의 발생기전

### (1) 개시인자와 촉진인자

정상세포가 암세포로 전환한다는 현재의 가설로는 정상세포에 먼저 돌연변이원(mutagen)인 개시인자가 짧은 시간 동안 작용해야 한다. 이 때 돌연변이원으로는 담배, 바이러스, 방사선, 자외선, 배기가스 등 다양하다. 개시인자가 작용한 뒤 촉진인자가 장시간 작용해야 하는데, 호르몬과 콜레스테롤이 촉진인자로 작용한다. 즉, 짧은 기간 동안의 개시인자의 노출과 촉진인자의 긴 시간의 영향으로 암세포가 발생한다는 것이다. 또한, 개시인자가 여러 군데에 작용하여도 암이 발생한다는 것이다(그림 12-9).

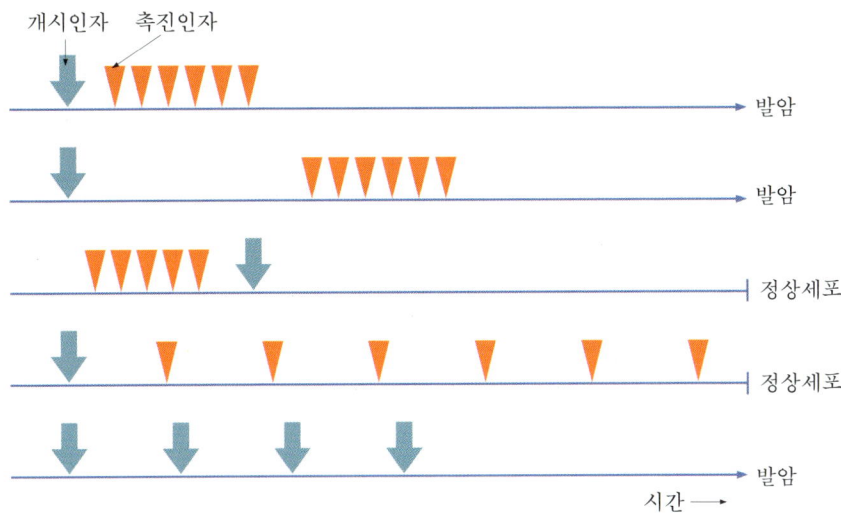

발암

발암

정상세포

정상세포

발암

시간 →

그림 12-9 개시인자와 촉진인자의 시간적 작용에 의한 암의 발생

그러나 이러한 가설이 100% 정확한 것은 아니다. 이 이론대로라면 흡연자가 금연하는 경우, 일단 담배에 있는 돌연변이원에 의하여 DNA 유전정보에 영구적인 변화가 일어났기 때문에 후에 금연하였던 흡연자는 지속적인 흡연자와 비교하여 폐암 발생률이 비슷하여야 한다. 그러나 실제로 초기에 흡연을 하였더라도 나중에 금연하면 폐암 발생률이 감소한다.

## (2) 암과 유전자

발암과정은 발암유전자(oncogene)와 종양억제 유전자(tumor suppressor gene)가 서로 관계되어 있는 것으로 알려졌다. 전자는 정상세포를 암세포로 변형시키는 능력이 있다. 발암유전자는 본래 정상세포의 유전자였기 때문에 세포분열과 세포사멸을 조절하는 단백질을 합성하였으나 유전자에 돌연변이가 일어나 변성된 단백질을 생성함으로써 암을 유발하는 것이다. 이 유전자들은 발암물질의 자극에 의하여 유전자에 돌연변이가 일어나며, 정상세포가 암세포로 활성화되는데 기여하게 되는데, 우리 주변에는 다양한 발암물질이 있다. 즉, 환경오염물질, 방사능, 자외선, 음식물, 흡연 등이 커다란 요인으로 작용하고 있다.

### ① 발암유전자

발암유전자는 암세포나 암을 유발하는 바이러스에서 발견되었는데, 1911년 닭 종양을 일으키는 바이러스(RSV, Rous sarcoma virus)의 유전체에서 사크(*src*) 유전자가 암을 유발한다는 것이 발견되었다. 이 사크 유전자는 원래 바이러스가 갖고 있는 유전자가 아니라 닭에 감염된 바이러스가 숙주를 빠져나올 때 숙주세포의 유전자를 달고 나온 유전자의 일부였다. 이 사크 유전자는 숙주 속에서 세포분열을 할 때 정상적인 신호전달 기능을 하지만 바이러스로 이동되면 정상적인 기능을 하지 못하고 계속적인 세포분열 신호를 보낸다. 이 유전자를 v-*src*라고 하며, 숙주세포에 있는 유전자를 c-*src*라 한다. 전자를 발암유전자라고 하며, 후자를 프로토 발암유전자(proto-oncogene)라고 한다(그림 12-10). 사크 유전자 이외에도 여러 가지 발암유전자가 밝혀졌고 기능도 잘 알려졌다.

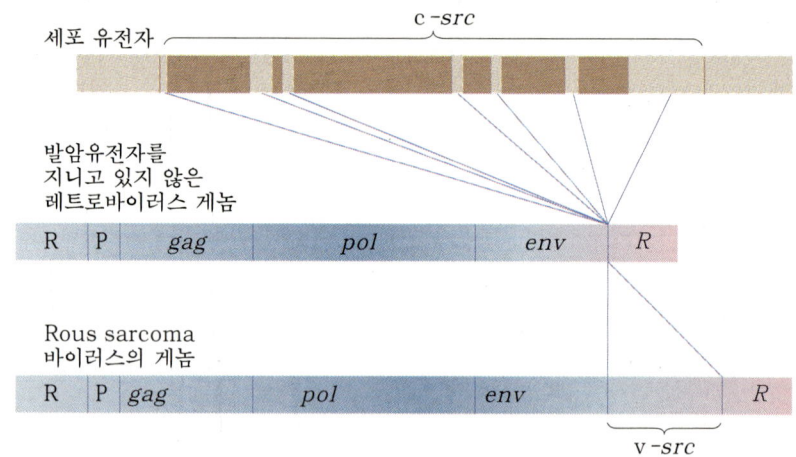

그림 12-10  Rous sarcoma virus의 유전체와 사크 발암유전자

### ② 발암유전자의 활성화

정상세포가 프로토 발암유전자를 가지고 있을 경우 이 유전자에 외부 환경물질에 의한 돌연변이가 발생되면 발암유전자로 변형되어 종양을 일으키게 된다(그림 12-11).

### ③ 라스 발암유전자

또 다른 발암유전자로는 라스(ras) 유전자가 있다. 정상세포의 세포분열은 엄격하게 조절되고 있는데, 외부로부터 증식신호가 오면 1차 매개체로 세포막의 수용체(receptor)가 활성화되고, 다음으로 세포질에 존재하고 있던 라스 같은 중간 매개체를 활성화시키면서 수용체 자신은 다시 비활성화된다. 활성화된 라스 단백질은 마찬가지로 다음 매개체에 신호를 전달하고 자신은 다시 비활성화된다. 이러한 신호는 세포핵 내의 유전자에 전달되어 세포분열에 필요로 하는 단백질 등을 합성한다. 이 때 세포분열 신호가 없어지면 이들 매개체의 활성화가 더 이상 일어나지 않아 세포는 분

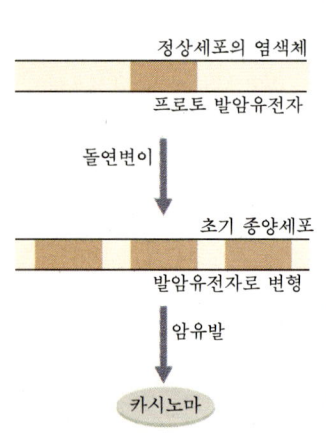

그림 12-11  발암유전자의 발암과정

열하지 않게 된다. 그런데 라스 유전자의 DNA염기서열의 특정부위에 돌연변이가 일어나면 라스는 세포외부 증식신호와는 관계없이 항상 활성화되어 있어서 세포분열을 계속 촉진시킨다.

### ④ 종양억제 유전자

종양억제 유전자는 무분별한 세포의 분열과 증식을 억제하는 기능을 담당한다. 그러나 이 유전자가 기능을 상실하면 세포는 무분별한 성장이 일어나 암세포로 된다. 대표적인 종양억제 유전자에는 p53이 있는데, 이것은 암세포의 증식과 분열을 억제하며, DNA가 손상되면 회복시키거나 자발적 세포사멸을 유도하여 암세포의 무한증식을 억제시켜 준다. 인체암의 과반수는 p53 유전자의 손상으로 오기 때문에 p53에 대한 연구는 암연구의 중심이 되고 있다.

---

**휴게실**

### ♣ 항암 단백질 'p43'

최근 위암, 폐암 등에 효과가 높은 항암 단백질이 발견되었는데, 인간의 몸 속에 있는 p43이라는 단백질이 바로 그것이다. p43은 단백질 합성효소와 결합하고 있는 단백질로서, 세포 내에서 단백질 합성효소의 활성과 안정성을 조절한다.

위암에 걸린 쥐에 p43단백질을 주사한 결과 아무것도 투여하지 않은 쥐보다 생존율이 2.5배나 올라갔으며, 이 단백질을 택솔이라는 항암제와 같이 투여한 결과 쥐의 생존율이 4배까지 올라갔다. 또, 이 단백질을 주입한 쥐는 암세포의 성장이 크게 줄어들었으며, 다른 기관으로 암세포가 거의 전이되지 않았다.

p43단백질은 우리 몸 속에서 면역세포를 활성화하거나 혈관이 만들어지는 것을 억제한다. 그러므로 이 물질은 면역세포를 늘려 몸 속에 들어온 암세포를 죽일 수 있으며, 암세포가 주위의 혈관을 끌어당겨 영양분을 얻고 다른 기관으로 퍼지는 것을 막는다.

p43단백질을 만드는 유전자를 대장균에 넣어 증식시키면 이 물질을 대량으로 생산할 수 있으며, 이 단백질의 구조와 생체내 수용체 등도 규명되었다.

최근 세계적으로 암세포의 혈관생성을 차단해 암의 성장과 전이를 막는 연구가 활발한데, 이 단백질을 독성이 높은 기존 항암제와 같이 쓰면 환자에게 고통을 주는 항암제의 사용량을 줄이고 치료효과도 높일 수 있을 것이다.

---

## (3) 암 관련 유전자의 형성과정

암은 정상세포 내에 존재하는 DNA염기서열의 변이에 의하여 정상세포가 형질전환되어 일으키는 질병이다. 이러한 유전자의 변이는 주로 세포증식과 자발적 세포사멸에 관련된 유전자가 대부분을 차지한다. 즉, 암은 이 두 기능에 관련된 유전자의 변이가 수년 동안에 걸쳐서 발생하는 다단계 과정이다.

### ① 분자생물학적 기작

• 염기서열 변이

| –ATG | AAC | CGG | AGG – |
|------|-----|-----|-------|
| –Met | Asn | Arg | Arg – |

↓ 돌연변이

| –ATG | AAT | TGG | AGG – |
|------|-----|-----|-------|
| –Met | Asn | Trp | Arg – |

그림 12-12  p53의 돌연변이

먼저 유전자의 일부 염기서열이 다른 염기서열로 치환, 결손 그리고 첨가되면 그 결과 생성된 단백질의 아미노산 서열이 바뀌게 된다. 예컨대 p53 암억제 유전자가 돌연변이되면 그림 12-12와 같은 결과가 나온다. p53유전자의 CGG가 TGG로 치환되어 Arg가 Trp로 치환되고 암세포를 억제시키는 기능이 상실되어 암으로 전환된다.

• 염색체 수 변이

염색체 수에도 변이가 일어난다. 이러한 현상은 뇌암세포에서 볼 수 있는데, 염색체 10번이 결손되면 뇌암이 생긴다. 왜냐하면, 10번 염색체에는 종양억제 유전자가 존재하기 때문이다.

• 염색체 전위

일부 혈액암세포에서 염색체 9번의 일부와 염색체 22번의 일부가 결합하여 새로운 염색체를 만든다(그림 12-13a). 이 현상을 **염색체 전위**(chromosome translocation)라 하고, 이 때 생성되는 염색체를 **필라델피**

그림 12-13 **염색체 전위**
(a) 염색체 전위, (b) 염색체 전위에 의한 합성 단백질 생성

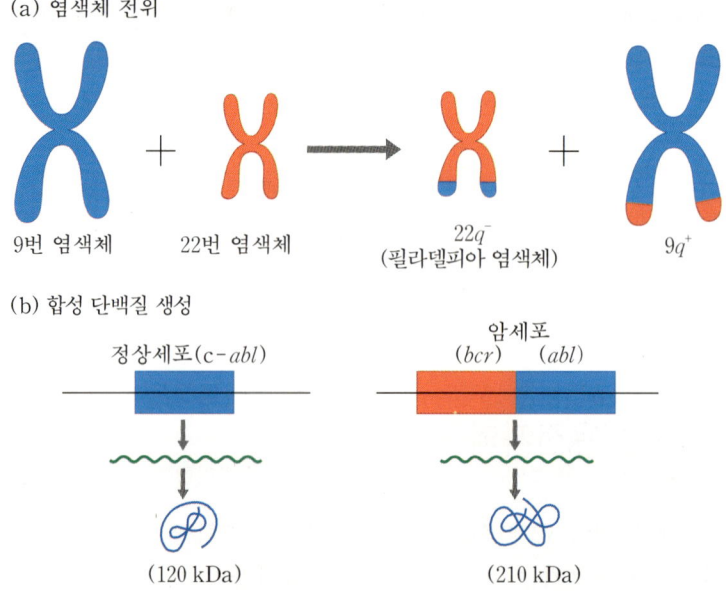

(a) 염색체 전위

9번 염색체    22번 염색체    22q⁻ (필라델피아 염색체)    9q⁺

(b) 합성 단백질 생성

정상세포(c-*abl*)    (120 kDa)

암세포 (*bcr*) (*abl*)    (210 kDa)

아(Philadelphia) 염색체라고 하는데, 이 염색체 9번에 존재하는 c-abl 유전자의 일부와 염색체 22번의 bcr 유전자의 일부가 결합하여 합성 유전자가 만들어지며(그림 12-13b), 이 유전자가 발암유전자 역할을 한다.

• 유전자 증폭

또 다른 예로서 일부 유전자는 유전자 수가 세포 내에서 증가하는데, 이 현상을 유전자 증폭(gene amplification)이라고 한다(그림 12-14). 이 유전자 증폭에 의해 암이 발생하게 된다.

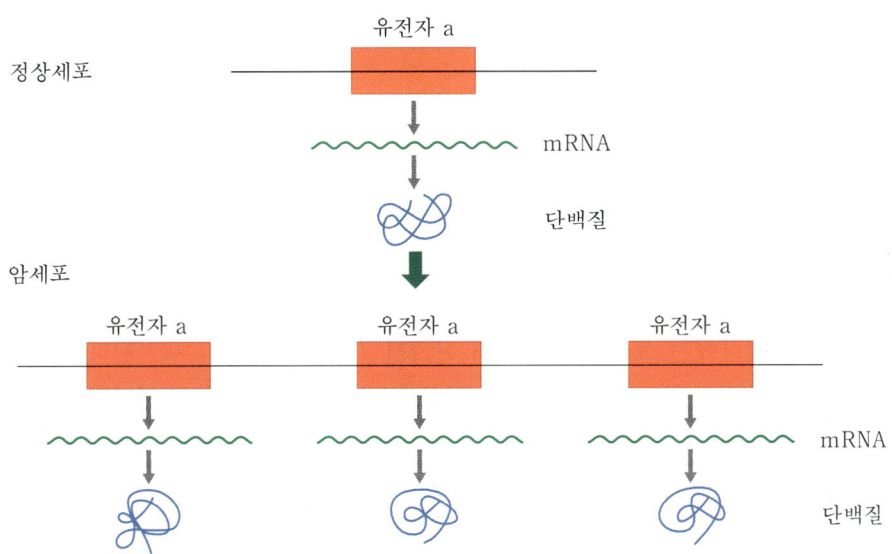

그림 12-14 암세포에서의 유전자 증폭

## ② 암의 진행에 따른 유전자의 돌연변이

암은 발암유전자의 활성도에 따라 또는 종양억제 유전자의 변이에 따라 다양하게 발생되며, 암의 종류나 개인의 체질정도에 따라 유전자 변이도 달라진다. 이 중에서 유전자 변이 발생빈도가 높은 유전자는 p53 종양억제 유전자이다. 암이 진행하면서 유전자의 돌연변이가 일어나 암세포를 더욱 악성으로 만드는데, 대장암의 경우 대장의 정상세포가 종양억제 유전자(APC, adenomatous polyposis coli)에 돌연변이가 일어나 세포사보다는 증식속도가 증가되어 전체 세포수가 증가하게 된다. 암이 계속 진행하면서 K-라스 유전자가 활성화되어 발암유전자로 된다(그림 12-15).

한편, 종양억제 유전자인 p53과 DCC(deleted in colorectal carcinomas)의 돌연변이에 의하여 종양세포는 결국 악성종양이 된다.

🌑 도움말

• APC 유전자

선종성 결장폴리포시스종의 원인유전자. 가족성 대장폴리포시스종이라고도 하며, 대장에 이 유전자의 변이가 일어나면 수백에서 수천 개의 폴립이 발생하고, 그 중에서 대장암이 출현한다.

• K-라스(K-ras)

ras유전자에는 H-ras, K-ras, N-ras 등이 있는데, K-ras는 주로 카시노마를 유발하며 폐암, 대장암, 췌장암을 일으킨다.

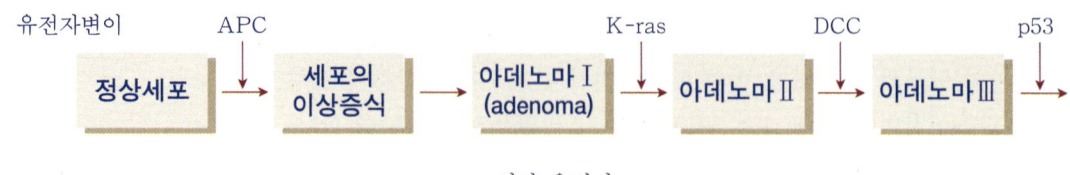

그림 12-15 대장암에서의 유전자 변이와 암의 진행

### 도움말

**• 아데노마**

선종. 선상피세포가 증식하여 결절상 또는 유두상을 이룬 종양.

**• 카시노마**

암종류의 하나. 상피세포의 악성종양.

**• 케라틴**

각질. 경단백질의 하나로, 화학시약에 대한 저항력이 크며, 손톱·머리털 등의 주성분이다.

## 4. 암의 성장

### (1) 정상조직의 세포분열

정상조직의 표피층에서 일어나는 세포분열은 기저막(basal layer)에 위치한 세포에서만 일어난다. 분열이 일어난 세포들은 표피층 위쪽으로 이동하면서 분화가 일어나며 점점 케라틴(keratin)을 많이 포함하는 세포가 된다. 결국에는 표피에서 떨어져 나와서 표피층으로부터 제거된다. 이러한 과정이 반복되면서 표피층 전체 세포수는 항상 일정하게 유지된다.

### (2) 암의 진행

암은 오랜 기간 동안 여러 유전자의 돌연변이의 축적으로 서서히 진행된다. 흡연량이 많은 사람의 경우, 10~20년의 시간이 경과한 후에 폐암 발생률이 급격히 증가한다. 2차 세계대전 때 원자폭탄의 방사선에 노출되었던 히로시마와 나가사키 주민의 경우도 초기에는 암 발생률이 높지 않다가 5년 후부터 급격히 증가하면서 8년이 지날 때 최고에 이르렀다. 심지어는 화학적 발암물질을 다루는 공장 근로자의 경우, 발암물질에 많이 노출되면 10~20년 후에 발병되기도 한다.

이와 같이 암세포의 발생과 의학적으로 암이 발견되어 온몸에 암세포가 퍼지는 전이단계에 이르기까지는 오랜 시간이 걸린다(그림 12-16).

### (3) 진행된 암세포의 다양한 특징

#### ① 유전적 다양성

암 덩어리는 한 개의 암세포에서 생성되었지만 성장속도, 세포 내 구성물, 방사선 치료 감수성, 항암제 치료 감수성, 핵형 등 각 세포마다 다양한

### 도움말

**• 핵형(karyotype)**

각 생물에서 종·속의 분류에 특유한 크기·형·수를 가진 염색체의 정상상태.

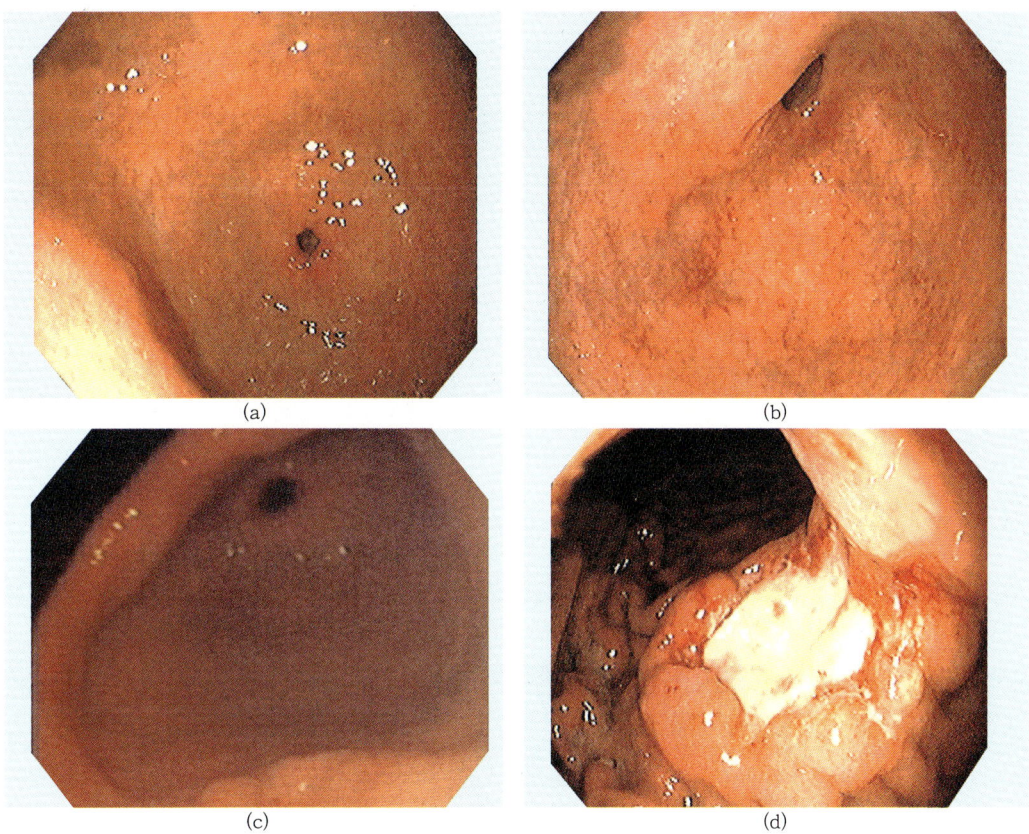

그림 12-16 위암의 진행
(a) 정상조직, (b) 위염, (c) 조기위암, (d) 진행성 위암

특성을 갖고 있다. 이러한 차이는 종양이 진행하면서 암세포의 유전적 변이가 암세포마다 다양하게 일어나 일부 세포는 죽고 다른 세포들은 살아남기 때문이다.

이러한 암세포의 유전적 다양성(genetic diversity)의 가장 큰 문제점은 암세포들이 항암제 치료 또는 방사선 치료에 다른 반응을 보인다는 것이다. 즉, 대부분의 암세포는 항암제 치료와 방사선 치료에 효과적으로 제거되지만 일부 암세포는 저항성을 갖게 되어 치료 후에도 재발된다.

② 침 윤

정상세포의 세포증식에서 세포와 세포가 서로 접촉되면 세포분열이 멈추게 된다. 이를 접촉성 억제(contact inhibition)라 한다. 그러나 암세포는 이러한 현상이 일어나지 않고 계속 분열하게 된다. 이 때 암세포가 계속 분열하면서 정상세포의 조직을 뚫고 들어가게 되는데, 이를 암세포의 침윤이라 한다(그림 12-17). 침윤의 특성을 갖는 암세포는 특정한 효소를

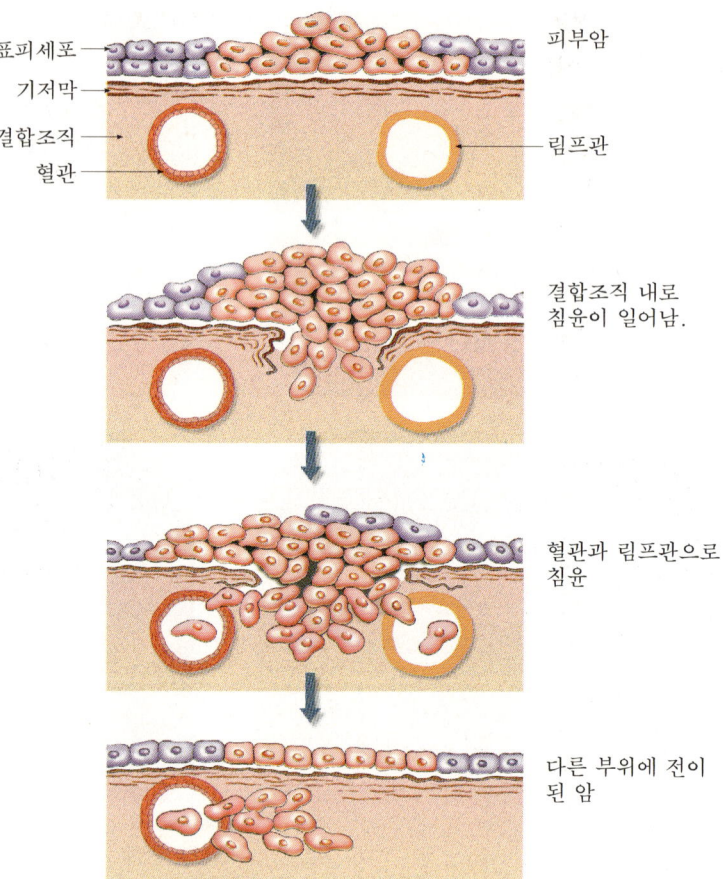

그림 12-17 피부암의 침윤
과 전이과정

표피세포 ──
기저막 ──
결합조직 ──
혈관 ──

피부암

림프관

결합조직 내로
침윤이 일어남.

혈관과 림프관으로
침윤

다른 부위에 전이
된 암

### 도움말

• 매트릭스

액체나 고체, 젤리와 같은
균질 바탕물질에 끼여 있는
연결조직의 비생체 성분.

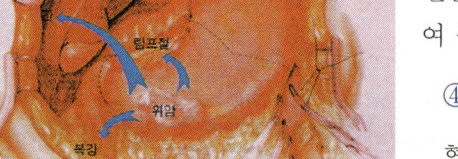

림프절

위암

복강

그림 12-18  위암의 전이경로

분비한다. 이 효소는 암세포가 인접조직을 침투할 때 조직의 매트릭스 (matrix)를 분해하는 기능을 한다.

### ③ 신생혈관(angiogenesis)

종양이 점점 성장하면서 많은 영양분을 필요로 한다. 종양 덩어리는 지름이 2 mm 이하일 때는 단순히 확산에 의하여 암세포로 전달되지만 이보다 커질 경우 영양분의 단순한 확산으로는 전달이 불가능하게 된다. 암세포는 더 이상의 성장을 위하여 종양 자체의 혈관을 만든다.

### ④ 전 이

혈관벽을 침투한 암세포는 혈관을 타고 인체의 다른 장기로 이동하여 종양을 형성하게 된다. 일단 전이가 일어나면 항암제로만 치료가 가능하다(그림 12-18).

⑤ 항암제 내성(multidrug resistance)

항암제 내성은 초기에는 항암 치료효과가 있다가 치료가 계속되면서 암세포가 항암제에 대하여 저항성을 갖게 되는 것으로, 말기 암환자의 항암 치료 실패의 원인이 된다.

# 5. 암의 종류

## (1) 위암(gastric cancer)

위는 우리가 섭취하는 음식물을 저장하고, 위운동과 위벽분비에 의한 음식물의 소화 등 소화기관 중에서 가장 중요한 일을 한다. 우리 나라에서 위암의 발병빈도는 세계적으로 최고였으나 지금은 감소추세에 있다. 위암의 발생원인은 음식물에서 오는 것으로 알려져 있다(그림 12-19). 특히, 가공육류와 염장식품과 같은 질산염 화합물 섭취가 주원인으로 알려져 있으며, 고염분식품도 그 원인으로 인식되고 있다. 또한, 훈제나 태운 음식 속에도 발암의 원인물질이 들어 있다.

한편, 위 속에서 일어나는 헬리코박터균(*Helicobacter pylori*)의 감염과 흡연, 위축성 위염도 원인이 되며, 유전적 요인도 고려되고 있다.

💿 도움말

• 헬리코박터균
위염과 위궤양을 일으키는 박테리아. 물과 음식으로 전염되며, 인종보다는 경제상태와 관계가 있다. 위궤양 환자는 대부분 악성 위암에 걸리게 된다.

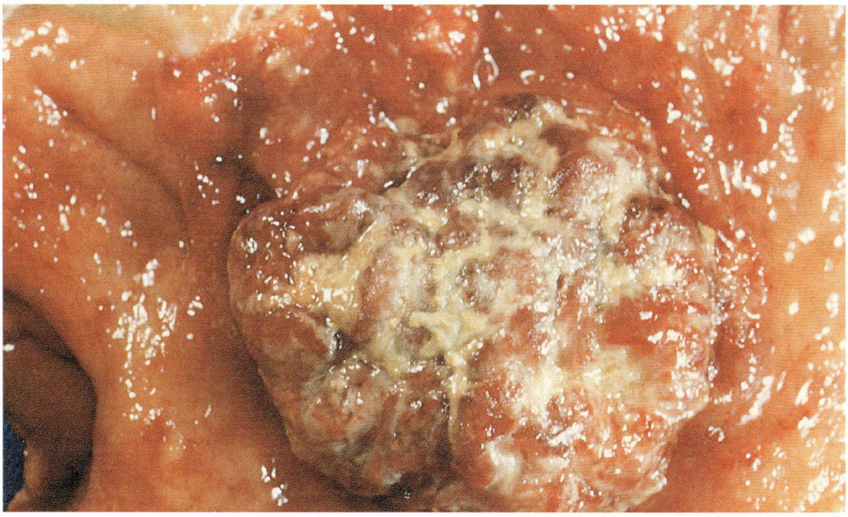

그림 12-19 위암
가운데 뭉쳐 있는 조직이 위암부분이다.

## (2) 간암(liver cancer)

세계보건기구(WHO)의 보고에 의하면, 간암으로 인한 전세계의 사망원인은 1.1%이며 암사망 중 3위이다. 특히, 아시아와 아프리카가 호발지역이며, 국내에서도 많이 발생한다. 그러나 1990년 이후 우리 나라에서 유행했던 B형과 C형 간염의 인식에 따라 발병률은 감소추세에 있다. 우리 나라에서 간암의 원인 대부분은 간염 바이러스에 의하여 만성 간질환을 일으키는 B형, C형 간염의 원인과 관련되어 있다(그림 12-20). 그러므로 체내에 B형간염 항체가 생길 수 있도록 B형간염 예방백신을 맞아야 한다.

그림 12-20 간암
흰부분이 간암조직이다.

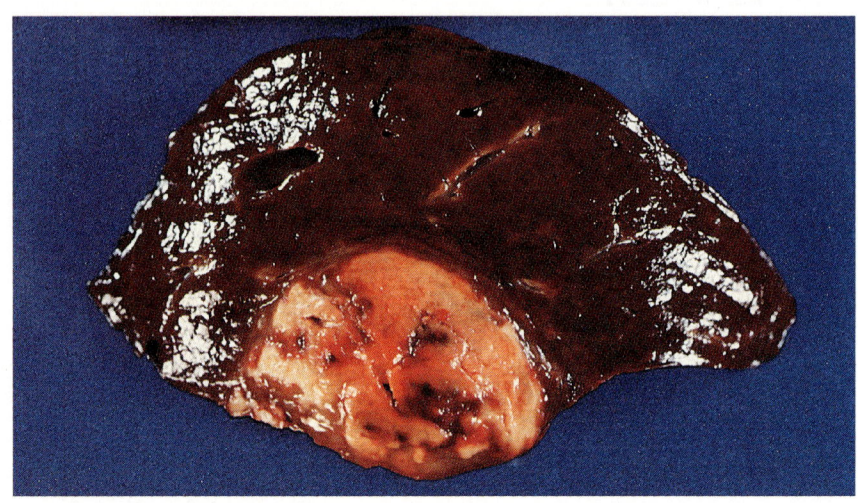

## (3) 폐암(lung cancer)

폐암은 기관, 기관지 그리고 두 개의 폐로 이루어진 호흡기관에 많이 생기며(그림 12-21), 형태에 따라 비소세포 폐암과 소세포 폐암으로 구별한다. 전자에는 편평상피 세포암, 선암 및 대세포암이 있다. 이는 성장속도가 느리기 때문에 초기에 수술로 완치할 수 있으나 후자는 초기에 전신으로 전이되는 경우가 많다.

폐암의 원인은 주로 흡연인데, 담배연기 속의 벤조피렌(benzopyrene)과 그 밖의 수많은 발암물질이 있기 때문이다. 흡연자는 폐암 발생빈도가 15~80배까지 증가하며, 라돈, 방사선, 석면, 매연공해 및 결핵과 폐섬유종 등이 폐암의 원인이 된다. 폐암은 완치율이 낮아 사망률이 높다.

폐암에 걸리면, 초기에는 기침과 객담이 있으나 2주 이상의 감기증상, 지속적인 가슴통증, 객혈, 혈담, 숨이 차고, 목쉰 소리가 나며 얼굴과 목이 붓는다. 폐암이 뇌로 전이되면 마비경련을 볼 수 있고, 식욕부진에 따른 체중감소가 발생한다. 폐암진단은 가슴의 X선검사와 가래 속의 세포검사, 흉부 CT(computer tomography)검사 등이 이용되며, 흉부 MRI(magnetic resonance imaging)검사를 통하여 전이와 침윤검사를 한다.

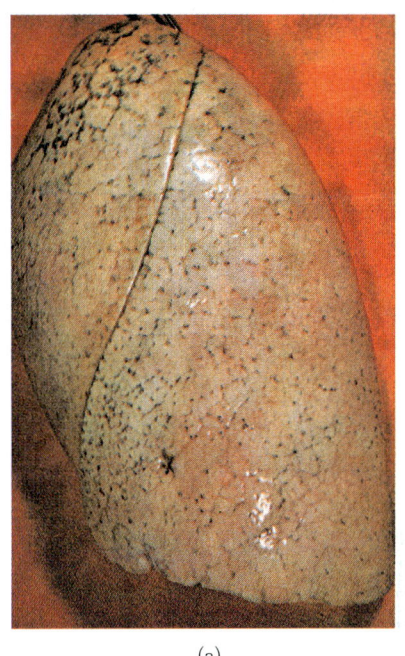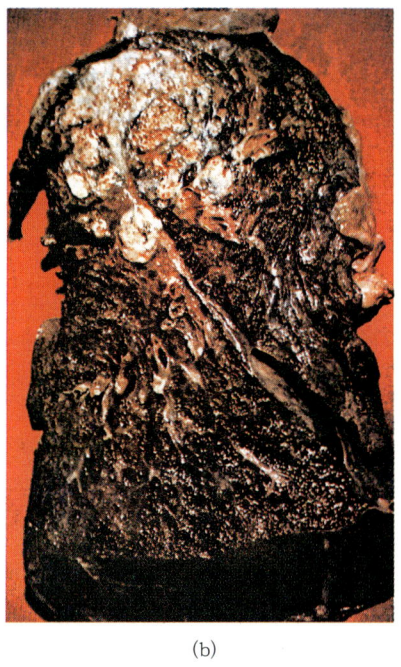

그림 12-21  정상인의 폐(a)
와 폐암조직(b)

(a)                                    (b)

## (4) 대장암(colon cancer)

대장은 변을 저장하고 배변을 하지만 전해질과 지방산을 수분과 함께 흡수하는 기능이 있다. 이러한 대장에 암이 생기면 사망하는 비율이 높은데, 암 사망자의 8%로 폐, 위, 간암 다음으로 많다. 발병은 60대가 가장 높은 것이 세계적 추세이고, 우리 나라에서도 식생활의 서구화로 점점 증가하고 있다(그림 12-22).

대장암의 원인은 식이요인이 가장 중요하며, 동물성 지방의 과다섭취와 야채섭취의 부족, 섬유소 부족이 원인으로 되어 있다. 유전적 요인도 환자의 5～15%나 된다. 따라서, 섬유질 식품인 야채를 많이 섭취하여 대장암 예방에 힘써야 한다.

대장암에 걸리면 처음에는 증상이 없다가 상당히 진행되면 설사, 복통, 빈혈, 체중감소, 복부팽만, 변비, 배변습관이 변하여 통증이 나타난다.

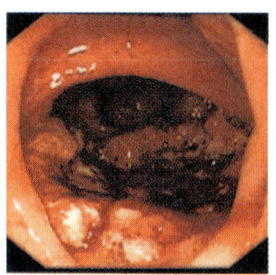

그림 12-22  대장암의 암세포

## (5) 유방암(breast cancer)

선진국에서 가장 흔한 암이며, 우리 나라 여성에서도 매년 증가추세에 있다. 대개 40대에 발암빈도가 높고 젊은 여성층에도 많이 발생한다. 유방암 인자에는 폐경 후의 체중증가와 신장증가, 서구식 식사습관에 따른 지방의 과다섭취, 흡연, 알코올 소비의 증가 등이 있으며, 유전적 요인, 방사

### ◉ 도움말

- **유방암 발생단계**
- •1기 : 암의 크기로 2cm 이하, 다른 림프절이나 장기로 전이되지 않은 상태.
- •2기 : 2～5cm의 크기로 림프절로 전이된 상태.
- •3기 : 늑골, 피부까지 전이된 상태.
- •4기 : 신체의 다른 장기로 전이된 상태.

선, 여성 호르몬의 장기복용, 첫출산 연령의 늦음 등은 유방암을 일으키는 원인이 된다.

### (6) 자궁경부암

자궁경부는 자궁의 입구에 해당되며, 여성에 있어서 흔한 암이다. 통계에 의하면 45세의 여성에서 많이 발생한다. 자궁경부암의 위험인자에는 인체 유두종 바이러스(HPV) 감염, 조기 성관계, 난교, 흡연 등이 있다. 초기에는 증상이 없으나 성교 후 출혈, 악취가 나는 질 분비물, 골반통, 요통, 체중감소 등의 증상을 보인다.

---

## 하나 더 알기 ⬩ 몇 가지 주요암의 진단

### ♣ 간 암

간암의 증상으로는 상복부 통증이나 복부팽만, 체중감소, 간 및 지라의 비대, 전신 무력감 등이 나타난다. 이러한 증상이 있는 경우 영상진단과 혈액검사, 종양 표지자 등의 검사를 수행한다. B형간염의 만성보균자나 만성간염 및 간경화증을 가진 환자는 3개월에 한 번씩이나 1년에 2회 이상 알파 태아단백질(AFP, alpha fetoprotein)검사, 초음파검사 및 컴퓨터 단층촬영을 하며, 간암이 의심될 때는 간혈관촬영 및 간조직검사 등 정밀검사를 통해 간암을 확진한다.

초음파검사는 간에 결절(암세포)이 생기면 정상일 때와 달리 초음파가 균일하게 되돌아오지 않는다는 점을 이용한 진단법이며, 알파 태아단백질은 태아 때 생겼다 성장하면서 없어지는 단백질로, 간암환자의 경우 이 단백질의 수치가 갑자기 높아진다는 점에 착안해 간암을 진단한다.

### ♣ 위암 및 자궁경부암

위암의 진단에는 보통 위 X선검사나 위내시경검사와 함께 확진을 위한 조직검사가 있다.

자궁경부암의 진단에는 가는 막대와 같은 숟가락으로 자궁내막을 긁어서 조직검사를 한다. 암이 자궁의 좁은 부분에 한정되어 있을 때에는 자궁경이나 조영법을 시행하기도 한다. 특수한 검사법으로는 X선, MRI, CT에 의해 암이 퍼져 나간 정도를 조사하는 방법이 시행되고 있다.

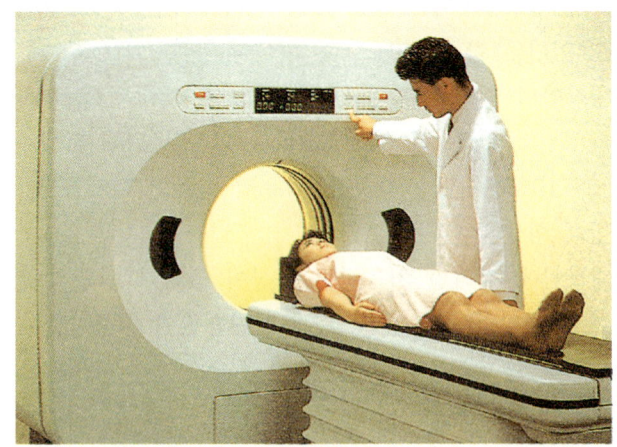

[MRI 촬영검사]

### ♣ 유방암

유방암의 진단에는 유방진찰, 유방촬영법(유방을 각각 수직, 수평방향으로 압박하여 특수 X선기계로 찍는 방법), 초음파 촬영법, 세침흡입 세포검사(가는 주사바늘로 혹을 찔러 세포를 흡입하여 암세

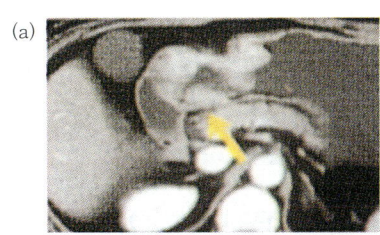

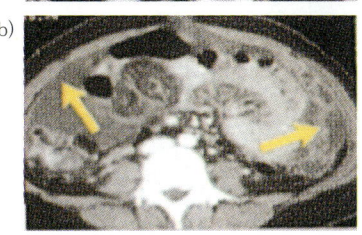

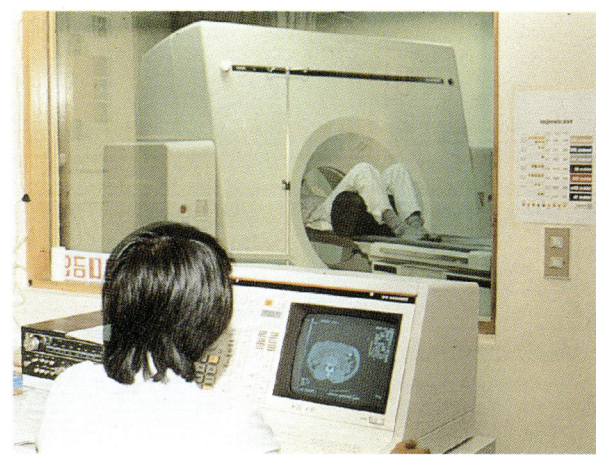

[위암의 CT검사]　　　　　　　　　　　　　　　[CT촬영진단]
(a) 위암종괴, (b) 복막전이

포 유무를 검사하는 방법) 등이 주로 이용된다. 그러나 최종적으로 암인지 아닌지는 조직검사(메스로 혹의 일부 또는 전부를 절제하여 현미경으로 암세포의 유무를 검사하는 방법)를 통해 알 수 있다.

### ♣ 대장암 및 폐암

대장암 진단에는 직장지진(指診), 직장경검사, X선검사, 대장 파이버스코프(fiberscope)가 이용된다. 직장지진은 대장암의 대부분이 직장암이고 직장암은 바로 항문 위쪽에 있기 때문에 항문에 손가락을 넣어 진단한다. 대장암의 발견은 혈변과 같은 증상이 있은 후에 진단을 통하여 이루어지므로 암은 어느 정도 진행된 상태이어서 조기발견이 그만큼 어렵다.

폐암 진단방법에는 여러 가지 검사가 있는데, 폐암으로 의심되는 증상이 있을 경우 흉부 X선촬영, 흉부 컴퓨터 단층촬영, 객담검사, 기관지 내시경, 경피적 세침생검술 등을 통해 폐암인지 여부를 가려내며, 그 진행정도 등을 판단한다. 최종진단은 객담, 기관지 내시경, 경피적 세침생검술에 의해 얻어진 조직 또는 세포를 현미경적 검사로 확인한다.

# 6. 암의 치료

## (1) 수 술

종양을 외과적 수술에 의하여 절제하는 방법으로 초기의 암환자에게 치료효과가 매우 높다. 그러나 진행된 암이나 전이가 일어난 암환자에서는 적용할 수 없다.

## (2) 방사선 치료요법

방사선치료에는 X선, 감마선, 전자선, 중성자선, 양성자선 등이 사용되며,

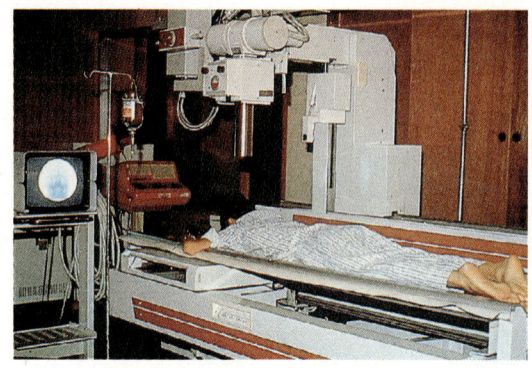

그림 12-23 방사선 치료

이 중에서 X선과 감마선은 세포와 반응하여 전자를 발생시키고, 이 유리기가 DNA를 파괴하여 암조직을 사멸시킨다. 한편, 중성자선은 직접 DNA를 파괴시킨다(그림 12-23).

## (3) 항암화학 치료요법

항암제를 사용하여 암을 치료하는 것을 말하는데, 임상에서는 치료효과를 높이기 위하여 적용방법이 서로 다른 복합화학요법이 주로 이용된다. 이 요법은 암조직의 성장을 억제하고 전이를 막는 것이 목적이다.

암세포는 정상세포보다 증식속도가 빠르기 때문에 대사를 억제하는 사이토신(cytosine)과 같은 항대사물질, 알킬화제(alkylating agent), 항생제, 유사분열 억제제와 같은 것이 사용된다.

택솔(taxol)은 주목나무에서 추출되는 항암제인데, 암세포의 염색체를 끌어가는 방추사의 해체처리를 방해함으로써 암세포 증식을 저해한다(그림 12-24).

그림 12-24 택솔의 구조

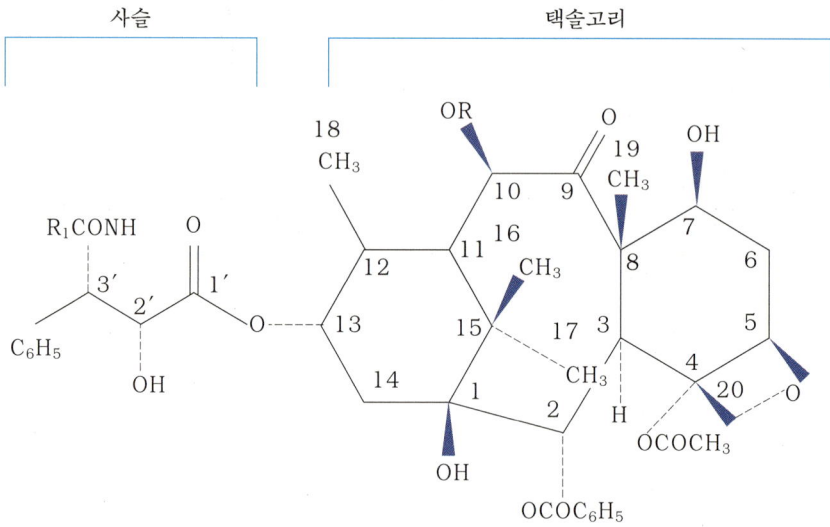

항암 화학요법의 종류로는 전위성 종양환자를 완치 및 증상을 완화시키기 위하여 치료하는 요법이 있고, 재발을 막기 위한 보조 화학요법이 있는데, 유방암, 위암, 폐암 등에서 사용된다. 진단 당시 미세전위가 염려되는 경우에는 상용하는 선행화학요법이 적용되는데, 골육종, 항문암, 방광암 등의 치료에 적합하다. 항암치료의 부작용으로는 오심, 구토, 신경통, 탈모 등이 일어난다. 이 부작용을 극복하는 약도 일부 개발되었다.

## (4) 유전자치료

암을 치료하는 데는 수술요법, 항암 화학요법, 방사선요법 및 면역요법 등이 있으나 이들 모두 한계에 부딪치고 있다. 이에 따라 분자생물학을 동원하여 개발하고 있는 요법이 유전자치료법이다.

유전자치료법은 결핍된 유전자나 새로운 기능의 유전자를 인체세포에 도입함으로써 암과 같은 난치병을 치료하고자 하는 것이다(그림 12-25).

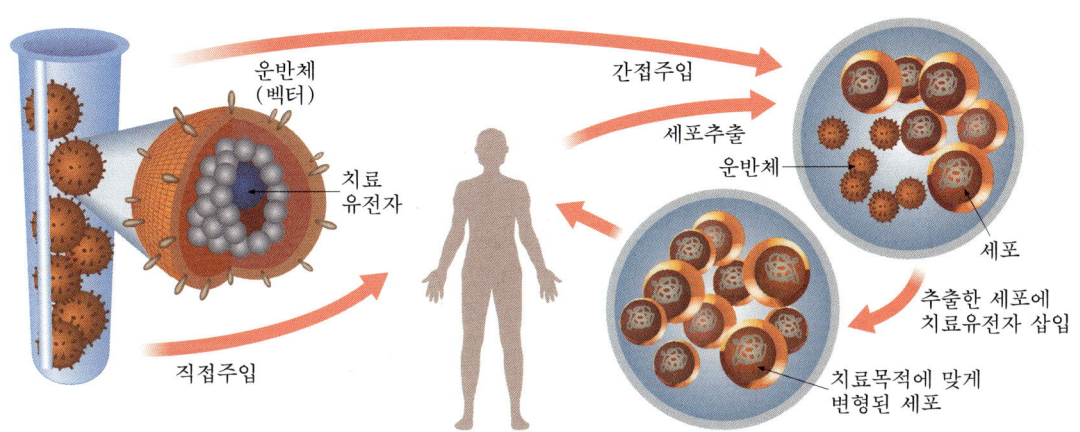

그림 12-25  유전자치료의 개념도

유전자치료의 종류로는 종양억제 유전자를 이용하여 종양의 성장을 억제할 수 있는 직접적 공격방법과 면역을 강화시키는 간접적 공격방법이 있다. 직접공격 방법은 p53과 같은 종양억제 유전자를 암세포에 도입하여 암세포가 스스로 사멸할 수 있게 하는 것이다. 간접 공격방법에는 체외에서 면역세포에 면역강화 유전자를 도입한 후 다시 체내에 주입시키는 방법과 면역강화 유전자를 직접 주사하여 면역력을 강화시키는 두 가지 방법이 있다.

유전자 전달법에는 유전자를 도입할 세포의 세포막에 물리화학적 방법으로 유전자를 도입하는 방법으로, 칼슘포스페이트($CaPO_4$) 용액, 미세주사법(microinjection), 전기충격법(electroporation) 및 리포솜(liposome) 등을 이용하여 유전자를 도입한다. 한편, 생물학적 방법으로는 바이러스에 치료 유전자를 삽입한 뒤 대상세포에 전달시키는 방법이 있다.

## (5) 암에 대한 백신연구

변형된 세포와 바이러스들을 감지하여 파괴시킴으로써 건강을 유지시키는 자체 면역기능을 암퇴치에 응용할 수 있다. 즉, 종양관련 면역원을 이

### 💠 도움말

• 리포솜

지방산, 지방아민 및 콜레스테롤 등으로부터 인공적으로 만들어지는 극히 미세한 피막 입상체. 막 사이에 약물을 봉입하여 목표로 하는 환부로 이송하는 약제 운반체 등으로 사용한다.

용하는 능동적 방법이다.

암백신에는 암세포에 X선을 쬐어 증식을 억제시킨 후 이것을 백신으로 활용하는 경우와 암세포를 분해하여 세포 내에 존재하는 항원이 노출되도록 하여 백신으로 활용하는 경우, 그리고 암세포에 특정유전자를 삽입시켜 환자에 주입시킴으로써 암세포에 대한 면역체계를 유도하도록 하는 방법들이 있다.

---

**휴게실**　　　　　　　♣ **새로운 암치료제 개발연구**

• **무작위 약제검색**(random screening)

전통적인 약제개발 방법으로 천연물에서 추출한 물질 등을 암세포에 직접 처리하여 암세포 살상효과가 있는지 검색하는 방법이다. 이러한 방법에 의하여 개발된 약제는 DNA에 손상을 주거나 DNA 합성을 방해하며, 세포분열이 왕성한 정상세포에도 손상을 주기 때문에 대부분 독성이 강하다.

• **작용점을 이용한 약제개발**(targets-based drug development approaches)

정상세포가 암세포로 전환되면 무한정 증식, 침윤, 전이 등의 여러 가지 특징을 갖게 된다. 암에 관한 기초학문이 발전하면서 암의 생성과 성장의 세포 생물학과 분자 생물학적인 원인이 점점 규명되기 시작하였고, 암세포 특이적인 현상이 규명되면서 이러한 암세포만의 특징에 작용하는 약의 개발에 연구를 집중하기 시작하였다. 대표적인 항암제가 엔도스타틴(Endostatin), 글리벡(Glivec), 이레사(Iressa) 등이다.

엔도스타틴은 종양 특이적 혈관생성을 억제하고 암세포의 영양공급을 차단하여 암세포 성장을 저해하는 약제이다. 글리벡과 이레사는 암세포의 타이로신 인산화효소(tyrosine kinase)의 활성도를 저해하는 화합물로서 항암제로 개발한 것이다. 글리벡은 백혈병 치료에 효과가 우수하고, 이레사는 폐암에 효과가 좋으며, 기존의 항암제에 비하여 독성이 적다.

이 밖에도 라스, 전이, 침윤 등을 작용점으로 각각의 저해제를 검색하고 있으며, 일부 후보약제는 임상시험 중에 있다.

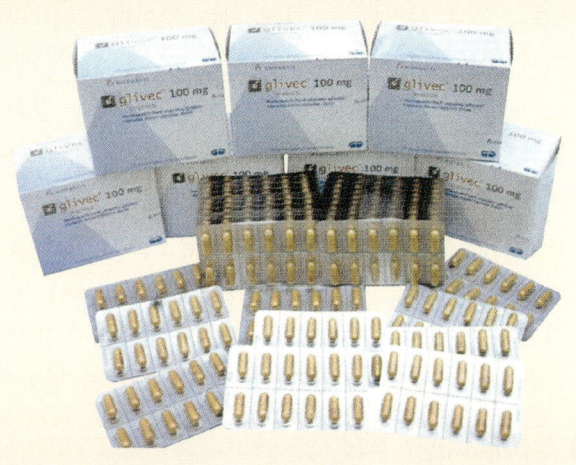

[글리벡]

# 7. 암의 예방

암은 현대에 있어서 가장 치료하기 어려운 병이나 예방할 수 있는 방법도 많이 연구되었다. 특히, 잘못된 식습관과 흡연으로 인해 암환자가 유발되기 때문에 영양섭취, 금연, 운동과 규칙적인 생활만이 암으로부터 예방될 수 있다. 발암의 확률을 낮추기 위해서는 생활개선이 우선되어야 하는데, 식품에 의한 발암이 35%, 흡연이 30%, 바이러스에 의한 자궁암 발병을 고려하면 75% 정도의 암도 조절될 것으로 생각되고 있다.

## (1) 금 연

담배를 피우게 되면 4,000종이나 되는 화학물질이 우리 몸에 흡수된다. 이 중에서 200종이 유해물질이며 25종류는 발암물질이다. 우리나라의 남자 흡연율은 15세 이상의 경우 세계 최고로 높으며, 특히 고등학교 3학년을 기준으로 최고를 나타내고 있다.

[금 연]

담배연기의 기체성분 중에서도 일산화탄소와 디메틸니트로소아민(dimethylenitrosoamine)이 가장 해로운데, 전자는 산소결핍과 뇌혈관장애, 그리고 동맥내벽 세포를 파손한다. 후자는 기도점막을 자극하고 세포손상을 일으키며 발암성 물질로 작용한다.

한편, 미세입자 성분도 있는데, 니코틴과 타르가 그것이다. 흡연은 폐암 발생의 주원인이고, 구강암, 식도암, 방광암 등 여러 암발생의 원인이 되고 있다. 미국의 경우 금연인구가 증가하면서 폐암 발병률이 감소하기 시작하였다. 한국의 경우는 폐암 발병인구가 계속 증가하고 있으며, 특히 10대의 남녀 흡연인구가 증가하면서 폐암 발생환자는 계속 증가하고 있다.

## (2) 금 주

적절한 양의 음주는 암의 발생에 큰 영향을 주지 않는다. 그러나 폭음을 자주 할 경우 간경화를 초래하며, 간경화는 간암으로 진행될 수 있다. 술 자체가 암을 유발하는 발암물질은 아니지만 암발생 촉진제로 작용한다. 예를 들어, 음주와 흡연을 동시에 할 경우 암 발생확률은 높아진다. 음주는 간암 이외에 구강암, 식도암, 후두암의 발생에도 영향을 준다.

## (3) 식생활

[금 주]

섭취하는 음식종류는 발암과 밀접한 관계가 있다. 예로서, 한국과 일본에서의 위암 발생빈도가 높은 주원인은 음식으로 알려져 있다. 위암 발생

확률을 낮추려면 지나치게 짜고 매운 음식과 태운 고기는 되도록 피하는 것이 좋다.

최근 우리 나라는 경제수준이 향상되면서 육류를 많이 섭취하여 대장암과 유방암 발생이 크게 증가하고 있다. 이러한 동물성 지방은 대장암과 유방암의 발생과 관련성이 높으므로 되도록 신선한 과일과 야채를 많이 섭취하는 것이 좋다.

## (4) 운 동

적당한 운동은 우리 몸의 면역체계를 강화시켜 암뿐만 아니라 각종 질병의 예방에도 좋다. 그러나 지나친 운동은 체내에서 활성 산소종(reactive oxygen species)이 생겨 몸에 해를 끼칠 수도 있다.

**휴게실**

### ♣ 암의 자가진단

일반적으로 암은 어느 정도 진행되어야 증세가 나타나므로 조기발견이 어렵다. 암의 초기증세는 쉽게 피로하고 안색이 나빠지는 경우이다. 암의 증세는 다양하고 환자마다 각기 다를 수 있으나 아래와 같은 여러 증세가 있는지 잘 살펴보고 전문의와 상의하도록 한다.

| 암종류 | 증 세 |
| --- | --- |
| 위암 | 구역질, 구토, 토혈 |
| 폐암 | 지속적인 기침과 혈담 |
| 대장암 | 설사와 변비가 교차하는 경우, 하혈 |
| 유방암 | 유방에 생긴 멍울 및 유두출혈 |
| 식도암 | 음식물을 지속적으로 삼키기가 어려움 |
| 신장암·방광암·전립선암 | 배뇨곤란이나 혈뇨 |
| 자궁경부암 | 질의 하혈 |
| 간암 | 복부의 통증 |

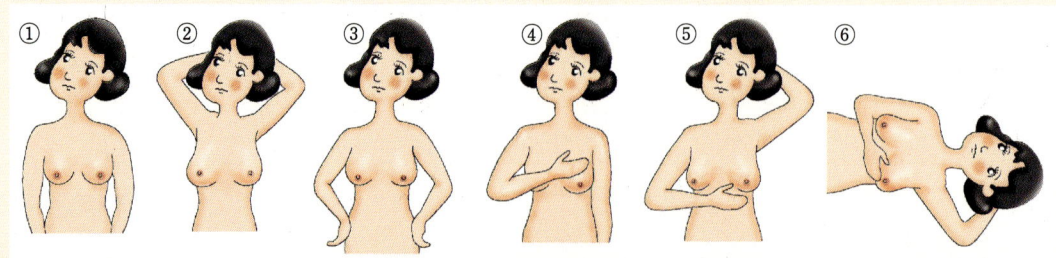

[유방암의 자가진단 순서]

①~③ 거울에서 유방의 형태 살피기, ④ 크림바른 유방을 촉진한다. ⑤ 유두 분비물을 검사한다. ⑥ 누워서 팔을 올리고 유방과 겨드랑이를 촉진한다.

## (5) 기 타

스트레스가 암의 발생에 직접 영향을 준다는 통계자료는 없지만 스트레스를 많이 받을 경우 면역체계를 약화시킨다. 스트레스 이외에도 자외선, 간염바이러스, 인체 유두종 바이러스 등도 암발생의 원인이 된다. 자외선은 피부암을 유발시키기 때문에 지나친 일광욕은 피해야 한다. 간염바이러스의 경우 간암을 일으킬 수 있으며, 술잔을 돌릴 때 입의 간접적 접촉에 의하여 감염될 수 있다. 또, 인체 유두종 바이러스는 자궁경부암의 직접적 원인이 된다.

### 요 약

종양(tumor)이란 비정상적 세포분열을 하는 세포 덩어리를 말한다. 종양은 양성종양과 악성종양으로 나눌 수 있으며, 암이란 악성종양을 말한다. 악성종양은 성장속도가 빠르고, 주위조직으로 침윤 또는 전이를 하면서 성장한다.

암세포는 정상세포 내의 유전자가 외부 또는 내부 환경의 자극에 의한 염기서열의 변이로 정상세포가 형질전환된 질병이며, "유전자질병"이라고도 한다. 이러한 유전자의 변이는 세포증식과 자발적 세포사에 관여하는 유전자에서 주로 발생하고 있다.

암세포는 생물학적으로 정상적인 세포와 다른 특성을 갖고 있는데, 그 특성은 크게 무한 세포증식, 분화기능의 상실, 자발적 세포 사멸기능의 상실, 침윤, 종양혈관 생성, 전이 등으로 요약할 수 있다. 유전자의 변이는 DNA염기서열의 변이를 의미하는데, DNA염기서열을 변화시켜 암을 유발시키는 물질로는 화학적 발암물질, 방사선, 바이러스 등이 있다.

암을 일으키는 요인은 크게 환경적 요인과 유전적 요인으로 구분할 수 있다. 암은 오랜 기간 동안 여러 유전자의 돌연변이의 축적으로 서서히 진행된다. 흡연하는 사람의 경우 10~20년의 시간이 경과한 후에 폐암 발생률이 급격히 증가하고, 화학적 발암물질을 다루는 공장 근로자의 경우 10~20년 후에 발병된다.

### 탐구문제

*1.* 암의 특징은 무엇인지 알아보자.

*2.* 암유발 유전자는 암세포에서 어떻게 작용하는지 알아보자.

*3.* 암예방을 위하여 어떤 생활을 해야 하는지 알아보자.

*4.* 암정복을 위한 암연구가 어떻게 진행되어야 하는지 논의해 보자.

# 13. 노화와 100세 청춘시대

## 1. 노 화

　모든 생명체는 젊은 상태를 그대로 유지하지 못하고 시간의 경과에 따라 생체기능이 감소하게 되는데, 이를 노화(aging)라 한다. 단세포생물로부터 식물, 동물, 사람에 이르기까지 모든 생물체는 노화한다. 노화는 인간에게 병과 죽음을 주는 직접적인 원인으로서 노화가 왜 일어나는지는 생명현상의 가장 큰 의문 중의 하나이다. 수많은 과학자들의 노력에도 불구하고 현재까지 노화가 어떻게 진행되는지 정확히 밝혀지지 않은 상태이다. 최근 인간게놈의 염기서열 결정, 프로테오믹스의 발전, 노화연구의 급속한 발전은 머지않은 장래에 노화기전이 규명될 가능성을 보여주고 있다.

　노화의 원인은 크게 환경적 요인과 유전적 요인으로 나누어진다. 환경적 요인은 자연환경, 생활환경, 생활습관 등 생명체가 존재하는 환경에 의해 주어지는 요인이며, 유전적 요인은 생명체가 소유하고 있는 유전정보에 기록되어 있는 노화의 요인을 일컫는다. 현재까지의 연구결과에 의하면 노화는 환경적인 요인과 유전적인 요인 모두 직접적으로 관여하여 진행되는 것으로 알려졌다. 생명체는 노화가 진행됨에 따라 각 기관 및 조직, 그리고 세포의 생체기능이 점진적으로 저하되고, 많은 경우 가장 나빠진 기관 및 조직에 질병이 발생하게 되면서 결국 죽음에 이르게 된다.

　노화가 비정상적으로 빨리 진행되는 유전병의 존재는 노화가 유전적으로 조절된다는 좋은 증거가 되는데, 워너 신드롬(Werner syndrome)과 프로제리아(Progeria)가 바로 이러한 유전병이다. 비정상적으로 늦게 노화되는 유전병은 불행하게도 존재하지 않지만 이들 조로병은 노화연구의 중요한 과제가 되고 있다.

## 2. 인체의 노화과정

　노화에 의해 사람의 조직, 기관의 생리기능은 모두 저하된다. 이와 같이 조직과 기관을 구성하는 모든 세포들의 기능이 저하되므로 기관의 기능저하는 당연한 귀결이다. 노화에 따른 생리기능의 저하는 기관별로 그 양상이 다르다. 그림 13-1은 30세의 생리기능을 100으로 하여 30세 이후의 나

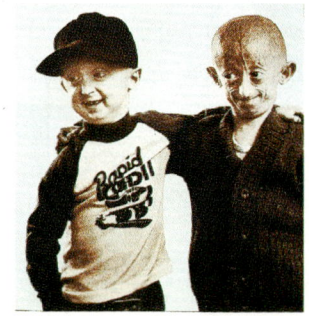

[프로제리아 환자]

### 🌐 도움말

**• 워너 신드롬**

소년기 성장부진에 이어 머리카락의 백발화와 소실, 노인반점, 목소리, 피부의 변화 등의 노인화로 발전하여 대부분 45세경에 심장마비로 사망한다. 이 병의 유전자가 밝혀졌는데, 꼬인 DNA를 풀어 주는 효소인 헬리케이즈(helicase)의 기능을 갖는 것으로 알려졌으며, 그 생체기능은 아직 규명되지 않았다.

**• 프로제리아**

수백만분의 1 확률로 나타나는 우성인 유전병으로, 조로증을 보여준다는 것 외에는 별로 알려진 바가 없다.

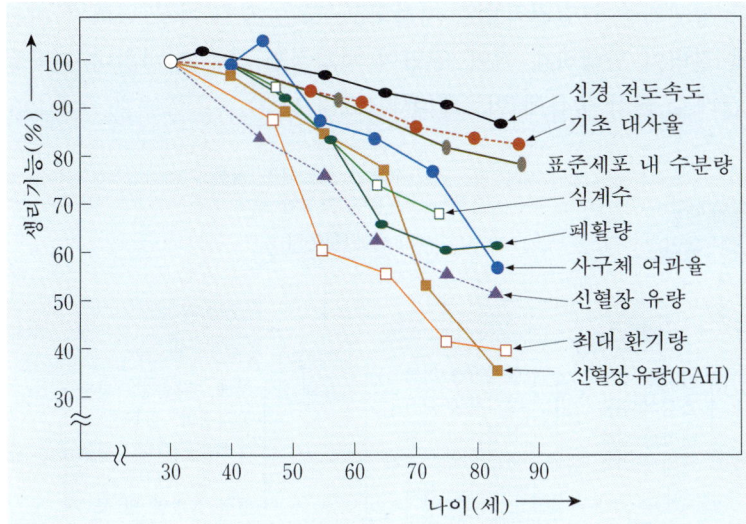

그림 13-1 노화에 따른 생리 기능의 변화(30세를 100%로 하여 비교)

신경 전도속도
기초 대사율
표준세포 내 수분량
심계수
폐활량
사구체 여과율
신혈장 유량
최대 환기량
신혈장 유량(PAH)

이에 따른 각 생리기능의 변화를 조사한 결과를 나타낸 것이다. 신경 전도속도는 90세에서도 30세에 비해 10%밖에 감소되지 않는다. 반면에 신혈장 유량과 최대 환기량은 90세에서 약 60%의 기능저하를 보여준다. 기초대사율, 세포 내 수분량은 90세에서 약 20%의 감소를 가져오고, 심계수, 사구체 여과율, 폐활량은 각각 30, 40, 50%의 감소를 나타내어 각 기관별로 노화에 따른 기능감소 속도가 다르다는 사실을 보여주고 있다.

이와 같은 여러 기능의 불균형적인 저하에도 불구하고 고령에 이를 때까지 생존에 필요한 모든 기능은 잘 유지되고 있다. 이것은 생체의 항상성 유지기구의 작용에 의한 것인데, 이 작용에 의해 노화에 따른 장기, 기관 및 개체수준의 기능저하가 방지된다. 반대로 항상성 유지기구가 장애를 받으면 노화에 의한 각 수준의 기능장애가 촉진된다.

항상성의 유지는 수많은 조절계의 상호 조절작용(feed-back)에 의해 조절되고 있다. 혈당, 체온, 혈압 등의 제어 대상변수는 자율신경계, 내분비계를 활성화하고, 제어 대상계인 각종 효과기가 작용하여 제어 대상변수를 변화시킨다.

노화에 의해 각종 효과기의 기능이 저하되고, 제어대상 변수인 체온, 혈당, 혈압 등을 수용하는 수용기의 기능이 저하된다. 이에 따라 이 정보를 중추부에 전달하는 구심성 신경, 조절 중추부의 신호를 효과기에 전달하는 신경계, 내분비계의 기능도 저하한다.

그리하여 환경요인에 대처하는 항상성의 혼란이 뒤따르게 되어 노화를 촉진하게 된다. 이러한 생리기능의 저하는 체력의 감소, 병에 대한 면역의 감소로 나타난다. 인체는 노화가 진행됨에 따라 각 기관 및 조직, 그리고

세포의 생체기능이 점진적으로 저하되고, 많은 경우 가장 나빠진 기관 및
조직에 질병이 발생하게 되며, 질병이 치명적인 경우는 마침내 회복할 수
없는 상태로 되어 죽음에 이르게 된다(그림 13-2).

그림 13-2  노화로부터 질병
및 죽음으로의 이행

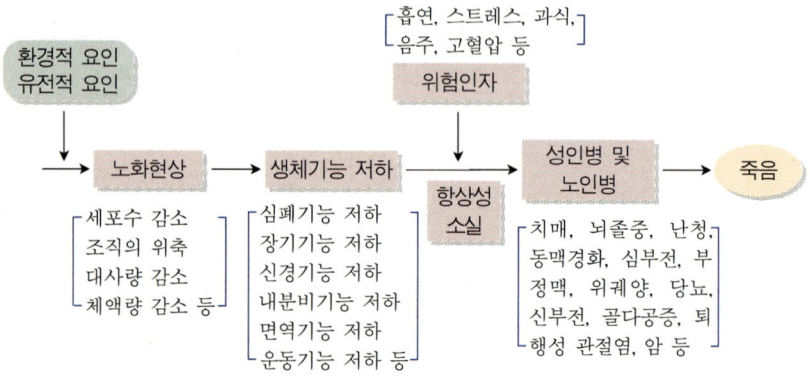

## 하나 더 알기 　　노화에 따른 조직과 기관의 변화

　노화에 따라 모든 조직과 기관의 기능저하가 수반된다. 시력의 변화가 가장 먼저 느껴지지만 청력,
근육, 성기관, 피부, 모발, 혈관, 심장, 폐 등 모든 기관의 기능저하는 이미 같은 시기에 진행되고 있다
(그림 13-3). 각 기관 및 조직의 노화에 따른 양상을 간단하게 설명하면 다음과 같다.

### • 두 뇌

　뇌용량이 점진적으로 감소하여 80세에서는 약 10%까지 감소하고 신경세포의 밀도가 낮아져 전체
적으로 뇌기능이 약간 감소한다. 실제로 모든 사람의 95%는 나이가 들어도 정신기능이 노쇠하지 않
지만 대부분의 사람들은 배우고 생각하는 능력이 떨어지며, 기억은 나이가 들면서 감퇴한다.

### • 얼굴과 모발

　30세 이후에는 연골이 축적되기 시작해서 70세가 되면 코는 넓고 길어지며, 귓볼은 넓적해지고, 귀
는 더 길어진다. 주름은 점진적으로 전체 얼굴에 확산된다.

　모발은 20세에서 가장 굵으며 그 후에는 가늘어진다. 50세가 되면 절반정도가 백발이 된다. 35세에
서는 40%, 45세에서는 45%, 65세에서는 65%의 사람들에게 부분적으로 머리카락이 빠진다.

### • 심장과 폐

　휴식시 심장 박동수는 일생 동안 거의 비슷한 수준을 유지하지만 1회의 박동에서 방출되는 혈액의
양은 감소한다. 노화에 따라 지방성 퇴적물과 조직들이 혈관내벽에 축적되어 혈류량을 줄이고 고혈
압을 유발한다. 60대의 30% 이상이 고혈압이 된다.

　55세에 이르면 폐조직이 탄력을 잃게 되고, 흉벽이 굳어지면서 산소를 조직에 공급하는 폐의 기능
이 감소된다. 폐활량은 나이의 증가와 함께 감소되는데, 30대인 여성의 평균 폐활량은 3$l$이지만 매
10년마다 약 300m$l$씩 감소한다.

### • 소화기관

　나이의 증가와 함께 위액과 효소의 양, 위액의 산성도가 점차 감소하면서 음식을 소화하는데 시간

이 더 많이 걸린다. 위경련, 가스, 변비, 그리고 팽만감 등을 경험할 가능성이 많아진다. 대장의 활성도는 감퇴하여 변비가 심해지고, 영양소가 쉽게 흡수되지 않는다.

### • 시력과 청각

대체로 40대 이후 가까운 물체에 초점을 맞추기가 더 어려워지기 시작하여 가장 빨리 노화를 느끼는 기관이다. 나이가 증가함에 따라 밤눈도 어두워지며, 어둠 속에서 시력을 조절하는데 더 많은 시간이 걸린다. 80세가 되면 20세일 때와 같은 선명도로 보기 위해 3배나 더 많은 빛이 요구된다.

청각은 노화함에 따라 신

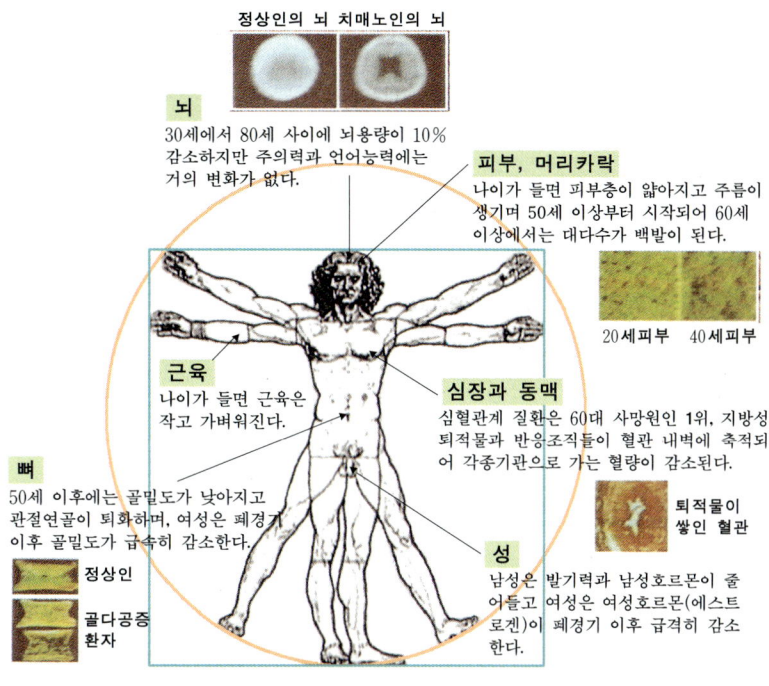

정상인의 뇌   치매노인의 뇌

**뇌**
30세에서 80세 사이에 뇌용량이 10% 감소하지만 주의력과 언어능력에는 거의 변화가 없다.

**피부, 머리카락**
나이가 들면 피부층이 얇아지고 주름이 생기며 50세 이상부터 시작되어 60세 이상에서는 대다수가 백발이 된다.

20세피부   40세피부

**근육**
나이가 들면 근육은 작고 가벼워진다.

**심장과 동맥**
심혈관계 질환은 60대 사망원인 1위, 지방성 퇴적물과 반응조직들이 혈관 내벽에 축적되어 각종기관으로 가는 혈량이 감소된다.

**뼈**
50세 이후에는 골밀도가 낮아지고 관절연골이 퇴화하며, 여성은 폐경기 이후 골밀도가 급속히 감소한다.

정상인

골다공증 환자

퇴적물이 쌓인 혈관

**성**
남성은 발기력과 남성호르몬이 줄어들고 여성은 여성호르몬(에스트로겐)이 폐경기 이후 급격히 감소한다.

그림 13-3  노화에 따른 조직과 기관의 변화

경 및 감각세포가 감소하며 기능이 떨어진다. 청각은 실제로 30대 중반부터 저하되기 시작하는데, 35세가 되면 높은 주파수의 음을 듣는데 약간 더 어려움을 겪는다. 60세 이후에는 대부분의 사람이 20% 이상의 청력감퇴를 경험한다.

### • 입과 성대

나이가 들어감에 따라 잇몸이 약해지고 미각이 퇴화한다. 성대에 대한 조율이 상실되기 시작하고 음이 떨리기 시작한다. 그리고 성대가 딱딱해짐에 따라 음높이가 올라간다.

### • 성과 관련된 기관들

노화에 따라 여성의 월경분비 기간이 짧아지며 월경과 다음 월경 사이의 기간이 길어지다가 폐경기에 이른다. 여성의 성적반응은 30대 후반에 최고에 도달하며 폐경기 이후 점진적으로 감퇴한다. 한편, 남자는 10대 후반에 최고에 도달하며 그 후부터는 감소한다.

### • 근육, 뼈 및 피부

노화된 근육은 세포의 손실과 위축, 지방과 콜라겐의 축적이 나타나며 수축성이 상실된다. 노화된 근육은 유연성이 떨어지며, 근육의 부상이나 경련이 보다 잘 일어난다. 나이가 들어감에 따라 등의 근육이 약해지고 척추뼈 사이에 있는 디스크가 퇴화되어 키가 줄어든다. 또한, 뼈의 칼슘이 상실되어 잘 부러지며 회복이 느려진다. 관절은 연골이 소실되고 관절주위의 액체가 고갈되어 더욱 뻣뻣해진다. 여성은 폐경기에 에스트로겐의 감소와 더불어 골밀도가 감소된다.

피부가 노화되면서 피지선의 작용이 중단되며, 건조해진다. 콜라겐의 감소와 엘라스틴의 변형에 의해 피부의 탄력성이 상실되며 얇아진다. 남자의 피부는 여자와 비교해서 기름이 많고 두꺼우므로 여자들보다 약 10년 후에 피부의 노화를 느끼게 된다. 피부는 점차적으로 온도의 변화에 둔감해진다.

# 3. 노화와 수명

생명체는 개체의 영생이 불가능하기 때문에 개체가 죽은 다음에는 후손에 의해 그 종족이 계속 유지되도록 진화되어 왔다. 생명체의 개체가 얼마나 오랫동안 사는가, 즉 수명은 생물의 종마다 다르지만 기본적으로는 개체에 주어진 환경과 개체가 가지고 있는 유전적 특성으로 결정된다. 생명체의 수명은 1일부터 1만년까지 현저하게 차이가 난다.

일반적으로 식물의 수명은 길고 동물의 수명은 상대적으로 짧다. 현존하는 최장수 식물은 미국 캘리포니아의 이터널 갓(eternal god)나무로, 현재 나이가 12,000년으로 추정되고 있다.

가장 오래 사는 동물은 바다거북으로서 약 200년 정도로 알려져 있다 (그림 13-4). 이에 비해 생쥐는 3년까지 사는 것으로 보고되었다(표 13-1). 사람은 오래 사는 동물 중의 하나로 평균수명이 최근에는 70세를 넘어서고 있다.

그림 13-4 최장수 동물인 바다거북

## (1) 인간의 수명

사람은 누구나 오래 건강하게 살기를 원한다. 1908년에 노벨 생리 의학상을 받은 메치니코프(Mechnikov, I. I.)의 가설에 의하면, 동물의 수명은 성장하는 시간의 5~6배 정도로 사람의 수명은 100~150세가 될 것으로 예측하였다.

실제로 사람은 여러 질병이나 사고에 의해 최대로 살 수 있는 시간보다 훨씬 일찍 죽는다. 석기시대부터 청동기, 철기, 중세기를 거쳐 1900년 이전까지 인간의 평균수명은 30~40세 정도로 추정하고 있으며, 질병이나 천

표 13-1

여러 동물종의 확인된 최대수명

| 동 물 | 최대수명(년) | 동물 | 최대수명(년) |
|---|---|---|---|
| 거북 | 200 | 사자 | 25 |
| 인간 | 120 | 돌고래 | 23 |
| 코끼리 | 60 | 개 | 20 |
| 오랑우탄 | 58 | 염소 | 20 |
| 고릴라 | 55 | 북미산 큰사슴 | 17 |
| 침팬지 | 50 | 캥거루 | 16 |
| 독수리 | 50 | 토끼 | 15 |
| 고래 | 50 | 흡혈박쥐 | 13 |
| 말 | 40 | 스컹크 | 13 |
| 회색곰 | 35 | 시궁쥐 | 8 |
| 고양이 | 30 | 생쥐 | 3.5 |
| 들소 | 26 | 뒤쥐 | 2 |

[메치니코프]

재지변, 사고, 기아 등에 의해 거의 대부분의 사람들은 최대수명에 훨씬 못 미쳐서 죽은 것으로 보인다.

유럽과 미국의 통계에 의하면, 인간의 평균수명은 1900년에 40세 정도로 유지되었다가 1950년까지는 약 50세, 그 이후에는 항생제의 등장과 새로운 약품의 개발과 의술의 발전으로 1960년 말부터 유럽, 일본 등의 평균수명은 70세를 넘어섰다(그림 13-5).

우리 나라도 1990년 이후 평균수명이 70세 이상으로 증가하였고, 1998

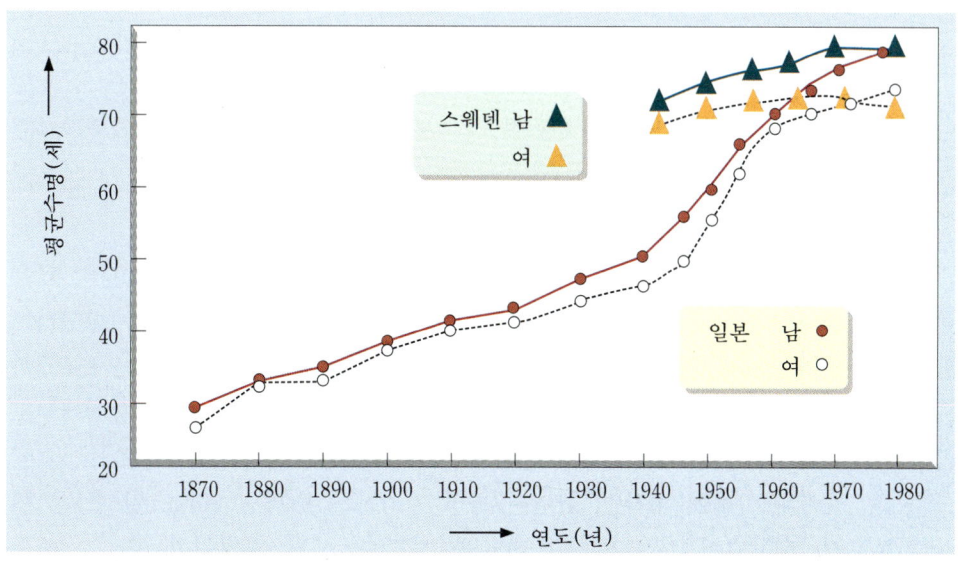

그림 13-5 평균수명의 연차추이

년에는 남자가 70세, 여자가 78세로 남녀 모두 70세 이상의 평균수명을 갖는 것으로 보고되었다.

1900년 미국의 사망원인으로 폐렴, 결핵, 설사장염이 각각 10% 이상으로 가장 컸다. 항생제가 없었던 시기에는 세균성 질환이 일찍 죽게 하는 가장 무서운 적이었음을 나타내주고 있으며, 평균수명을 50세 이하로 떨어뜨리는 가장 큰 이유가 된다.

반면에 1990년 이후에 가장 큰 사망원인은 심혈관계 질환과 암으로 각각 20% 이상을 차지하고 있다. 이것은 이들 질환이 바로 평균수명을 떨어뜨리는 원인으로 남아 있다는 것을 나타내주고 있다(그림 13-6). 만일, 이러한 난치병들을 해결해 주는 약품과 의술이 개발되어 더 이상 이들 질병에 대해 걱정하지 않아도 된다면 인간의 평균수명은 몇 세까지 살 수 있을까? 과연 인간은 바다거북처럼 200년까지 살 수 있을까?

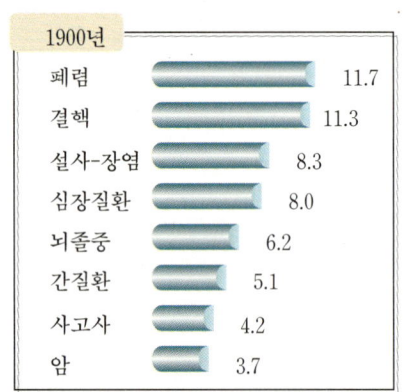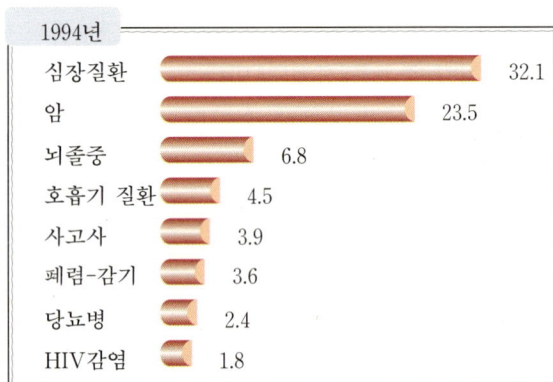

그림 13-6  미국인의 사망원인(단위 : %)

## (2) 인간의 장수기록

### 🌑 도움말

• 노자(老子)

중국 춘추시대의 철학자. 초나라 사람. "노자도덕경" 지음.

인간이 지구상에 나타난 이래 장수한 사람에 대한 기록은 상당히 많은 편이다. 이들 기록에 의하면, 노자는 160세, 팽조는 800세까지 살았다고 하며, 당나라의 고승인 혜소는 290세, 남천축의 고승 보리유지는 136세까지 살았다고 한다. 중국뿐만 아니라 태국, 페루, 아르헨티나 등지에서도 140세 이상까지 산 사람들의 기록이 있으나 믿을만한 근거는 없다.

기네스 북에 의하면, 확인된 최장수 기록은 1875년 2월 21일 프랑스에서 태어나서 1997년 8월 4일에 사망한 잔느 칼망(Jeanne Louise Calment) 할머니의 122년 164일이다. 칼망의 장수기록은 여러 방법으로 확인되었으므로 인간의 확인된 장수기록은 123살인 셈이다.

일본인 시즈마 시게치요도 1865년 이후 120년 237일을 산 것으로 기네스 북에 올라 있는 등 120세 근처의 장수기록들이 많이 존재하는 것을 보아도 장수기록을 근거로 한 인간의 최대수명은 120세라고 보는 것이 합당하다.

[일본인 쌍둥이 자매 : 105세]

## 하나 더 알기 　　　　　　　노인성 질환

65세 이상의 노인사망의 가장 큰 원인은 심혈관계 질환인 심장병과 뇌졸중이며, 그 다음이 암, 당뇨병, 간질환, 골다공증 등의 치명적인 노인성 질환으로서, 이들을 간단히 설명하면 다음과 같다.

### • 심장병

원인불명의 돌연사의 원인으로서 심장병이 압도적으로 많다. 심장병을 일으키기 쉬운 상태, 즉 위험성 인자에는 고혈압, 고지혈(콜레스테롤), 담배, 비만, 당뇨병, 고요산혈, 스트레스 등이 있다. 심장병의 예방으로는 고혈압, 고지혈, 동맥경화의 예방이 중요하다.

허혈성 심장병의 증후로는 숨참, 흉통, 가슴의 답답함, 협심증성 발작, 부정맥이 알려져 있다. 이를 예방하려면 포화지방산과 콜레스테롤, 설탕, 소금을 적게 섭취하는 것이 중요하다.

### • 뇌졸중

뇌졸중은 사망원인 중 1위로서, 해마다 사망률은 감소되고 있지만 여전히 발병할 빈도가 높다. 뇌졸중 발생에는 연령, 성별, 유전, 인종 및 사회경제적 요건이 유관한 것으로 알려지고 있다. 뇌졸중의 발생빈도는 55세 이후부터 급속히 증가한다. 뇌졸중 유발과 가장 관계깊은 질환은 고혈압이며, 그 다음이 당뇨병, 고지혈증 순이다.

고혈압의 경우 평소에 염분의 섭취량을 최소로 줄이고 약물로 조절하면 뇌졸중 발생을 줄일 수 있다. 담배를 피우는 남성은 뇌졸중 발생률이 3배나 더 높다. 일반적으로 고혈압이나 뇌졸중환자는 약물을 복용하면서 적당한 운동을 해야 한다.

### • 암

암은 매년 발병률이 증가하여 가장 큰 사망원인이 되고 있다. 우리 나라의 암대책은 조기발견, 조기치료가 목표로 되어 있다.

암의 제1차 예방은 구체적으로는 역학적 연구나 발암실험에 의해 암과 밀접하게 관련된 요인을 찾아내어 그것을 제거하는 일이다. 폐암은 그 원인의 대부분이 담배에 있는데, 금연하면 폐암의 70%는 방지할 수 있다.

암예방을 위한 지침으로는 편식, 과식을 하지 않고 균형있는 영양을 섭취하며, 흡연을 삼가고, 적당량의 비타민 A, C, E를 섭취하는 한편, 짠 것, 뜨거운 것, 심하게 탄 부분, 곰팡이가 생긴 것은 삼가며, 과로를 피하고 몸을 깨끗하게 유지한다.

### • 간경화증

간경화증은 만성간염으로 인한 간세포의 파괴와 염증세포의 증가로 두꺼운 섬유질이 형성되어 간의 형태가 굳어지는 상태를 말한다. 결과적으로 간이 단단해지며, 간의 정상적인 수엽구조가 상실되

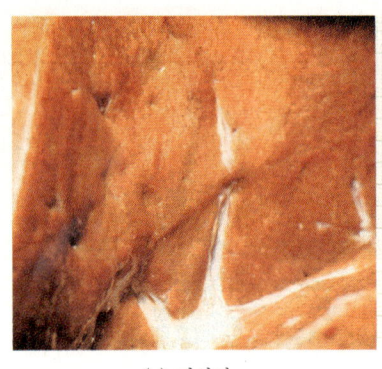

(a) 정상간

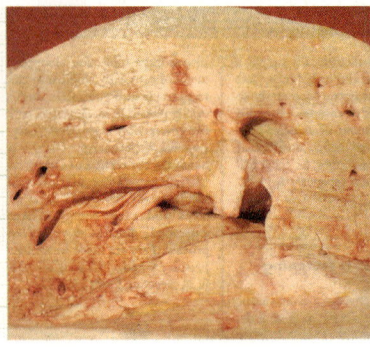

(b) 간경화

[간경화증]

기 때문에 혈관을 눌러 문맥 고혈압과 간세포 자체의 파괴로 인한 타격이 심하게 나타난다.

간경화, 간암 등 간질환으로 인한 사망원인은 한국에서 5위를 차지하고 있다. 급성간염의 대부분은 바이러스성 간염으로서, 치유되거나 만성화→간경화→간암이라는 운명을 거친다. 간경화를 일으키는 원인은 바이러스 간염과 알코올이 주요원인이 되고 있다.

• 당뇨병

당뇨병은 과식, 운동부족으로 일어나는 성인병의 하나로서, 췌장에서 분비되는 인슐린이 부족해서 당, 단백질, 지방대사에 장애를 일으켜 고혈당, 당뇨 등 여러 가지 증상을 일으키는 전신병이다. 65세 이상의 노인 중 약 10%가 당뇨병 환자이다.

당뇨병은 인슐린 부족이 원인인 인슐린 의존형과 인슐린 비의존성 당뇨병으로 나뉘는데, 전자는 젊은 사람에게 흔히 발병하고, 후자는 중년 이후에 많다. 당뇨병을 방치해 두면 여러 합병증이 일어나는데, 주된 합병증은 동맥경화, 뇌졸중, 협심증, 심근경색, 신경화증, 신부전증, 당뇨병괴저, 세소혈관증, 신경장애, 백내장, 습진, 감염증, 임포텐츠 등이다.

당뇨병에 걸리기 쉬운 체질이 있고, 거기에 비만, 과식, 스트레스 등 발병인자가 더해져 당뇨병이 생긴다고 한다. 당뇨병을 예방하기 위해서는 정기적 건강진단을 받고, 비만을 방지하며, 과식을 삼가고, 균형있는 식사, 적당한 운동을 하는 것이 좋다.

• 골다공증

골다공증은 노인에서만 나타나는 대표적인 노인성 질환이다. 골다공증은 정상인에 비해 골기질의 감소로 인하여 단위부피당 골질량의 현저한 감소를 일으키는 질환이다. 골다공증의 원인은 노인적 요소, 뼈의 생리적 변화, 칼슘이나 단백질의 결핍, 호르몬 장애, 운동부족과 유전적 요소가 있다.

골소실은 나이가 들어감에 따라 증가하는데, 여성은 폐경기 이후에 에스트로겐이라는 호르몬의 결핍에 의해 빠르게 소실된다. 칼슘은 뼈를 만들 뿐만 아니라 혈액응고 등 정상 신체기능 유지에 꼭 필요한 물질로서, 음식을 통해 섭취해야 한다. 장에서 칼슘이 흡수되기 위해서는 비타민 D가 필요하므로 칼슘뿐만 아니라 비타민 D도 충분히 섭취해야 한다.

## (3) 인간의 최대수명

120세 정도까지 산 장수자는 공통적으로 심혈관계 질환과 암 등의 난치성 질환을 앓지 않은 것으로 보고되었다. 이러한 관점에서 보면 심혈관계 질환과 암 등의 난치성 질환을 해결하는 약제나 의술이 개발된다 해도 인간의 수명이 120세를 넘을 것이라는 예측은 할 수 없다. 질병이 없어도 인간은 120세를 전후해서 자연노화로 죽을 것이라는 예측이 더 설득력이 있다. 거의 대부분의 사람은 질병과 사고에 의해 죽게 되나 질병과 사고가 전혀 없을 때에는 자연노화에 의해 죽게 될 것이다.

동물의 수명이 동물의 생장기간의 5~6배나 된다는 관찰에 의하면, 인간의 수명은 (20~25)×(5~6배)=100~150세가 되며, 또한 동물의 수명이 동물의 성 성숙기의 8~10배나 된다는 관찰에 의하면, (14~15)×(8~10배)=110~150세가 된다.

1960년대에 미국의 헤이플릭(Hayflick)의 보고에 의하면, 태아의 섬유아세포(fibroblast)의 배양에서 최대분열수는 그 동물의 최대수명과 비례한다고 보고하였다. 예를 들면, 생쥐는 8번 분열을 하나 최대수명은 3년이고, 토끼의 섬유아세포는 20번, 말의 섬유아세포는 30번 분열할 수 있으나 최대수명은 각각 20년, 50년으로서 태아의 섬유아세포의 최대분열수와 최대수명은 비례하고 있음을 보여주고 있다. 이러한 비례에 의하면, 인간의 섬유아세포의 최대분열수는 50~70번으로 최대수명으로 환산하면 100~120세가 된다. 거북의 섬유아세포의 최대분열수는 80~110번으로 150~200년으로 계산되어 섬유아세포의 최대분열수에 의한 최대수명의 계산도 실제와 유사하게 잘 맞는다는 것을 보여주고 있다.

이상의 여러 관찰에 의하면 인간의 최대수명은 100~120세 정도가 되며, 이 수치는 인간의 장수기록과 잘 일치하고 있다. 이와 같이 여러 관찰과 장수기록을 고려할 때 인간의 자연노화에 의한 최대수명은 120세 정도가 맞는 것으로 판단된다.

## 4. 노화의 기전

### (1) 세포수준에서의 노화

신체의 각 조직 내의 여러 종류의 세포는 그 기능뿐만 아니라 형태, 성장조건, 성장속도도 각기 다르다. 인간은 성장이 멈추는 20세 이후부터 대부분의 조직이나 기관에서 세포의 성장이 거의 없거나 제한되어 있다. 피부는 표피세포가 떨어져 나가면 재생되며, 손톱, 발톱, 머리카락, 털을 만드는 세포는 아주 느린 속도로 천천히 분열하며 자란다. 뇌신경세포, 심근세포는 분화발생이 완료되면 더 이상 분열하지 않는다. 정자, 난자의 성세포는 계속해서 분열하지만 여성의 폐경기 이후부터 더 이상 분열하지 않는다. 분열하거나 분열하지 않는 세포 모두 30세 이후부터는 조직과 기관의

• 자연노화

정상적인 기능을 갖는 세포, 조직, 기관, 개체가 질병없이 자연적으로 일어나는 노화. 모든 생명체가 가지고 있는 수명의 가장 기본적인 원인이다.

• 섬유아세포

결합조직 세포의 하나로, 양단에 세포질 돌기를 갖고 원형의 핵을 갖는 평평한 긴 세포이며, 인체의 여러 조직과 기관에 분포한다.

생리기능 저하와 더불어 점진적으로 노화과정이 진행된다. 즉, 세포수준에서 노화가 진행된다는 것을 암시해 주는데, 이러한 사실은 여러 과학자들에 의해 생체 내 조직이나 세포의 인공배양에서 입증되었다.

인간과 동물의 세포는 생체로부터 떼어낸 후 실험실에서 영양분과 온도, $CO_2$의 농도를 맞추어 적절한 용기에 넣어 주면 인공배양이 가능하다. 물론, 모든 조직으로부터의 세포가 다 가능하지는 않지만 많은 조직으로부터의 세포가 생체 밖(in vitro)에서의 인공배양이 가능하다. 각 조직에서 세포들의 성장양상이 다르듯이, 이들 세포는 배양기에서 배양할 때 배양조건, 성장속도, 형태, 노화의 진행과정, 세포분열수 등이 각기 다르다.

그러나 이들 세포들은 예외없이(불멸화 세포가 아닌 경우) 공통적으로 계속 자라지 못하고 제한된 수의 분열을 한 후 성장을 멈추고 생체 내 조직에서 노화한 세포처럼 노화한 형태로 상당기간 존재하게 된다. 이러한 세포의 인공배양에서 나타나는 생체 내 세포의 노화와 유사한 형태의 노화를 세포의 노화(cellular aging or cellular senescence), 또는 복제의 노화(replicative senescence)라고 한다.

이 복제의 노화현상 실험으로부터 세포수준의 노화에 대한 분자수준의 노화현상이 최근 점차적으로 밝혀지고 있다. 노화에 따른 세포 내의 변화가 단백질 발현 및 유전자 발현수준에서, 세포 생물학적 수준에서 상당히 밝혀졌으며, 이러한 변화는 점차 생체 내에서도 같은 변화가 존재한다는 사실이 여러 예에서 확인되고 있다.

### ① 노화하는 세포에서의 변화

세포는 노화하면서 성장인자 또는 혈청에 대응하지 않게 되고 세포주기의 $G_1$기에서 성장을 정지한다. 이 성장정지는 비가역 과정으로 일단 노화하는 세포는 어떤 성장인자나 성장조건을 바꾸어도 다시 자라게 할 수 없다. 배지에서 혈청이나 영양분을 제거했을 때 나타나는 성장정지는 가역적 성장정지로서, 노화와 구분된다.

노화한 세포가 성장인자 또는 혈청에 대응하지 않게 되는 것은 혈청에 의하여 활성화되는 여러 유전자들이 노화한 세포에서는 활성화되지 않기 때문인 것으로 밝혀졌다. 이들 유전자의 프로모터(promoter)에는 혈청 대응부위(SRE, serum response element)가 존재하고, 이 SRE에는 RNA전사 촉진인자인 SRF(serum response factor, 혈청 대응인자)가 결합하여 RNA전사를 촉진한다. 그러나 노화하는 세포에서는 이 SRF가 인산화되어 불활성 상태로 존재하여 혈청 또는 성장에 대응하지 않는 것으로 알려졌다. 이 SRE를 프로모터에 가지고 있는 유전자인 c-Fos는 세

**도움말**

• 불멸화 세포
동물의 정상세포가 인공배양할 때 복제의 노화를 보여주는데 반해 노화하지 않고 계속하여 자라는 세포.

• 세포주기(cell cycle)
한 개의 세포가 2개의 세포로 분열할 때까지 거치는 4단계 과정. 보통 $G_1$, S, $G_2$, M기의 4단계를 거쳐 진행된다. $G_1$기는 세포의 부피가 늘어나는 시기이고, S기는 DNA의 복제가 일어나는 시기이며, $G_2$기는 세포분열을 준비하는 시기이고, M기는 세포가 둘로 분열되는 시기이다.

포의 성장에 깊이 관여하며, 노화하는 세포에서 발현이 감소하여 노화하는 세포의 성장둔화와 관련된다. AP1, CREB, 101, 102와 같은 RNA전사 촉진인자의 발현도 세포의 성장촉진과 관련되어 있으며, 세포가 노화할 때 발현이 감소하고, 결합능력도 감소하여 노화에 따른 세포 성장속도의 둔화에 관여하는 것으로 보인다(표 13-2).

표 13-2                 세포 노화과정에서의 변화

| | |
|---|---|
| 1. 발현이 감소하는 유전자 | CREB, ID1(inhibitor of DNA binding 1)과 ID2, cyclin D1, E, A, CDK(cyclin dependent kinase) 4,6, CDC2, E2F1, PCNA, c-Myc, c-Jun, c-Fos, Ap1, Hsp70 |
| 2. 발현이 증가하는 유전자 | CDKI : p16, p21, beta-galactosidase(pH6), collagenase, fibronectin, TIMP1 |
| 3. 그 밖의 변화 | SRF(serum response factor)의 인산화, pRB의 인산화, ceramide의 증가, telomere 길이의 감소 |

세포의 성장을 억제하는 인자인 p21과 p16(cyclin dependent kinase inhibitor)의 발현은 노화함에 따라 점진적으로 증가한다. 이들은 세포주기의 가장 중요한 조절점인 $G_1$기에서 CDK(cyclin dependnet kinase)결합체에 의한 RB(retinoblastoma, 암억제인자의 하나)의 인산화를 억제하여 세포가 성장하지 못하고 $G_1$기에 머무르게 한다. 암억제인자인 RB는 노화함에 따라 인산화가 감소하여 전사인자인 E2F가 RB와 결합되어서 E2F가 활성을 잃어버리게 되고, S기에 필요한 여러 유전자들의 활성화가 억제되어 세포는 세포주기의 $G_1$기에서 성장이 정지하게 된다. 노화하는 세포는 어린 세포에 비해 부피가 커지며, 세포 내의 섬유성분이 증가하고, 분열속도가 점차 둔화된다(그림 13-7).

노화하는 섬유아세포에서는 지방 및 세포막 생성의 중간체인 세라마이드(ceramide)가 많이 생성되는 것으로 알려져 있으며, 열자극(heat shock) 단백질인 HSP70이 감소하여 환경에 대한 대응이 둔감해진다. 특히, 산성 베타갈락토시다아제(acidic $\beta$-galctosidase)의 활성은 세포배양에서뿐만 아니라, 사람의 노화된 피부에서도 그 활성이 증가하는 것으로 알려져 노화의 중요한 표지자로 응용되고 있다.

### ② 세포노화에 대한 이론

현재까지 제안된 세포단위 노화의 이론은 매우 많다. 이렇게 노화이론이 많다는 사실은 역설적으로 노화의 기전이 밝혀지지 않았다는 사실을 말해 주고 있다. 가장 설득력이 있거나, 실험적으로 어느 정도 증명되어 있는

🌀 **도움말**

• **CDK**

어느 특정 시클린에 부착될 때에만 활성화되는 단백질 키나아제. 단백질 키나아제는 인산화기를 ATP에서 단백질로 변환시키는 효소이다.

그림 13-7 인간 섬유아세포의
노화

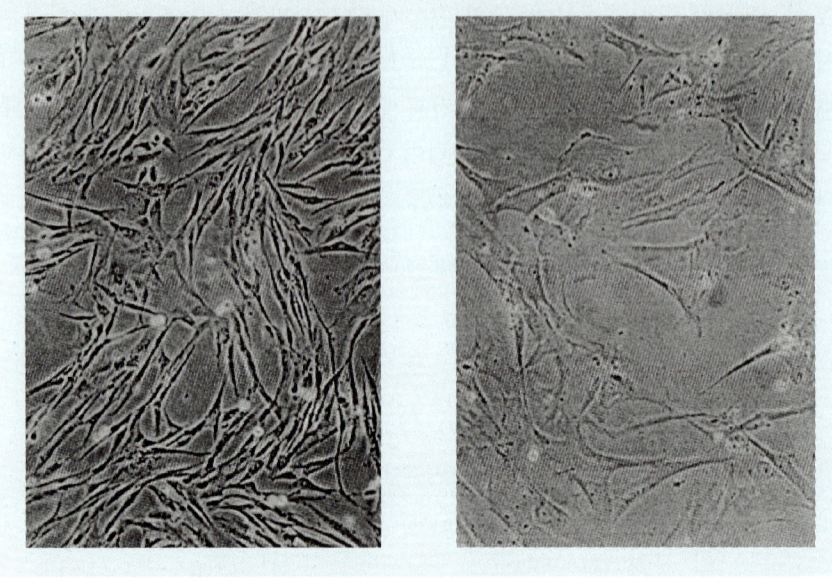

(a) 젊은세포                                        (b) 늙은세포

노화이론을 간단히 설명하면 다음과 같다.

• 복제의 노화이론(replicative senescence theory)

여러 조직에서 떼어낸 세포들은 배양기에서 키울 때 계속 자라지 못하고 제한된 수의 분열을 한 후 성장을 정지하며 노화한 형태로 상당기간 존재하게 된다. 섬유아세포는 세포 노화연구에 가장 많이 사용되어 왔으며, 가장 잘 알려져 있다. 그 밖에 여러 조직으로부터 떼어낸 상피세포

그림 13-8 정상인 섬유아세포
의 세포수명에 대한 세
포제공자의 연령효과

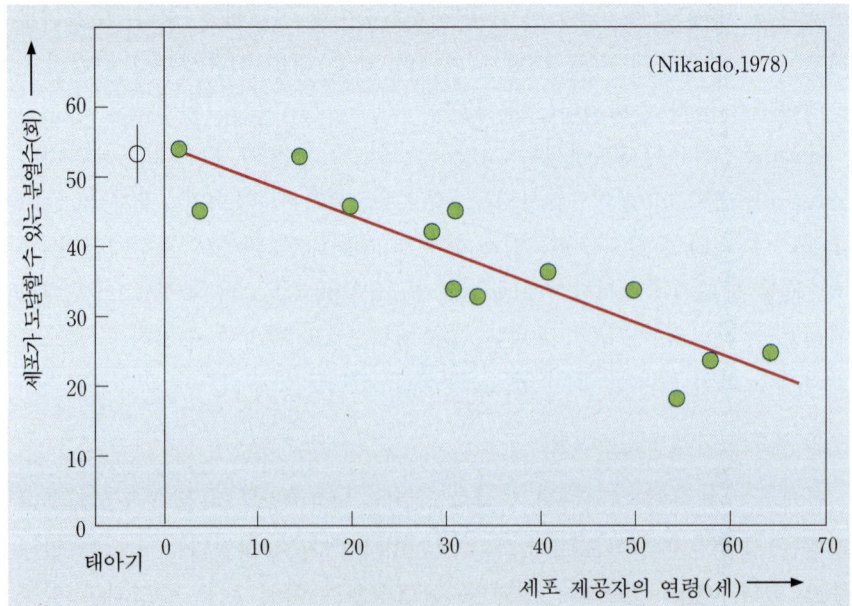

(epithelial cell), 내피세포(endocellial cell) 등의 세포에서도 복제의 노화가 관찰되었다.

사람의 태아에서 분리한 섬유아세포는 세포배양에서 약 50~60번의 세포분열을 한 후 성장을 정지한다. 그 후 세포는 바로 죽는 것이 아니고 배지를 갈아 주면 거의 1년까지 생존할 수 있다. 젊은 사람으로부터 분리한 섬유아세포는 노인으로부터 분리한 섬유아세포보다 더 많은 수의 분열을 한다고 알려져 있다. 가능한 세포의 분열수가 이미 생체 내(in vivo)나 생체 밖(in vitro)에서 정해져 있다는 것을 의미한다(그림 13-8). 또한, 수명이 다른 여러 동물(특히, 포유동물)의 배아(embryo)로부터 분리한 섬유아세포를 배양하여 비교한 결과 놀랍게도 동물의 최대수명과 동물로부터 분리한 세포의 가능한 최대분열수가 비례하였다(그림 13-9). 즉, 동물개체의 노화 및 수명이 세포의 수명 및 노화로 연결되어 있다는 것이며, 동물개체의 수명 및 노화는 이미 세포수준에서 결정되어 있다는 이야기이다.

예를 들면, 사람은 최대수명이 100년이며 섬유아세포의 최대분열수는 50번, 생쥐는 최대수명이 2년에 최대분열수는 8번, 토끼는 최대수명이 15년에 최대분열수는 20번, 말은 최대수명이 50년에 최대분열수는 30번 등으로 알려져 있다. 가장 오래 사는 동물로 알려진 거북(바다거북)의 섬유

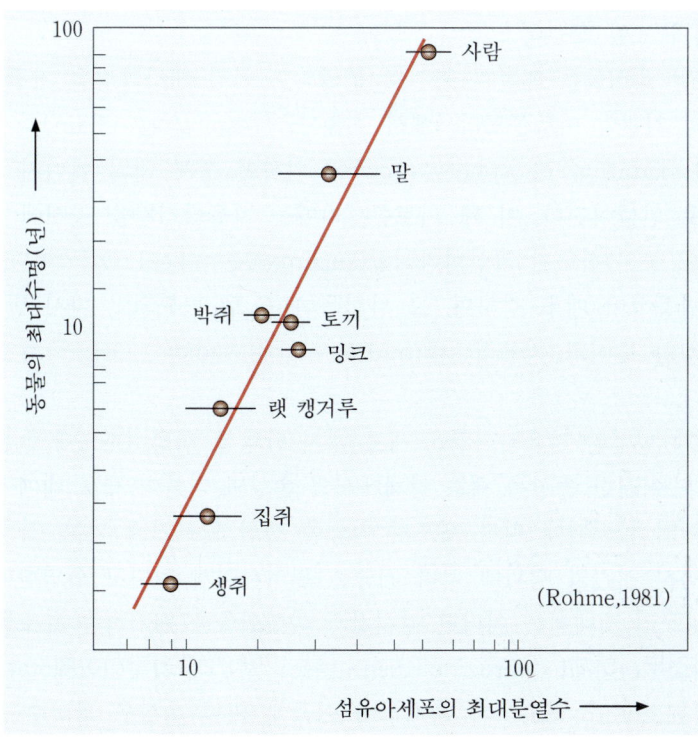

그림 13-9 동물의 최대수명과 섬유아세포의 최대분열수와의 관계

아세포를 분리하여 배양한 결과 최대분열수는 100번 이상에 최대수명은 200년 이상으로 추정하고 있다(그림 13-9).

### • 유전자 손상의 축적이론(DNA damage accumulation theory)

생체는 태어난 후 시간이 지남에 따라 유전정보를 함유하고 있는 유전자(DNA)에 여러 요인에 의한 손상이 축적되고, 이것이 결국 노화를 촉진하게 된다는 이론이다.

최근의 보고에 의하면, 여러 원인에 의하여 세포 내에 자유라디칼(free radical)이 만들어지는데, 이들 자유라디칼이 유전자를 분절시키거나 염기를 떨어뜨리고, 유전자의 히드록시(hydroxy) 및 옥시(oxy) 유도체를 만들며, 염기서열의 변형을 유발하는 것으로 알려졌다. 노화한 세포에서는 이와 같은 유전자의 변형이 젊은세포에 비해 현저히 증가되어 있다는 사실이 최근 여러 연구보고에서 밝혀져서 노화에 따른 유전자 손상의 축적이론이 실험적으로 여러 방법에 의해 입증되고 있다.

### • 산화적 스트레스 이론(oxidative stress theory)

세포 내의 미토콘드리아에서 에너지 매체인 ATP를 만들 때 동시에 생성되는 산화성 자유라디칼이 세포 및 고분자 물질(DNA, 단백질, 지질)을 손상시키는데, 세포가 시간이 지남에 따라 손상이 증가하고, 자유라디칼을 제거하는 항산화효소 등의 항산화기능이 떨어지면서 세포가 노화한다는 이론이다(그림 13-10).

섭취된 음식물은 저분자 물질로 분해되고 여러 대사과정을 거친 후 세포 내의 기관인 미토콘드리아에서 호흡사슬(respiratory chain)과 산화적 인산화(oxidative phosphorylation)에 의하여 생체 내의 에너지 매체인 ATP로 만들어진다. 이 때 미토콘드리아는 자유라디칼을 동시에 만들어낸다. 그 중의 하나가 과산화라디칼(superoxide radical, $O_2 \cdot^-$)이다. 이 물질은 반응성이 매우 강하며, 그 자신은 $H_2O_2$로 변환되고 다시 반응성이 매우 강한 수산화 자유라디칼(hydroxy free radical, $OH \cdot^-$)로 변환될 수 있다.

이렇게 형성된 자유라디칼은 세포 내의 단백질, 지방, DNA에 손상을 주게 된다. 이러한 손상은 세포 전체에서의 손상과 더불어 세포 내에 축적되어 나이가 들어감에 따라 세포의 기능을 점점 잃어가게 되고, 각 조직과 기관 역시 시간의 경과에 따라 기능을 잃어버리게 된다고 설명한다(그림 13-10). 우리 체내에는 이러한 라디칼과 과산화물을 제거하는 효소들인 과산화디스무타아제(superoxide dismutase, SOD), 카탈라아제(catalase), 과산화효소(peroxidase)가 존재하여 이들에 의한 손상을 막아주는데, 노화할 때 이들의 활성도 감소하는 것으로 알려졌다.

---

### 🏵 도움말

**• 자유라디칼**

비공유 전자를 소유하는 반응활성이 높은 분자.

**• 과산화디스무타아제 (SOD)**

우리 몸에서 생성된 과산화라디칼($O_2 \cdot^-$)을 다음 반응에 의해 제거하는 효소

$$2O_2 \cdot^- + 2H^+ \rightarrow H_2O_2 + O_2$$

**• 카탈라아제**

$H_2O_2$를 다음 반응에 의해 제거하는 효소,

$$2H_2O_2 \rightarrow 2H_2O + O_2$$

**• 과산화효소**

$H_2O_2$를 다음 반응에 의해 제거하는 효소,

$$SH_2 + H_2O_2 \rightarrow S + 2H_2O$$

($SH_2$: $H_2O_2$에 의해 산화되는 화합물)

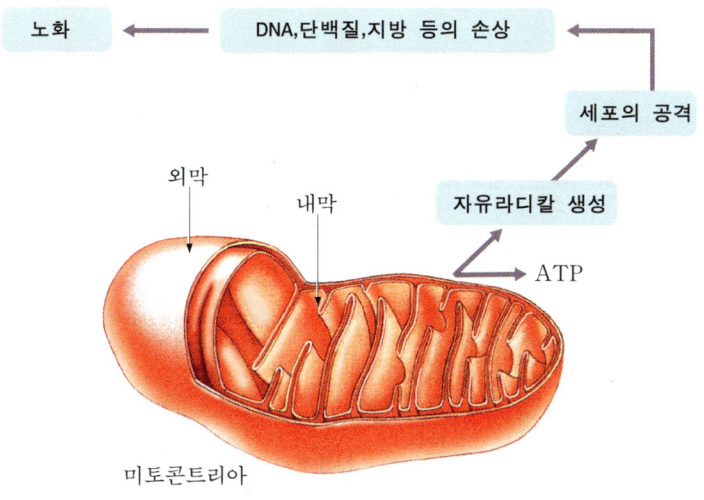

노화 ← DNA,단백질,지방 등의 손상

세포의 공격

외막

내막

자유라디칼 생성

ATP

미토콘트리아

그림 13-10 산화적 스트레스 이론

• 텔로미어 소멸이론(telomere shortening theory)

세포가 분열을 반복함에 따라 염색체의 말단인 텔로미어(telomere)가 점점 짧아져서 결국 텔로미어가 다 소실되어 버리게 되면 염색체가 부서져서 노화하게 된다는 이론이다.

발생초기에는 텔로미어를 만드는 효소인 텔로메라아제가 존재하나 태아가 태어난 이후에는 이 효소의 발현이 멈추어지면서 텔로메라아제 효소활성이 없어지고 텔로미어는 세포가 분열함에 따라 점점 짧아진다(한 번 분열할 때마다 30~200 bp씩 짧아진다). 어느 순간에 세포의 텔로미어가 한 계점보다 짧아지면 염색체는 안정성을 잃게 되어 부서지게 되며, 이 때 세포성장을 억제하는 세포 내 신호가 유도되고 비가역적 성장정지가 이루어지면서 노화세포로 진행된다고 설명한다.

그러나 계속 생장하는 암세포는 텔로메라아제의 활성을 가지고 있어서 텔로미어의 길이가 어느 정도 유지되는 것으로 밝혀졌다.

현재까지 조사된 대부분의(85% 이상) 암세포에서는 텔로메라아제를 갖고 있는 것으로 알려져서 세포의 성장과 텔로미어의 길이, 텔로메라아제의 활성이 밀접하게 연관되어 있음이 밝혀졌다(그림 13-11).

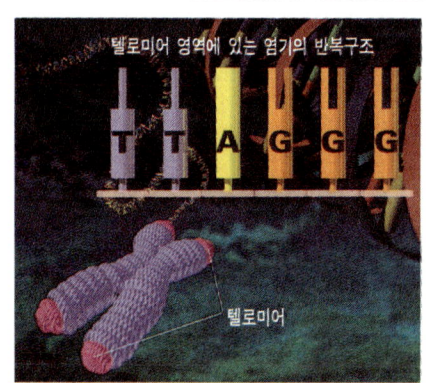

[텔로미어의 소멸에 의한 세포노화]

• 유전자 복구능력의 이론(DNA repair theory)

수명이 다른 동물의 세포에 자외선을 쬐어 유전자의 손상을 유도한 후 손상된 유전자를 복구하여 새로운 유전자의 합성속도를 비교한 결과 수명이 긴 포유동물의 세포가 수명이 짧은 포유동물의 세포보다 더 빠르게 복구된다는 결과가 나온 이래로, 유전자 손상의 복구능력은 유력한 노화의

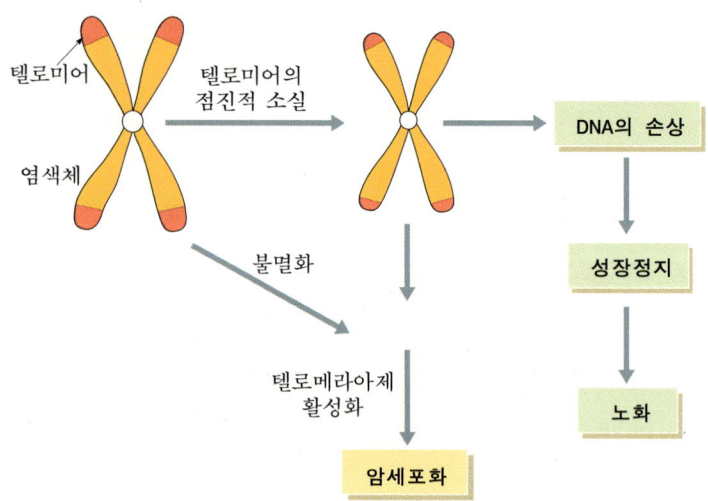

그림 13-11 텔로미어의 단축에 의한 노화의 가설

텔로미어

염색체

텔로미어의 점진적 소실

DNA의 손상

불멸화

성장정지

텔로메라아제 활성화

노화

암세포화

이론으로 대두되었다(그림 13-12). 아직 유전자 손상의 복구에 대한 메카니즘이 자세히 밝혀지지 않아 실험적인 증명이 부족한 상태이다.

그림 13-12 동물세포의 자외선 손상으로부터의 회복능력

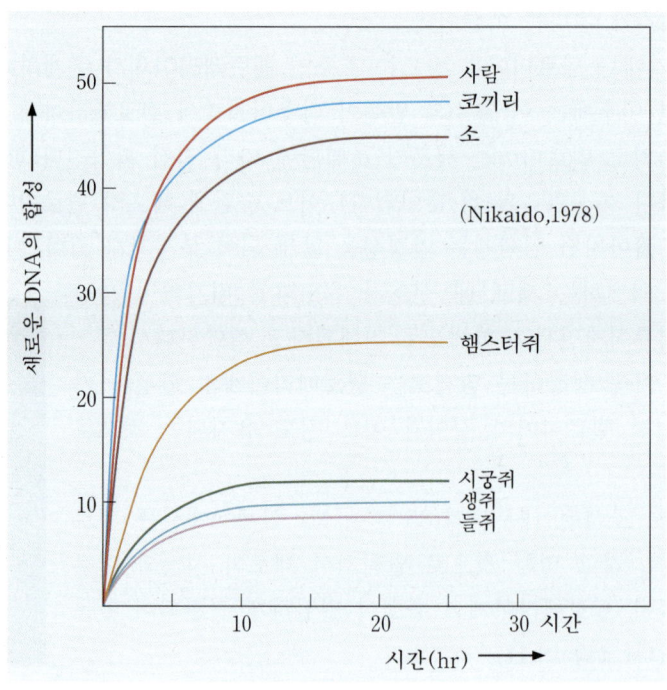

사람
코끼리
소

(Nikaido, 1978)

햄스터쥐

시궁쥐
생쥐
들쥐

새로운 DNA의 합성

시간(hr)

### 도움말

• 당화(糖化)

글루코스와 같은 탄소 6개를 갖는 당(糖)이 지방, 단백질, DNA와 같은 고분자에 공유결합으로 결합되어 이들 고분자물질 원래의 생체기능을 저해하는 현상으로, 노화에 따라 점차 증가하는 것으로 알려져 있다.

• 당화가설(glycation hypothesis)

혈당이 신체세포에서 만들어진 단백질과 서로 결합하여 신체의 조절작용 및 유전적 정보를 왜곡시킨다고 주장하는 이론이다. 이러한 생각을 뒷받침하는 것은 혈당대사(metabolism)의 어려움을 겪는 당뇨병 환자들이

비교적 젊은 나이에 백내장이나 동맥경화증 같은 노화와 관련된 질병을 흔히 경험한다는 사실이다. 많은 백내장, 당뇨병, 동맥경화, 치매, 노안 등의 노인성 질환에서 당화에 의한 주요 단백질의 구조변화가 보고되어 당화가 노화과정에서 중요하다는 인식이 점차적으로 증가되고 있다. 또한, 음식섭취를 제한한 실험에서 오래 산 쥐들이 낮은 혈당수준을 보여준다는 사실이 밝혀져 노화에서 당화가설의 기여가 클 것으로 추정되고 있다.

**휴게실** ♣ **복제양 돌리의 비극**

　　몇 년 전 엄마양의 체세포핵으로 치환하여 인공적으로 엄마양과 똑같은 유전자(핵이 같기 때문)를 갖는 아기양 돌리가 복제되어 화제를 불러 일으켰었다.

　　불행하게도 몇 년 후에 복제양 돌리는 정상적인 양과 달리 훨씬 빨리 늙는다는 사실이 밝혀졌다. 머지않아 엄마양과 같이 늙어 가는 것이 관찰되었고, 연구결과에 의하면 엄마양의 체세포로부터 핵을 받은 복제양 돌리의 텔로미어는 이미 늙은 엄마양의 텔로미어만큼 짧아졌다는 사실이 밝혀졌다. 이 비극적인 일화는 텔로미어 소멸이론이 중요한 노화의 기전이라는 것을 제시해 주었다.

## (2) 개체수준에서의 노화

　개체수준에서의 노화는 생명체의 단위로 노화를 보는 관점으로, 소식이론(caloric restriction theory) 등에서와 같이, 개체의 노화를 기본으로 하는 노화이론 및 연구이다. 개체노화의 연구는 현재 미국, 일본 등의 노화연구소에서 사람들을 대상으로 오랜 기간에 걸쳐 추진하고 있는 종적연구(longitudinal study)가 대표적이다. 우리 나라에서도 최근에 이러한 연구가 시작되어 기대를 모으고 있다.

　개체의 노화연구는 대부분 사람 이외의 동물을 사용하여 진행하고 있다. 동물로는 초파리(drosophila), 선충(nematodes), 누에, 개구리와 생쥐, 시궁쥐, 햄스터(hamster), 토끼, 원숭이 등의 포유동물이 사용되고 있다. 포유동물을 사용한 개체의 노화연구는 시간이 오래 걸리나 인간의 노화를 유추할 수 있다는 의미를 갖는다. 개체수준에서 본 노화는 대부분 개체가 처한 환경적 요인으로서 다음과 같은 이론으로 설명되고 있다.

### ① 면역설

　면역계의 주된 기능은 감염에 대한 방어능력과 면역감시 기구로서의 작용으로 구분되는데, 노화로 인하여 이들의 기능이 현저하게 저하된다. 노

### 도움말

**· 초파리**
초파리과의 곤충. 몸길이 2~3 mm 정도로 몸빛은 암갈색 또는 담황갈색으로 복안은 적갈색, 배는 황색 또는 흑색, 날개는 담황색 또는 황갈색이며, 배와 등에 가로줄이나 얼룩점이 있다. 초·간장·술 같은 발효물이나 생선 등에 모여 달라붙는다. 유전실험에 널리 이용된다.

화에 따른 감염에 대한 방어능력의 저하는 생쥐를 무균상태에서 사육하였을 때 보통상태에서 사육했을 때보다 30% 이상 평균수명이 연장되는 실험에 의해 증명되었으며, 사람에 대해서도 마찬가지일 것으로 추정된다. 사람의 경우는 이미 평균수명이 1세기 전보다 증가되었는데, 그 주요원인은 바로 항생제, 항진균제의 등장 및 의술의 발전으로 감염에 대한 방어가 증진되었기 때문인 것으로 보고 있다.

노화함에 따라 면역 감시기능 역시 저하하여 노인들의 질병에 대한 저항을 감소시킨다. 노화함에 따라 자가면역 질환(autoimmune diseases)이 증가하는 것으로 알려졌는데, 류마티스성 관절염, 청력소실, 당뇨병, 심장병 등의 노인병에서 이 자가면역반응의 증가가 직접·간접적으로 연관되어 있다는 사실이 보고되어 면역계의 이상이 노화의 진행에 중요한 역할을 할 것으로 보고 있다.

### ② 온 도

온도는 중요한 환경인자의 하나로서, 실험동물에서 온도의 변화와 노화과정의 연관성을 찾으려는 연구가 진행되어 왔다. 온도는 화학반응 속도를 증가시켜 대사속도를 촉진시킨다. 따라서, 노화과정에서 온도가 영향을 미친다는 것은 오래 전부터 알려졌다. 초파리의 경우 사육온도가 20℃일 때 평균수명은 약 100일로서, 30℃일 때의 48일보다 약 2배 정도가 증가하였다. 낮은 사육온도가 대사의 속도뿐만 아니라 노화의 진행속도도 늦춘 것으로 보인다. 1일 산소 소비량에도 높은 사육온도에서 훨씬 증가하는 것을 보여주어 온도가 낮을수록 산소 소비량이 적고, 평균수명이 연장된다는 사실을 알 수 있다.

산소소비가 더 많아지면 해로운 자유라디칼이 더 많이 생성되며, 산화성 스트레스를 더 많이 받게 되어 결국 더 빨리 노화된다고 설명한다. 유사한 결과가 누에 및 물고기를 사용한 실험에서도 입증되었다. 그러나 정온동물인 포유동물 중의 하나인 생쥐를 사용한 실험에서는 다른 결과가 나왔다. 변온동물과는 달리, 포유동물에서는 저온에서 오히려 수명을 단축시켰다.

고온에서 사육한 경우는 체온이 정상보다 높아지면 수명이 단축되나 실제로는 온도에 대한 생체의 반응이 달라져 이들의 노화에 대한 영향을 밝혀야 하지만 아직 대부분 해명되지 못하고 있다.

### ③ 소식이론

소식이론은 활동 및 생리현상을 위해 필요한 영양분에 가깝게 섭취할 때 인간을 포함하는 동물들의 수명이 연장된다는 노화이론이다. 대부분의 인간은 필요 이상으로 과식하고 있으며, 소식을 계속 유지하면 궁극적으로 수명의 연장을 가져온다는 설명이다. 현재까지의 동물 실험결과는 소식이론이 실제로 모든 동물에 적용된다는 사실을 밝혀 주었다. 물벼룩에서부터 거미, 물고기, 생쥐, 시궁쥐에 이르기까지 소식은 30～50% 정도의 수명연장의 결과를 주었다. 포유동물인 생쥐와 시궁쥐의 경우에는 약 30% 정도의 수명연장 효과를 주어 사람의 경우도 마찬가지의 결과를 줄 것으로 기대하고 있다.

각 동물의 소식에 의한 수명연장의 결과를 정리하면 표 13-3과 같다.

표 13-3                      소식이론의 효과

| 수명 / 동물 | 정상식사 | | 제한식사 | |
|---|---|---|---|---|
| | 평균수명 | 최대수명 | 평균수명 | 최대수명 |
| 원생동물 | 7 일 | 13 일 | 13 일 | 25 일 |
| 물벼룩 | 30 일 | 42 일 | 51 일 | 60 일 |
| 거미 | 50 일 | 100 일 | 90 일 | 139 일 |
| 물고기 | 33 달 | 54 달 | 46 달 | 59 달 |
| 흰쥐 | 23 달 | 33 달 | 33 달 | 47 달 |
| 사람 | 75 년 | 110 년 | ? | ? |

쥐를 사용한 실험에서 소식효과는 거의 모든 신체조직의 기능에서 정상 식사를 한 쥐에 비해 상대적으로 양호한 것으로 나타났다. 특히, 혈당 조절능력, 암컷의 수태능력, DNA 수선능력, 면역기능, 훈련효과, 근육량, 단백질 합성 등에서 노화에 따른 기능감퇴 속도를 현저히 늦추는 것이 관찰되었다.

오래된 단백질에서 교차결합(cross-linking), 미토콘드리아에서 자유라디칼 생성, 조직에서 산화성 손상 등은 상대적으로 감소되었다. 또한, 노년기에서 나타나는 자가면역 질환, 암, 백내장, 당뇨, 고혈압, 신장기능 소실 등에서 현저한 지연을 보여 주었다. 소식이론의 이론적 설명은 산화적 스트레스 노화이론에 그 기본을 두고 있다.

식사를 제한한 쥐와 정상적인 쥐의 각 조직에서 분리한 미토콘드리아를 비교 분석한 결과 식사를 제한한 쥐에서 훨씬 적은 양의 자유라디칼과 과산화수소가 검출되어 이 이론은 실험적으로 상당부분이 증명되었다. 소식은 미토콘드리아에서 산소를 적게 소모하게 되어 결국 자유라디칼이 더 적게 생성될 것이라 추정하고 있다(그림 13-13). 연구결과에 의하면, 칼로리를 줄이면 줄일수록 수명연장 효과를 주지만, 무제한 줄일 수는 없고 어느 한계에 도달하면 생명에 위험을 주는 것으로 나타났다(그림 13-14). 사

### 도움말

**• 교차결합**

세포 내의 여러 단백질 사이에 형성되는 공유결합. 단백질 고유기능의 감소, 세포의 기능저하를 초래한다. 노화에 따라 점차 증가하는 것으로 알려졌다.

**• 자유라디칼이 위험한 이유**

라디칼은 공유되지 않은 전자를 소유하고 있어 가까이 있는 어떤 유기물질과도 빠르게 반응하여 새로운 라디칼을 만들어 내면서 유기물질을 변형시킨다. 세포 내의 고형물질인 고분자물질들, 즉 단백질, 지방, 유전자가 대표적인 공격대상이 된다.

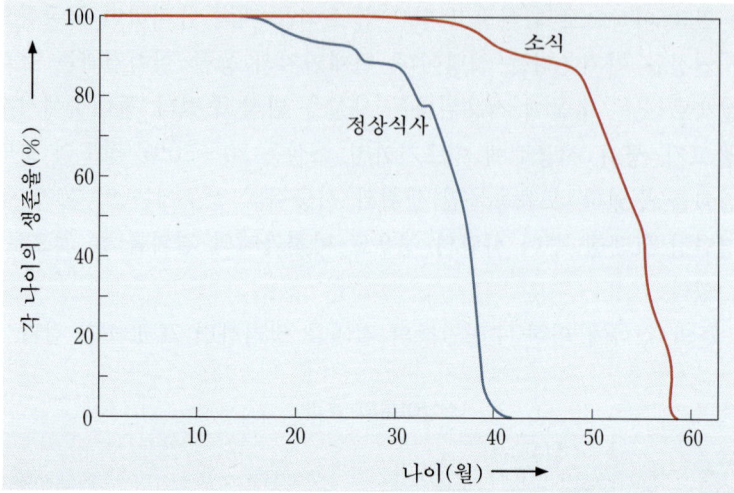

그림 13-13　생쥐의 수명에서
　　　　　소식의 효과

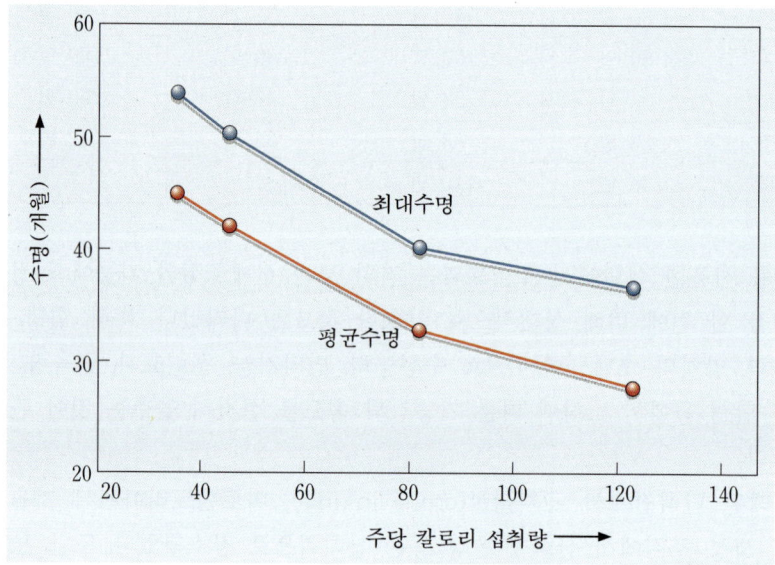

그림 13-14　칼로리 섭취량에
　　　　　따른 생쥐의 수명변화

람에도 소식이론이 적용될 가능성이 매우 높은 것으로 보고 있는데, 한 가
지 주의해야 할 것은 소식이라 하여 모든 영양분을 적게 섭취하는 것이
아니라, 필수적인 영양분인 단백질, 지방, 탄수화물, 비타민, 미네랄, 그 밖
의 영양소를 충분히 고루 섭취하되 열량은 필요한 만큼만 섭취한다는 것
이다.

④ 스트레스설

스트레스(stress)는 환경요인들, 즉 감염, 중독, 추위, 더위, 피로, 저산소,
산소중독, 사고, 정신적 긴장 등에 의해 생체 내의 항상성이 깨져 노화나

질병으로 진행된다는 가설이다. 젊었을 때는 이러한 스트레스에 대한 대응력이 강하나 노인은 스트레스에 대한 적응이 약하여 더욱 노화나 질병을 촉진하게 되는 악순환이 일어난다.

쥐에게 전기적 스트레스나 소음의 스트레스를 주었을 때 수명의 단축이 관찰되었다. 이는 바로 스트레스가 노화 및 질병으로의 진행과 직접 관련되어 있다는 사실을 말해 주고 있다. 물론, 적절한 스트레스는 오히려 저항력을 길러 준다는 설명도 있으나 지나친 스트레스는 악영향을 끼친다는 사실이 동물을 사용한 과학적인 실험에서 입증되었다.

⑤ 뇌의 노화설

개체의 노화에 가장 중요한 역할을 하는 것이 뇌라고 주장하는 설이다. 뇌는 시간의 경과에 따라 점차 세포가 줄어들고, 그 기능도 감소한다. 뇌에는 1천억 개의 뉴런이 있는데, 매일 1만 개씩 죽어간다는 것이 지금까지의 정설이었으나 최근의 보고에 의하면 실제로 세포의 수가 감소하는 것은 그다지 많지 않고 오히려 뇌의 부피가 줄어드는 것으로 밝혀졌다. 뇌가 수축하는 것은 뇌세포가 감소되는 것이 아니고 세포 내에 수분이 줄어드는 것으로 판명되었다.

뇌의 기능세포인 신경세포는 심근세포와 함께 분열하지 않는 분열종료 세포군에 속하여 다른 장기처럼 죽은 세포를 보충하지 못한다고 알려져 왔으나 최근의 보고에 의하면 신경세포의 전구체 세포가 매일 1천 개 정도의 세포를 만들어내는 것으로 알려져 뇌신경세포도 재생이 가능한 것으로 알려졌다.

뇌는 생체기능의 조절중추로서 활동하며, 신경계나 내분비계를 조절하여 생체 내의 항상성을 유지하게 한다. 뇌기능의 저하는 생체 내의 유지에 혼란을 주어 노화를 더욱 촉진시킨다고 설명하고 있다. 뇌의 노화에 따라 퇴행성 뇌질환인 알츠하이머성 치매, 뇌혈관성 치매, 뇌졸중, 파킨슨병 등의 발병이 증가하여 노화를 가속한다는 사실도 주목해야 할 부분이다.

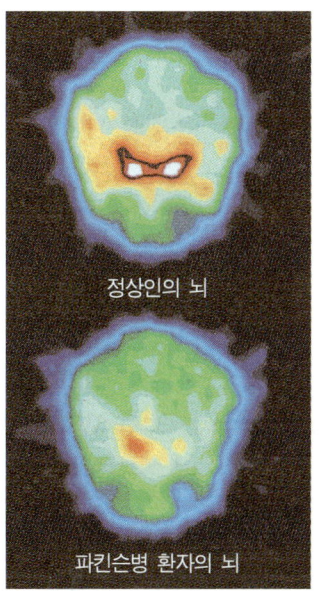

정상인의 뇌

파킨슨병 환자의 뇌

[정상인과 파킨슨병 환자의 뇌의 비교(도파민성 신경세포가 많이 소실되어 있다)]

# 5. 장수의 비결

많은 과학자들의 노력에도 불구하고 현재까지는 과학적인 연구결과에 의한 장수의 비결이 자세하게 설명되지 않고 있다. 장수의 비결을 얻는 가장 좋은 방법은 세계적인 장수촌 사람들의 생활 및 문화를 조사해 보는 일이다. 왜냐하면, 그들이 장수의 산 증인이기 때문이다.

💮 도움말

• 뇌졸중(腦卒中)
뇌의 급격한 혈행장애로 일어나는 증상. 갑자기 의식을 잃고 넘어지며, 손발의 운동 마비 등을 일으킨다. 뇌일혈, 뇌전색, 뇌혈전 등의 경우에 볼 수 있다.

## ♣ 여자는 왜 남자보다 오래 사는가?

현재까지의 보고에 의하면, 여자의 평균수명은 남자보다 8년 가량 더 길다고 한다. 이 문제에 대해 많은 연구가 진행되어 왔다. 많은 학자들은 여자가 남자보다 더 오래 사는 것은 생물학적으로 여자가 남자보다 우수해서가 아니고 생활태도 때문이라고 설명한다. 남자는 여자에 비해 술과 담배를 더 많이 하고 모든 일상생활에서 남자가 여자보다 더 많은 스트레스와 위험부담을 가지고 살아가기 때문이라는 것이다. 그 결과 남자는 질병과 사고로 인해서 더욱 수명을 단축하고 있다. 그 밖에도 다음과 같이 설명되고 있다.

산화이론에 의하면 남자의 운동량이 여자보다 훨씬 많기 때문에 여자에 비해 세포수준에서 산소의 소비량이 더 많고, 자유라디칼에 의한 세포 및 유전자의 손상이 더 크기 때문에 더 빨리 노화된다고 설명한다. 또 다른 설명은 에스트로겐의 생리학적 기능이 여성을 더 오래 살게 한다는 것이다. 여성들은 에스트로겐 생산이 뚝 떨어지는 폐경기가 지날 때까지는 특별히 심장병 같은 것에 걸리는 일이 거의 없다는 것이다.

X염색체이론에 의하면 여자들은 두 개의 X염색체를 갖고 있기 때문에 면역조직을 조절하는 유전자를 더 갖게 되며, 이것은 감염과 질병을 예방하고 남자가 갖지 못한 병에 대한 특별한 보호를 받고 있다는 것이다. 그러나 실제로 여자가 가지는 두 X염색체 중 하나는 불활성화가 되어 있기 때문에 이 이론은 신빙성이 결여되어 있다.

## (1) 세계적인 장수촌

일본인 의과학자인 아모리 유키오의 장수촌 탐방기 및 장수 연구에 의하면, 세계의 유명한 장수촌으로 코카서스 지역의 그루지아 공화국, 캐라코람산맥 서반의 훈자, 일본의 오키나와, 안데스산맥의 빌카반바, 중국의 광주, 중국내륙의 신강 위구르 자치구 등을 꼽는데, 100세 이상 노인의 비율이 인구 10만 명당 20명 이상이 되는 것으로 알려졌다. 장수촌의 식사를 분석한 결과 공통적으로 염분을 적게 섭취하고, 지방과 육류의 섭취가 적으며, 생선, 야채 및 과일, 곡류의 섭취가 많은 것으로 나타났다. 지방, 육류, 염분의 과다섭취는 고혈압을 유발하고 심혈관계 질환 및 암을 발병하게 하여 수명을 단축하는 것으로 알려져 있다.

## (2) 우리 나라 장수촌

우리 나라의 장수촌의 조사는 최근 서울대학교 의과대학의 노화연구소 및 한국노인과학학술단체연합회의 노력에 의해 자세히 밝혀졌다. 예전의 남해안 지역이라는 보고와는 달리, 지리산에서 소백산맥을 따라 올라가는

지역이 장수지역으로 밝혀졌다. 전북 순창군, 전남 보성군, 영광군, 곡성군, 담양군, 구례군, 경남 거창군, 산청군, 경북 예천군, 상주시 등이 100세 노인의 인구비율이 가장 높은 장수촌으로 알려졌다. 전통적인 장수지역인 제주도는 100세 이상 노인비율은 낮으나, 65세 이상 노인의 비율은 높은 지역으로 나타났다. 이들 장수지역의 100세 이상 노인의 비율도 인구 10만 명당 20명 이상이 되는 것으로 알려져 세계의 장수촌과 별 차이가 없는 것으로 집계되었다.

장수촌 노인들의 음식은 다른 노인들과 큰 차이는 보이지 않았으나 규칙적인 식사를 하고, 청정지역에 거주하며, 마음상태가 편안하게 안정되어 있고, 충분한 수면을 취하는 것으로 알려졌다. 몸무게는 정상보다 약간 많으나 지속적으로 상당량의 운동을 하는 것으로 알려졌다.

100세 노인의 86%가 질병이 없다고 답해 질병이 없어야 하는 것이 가장 중요한 장수의 비결인 것으로 보인다. 흥미있는 사실은 100세 노인의 13%가 현재에도 흡연을 하고 있으며 17%가 아직도 음주를 하고 있어서 흡연과 음주가 장수에 결정적인 폐해가 되지는 않아 보인다는 점이다.

# (3) 장수의 비결

이러한 장수촌의 조사결과와 앞에서 언급한 여러 노화의 이론 및 그 실험적 증거를 바탕으로 하여 살펴보면 장수의 비결은 불로장생의 불로초를 구하는 것이 아니라, 지방, 육류, 염분의 과다섭취를 피하고, 생선, 야채 및 과일의 섭취를 늘이며, 되도록 소식을 유지하고, 깨끗한 물과 공기를 취하며, 적절한 운동을 하고, 충분한 수면을 취하며, 편안한 마음을 갖고 하루하루를 보내는 것이라 할 수 있다. 또한, 병원에서 건강검진을 받는 것도 현대의학의 측면에서 장수를 위한 비결이 될 것이다.

앞에서 언급한 바와 같이 질병이 없이도 자연노화에 의한 인간의 최대수명이 120세라면, 어떻게 120세 이상을 살 수 있을까? 이를 위해서는 전적으로 과학의 발전, 즉 인간의 자연노화에 대한 기전을 정확히 파악하고 이를 개선하는 방법만이 인간이 120세 이상 150, 200세까지 살 수 있는 유일한 길이라 생각된다. 이를 해결하기 위해서는 노화기전의 규명과 노화를 억제할 수 있는 새로운 방법에 대한 연구에 많은 투자가 필요하다.

2001년에 게놈연구 이후 인간의 최대 연구과제는 인간이 왜 늙는가, 어떻게 하면 늙지 않도록 하는가의 규명이다. 아무리 현대과학이 발전하고 인간게놈이 모두 밝혀진다 하여도 노화의 신비는 쉽게 해결되지 않을 영원한 과제임에 틀림없다.

## 도움말

● 야채 및 과일이 좋은 이유

야채나 과일에는 비타민 C, 카르티노이드 등의 항산화제가 다량 함유되어 있어서 생성된 자유라디칼을 제거하고 산화적 스트레스를 감소시킨다.

## 요 약

모든 생명체는 계속 젊은 상태로 유지하지 못하고 시간의 경과에 따라 생체기능이 떨어지게 되는데, 이를 노화(aging)라 한다. 노화의 원인은 아직 정확히 밝혀져 있지 않으나 현재까지 알려진 바에 의하면 크게 자연환경, 생활환경, 생활습관 등 생명체가 존재하는 환경에 의해 주어지는 환경적 요인과 생명체가 소유하고 있는 유전정보에 의해 결정되는 유전적 요인으로 나누어진다. 노화는 세포단위, 장기 조직단위, 개체수준에서 그 양상이 다르게 진행된다.

노화의 세포수준의 기전으로 세포복제의 노화이론, 유전자 손상의 축적이론, 산화적 스트레스이론, 염색체 말단인 텔로미어 소멸이론, 유전자 손상의 복구능력 이론, 당화가설 등이 가장 유력한 이론으로 알려져 있다.

개체수준의 노화이론으로는 면역설, 소식이론을 포함하는 생활 대사율설, 스트레스설, 생물시계설, 내분비설, 뇌의 노화설 등이 알려져 있다. 생명체는 노화가 진행됨에 따라 각 기관 및 조직, 그리고 세포의 생체기능이 점진적으로 저하되며, 가장 나빠진 기관 및 조직에 질병이 발생하게 되고, 마침내는 회복할 수 없는 상태로 되어 죽음에 이르게 된다.

생명체의 개체가 얼마나 오랫동안 사는가, 즉 수명은 생명체의 종마다 다르지만 기본적으로는 개체에 주어진 환경과 개체가 가지고 있는 유전적 특성에 의해 결정된다. 인간의 자연노화에 의한 최대수명은 120세 정도로 판단된다.

## 탐구문제

1. 식물보다 동물의 수명이 훨씬 짧은 이유는 무엇인지 토론해 보자.

2. 운동을 하면 ATP의 소모가 많아져서 자유라디칼에 의한 산화적 스트레스가 증가하게 되고 오히려 노화가 촉진될 것이라고 추정되는데, 실제로는 적절한 운동은 여러 면에서 건강을 증진시키고 노화를 방지한다고 한다. 그 이유를 생각해 보자.

3. 여러 동물의 수명과 몸무게를 비교한 결과 몸무게가 무거운 동물이 가벼운 동물보다 수명이 긴 것으로 나타났다. 그 이유를 생각해 보자.

# 찾아보기

◆ 저자소개 ◆

• 민경희 : 숙명여자대학교 이과대학 생물학과 교수
• 김선정 : 동국대학교 이과대학 생물학과 교수
• 김　욱 : 단국대학교 자연과학대학 생물학과 교수
• 민철기 : 아주대학교 자연과학대학 생명과학과 교수
• 방재욱 : 충남대학교 자연과학대학 생물학과 교수
• 유영도 : 고려대학교 의과대학 암연구소 유전체센터 교수
• 이재용 : 한림대학교 의과대학 생화학교실 교수
• 이충은 : 성균관대학교 자연과학대학 생명과학과 교수
• 이현환 : 한국외국어대학교 이과대학 미생물학과 교수
• 전상학 : 서울대학교 사범대학 생물교육과 교수
• 정종문 : 수원대학교 자연과학대학 생물학과 교수

著者와의 協約에
의해 印紙를 省略함.

대학교양
과　정　　**생명과학의 이해**

2002년 9월 15일 초판 발행
2010년 3월 11일 9쇄 인쇄
2010년 3월 20일 9쇄 발행

저　자　민경희 외 10인

인쇄처　(주)교학사

발행처　(주)교학사
발행인　양　철　우
본사　서울특별시 마포구 공덕동 105-67
공장　서울특별시 금천구 가산동 319-7
전화 : (02)7075-155　FAX : (02)7075-160
등록번호 : 18-7 (1962. 6. 26)

《정가 17,000 원》

ISBN 89-09-07812-X